U0940469

浙江省重点档案保护与开发专项资金项目

世遗之光松古流

——松古灌区世界灌溉工程遗产解读与档案集萃

松阳县档案馆(党史和地方志研究室)
松　阳　县　水　利　局
编

中国文史出版社
CHINA CULTURAL AND HISTORICAL PRESS

图书在版编目（C I P）数据

世遗之光松古流 ： 松古灌区世界灌溉工程遗产解读与档案集萃 / 松阳县档案馆（党史和地方志研究室），松阳县水利局编. -- 北京 ： 中国文史出版社，2024. 9.
ISBN 978-7-5205-4886-1

Ⅰ. TV-092

中国国家版本馆 CIP 数据核字第 2024HC5222 号

责任编辑：戴小璇

出版发行：中国文史出版社
社　　址：北京市海淀区西八里庄路 69 号院　　邮编：100142
电　　话：010- 81136606　　81136602　　81136603(发行部)
传　　真：010-81136655
印　　装：丽水市旺盛印刷有限公司
经　　销：全国新华书店
开　　本：787×1092mm　　1/16
印　　张：30.5　　字数：439 千字
版　　次：2024 年 12 月北京第 1 版
印　　次：2024 年 12 月第 1 次印刷
定　　价：298.00 元

《世遗之光松古流》编纂委员会

总策划：莫　靓　梁海刚

顾　问：陈建广　练　斌　林嘉栋

主　任：陈增伟　黄金花

副主任：曾建伟　华利群　李宗训　陈新长
　　　　刘开林　傅　雷　高　灵

委　员：李潮胜　李伟春　吴威峰　阙海燕
　　　　黄健汉　潘燕萍　李　杰　刘姬羚
　　　　阙欣欣　陈阳丹　刘巧玲　蒋益悍

《世遗之光松古流》编辑部

主　审：黄金花

主　编：李潮胜

副主编：阙欣欣　李伟春　高　灵

编　辑：杨晓勇　黄健汉　刘晓飞　涂雅芬

拓　片：吴伟民

档案征集：刘增金　孟　浩　阙龙兴

序

世遗之光松古流，桃源胜境此中游。

松阳是“丽水之始、处州之根”，自秦汉时期开始，松阳先民就因地制宜、因地治水，巧妙利用自然地形地势、水源条件，在松阴溪流域依势筑堰建渠，分片“开圳引水”，逐步建成以松阴溪主支流为水源，堰堤密布、圳渠交错的灌溉网络。至明清时期，灌溉工程体系臻于完善，千年来不同时期修建的引水、蓄水、配水、提水等水利工程，在松古大地上构筑起了“堰塘井渠合理布置、引蓄灌排有序组织”的长藤结瓜式庞大灌溉网络，并且创造性地建立了“七三立项法”“汴石分水”“堰董制”“圳田制”“水权交易”等灌区管理制度，在历史上缔造出“松阳熟，处州足”“处州粮仓”美誉，绘就了一幅幅松阳因水而生、因水而美、因水而兴的生动画卷。时至今日，松古灌区内数百座古代水利工程仍在发挥作用，灌溉滋润着16.6万亩良田和24万松阳人民，被专家誉为中小流域古代灌溉工程典范和特色鲜明的灌溉工程遗产“活态博物馆”，2022年成功入选第九批世界灌溉工程遗产名录。

江河治理千秋业，水利文脉贯古今。习近平总书记在2023年考察浙江时强调，“浙江要在建设中华民族现代文明上积极探索，更好担负起新时代新的文化使命，赓续历史文脉，加强文化遗产保护，推动优秀传统文化创造性转化、创新性发展”。近年来，松阳县委、县政府积极推进“文化强县”建设，高度重视传统农耕文明和特色灌溉文化的挖掘、传承与保护工作，致力于让这座千年古县重新焕发蓬勃活力和独特魅力。由松阳县水利局和松阳县档案馆（党史和地方志研究室）联合编纂的《世遗之光松古流——松古灌区世界灌溉工程遗产解读与档案集萃》一书，既是对松古灌区的历史遗存、时代变迁、文化根脉的一次集中展示，更是一种有效的保护、传承与发展，对于宣传和彰显松阳文脉与个性，促进历史文化遗产保护，推进经济社会发展，大有裨益。

珍惜和保护历史文化遗产，是我们共同的责任。衷心希望《世遗之光松古流——松古灌区世界灌溉工程遗产解读与档案集萃》的问世发行，能给广大读者带来启迪与感悟，从中凝聚起“精耕勤学、开放融合、争先图强”的奋进力量，共同传承好、保护好、利用好松古灌区这一世界灌溉工程遗产，使千年积淀而成的文化瑰宝熠熠生辉，润泽后世。

是为序。

中共松阳县委书记

2024年12月

前 言

2022年10月6日，浙江省松阳县松古灌区入选第九批世界灌溉工程遗产名录，既是对松阳县历史文化遗产保护传承的肯定和鼓励，也是对松阳县持之以恒加强文化遗产活化利用的再次提标和鞭策。松阳历来以农业立县，两千多年来，松阳先民在松古大地引水灌田，逐步创建了“历史悠久、体系完备、管理先进”的灌溉工程体系，铸就了我国中小流域古代灌溉工程的典范，孕育了灿烂的松阳农耕文明，见证了人与自然和谐共生的智慧。

松古灌区成功入选世界灌溉工程遗产的关键之处在于数百年前遗留的以堰圳为主的大量灌溉工程遗产（址）、灌区制度体系及相关的榜文、碑刻等档案资料。为了彰显档案史料回溯历史、再现历史、讲述历史最客观有力的功能，更为了擦亮“松古灌区”世界灌溉工程遗产这一世界级金名片，让养育一代代松阳人的万顷灌区能永续使用、恩泽绵长，松阳县水利局和松阳县档案馆（党史和地方志研究室）共同编纂了《世遗之光松古流——松古灌区世界灌溉工程遗产解读与档案集萃》一书。

本书汇集了松古灌区灌溉工程遗产历史以来的各类工程遗产和档案史料，篇章结构包括工程遗产、文献碑刻、民间传说、民俗水事、治水人物、杂论丛谈、申遗实录、媒体报道、治水年表，另卷首收录了清代以来松阳地图六幅。旨在全面反映灌区灌溉工程遗产的历史变迁、建设技术、管理机制、水事民俗以及灌溉工程遗产促进松阳经济、政治、文化、社会、生态等方面的发展情况和申遗历程、申遗后社会各界报道评价。通过对灌溉工程遗产的解读和历史文献资料的展示，读者不仅可以深入了解松阳人民波澜壮阔的治水兴水史，感受松古先人的治水智慧和农耕文明，而且也可进一步深入挖掘研究中国水文化、农耕文化。

在编纂过程中，我们力求资料的真实性、准确性和完整性，但由于历史久远，资料收集不易，仍存在缺失或模糊之处。我们诚挚地希望读者能够提供更多的信息和建议，以便我们不断完善和丰富松古灌区遗产文化内容。

千年时光倏忽而过，回望松古先民们走过的历程，留下的创造，凝结的智慧，我们相信，《世遗之光松古流——松古灌区世界灌溉工程遗产解读与档案集萃》不仅是研究我国中小流域古代灌区水利发展史的重要资料，亦是保护传承利用松阳农耕文明和水文化遗产的不竭动力。江山留胜迹，我辈复登临！松阴溪畔，津渡不止，繁华倍胜，等待我们的将是如椽之笔撰写水文化事业新的华章！

松阳县水利局局长　陈增伟

2024年11月

ICID•CIID

INTERNATIONAL COMMISSION ON IRRIGATION AND DRAINAGE

Songgu Irrigation Scheme

Located in the Oujiang River Basin in China,
is hereby included in the

ICID Register of
World Heritage Irrigation Structures

as a remarkable irrigation scheme with
impeccable engineering which has helped agriculture
flourish in the region for over 2000 years.

Dr. Mochammad Amron *Vice President &* *Chairman, Panel of Judges*	**Eng. A. B. Pandya** *Secretary General*	**Prof. Dr. Ragab Ragab** *President*

Presented at: 73rd International Executive Council (IEC) Meeting
Adelaide, Australia, October 2022

松古灌区世界灌溉工程遗产证书（2022年10月6日）

松古灌区世界灌溉工程遗产牌匾（2022年10月6日）

松古灌区主要遗产分布图
N
仙岩脚水库
十都
九都
卯山井
天师渠
天师殿
卯山塘
龙凤堰圳
七都
八都
古市
观口堰圳
赤岸
界首
禹王庙
响石堰圳
响石堰堤
大石遗址
松阴溪
十一都
十二都
勘头堰圳
十三都
阴岗山遗址
松阴溪
十四都
力溪堤
新兴堰圳
芳溪一堰圳
芳溪二堰圳
法昌寺

陈家铺
西坑
酉田
杨家堂
高堰堰圳
二都
三都
梓溪堰圳
山下阳古塘群
杨六郎塘
六都
五都
朴子堰圳
四都
西屏
县松城阳
青蒙塔
松阴溪
天后宫
项弄
汤公堤
二十都
公堤
梁下堰圳
白龙堰圳
午羊堰圳
石柱殿
瑞现夫人庙
水南
堰圳
延庆寺塔
百仞山
黄公渡
营盘背遗址
十九都
青龙堰圳
十八都
松阴溪
金梁子堰
占安山遗址
十六都
神壇堰圳
十七都
松山
济众堰圳
神坛堰圳
龙石堰圳
图例
遗址
山峰
殿、庙宇
堤防
古村落
古塘群
塔
河道
堰圳
其他遗产
都域
灌区边界线

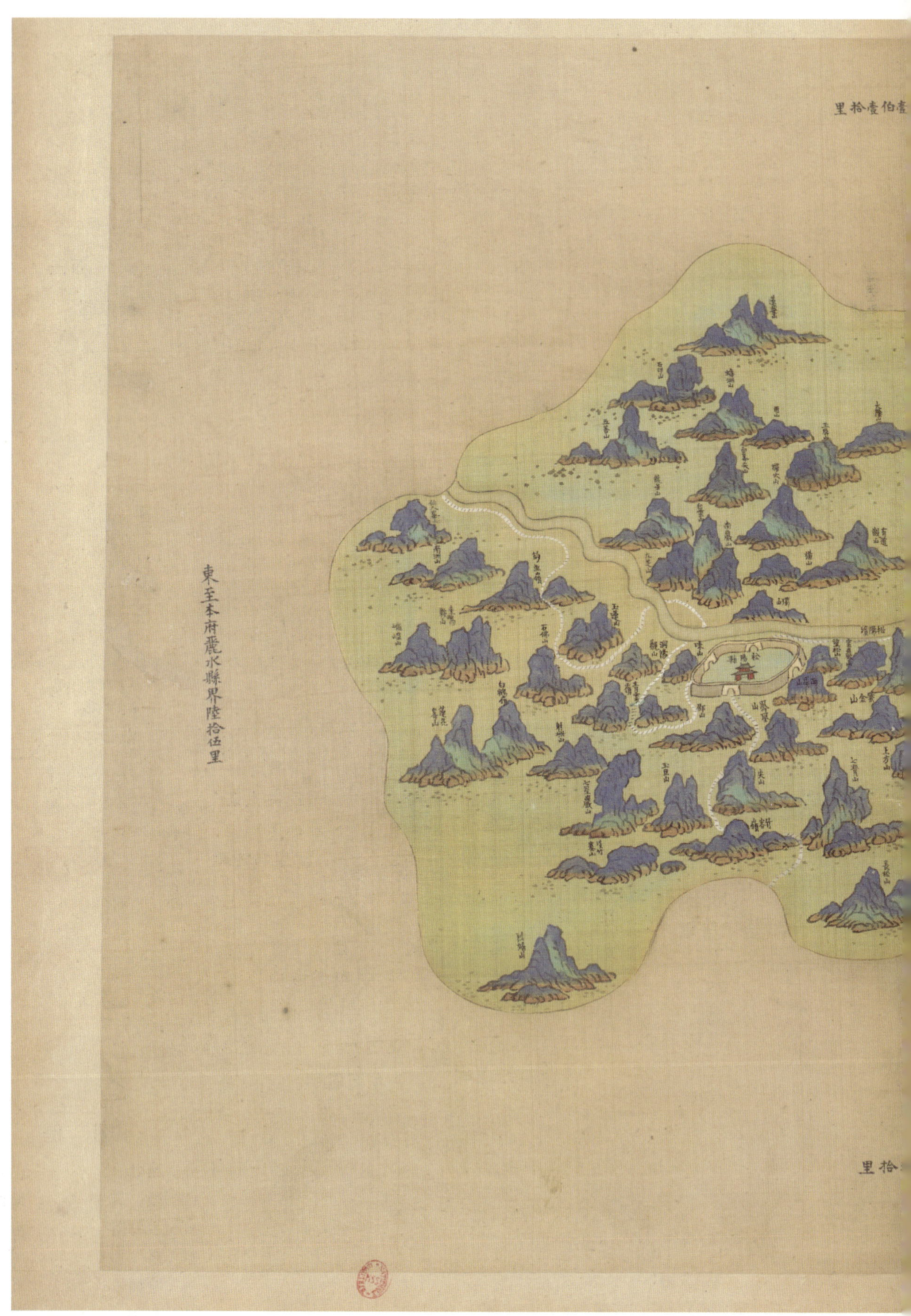

清顺治十八年（1661）《松阳县青绿山水地图》 （刘增金 提供）

松陽縣

南至本府處

北至本府宣

清乾隆三十三年（1768）《松阳县全境图》《松阳县志》载

松陽縣全境圖
東北
周嶺
洞靈山
板橋
永竹
叁都
馬岐嶺
馬鞍山
瑞陽門
念伍都
下倉
夫人廟
石林山
鐘樓
土地祠
城隍廟
念肆都
淨居
正東
橫山
釣魚嶺
南州山
東南
小茶山
念叁都
方山嶺

清光绪元年（1875）《松阳县城图》《松阳县志》载

松陽
東
雲邑界
三都
四都
二十都
十九都
廿一都
廿二都
廿三都
廿四都
廿六都
廿七都
三十都
平田
東坑
河村
北山
永福
南門
彭塘
林村
官溪
東田
五尺口
金鐘
南山
高山
徐山
上源
毛源
橫山
南山
清源
安樂山
麻蔡
大竹溪
黃庄
何山頭
大潘坑
洋坑源
五部
召樓

陽縣全圖

縣概况表		
縣治	東經 119°28′ 北緯 28°27′	
縣等		2等
面積		1390.47方公里
區數	已設區署	3區
	未設區署	2區
鄉鎮數		3鎮
		39鄉
保數		312保
甲數		3034甲
户數		30570户
人口	男	65794人
	女	56626人
壯丁	甲級	15385人
	乙級	8439人
財政	歲入總額	2,985,550元
	歲出總額	2,985,550元
教育概況	中學 2所　民教館 1所　中心學校 21所　保國民學校 56所	
	公私立小學	83所
警衛組織	警察局	1所
	警察所	1所
	警察分駐所	2所
衛生設備	衛生院	1所
	衛生分院	3所
合作事業	縣联合社 1所　鄉鎮合作社 39所	
	保合作社 114所　專營合作社 4所	
	社員 30732人　股金 22364元	
倉儲	縣積穀倉 4所　容穀 9000担	
	鄉鎮穀倉 42所　容穀 9055担	
公產	田畝 2493畝7分2厘	
	公款 16740元	
重要物產	禾穀40万担　小麥10万担　菸叶15千担　桐油2千担　松紙2万担	
	石灰5万担　松杉10万株	
氣候	風向夏東南 冬西北 溫度 最高99° 最底32°	
名勝古蹟	云岩，白鶴殿，白云菴，鷓鴣塚	
	百仞山　石筍岩	
說明	本圖依照浙江省陸地測量局民國十九年五月出版之十万分一地形圖縮繪而成	

圖例：縣治　區署　鄉鎮公所　保办公處　重要鎮市　次要鎮市　通木船地　通電報地　通電話地　通郵地　學校　警察局　衛生院　合作社　工廠　寺廟　縣界　區界　鄉鎮界　公路及車站　縣道　鄉村道　電報線　電話線　河流　山脈

監製徐雄飛　校對沈國華　繪製毛維翰

1943年《浙江省松阳县全图》（刘增金 提供）

浙江省松

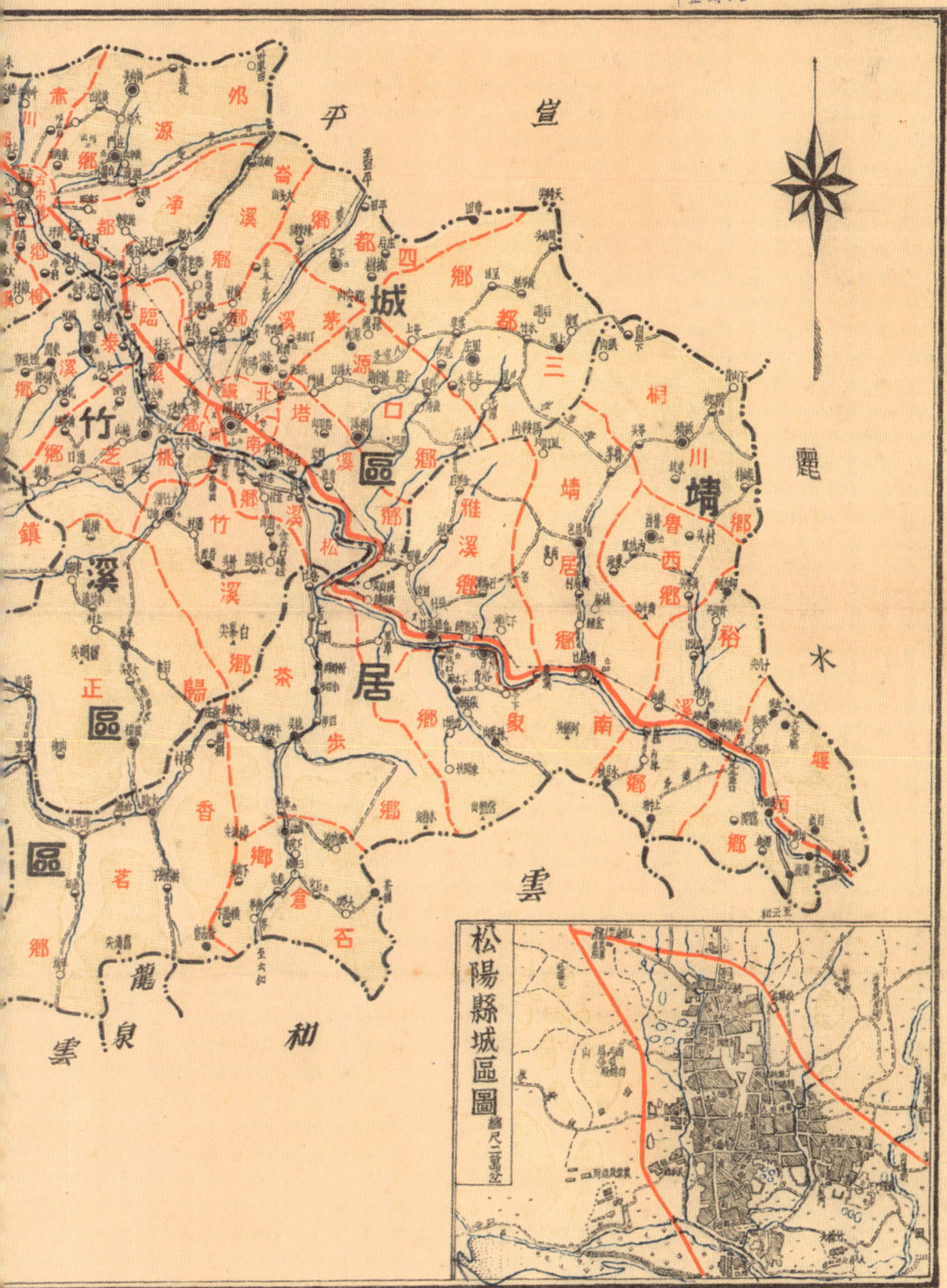

中華民國三十二年七月初版

十五萬

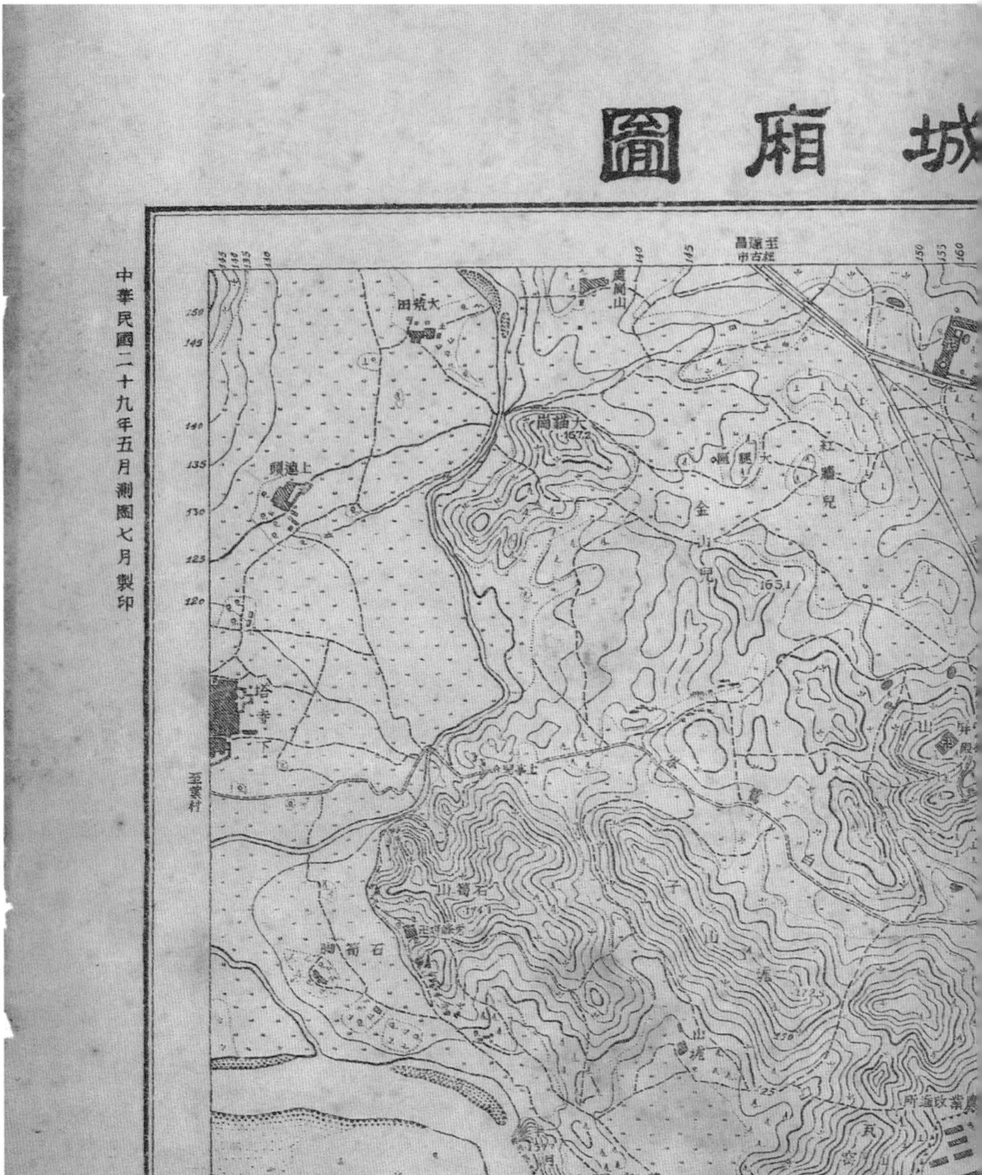

城廂圖

中華民國二十九年五月測圖七月製印

軍令部浙江陸地測量事務處

警察所　電話局　鐘鼓樓　運動場

電報局　郵政局　耕種地　菜地

學校　文廟　祠宇　堂　醫院

1940年《松阳县城厢图》（刘增金 提供）

松陽縣

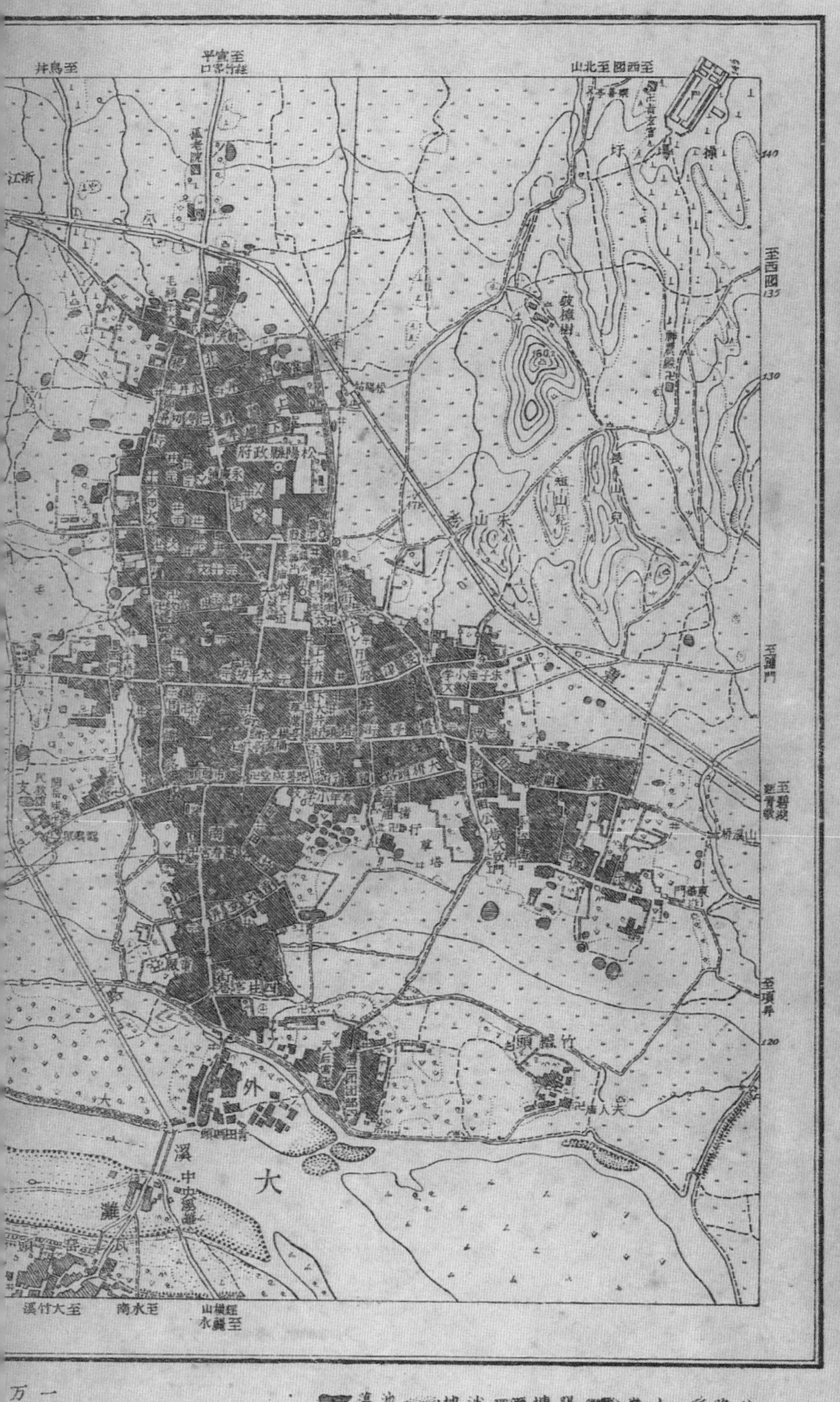

目录

遗音余韵·工程遗产（址）

观妙入真·文献碑刻

鸿俦鹤侣·治水人物

观今鉴古·民俗水事

玄圃积玉·民间传说

凤采鸾章·松古丛谈

造炬成阳·申遗实录

珠零锦粲·媒体报道

兰薰桂馥·治水年表

壹

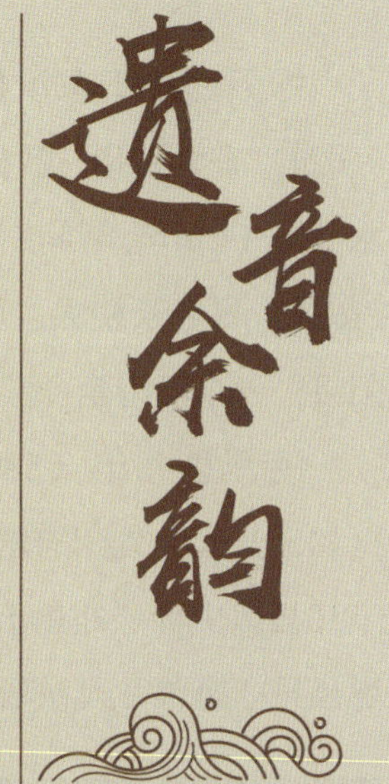

工程遗产（址）

千年古县

1.处州肇始之县

松阳县，本汉章安县南乡地，建安四年孙氏析置松阳县，属会稽郡。

——《读史方舆纪要》

松阳建县于东汉建安四年（199），为浙西南地区建置最早的县。唐武德四年（621）升为松州，武德八年（625）复为松阳县。原县治设旧市（今古市镇），因屡遭水患于唐贞元年间（785—805）迁址紫荆村（今西屏镇）。五代后梁开平四年（910）易名长松县，后晋天福四年（939），改称白龙县，宋咸平二年（999）复名松阳县，一直沿用至今。1958年11月撤销松阳县并入遂昌县，1982年1月复置松阳县。

隋开皇九年（589），松阳、括苍、临海、永嘉四县合为处州；明景泰三年（1452）起，处州府辖丽水、松阳、龙泉、缙云、青田、遂昌、庆元、宣平、云和、景宁10县，史称“处州十县”。据考证，“处州十县”除遂昌外均由古松阳县析置而出，遂昌县在唐曾并入松阳，故松阳县可谓处州“肇始之县”，为处州诸县之“母县”。

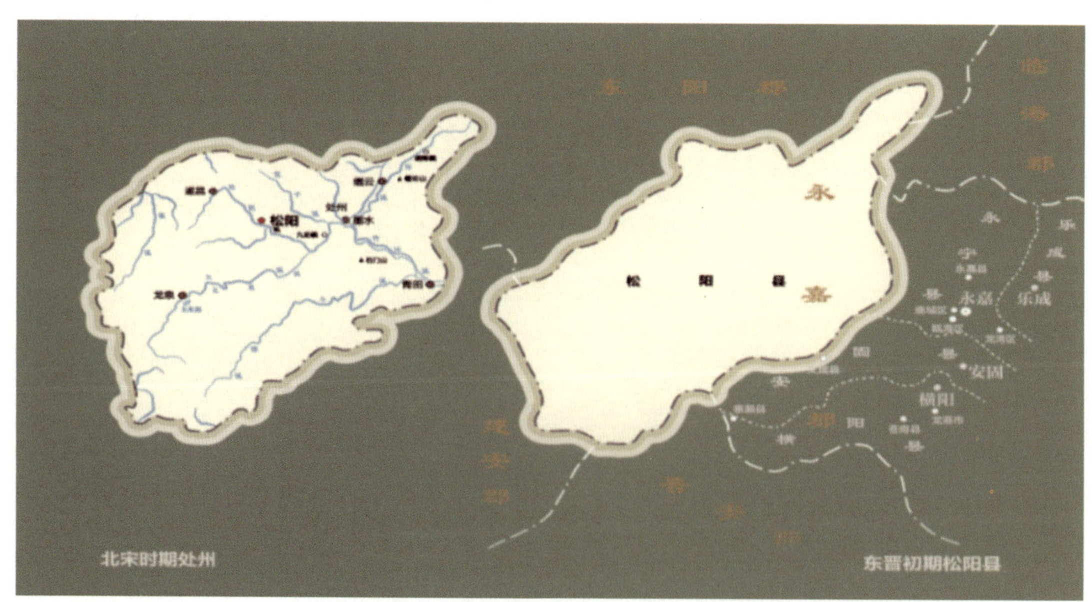

北宋处州与东晋松阳辖区范围对比

从北宋时期处州府和东晋初期松阳县的管辖范围对比来看，处州府的大部分地域均位于古松阳县境内，从历史记载来看，处州各县的源头也起于松阳。

隋开皇九年（589），括苍县【唐大历十四年（779）改名丽水县】由松阳东乡析置而出，与松阳同属处州。后括苍县在唐武周万岁登丰元年（696）析置缙云，唐景云二年（711）析置青田，明景泰三年（1452）再析置云和、宣平，同年青田析置景宁；唐乾元二年（759），龙泉县由松阳南部地析置而出，宋庆元三年（1197），庆元县由龙泉南部地析置而出；东汉建安二十三年（218），遂昌县从太末县（现龙游县）南部析置建县，唐武德八年（625）并入松阳，唐景云二年（711）复置。

时过境迁，如今的松阳县地处浙西南山区、瓯江流域上游，位于北纬28°14'~28°37'、东经119°10'~119°42'之间。县域东邻丽水市莲都区，南和西南接云和县、龙泉市，西和西北接遂昌县，东北连武义县，东西宽53.7千米，南北长40.2千米，总面积1401平方千米，总人口近24万。四周群山环绕，中部为浙西南最大的山间盆地——松古盆地。松古灌区位于松古盆地及周边丘陵，总灌溉面积16.6万亩，灌区内有松阳县西屏、望松、水南3个街道，古市、新兴、赤寿、樟溪、斋坛、叶村等6个乡镇，近18万人口。

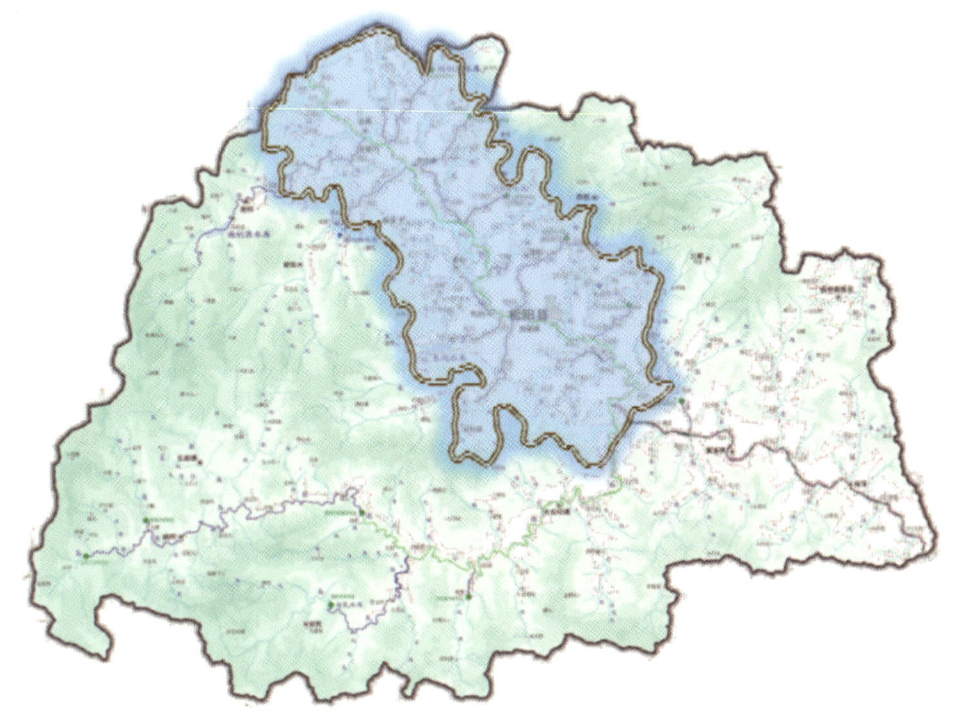

瓯江流域最大的盆地灌区

2.区域概况

（1）水文气象

松阳县属亚热带季风气候区，四季分明，温暖湿润，雨量充沛，多年平均降水量达1658.6毫米，水资源总量丰富，年均水资源总量达13.845亿立方米。但全县降水量时空分布不均，呈现出三个特点：一是年际降水量悬殊，县内各测站实测的丰水年与枯水年降水量比值普遍达到2.0以上；二是年内降水量分布不均，3—6月为多雨季节，平均降水量880.5毫米，占全年降水量的53.1%，其中6月的降水量达到260毫米以上，但7月和8月期间，松古盆地降水量仅150毫米左右，高温晴热，易出现伏旱，12月的降水量则为最少，多年平均仅46.1毫米，只占全年降水量的2.78%；三是空间分布不均，总的态势是山区雨多，丘陵次之，河谷平原较少，海拔越高，降水量越多。

（2）河流水系

浙江有钱塘江、瓯江、椒江、苕溪、甬江、飞云江、鳌江与运河等八大水系。瓯江是浙江省第二大水系，干流发源于龙泉与庆元交界的百山祖西北麓锅冒尖，自西南向东北流，至丽水后折向东南流，贯穿整个浙南山区，经温州注入东海，全长388千米，落差1300米，流域面积1.8万多平方千米。

瓯江水系图

松古盆地丰富的水资源（陈碧鑫 摄）

松阳县境内河流属瓯江水系，呈脉络状分布，有“松阳母亲河”之说的松阴溪自西北向东南斜贯松古盆地及松阳全境，主要的28条支流自东北和西南流入干流，其中19条流向松古盆地中部，整个盆地水网密布，灌溉条件良好。

松阴溪是丽水市内瓯江第二大支流，是瓯江和钱塘江交界的水上门户，俗称大溪，古名松川，又名松溪、松阳溪。发源于遂昌县贵义岭黄蜂洞山麓，流经遂昌、松阳、莲都三县（区），流域总面积1995平方千米，干流全长109.4千米，洪枯变化悬殊，颇具山溪性河流特性。松阴溪流经松阳的干流长度为60.5千米，进入松古盆地后河床展开，最宽处达300米，松阴溪在松阳境内流域面积1302.6平方千米，占松阳县域面积的93%。

元时，为都保制。元至正十年（1350），置26都，每都10保，都有长，保有正，分任其事。其“二十六都”的划分主要以26条支流山脊为界，各支流名称相应命名为一至二十六都源，该河流的统一命名至今仍在沿用。

松阴溪风光（叶瑞鹏 摄）

俯瞰松古盆地（松阳县档案馆 提供）

境内主要支流有28条，其中流域面积在10平方千米以上的有20条，分布于松阴溪干流的左右两岸。左岸有大岭脚源、梧桐源、庄门源、六都源、五都源、四都源、三都源、活源、雅溪坑、靖居源、裕溪源等11条支流；右岸有十二都源、十三都源、东关源、东坞源、竹溪源、黄坑源、小港、南坑源、木岱坑等9条支流。此外，源于三都、四都、板桥三乡的部分山间小溪注入宣平港，大东坝镇和枫坪乡的部分山间小溪注入龙泉溪。

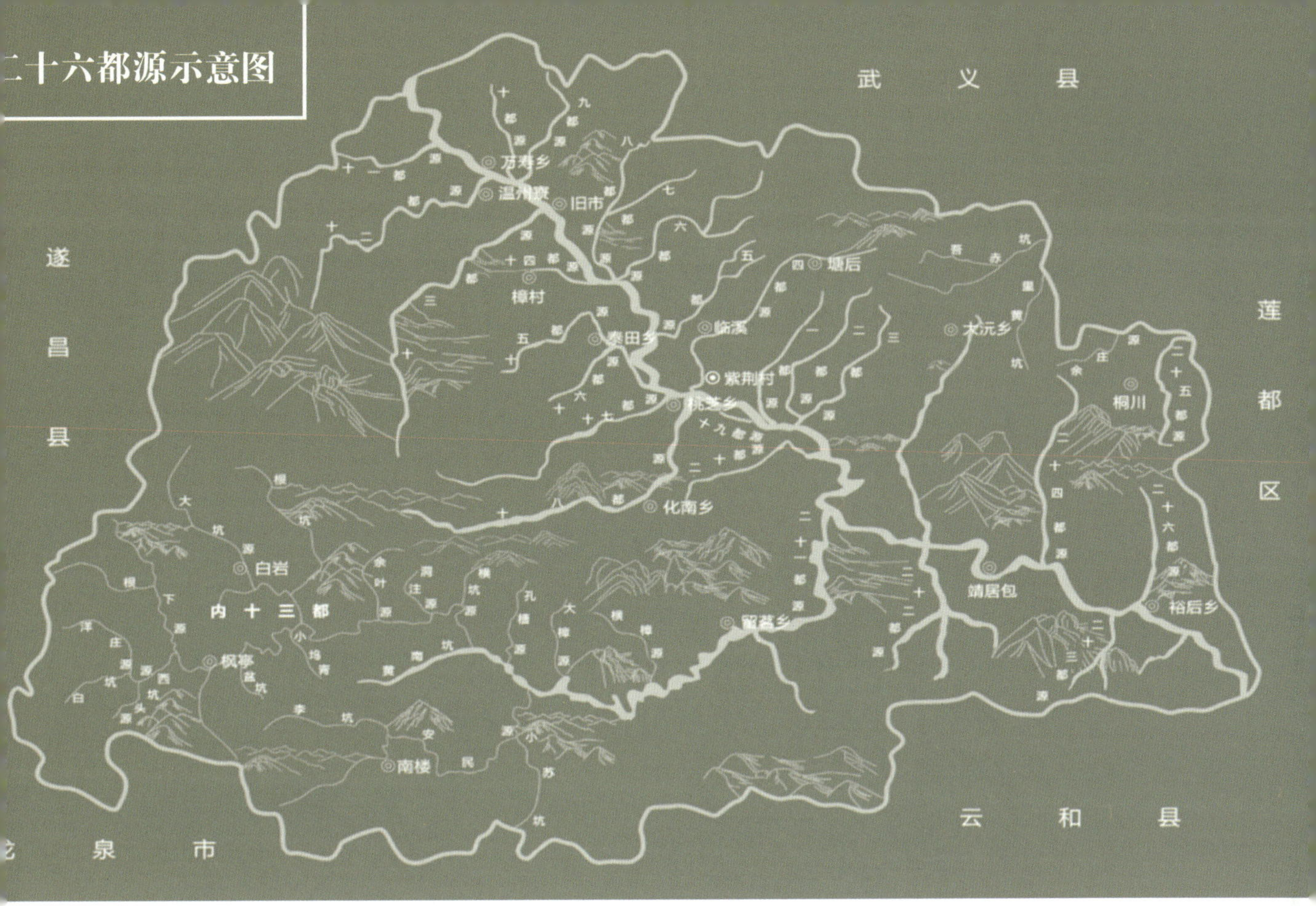

二十六都源示意图

武义县

遂昌县

莲都区

万寿乡
温州寮
旧市
樟村
塘后
大沅乡
泰田乡
临溪
紫荆村
桃芝乡
桐川
化南乡
白岩
内十三都
靖居包
裕后乡
留葛乡
枫寮
南楼

泉市

云和县

阳县水系图

比例尺

0 2.4 4.8 7.2千米

遂昌
妙高镇

漳竹乡
新塘
武义县
大溪口
三港
竹客

遂昌县

莲都区

赤寿乡
新兴乡
古市镇
谢村乡
樟溪乡
四都乡
三都乡
新处乡
斋坛乡
望松乡
松阳
西屏镇
叶村乡
板桥畲族乡
竹源乡
玉岩镇
象溪镇
大东坝镇
裕溪乡
枫坪乡
安民乡
老竹畲族镇
丽新畲族乡
埃口乡

泉市

云和县

2004年制 图例

县人民政府驻地

镇、乡人民政府驻地

地市界

县（市、区）界

山峰、景点

（3）地质地貌

松阳县属浙西南山区中低山、丘陵地带。境内中部为松古盆地，四周群山环抱，山峦起伏，峡谷众多。整个地势以松古盆地为中轴，呈两边高中间低、西南高东部低的特点。地貌层次明显，类型多样，有盆地、谷地、丘陵和山地，山地又有低山、中山之别。

松阳县地形地貌（2004年）

松古盆地海拔105~200米，呈长方形，长25千米，宽5~9千米，西北至赤寿乡界首村，东南至西屏镇青蒙村，呈北偏西40°走向，面积175.46平方千米，占全县总面积的12.52%。其中有农田面积90.67平方千米，占盆地总面积的51.68%。盆地两侧分布众多丘陵，海拔200~300米，面积约为30平方千米，也属于松古灌区之内。

松古盆地为典型的构造盆地，大部分出露为白垩系的红色砂砾岩、钙质紫砂岩、沉积凝灰岩，也有少量的中性岩类。成土母质为该类基岩风化残积物、第四系Q4[①]红土残积物和松阴溪沿岸的近代河流冲积物。盆地开阔平坦，沿溪两岸为冲积平原，农田连片，土层较厚，盛产粮、茶、果、烟、豆、油、桑等农经作物，也是禽畜类和水产类产品的主要产地。

松古盆地与丘陵

①Q4，指新生界第四系全新统，砂砾层为主，赋存铁砂、锆石等砂矿。古剥夷面上有沼泽堆积的泥煤。

灌区起源

1.人类活动追溯

松阳地区是浙南最早的人类活动区域之一，早在新石器时代便已有先人活动的痕迹，新石器时代至商周时代的松古盆地是越部族建立村落的理想地点。在松阳县古市镇筏铺村阴岗山遗址、水南街道瓦窑头村营盘背遗址和叶村乡河头村占安山遗址，曾出土多件石镞、石斧、石环以及陶罐、陶片等新石器时代的生产工具及生活用具，陶片种类较多，有云雷纹、网纹、米字纹、席纹、叶脉纹等，石器均为磨刻，制作精良，石刀、石斧均为穿孔，对钻、石镞为柳叶形。

阴岗山遗址出土陶器

占安山遗址出土陶器

20世纪80年代，新兴镇大石村西首的小山坡，陆续出土大量商代印纹陶罐、壶、盉以及西周时期造型各异的原始瓷豆、罐、尊等文物，器物周身印刻的纹饰具有典型的百越文化特征。大石遗址占地2万多平方米，是松阳县保存较好，面积较大，且内涵较丰富的商周古文化遗址，具有较高的历史、艺术和科学价值。这些遗址的发现和文物的出土，成为松古盆地早期人类活动和聚集地出现时期的有力证据。

2.人口聚集与农业发展

春秋战国时期，大国在争霸战争中相互兼并，《禹贡》记载中的松阳地区“春秋

大石遗址

大石遗址出土陶器

属越，战国属楚”。随着列国旧时分野被打破，居住在松古盆地的越族先民也与外族不断交流融合。秦末，越王勾践裔孙驺摇率越人参与亡秦之战，后又辅佐刘邦击败项羽。《史记·东越列传》记载，汉惠帝三年（前192），汉廷立摇为东瓯王，东瓯王国的封地和势力范围包含温、处、台（州）大部，松阳全境皆属东瓯。

汉景帝三年（前154），以吴王刘濞为首的宗室七王起兵反叛，派人结盟闽越、东瓯。后“闽越未肯行，独东瓯从吴”，汉将周亚夫击败吴、楚军后，东瓯王乘机杀吴王刘濞于丹徒。吴王的儿子出逃闽越国“常劝闽越击东瓯”。松古灌区是东瓯王国的大后方和主要粮仓，为东瓯王国提供了大量的粮食储备，在东瓯与闽越王国的连年战

东瓯王国势力范围图

争中，大批人口迁入松古盆地，形成第一次人口集聚，极大促进了农业生产发展。

汉武帝建元三年（前138），东瓯遭闽越围攻，向汉武帝求救。汉中大夫庄助发会稽兵，闽越撤兵远去。当时的东瓯王名为欧望，迫于闽越压力，主动请求内迁，被汉武帝封为广武侯，安置在江淮流域的庐江郡（今安徽省舒城一带）。《史记》记载：“东瓯请举国徙中国，乃悉举众来，处江淮之间。”

欧望率领部属军队4万余人北上，走水路从温州沿瓯江、松阴溪至松古灌区的古市后，转陆路途经衢州入安徽。在东瓯国北迁途中，松古盆地成为重要的生产补给基地，大量人口的聚集极大促进了松古盆地农业生产的发展。同时，部分不愿北迁的民众选择避至山区，成为“山越”。不久后楚汉族涌入东瓯，部分北方汉民南徙，加之“山越”民众的回迁，松古盆地第二次人口集聚形成。

东瓯北迁路线图

3.灌区水利工程的开启

阡陌纵横、密如网织的松阴溪水系覆盖着广袤的松古盆地，优越的自然环境和独特的历史背景吸引了大批人口在松古盆地会聚，带来了充足的劳动力和先进的生产工具，造就了松阳地区农耕文明与社会经济的繁荣场景，农耕文明和社会文明得以飞速发展。与此同时，水利工程作为农耕文明发展的基础，在松阳地区不断兴起，灌溉面积达16.6万亩的松古灌区在秦汉时期初见雏形。

《叶氏广远宗谱》记载的卯山山塘及周边墓葬

密林中的卯山山塘（刘学应团队提供）

在山塘周边墓葬出土的汉建安、晋元康纪年墓砖

东汉末期，北方诸侯割据，许多中原大户为避战祸，举族南迁。《叶氏广远宗谱》记载：东汉建安二年（197），叶姓江南始祖汉太中大夫（也说是光禄大夫）叶望带着家人由山东青州，辗转江苏句容，落脚松阳卯山脚下，治水开田。松阳先民悠久的治水历史可见一斑。

在卯山山麓的东南，有一方古山塘，现称为卯山山塘，为卯山脚下的东角垄村提供灌溉水源。在与山塘建造同期的墓葬遗址中，出土了大量汉（建安）、晋（元康）纪年墓砖，不仅可以借此明确卯山山塘的建造年份，也为松古灌区起源时代提供了考证依据。

又据《叶氏广远宗谱》记载，时卯山有八景，其一为卯山挂月。由图及相关配诗可见，琚公墓前山塘、渠道和农田均在图中完整体现。同时，图中配诗“插汉峰峦势独嵬，芙蓉削出翠成堆。庭空横起广寒殿，良夜高撑明镜台。对我素娥空自笑，问渠丹桂自谁栽。一枝欲折乘风去，直伴仙翁跨鹤回。”也描绘了月下卯山、广福观、渠道等场景。由此可知，卯山祖坟、山塘、渠道、农田由来已久。

松阳先民移居至此，经过千百年来开田耕织，休养生息，形成了瓯江流域最大的盆地灌区——松古灌区，打造了松阳繁荣的农耕经济和丰富的治水文化。

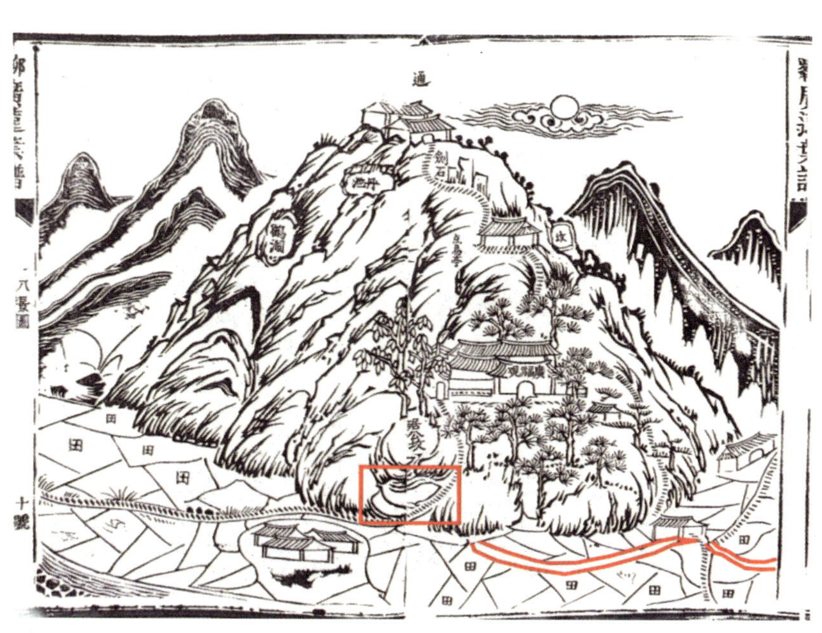

《叶氏广远宗谱》（红色部分为塘、渠）

翠微成獨立絕頂露金波質受陽光滿魄涵凉氣多運機旋晝夜倒影綴山河笑仰傳虛語廣寒有素娥　士琳題

左旋陰漸長精動鏡浮波玉獻峯頭小金從林面多實影中包地斜光上映河一枝高折處丹桂近嫦娥　愛懸周　杰題

誰擎珠一顆懸上卯山頭皓魄升東海清波映碧流光吐黃金殿形成白玉毬兔兒搗何藥杵落未肯休　省齋潘　潤題

撐漢峯巒勢獨嵬芙蓉削出翠成堆庭空橫起廣寒殿良夜高撐明鏡臺對我素娥空自笑問渠丹桂自誰栽一枝欲折乘風去直伴仙翁跨鶴回　潛齋朱　龍題

一輪高掛碧峯頭影樣琉璃萬頃秋凉籟奏成羽衣曲恍疑身在廣寒遊　水心　適題

孤高聳翠出諸峯萬仞凌霄體勢雄景是先天開洞府秀從平地拔芙蓉遠懸月色雲痕藏高掛山巔夜氣冲皓魄一輪堪望賞清輝相對廣寒宮　味道題

孤峯凝湧出明月正當中玉鏡高懸處清光亘遠空　嵩生鄭培椿題

卯山挂月图及配诗

灌排体系

1.灌排工程体系——堰塘渠井堤

魏晋南北朝时期，北方黄河流域战火不休，动乱长达300多年，在这期间，全国人口大量南迁，经济重心逐渐南移。至唐朝，政治局面基本稳定，水利学术氛围浓厚，技术交流日渐频繁，全国范围水利事业蓬勃发展，江南一带以引水蓄水的灌溉工程最为普遍。

通济堰始建于南朝梁天监四年（505），时居松阳东乡。据北宋元祐八年（1093），处州知府关景晖所撰《丽水县通济堰詹南二司马庙记》记载，在唐代以前已基本形成完备灌溉体系，灌溉面积已达“二千顷”。按“中心开发优先”之常理，处于松阳县中心的松古盆地引水灌溉系统及技术发展水平，至少和通济堰相平，除芳溪堰、白龙堰、观口堰等少数几个始建年代较明确的古堰外，青龙堰、午羊堰、金梁

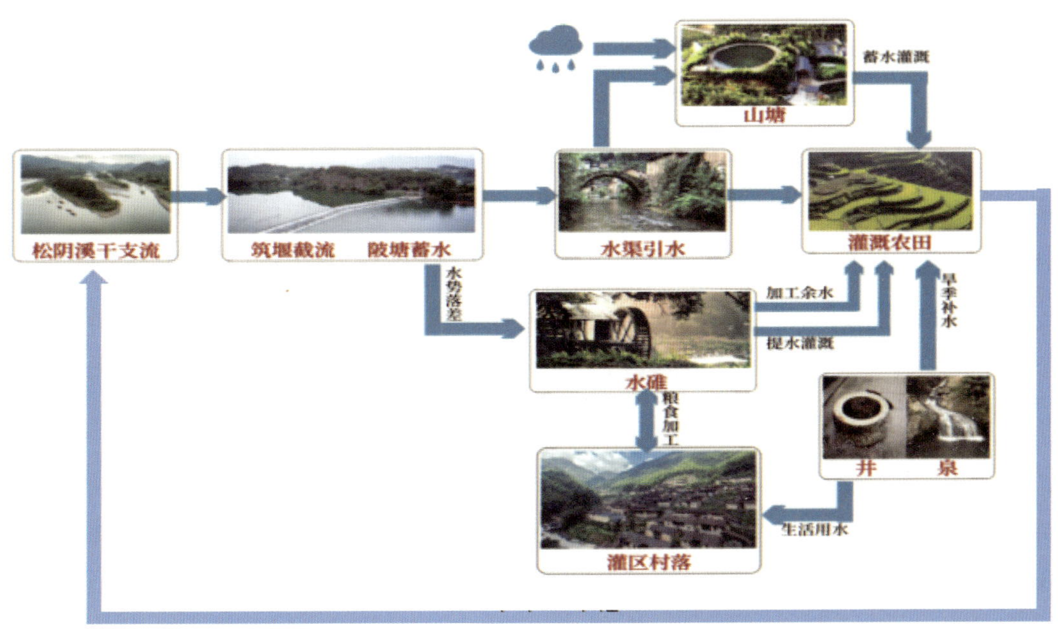

松古灌区灌溉工程体系

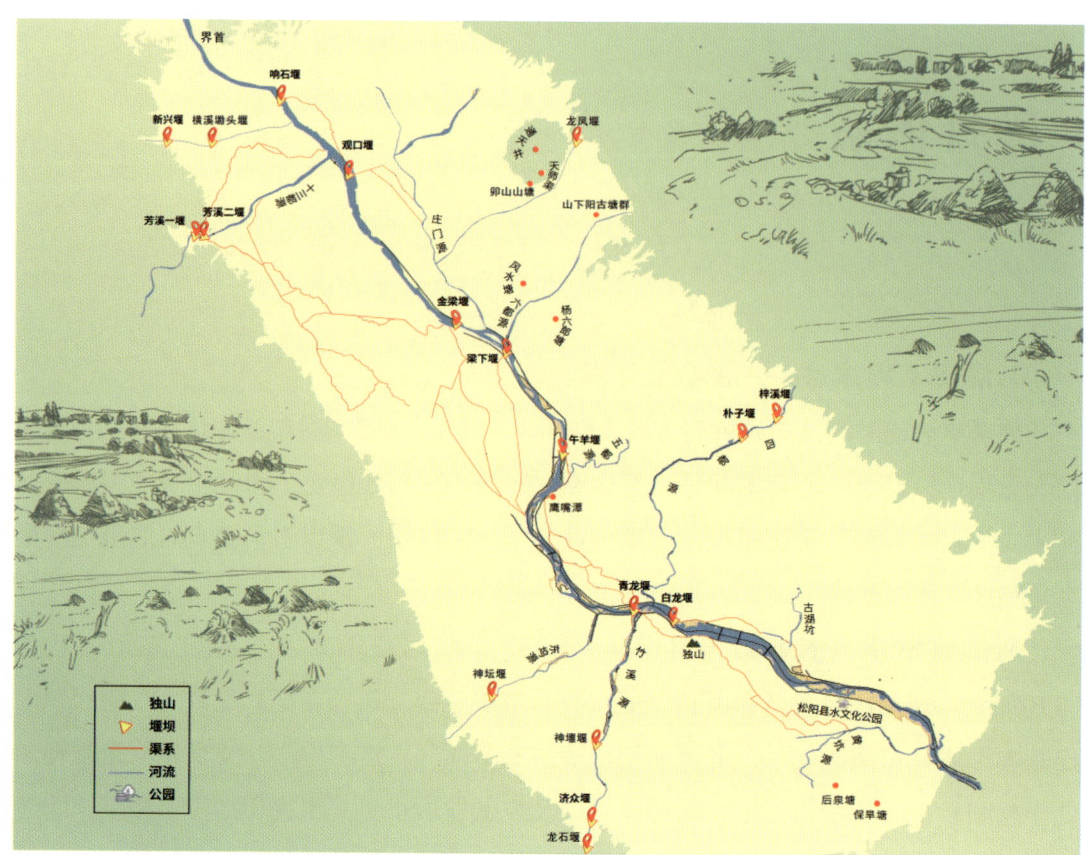

松古灌区灌溉工程遗产总图

堰、响石堰等大批至今仍不明始建年代又位于松古盆地中心的古堰亦可说是早在通济堰始建年代之前所建。故有松古灌区发展于南北朝之说法。

从现遗存的70多件榜文、告示、碑刻、文选等历史记载遗产文献看，自宋以后除白龙堰等少数几座古堰外并无建堰的记录，所记事件均为工程建后管理事务,但自宋朝始砌石堰的推行是筑堰技术的重大发展，故我们从大的历史时段讲，松古灌区发展于南北朝唐宋。也有研究学者认为“松阳县水利工程建设的基本格局形成于南北朝和五代十国期间，成效巨大”。（车震亚主编《古邑松阳》）

松古盆地得天独厚的地理位置和水文条件是水利工程发展的良好基床，在唐、宋之前，松阳先民大力发展中小型水利工程，在松阴溪流域依势筑堰建渠，分片开圳引水，构筑了以松阴溪干、支流为主要水源，以堰、塘、井等为调控单元，以圳渠为传送网络的长藤结瓜式灌溉网络，因地制宜地建立了“堰塘井渠合理布置、引蓄灌排有序组织”的灌溉工程体系，对灌区内水源进行引配，并修筑河道防洪堤防，从而达到旱涝控制、合理取水灌溉等目的。排灌体系的构建使松古灌区内堰、渠交错，塘、井密布，确保了松阳历朝农业生产的发展。

2.千年水利印记——工程遗产遗址

岁月不居，星霜荏苒，在1800多年的时间里，众多水利工程日复一日地润泽着松古灌区的万顷良田，养育了无数松阳人民，在防洪、抗旱等方面发挥着无与伦比的作用。难能可贵的是，这些满身功绩的水利工程不仅存在于历史记载中，更穿越千百年留存至今，得以向世人展示松古灌区先民的治水智慧。

松古灌区水利工程遗产类型丰富多样，堰、塘、渠、井、堤工程均有大量留存，据民国时期《松阳县志·卷二·建置》记载，松古灌区堰坝百余，山塘散布，水井上千，犹如统一规划过，分布错落有序。通过对这些古代水利工程建设年代、管理权利等多方面的考证，可以得出一个结论：松古灌区在元明清时期已发展至成熟阶段。如今，这些古水利工程至今依旧气象万千，活力四射，像一座拥有强劲生命力的活态水利博物馆陈列在江南大地上。

（1）古堰寻踪

松古灌区先民逐水而居、耕读传家，在河流两岸开垦大片农田，为保障农作物生长发育需水量，在河床上建设堰坝拦截水流、抬高水位，对河流水位和水量进行调节，不仅可以引河水、灌农田，同时也有调整河道坡降、巩固泥沙、促进人水和谐等作用。

据民国版《松阳县志》记载，灌区有古堰120余座，其中灌溉面积在千亩以上的有23座。至今仍在发挥功能引水兴利的千亩以上堰坝14座，分别为响石堰、观口堰、金梁堰、梁下堰、午羊堰、青龙堰、白龙堰、新兴堰、芳溪堰、神坛堰、龙石堰、济众堰、梓溪堰、朴子堰，均为清代以前修建。

青龙堰，古名百仞堰、何家堰，位于西屏街道寺岭下村北松阴溪干流，北宋庆历年间（1041—1048）已有修建记录，始建年代无考。旧址在百仞山（独山）附近，明万历二十二年（1594）知县周宗邠迁堰现址。明万历二十六年（1598）处州知府任可容改竹笼卵石堰为干砌块石堰（《瓯江志》记载）。中华人民共和国成立后，青龙堰修建多次，1963年，为解决跨竹溪源河段受洪水冲刷，河道淤塞不能取水的难题，修建了一条长80米、高1.2米、宽1.2米的堰前钢筋混凝土盖板涵洞，后经运行效果很好，1976年又向主河道延长修建了40米长、高1.8米、宽1.2米的堰前石拱涵洞，使取水口直伸至河道。此时堰长300余米，呈人字形走向，堰高2.5米（上下游堰面高差

青龙堰（刘晓飞 摄）

1.5米，堰基埋入河床约1米），堰型为1:9干砌大块石松木桩防冲堰，堰宽近17米。现堰改建于2004—2007年，因河道采砂、河床下降及洪水等因素，2004年在人字形头部水毁堰体50余米，修复改造成现连拱坝段。2007年除连拱坝段两端干砌石堰体大部分水毁，改造成现混凝土重力坝。现堰长325米，堰高7.5米，堰轴线一直未变，人字形右端竹溪源堰体长约160米，左端松阴溪主流堰体长165米。南岸干渠名为青龙圳，全长7千米，灌溉9村农田2800亩。现存水文化遗产：单面碑刻2方，双面碑刻1方，摩崖石刻1处，文选2篇。

金梁堰，古名宣公堤、京梁堰，位于斋坛乡小石村北松阴溪干流，元元统二年（1334）已有记载，始建年代无考。清光绪十二年《重修金梁圳碑》记载“溯圳之所始，在元，则由七都象鼻潭入水，至明洪武间改而下之，则由轭儿洞潭入水。”该堰历来充分利用松阴溪的河道深潭条件和水脉，在松阴溪干流上无坝取水。因采沙河床下降，现堰长190米，堰高6米，建于2009年。南岸干渠名为京梁圳，全长4.5千米，灌溉农田3000余亩。现存水文化遗产：榜文1篇，碑志1篇，碑刻2方。

金梁堰（刘晓飞 摄）

白龙堰，位于西屏街道航船头村南松阴溪干流，始筑于元末丙申年（1356），由乡贤周汉杰捐资并鸠工筑成。明万历十六年（1588）知县廖性之改竹笼卵石为巨石干砌堰，清康熙十四年（1675）知县张景留又主持重修。现堰长165米，修建于2009年。北岸干渠名为白龙圳，全长4.5千米，贯穿县城，灌溉农田1300余亩，同时也是县城主要排水通道。白龙圳除松阴溪干流为主要水源外，还以四都源梓溪堰、朴子堰尾水及支流古胡坑为补充水源。现存水文化遗产：碑刻1方，文选2篇。

白龙堰（刘晓飞 摄）

响石堰（刘晓飞 摄）

响石堰，位于赤寿乡狮子口村南松阴溪干流，清顺治时《松阳县志》已有记载，始建无考。现堰长99米，北岸干渠全长7千米，灌溉农田5000余亩。现存水文化遗产：文选1篇。

观口堰，古名瓜渚堰、管洲圳，位于古市镇下街南松阴溪干流，始筑于清朝初年（约1644）。康熙十八年知县张景留捐资复修，现堰长186米，修建于2007年，灌溉农田1500余亩。现存水文化遗产：碑刻2方。

观口堰（刘晓飞摄）

午羊堰，又名下洋圳，位于望松街道石门村南松阴溪干流，清道光二十七年（1847）已有记载，始建无考。现堰长250米，修建于2010年。北岸干渠全长2.5千米，灌溉4村农田1500亩。现存水文化遗产：碑刻3方。

梁下堰，又名石门圩堰，位于斋坛乡石门圩村北松阴溪干流，清乾隆版《松阳县志》已有记载，始建无考。现堰长170米，修建于2011年。灌溉石门圩、十五里等村农田3000余亩。

午羊堰（刘晓飞 摄）

梁下堰（刘晓飞 摄）

芳溪一堰（刘学应团队 提供）

龙石堰（刘晓飞 摄）

芳溪堰，位于新兴镇下源口村松阴溪支流十三都源上，据芳溪堰榜文记载始建于宋，年代无考。芳溪堰分为一堰和二堰，一堰堰长58米，干渠2.5千米；二堰在一堰下游约90米处，堰长70米，干渠长9.5千米，堰体均为砌石堰，灌溉新兴镇、樟溪乡农田共9000余亩。现存水文化遗产：榜文17件，水圳残图3件，碑刻2方，文选5篇。

龙石堰，又名龙陂堰、龙石圳，位于水南街道市口村村头松阴溪支流竹溪源上，清顺治版《松阳县志》已有记载，始建无考。现堰长53米，干渠分为东、西两向，共灌溉农田3000余亩。现存水文化遗产：碑刻1方。

神坛堰，即神砭堰，又名田圳、松山陂堰，位于叶村乡松山村松阴溪支流东坞源上，清乾隆版《松阳县志》已有记载，乾隆六十年（1795）水毁修复，始建年代无考。现堰长35米，宽7.5米，高1.3米。干渠长1.8千米，灌溉农田2000亩。现存水文化遗产：碑刻2方。

新兴堰，又名源口陂堰、头堰、新兴上堰，位于新兴镇上源口村松阴溪支流十二都源上，清顺治时《松阳县志》已有记载，始建年代无考。原为竹笼装石叠砌而成，后采用砌石修筑，灌溉农田2100亩。现存水文化遗产：榜文1件，碑刻1方。

神坛堰（刘晓飞 摄）

新兴堰（刘晓飞 摄）

《松阳县志》（民国版）、《松阳水利志》记载的松阳古堰：

【通济堰】去县东六十里堰头。水出松遂，实灌丽水民田。萧梁时，詹南二司马筑堰于松阳境上，功久不就。忽遇一老叟指之曰："过溪见异物即其地也。"如其言，果见一白蛇横亘中流。以刃击之，蛇梭巡而退，二流衺如绳状。于是，循其波痕而筑之，堰乃就。然每为谢坑横流所噎，岁需再疏瀹。宋乾道五年春，郡守范成大与军事判官张澉修复。政和初，丽水县令王禔、县尉叶秉心，建石函，民受其利。为四十八派，溉城西田百余顷。嘉庆间，知府涂以辀复修。龙王祠、司马祠，俱在其间。①

【百仞堰】【青龙堰】去县南三里，十九都。自山足引入耆德门，至河桥、徐村、澄川、横山，与青蒙石虎潭合，溉田甚广。有鄞县屠隆、缙云李鋕堰记。清光绪三十四年，百仞山题刻。1950年，省政府贷款大米三万一千斤，补助修建。堰渠长七千米，灌溉瓦窑头、青龙、横山等九庄二千八百亩。2007年，重修为重力堰和连拱堰，堰长三百米，渠长七千米。

【白龙堰】在航船头。县南五里，一二都。灌田二十顷。里人周德闾悉力鸠工而成。乡人感焉，立祠刻石，以报其德。明万历间，知县廖性之筑。崇祯丙子，为水冲坏。里人欲修故址，为奸人所阻，田荒赋悬，而未修筑。清乾隆辛酉，里人程圣鼎、王志佐、潘维光、程发寿等捐资立会。每年于夏初董率田户疏筑，即以会资为费，岁以为常。1964年，坝改巨石浆砌。1990年，渠改混凝土衬砌。2002年，将填之，程东源、吴振芳等知悉，力保之。遂于2009年，修浚为砌石堰，堰长一百六十米。渠长四千五百米，贯穿县城，灌溉项弄、白沙庄田一千三百余亩。

---

①通济堰始建于南朝梁天监四年（505），位于堰头村边松阴溪上，为松阳境内，直到1963年行政区划调整后归入丽水县（今莲都区）。此坝初为木筱结构，南宋年间将木筱坝改石坝。该拱形大坝长275米，宽25米，高2.5米，灌溉碧湖平原上的3万余亩农田。南宋时，著名诗人范成大到处州任太守。通济堰时修时废，讼事不绝，船家为通航，农家为争水，常生殴斗，水利反成水患。为解决通济堰的问题，范成大找老农，访船民，又察看堰坝、闸门和渠道，查问历来引起纷争的事项，最后，制定了整治通济堰方法，并确立了通济堰规二十条。从此，遂昌、松阳的上下航运畅通无阻，碧湖灌区引水畅通，百姓皆得安乐。通济堰首创了最早的拱形大坝和最早的水上立交桥两项"世界之最"。范成大制定的《通济堰规》，是世界最早的水法规之一。2014年9月16日，通济堰被列入首批世界灌溉工程遗产和联合国教科文组织遗产目录。

【龙石陂堰】即龙石堰。去县南十里寺口上村头，十八都外管。引竹溪源灌田二十顷。1964年，改砼砌块石。1989年重修。堰坝长五十三米。灌田三千四百亩，东渠溉竹溪，西渠溉河头、市口、包安山。

【松山陂堰】去县南十里，十八都外管。灌田二十顷。

【沿坑堰】在县西十里，外十八都松山。灌田一顷。

【后塘堰】在松山。灌田六百亩。今存。

【济众堰】即济众陂堰。去县南十里市口庄下，十八都外管。1964年、1985年、2015年，屡修。堰坝长三十八米有奇，灌大竹溪、市口、东岗寮等庄田四千五百亩。

【济众附堰】在县南十里济众堰之下，大竹溪村头。

【木杓堰】在县南十里，二十都。灌田一顷。

【纱帽堰】在二十都。灌田一顷半。

【桥头堰】在县南十里，外二十都。灌田一顷。

【金丝堰】在外二十都桥头庄空石山空石源。灌田一顷。原堰掩废，新堰块石堆积而成，溉田三百亩。

【岩西堰】在县南十里岩西黄坑源，外二十都。灌田一顷。旁有黄坑源水库。

【上黄堰】在外二十都，灌田八十余亩。

【降福堰】在外二十都，灌田七十余亩。

【章文堰】在外二十都，灌田四十余亩。

【庵下堰】在外二十都，灌田三十亩。

【木堰】在外二十都，灌田三十余亩。

【石堰】在外二十都，灌田一顷。

【陈陂堰】在外二十都，灌田三十余亩。

【狮子口堰】在外二十都，灌田八十余亩。

【水碓堰】一在外二十都潘村黄坑源，灌田三顷；一在三都源周坌庄，灌田一百五十亩。两堰水碓虽亡，堰坝重新。

【吊陵堰】在县南三十五里，下十八都。灌田一顷。

【乌村堰】在县西南五里，十七都。灌田二顷。

【冈头堰】在县西南十里，十七都。灌田四顷。

【沙陂堰】旧名神坛堰。去县西南十里松山村顶，十八都管，灌田二十顷。乾隆六十年，洪水冲没，派钱筑砌以作工力饭食之费，余钱守管积放，余资买田买仓。至嘉庆十年，共买圳田六亩，存积筑砌修圳，以备工食之资；又邀仝廿五人各出谷二桶，立成圳会，齐集守管。并立碑于叶村关王殿。今堰坝长三十五米，配有闸门引水，渠长一千八百米，灌溉叶村、松山、河头庄田两千亩。

【显坑水堰】去县西南十里，十七都。灌田四十亩。

【山坑水堰】去县西南十里，十七都。灌田三十亩。

【大墺堰】在玉岩庄大源坑。堰坝长二十三米。灌田百余亩。20世纪70年代重修。

【水路岚堰】在支木庄。灌田五十余亩。

【苦坑头堰】在官岭庄。灌田百五十亩。

【济虹木堰】在玉岩大源坑。灌田五十余亩。自东而西，六丈有奇。初以竹杭水，时有旱患。光绪丙午，叶永滋、杨光格等募捐，改筑石陂，用大松树造堰杭水，农田得资灌溉。叶应龙题赠“桑梓情深兴水利，稻花香处说君时”以纪其事。

【龙舌堰】在县西五里。水从鹰嘴潭引入，绕赤壁山脚龙舌嘴下，至中央圩。灌田八百余亩。

【梁下堰】即石门圩堰。在县西十里。灌田九百余亩。1971年修复，旋被水毁。2006年重修，堰坝长一百七十米。

【午羊堰】即石门堰。分为三坝，在石门名曰石门圳、在黄公渡名曰下洋圳、莺嘴圳。灌黄公渡、塔寺下田四千五百亩。2011年修复。堰坝长二百四十六米。

【湾口堰】在县西十里。灌田百余亩。

【斋坛堰】在县西十里。灌田四顷。

【后冈堰】在县西十里，外十八都。灌田一顷。

【新堰】在县西十里，外十八都。灌田三顷。

【高山堰】在县西十里，外十八都。灌田一顷。

【枫树礌堰】在外十八都。灌田一顷。

【上寮堰】在外十八都。灌田一顷。

【鸡毛坪堰】在外十八都。灌田一顷。

【项堰】在外十八都。灌田三顷。

【河头堰】在外十八都。灌田六顷。

【扼泥弄堰】在县西十里，外十八都。灌田一顷。

【嘉石沙堰】在外十八都。灌溉源口、麻寮、寺山、杨里洞、官田、下阳等处田共三十余顷。

【东坞陂堰】在县西十五里，外十八都。灌田一顷。

【东关堰】在县西十五里。灌田五顷。

【桐村堰】在县西十五里桐村东关源。灌田五顷。2010年修复，灌田四百亩。

【桐青堰】在外十八都。灌田一顷。

【粗石堰】去县西十五里，十六都上管。灌田十顷。

【寺前堰】去县西十五里，十六都上管。灌田二顷。

【寺后堰】在县西十五里，十六都。灌田八亩。

【坑西陂堰】去县西十五里，十六都上管。灌田一顷五十亩。

【坑西堰】在县西十五里，十六都。灌田四顷。

【后路陂堰】去县西十六里，十六都上管。灌田一顷五十亩。

【知墓坡堰】去县西十六里，十六都上管。灌田一顷。

【金梁堰】去县西二十里，十五都。灌田六十顷。元至元六年，堰坏。达鲁花赤买住乘时兴筑，民获其利，因名宣公堤。后复旧名。堰渠四千五百米，灌田三千二百亩。2010年，改为堰坝引水，坝长一百八十米。

【金梁子堰】去县西二十里，十六都下管。灌田二十顷。

【芳溪堰】去县西二十五里十四都。旧名上曹堰。灌田八十顷。由十三都内管发源，直达下源口村头，分灌十三都上安等处田三千余亩、十四都力溪等处田四千余亩。叶祥麟记。1976年砌石重建，堰坝长七十米，渠长六千米。

【塘头堰】在县西二十五里十四都。灌田八顷。

【墈头堰】在县西二十五里大墓山悟真寺桥之上。堰水由十二都发源，达源口新兴堰。其坝中低，以便入水。民国十年，经知事赵祖寿勘断给谕，复经知事吕耀钤平定，灌田七百余亩。民国二十八年，兴工建筑，勒石立碑。

【通泽堰】旧名州陈堰。去县西三十里，八都赤岸村下。上接遂昌溪，讫于梧桐溪，灌田一十二顷。民国十一年，再议修复，呈准知事吕耀钤给示立案，丁兆丰记。

【响石堰】去县西四十里十都狮子口。灌田二十顷。1990年修复。2016年维修溢流面。堰坝长七十四米，渠五千米，灌田二千一百亩。

【仑溪堰】去县西北十里，六都。灌田二顷。

【常熟堰】去县西北十二里，五都。康熙辛巳，里人纪有老、叶四迪捐资建筑，灌田八顷。

【观口堰】去县西北二十里，八都古市。向有之。由观口潭入水，故名。程堰五：一曰瓜渚堰、二曰管洲堰、三曰黄淤寮大坑堰、四曰圩塔堰、五曰老芦堰。灌溉古市下街、上下五木、黄淤、岗下、上河、黄埠头等田八十余顷。并保障民舍。而水道沧桑，不时汛溢。民国八年，各村公民呈请知事查锦枞莅勘，集赀修筑，名曰下街保安埭。十二年，又被水坍，由叶应龙等呈请知事吕耀钤筹捐修复立案。1963年，改筑块石硬壳。2007年，维修。堰坝长一百八十六米。黄淤寮大坑堰于1999年重建并造桥。

【龙凤堰】去县西北二十里，七都。灌田五顷。

【西湖堰】在七都上河庄。民国二十一年修筑。灌田百余亩。2003年改建，灌田三百亩。

【龙峰堰】在卯山麓东侧。又名庄门堰，引庄门源水自北至南灌溉庄门畈灌区塘岸路、庄门、下街路三坦农田。堰边巨石题刻分水事宜议约。

【冈儿堰】在县西北二十里油麻山脚。灌溉荫冈下、横圳各村民田七百余亩。80年代重筑。2012年，引水渠外移重建。

【六亩堰】在县西北二十五里十三都溪下庄。油麻山脚入水。堰坝长四十八米，灌溪下、筏铺田六百亩。1989年被水毁，重筑。

【泥陂堰】去县西北二十五里，九都。灌田三十顷。

【皇上堰】又名黄上堰、官堰，在九都梧桐源口。灌田十余顷。

【梧桐源堰】在上方庄。1982年重修，堰引水渠长一千五百米，灌田两千余亩。

【蛇皮堰】在九都半古月村下乌连庄。灌田二百余亩。民国三年，呈准知事习艮枢给示立案。堰坝长二十四米。

【源口陂堰】去县西北三十二里，十二都。灌田一顷五十亩。

【石龙堰】一作石陇堰。去县西北三十五里，十一都。灌田一顷八十亩。

【长丰堰】去县西北四十里上坞源，十一都，灌界首庄田七十亩。2012年重建。

【白社堰】在十二都。废。

【章潭堰】在十二都。废。

【巷路堰】在十二都。废。

【书院堰】在十二都内孟。灌田二十余亩。

【道堂堰】在十二都内孟村外。灌田二十余亩。

【徐郑堰】在十二都徐郑庄。旧名新兴二堰。灌田三百余亩。江南渠道涵管经此堰过。

【新兴堰】在上源口庄十二都源。长约二十一丈，阔约四丈，灌田十顷零。系上源口、外孟、泉庄、杨村头、西明周五坦共有。旧名上堰，为十二都源口外第一堰，故又名头堰。1998年，复筑。灌上源口、徐郑、泉庄、外孟、进贤田近千亩。

【朴子堰】在城北竹客口庄。水由四都源来，灌五都阳与城区田一千余亩。堰坝长十六米。民国二年重修。1987年重筑。2015年被水毁。田多建房，遂废。

【梓溪堰】在城北。水由四都源来。与朴子堰两堰均年久失修。民国二年，农会长叶秀文募捐修复两堰，禀请知事补助，添筑新陂于竹客口。1958年，四都源水库完竣。

【清明堰】在县北五里。接梓溪水，灌田五百余亩。

【和尚堰】在县北五里竹客口庄四都源。接梓溪水，灌田一百五十亩。2000年修筑。

【八字堰】在县北六里许竹客口茅坑溪。左右分流，故名八字。左灌邵山、西坌，右灌竹客口、北山，灌田二千二百亩。2014年重筑。

【竹客源口堰】去县北七里，四都。灌田二十一顷。其第一支流名曰高堰，入西河麻阳，灌田四百余亩，里人毛斐然有记。重筑。

【双坑堰】旧名岑石堰。去县北七里，六都。灌田一顷。

【浦沙堰】在县北二十里宋坦村外。灌田百余亩。

【杨柳坌堰】在县北三十里赤溪庄上隔溪。灌田二百余亩。

【高路陂堰】去县东北三十五里黄店庄，二十四都。灌田五顷。原堰已废，2013年新筑，灌田三十亩。

【岗下陂堰】去县东北三十八里，二十四都。灌田一顷六十五亩。

【渡头陂堰】去县东北三十八里，二十四都。灌田一顷五十亩。

【双坑坡堰】去县东北三十八里，二十四都。灌田二顷。

【溉水堰】在县东五里。灌田五百余亩。

【殿桥坑】在县东十里。灌田数百亩。

【杨沐堰】去县东十五里，二十二都上管。灌田四顷五十亩。

【七宝坑】在县东二十里。灌田数百亩。

【苏埠坑】在县东二十里。灌田数百亩。

【西坑水堰】去县西三十里，十二都上管。灌田五十亩。

【叶二水堰】去县西三十里徐郑庄，十二都上管。灌横溪、大木山田一顷五十亩。

【垵源堰】在县东三十里。灌田八十余亩。由黄岭根直达宣平武村，与溪水合流。

【新处弄墺】在县东四十里东源水口。灌田八十余亩。

【大坑官墺】在县东四十里靖居包。灌田一顷。

【靖居堰】在靖居源。靖居源上无常堰。靖居庄下有石上堰、黄卷堰、桥下堰、棋盘丘堰、下畈堰，靖居包庄有下司堰，皆灌田百亩余。

【小槎大畈陂堰】去县东五十里，二十三都。灌田九十亩。

【小槎墺】在二十三都小槎。有上墺、下墺、大埬头墺、老鼠墺、羊头陂墺，各灌田数十亩。

【裕溪陂堰】去县东五十里，二十三都。灌田七十亩。

【孤山陂堰】去县东六十里，二十六都。灌田一顷九十亩。

【佃溪堰】去县东六十里，二十六都。灌田九十五亩。

【种德源墺】在县东六十里桐廊李家门口。灌田八十石。

【石唇陂墺】在桐廊村。灌田四十余亩。

【上洋堰】去县东南二十里，二十都内管。灌田五十亩。

【白陇堰】去县东南二十里，二十都内管。灌田一顷。

【老虎坑堰】在大阴源老虎坑。堰坝长十七米，灌溉大阴庄田。

【麻源堰】在大阴源麻源。堰坝长十五米，灌溉麻源庄田。2014年加固。

【樟树堰】在周坌庄三都源。灌田二百五十亩。

【活源堰】在活源。有蜻蜓堰、和民桥堰，皆块石干砌。

【竖塘堰】在桐溪。

【竹客口堰】在竹客口庄四都源。有樟溪堰，民国二年重修。堰坝长十九米，灌竹客口、北山、城区田一千四百亩。又有招弟堰，1995年重筑，灌乌石下田三百一十亩。

【尖帽堰】在东关庄。灌桐村田五百亩。90年代重修。

【三十担陂】在铺门庄。灌乌形山田二百亩。

【井陂】在东坑庄。灌乌形山田二百五十亩。

【乌形山堰】在乌形山。下营陂，灌乌形山田二百五十亩。棉花地陂，灌项弄田二百亩。汀步头陂，灌项弄田一百亩。

【石桥头陂】在孙源新村。灌孙源新村、大路口、源内田二百亩。

【殿桥陂】在源内。灌溉紫草田五十亩。

【阙家堰】在后宅石梁桥下游。堰坝长十二米。

（2）古塘探秘

据《史记·夏本纪》记载，夏初时期的华夏民族已经初步掌握了把低洼地带围筑起来，用于防洪和灌溉的蓄水手段，古时称之为塘、陂、湖、水柜等，和人们熟知的水库有着类似功能。（“水库”一词始见于明代徐光启著《农政全书》）

松古灌区山塘（刘学应团队 提供）

山塘是松古灌区无堰坝引水条件村落区块的主要灌溉水源，虽东汉年间已存在卯山山塘，各版《松阳县志》记载山塘并不多，民国版《松阳县志》记载有官塘、杨柳郎塘、刘家塘、叶家塘、夫锦塘、保旱塘、后泉塘、自然塘等十四方山塘，持续为百姓的生产生活用水提供保障。

古市镇山下阳村（古名麓阳）《麓阳张氏宗谱》详细记载了历代祖先的祀田及其灌溉水源，自清乾隆丁卯年（1747）至民国二十七年（1938）共计有48座山塘，位于山下阳村37座，展现了松古灌区松阴溪南北两岸地势较高、水源短缺的村落先民建塘灌溉的真实历史。

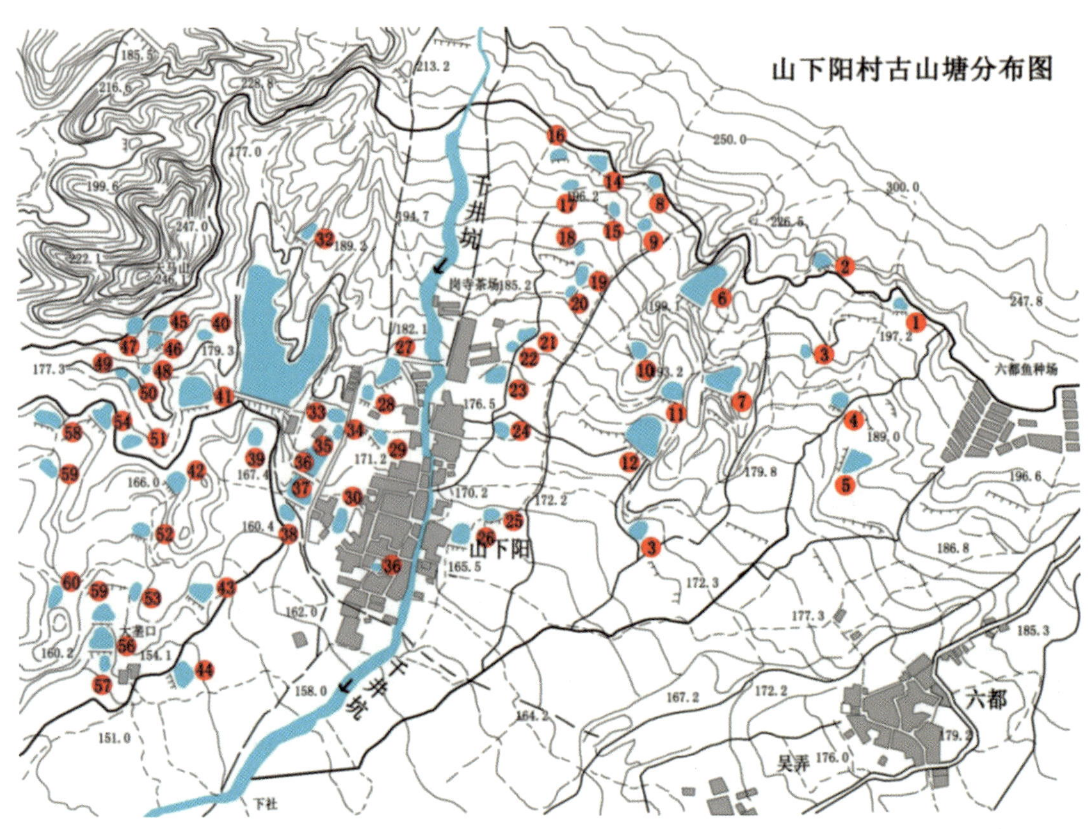

①本图为1982年版万分之一图，图中除后周垄水库外，山下阳村有塘60座，均为古塘所遗。据张义金（1930年生，村中会计）老人述说土改初期，山下阳村有山塘120余座。

②图中33–38号六塘相连，加上33号上游一未完工古塘址，统称“七眼塘”。

【官塘】

位于县城西南方向百二十步，广达一顷。明洪武元年（1368）废，改为良田。

【刘家塘】

位于县城往东三十里，二十二都下管，地名为“石马”，灌溉农田一顷。

建置志七

塘堰

官塘　在縣西南一百二十步廣可一頃元末塘廢後作田。旁跨石橋以便行者橋上有關帝廟歲時縣令行香。

劉家塘　在縣東三十里二十二都地名石馬灌田一頃

葉家塘　在縣西二十里舊市塘岸廣可五畝兩岸有民居

石巖寺塘　在縣北五里石巖寺前面積約小泉水長流，可灌田十餘畝

大鍋塘　在縣北十三里山塆后面積二十畝灌溉糧田一頃有餘

松陽縣志　卷二　建置　塘堰　八六

保旱塘　在縣南十里大竹溪

后泉塘　在大竹溪泉流四時不竭夏冷冬溫

龍山蓄塘　在縣西十里灌溉田一頃有奇

花田蓄塘　在縣西廿里灌溉田四十餘畝

桐樓蓄塘　在縣西十里灌溉田一頃

下甘山塘　一名下岡塘在縣南三十五里象溪村文昌閣下灌田十餘畝塘爲高永繡忌業有額四畝五分係永繡子孫完糧。

滴洲塘　在縣東四十里靖居包大坑邊。

自然塘　在縣東五十里徐山村後最高處泉水自山頂

县志记载的山塘

【叶家塘】

在县西二十里八都旧市塘岸。广可五亩，两岸有居民。

【杨六郎塘】

清道光元年（1821）建成，灌田一顷二十亩，为当时境内第一塘。

（3）渠圳纵横

水利是农业的命脉，渠道便是大地的血管，渠亦称为圳，无论是直接从河流取水还是从塘库取水，渠圳都是链接水源和农田的重要水利工程，起到引水、输水和排水等作用。自古以来，松阳先民在河流两岸和塘库下游修建渠圳，大片农田收灌溉之利。

卯山，县西三十里……有天师渠，前临清溪，为叶法善修真处。

——清乾隆版《松阳县志》

天师渠（刘晓飞 摄）

松阳县最早有记载的渠道为天师渠，位于古市镇东角垄村，始建于唐朝，清顺治版《松阳县志》记载其为古迹。由唐朝道教天师、越国公叶法善所建，经旱不竭，渠水灌溉的“卯山仙茶”为唐朝时期御用贡茶，传承至今。

据山下阳村《麓阳张氏宗谱》记载，清康熙年间开凿了绕村人工排洪、引水沟渠，用于防洪灌溉。

在现存的堰坝工程遗产或遗址两岸，均保留着古渠道的开凿和利用痕迹，不仅如此，自松阴溪干流堰坝引水的古渠道犹如统一规划过，在两岸交替分布，无一例外。如青龙圳干渠从青龙堰引水，全长7千米，灌溉右岸2800亩良田，则下游白龙圳干渠便从白龙堰引水，灌溉左岸1300亩良田，一左一右，以此类推，最大程度上保障了松古灌区16.6万亩农田的灌溉需求。

随着后世水利工程的发展，松古灌区的渠圳体系逐渐形成，引水干渠一般和相应堰坝同时修建，从进水闸开始，分凿出支渠，各支渠再分凿出毛渠，有明显分级结构，形成引水灌溉为主，灌排结合的竹枝状渠系，其中以京梁堰矩形渠系和芳溪堰扇形渠系为典型。

金梁堰矩形渠系

芳溪堰扇形渠系

（4）**井源密布**

古者穿地取水，以瓶引汲，谓之为井。松阴溪两岸泉水，由塘坳或田坳涌出，常年不息。挖井取水是对松古灌区内生产生活用水的重要补充，清光绪版《松阳县志·建置卷》记载：“朱山井在朱山下，大旱不竭，可灌田十余亩。”可见松阳先民通过挖凿水井，有效缓解了堰塘影响范围外的农田缺水问题。据统计，全境水井多达1180眼，其中著名的古井有兰雪井、官塘井、正念寺井等，作为松阳百姓的补充水源。

【卯山顶水井】

卯山顶水井位于松阳县古市镇卯山顶，该井始建于唐朝。唐代曾在卯山山巅有寿昌通天宫，此井或为此宫汲水之处。古井为石质井圈，井壁为砌石，直径0.42米。

卯山顶水井

【官塘井】

官塘井位于松阳县西屏街道官塘路，建造于清代，据清光绪县志记载，官塘井“在城南横街，泉甘而清，为邑中第二泉”。该井每逢大旱之年，均不干涸，水质清澈，至今仍为当地居民所使用。

官塘井

兰雪井

兰雪泉拓片，清雍正年间松阳知县杨国琦所书

【兰雪井】

兰雪井位于松阳县西屏街道官塘路鹦鹉冢遗址内，建造于南宋，因其“泉白如雪，其臭如兰”而得名。鹦鹉冢为南宋女词人张玉娘的墓冢，墓穴早年已毁，但兰雪井至今尚存。

【赤岸村古井图】

赤岸村是松古灌区滨水而居合理利用松阴溪水灌溉、生活的松阳古村典范，清代同治年间就有规划利用的记录。浙江省水利厅、文物局挂牌保护水井多处。

（5）堤防与河道治理

松古先民择水而居，堤防是保护村落、农田防洪安全的重要水利工程，东汉建县，县治原设古市，因防洪原因在唐贞元年间迁今址，足以证明河道治理堤防工程是松古灌区先民引水灌溉以外的另一项治水任务。

赤岸村古井

力溪防洪堤（金永兵 提供）

【力溪防洪堤】

据《松阳水利志》现最早有记载堤防为明正统二年（1437）的力溪堤防。力溪先民在上溪滩西北首高岸坦潭下至松阴溪段修筑堤防，叫牛軛练，一是防洪护村，二是北端村地界。明万历二十年（1592）水毁修复，清康熙二十年（1681）力溪堤防水毁，知县张景留出示告示，组织人员复筑水埭（堤防）。现堤防2013年加固修建，为20年一遇防洪标准。

【县城堤防——汤公堤】

据光绪版《松阳县志》载，清道光五年（1825）知县汤景和劝捐筹款，在县城济川门外筑堤防洪，人称“汤公堤”。民国二年（1913）汤公堤被大洪水冲毁，水灾严重，士绅包芝洲等人筹募捐款修复。该段现有堤防为2000年加固修建，设计防洪标准为50年一遇。

县城堤防

【响石堰石堤】

据《赤岸吴氏宗谱》响石堰石堤记，清道光二十二年（1842）知县汤景和亲勘响石堰，组织督修响石堰石堤，历时三年，至道光二十五年（1845），筑成了长三百弓（约500m）石堤，保护了响石堰圳和农田。

民国十一年《赤岸吴氏宗谱》

【赤岸护堤】

因受当地条件约束，赤岸堤历来主要以干砌卵石砌筑，防冲能力低。据民国版《松阳县志》记载：“同治末年（约1874），赤岸沿溪一带捍以长堤，堤外脚栽柳树，减缓流速，起护堤作用。”这是松阳县有文字记载的最早的植物护堤技术。现堤防设计防洪标准为20年一遇。

赤岸护堤（赤寿乡人民政府 提供）

古市保安堤（叶陈伟 提供）

【古市保安堤】

据民国版《松阳县志》记载，古市保安塛《堤防》有二，其一塛址在城头创于民国三年（1914），其一在下街创于民国八年（1919）。民国十二年（1923）被洪水冲垮，由叶应龙等修复。现堤防为2007年加固修建，设计防洪标准为20年一遇。

【山下阳千井坑治理】

据《麓阳张氏宗谱》记载，康熙三十年（1691）张氏始祖聚英公携夫人率五子，自龙泉县溪圩村迁居松阳县麓阳村。聚英公精通堪舆术，并依风水原理布置村居规则整治穿村而过的千井坑。经过五代子孙的奋斗，至清道光二十七年（1847）张氏宗祠的建立为标志，张氏成为富甲一方之望族。现遗有清康熙三十年（1691）至道光二十七年（1847）间治理开拓的千井坑1100米和堰坝3座、跌水3处、桥梁7座。千井坑河道治理是松古灌区先民依据风水学原理建村治理的典范，体现了人与自然和谐共生的理念。

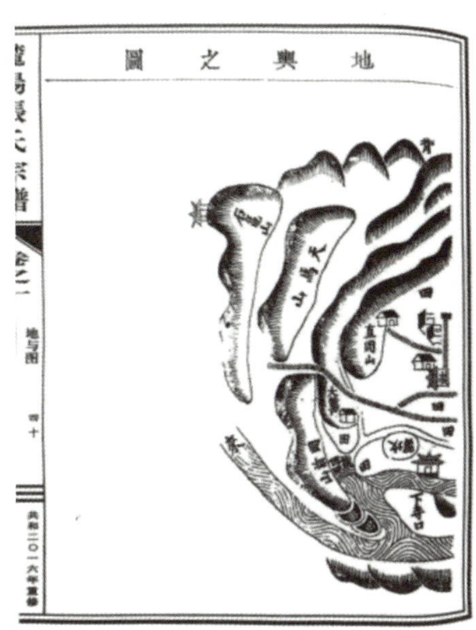

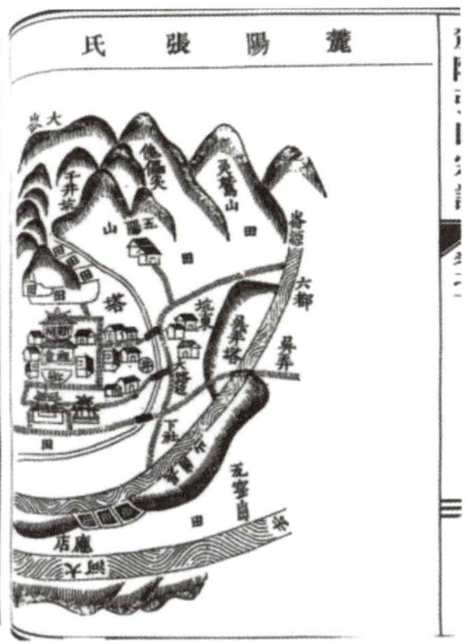

山下阳村风水图

山下阳村开凿于清代的人工引水渠（姜晓东、鲁晓敏 摄）

建设技术与智慧

庶灌溉之事，为农务之大本，国家之远利。

——元·王祯《农书·灌溉篇》

起源于秦汉、发展于南北朝唐宋、成熟于元明清的松古灌区，是古代中小流域灌溉工程的典范。根据对现有的松阴溪水文化物质遗产研究发现，在松古灌区发展历程中，松阳先民不仅开创了堰坝选址、筑堰技术、无坝取水、水闸设置等多项领先于时代的先进水利技术，而且还总结形成了“七三立项”“借地建圳”“民办公帑”等建设管理智慧与机制，促进了灌区水利工程的发展。星罗棋布的水利工程，千百年来为松古灌区注入了不竭的动力，发挥着巨大的灌溉效益，助力松阳社会经济的飞速提升。

1.水利工程技术

千百年来，松古灌区先民勤于治水、实干苦干，在堰坝、渠道、水闸等水利工程建设过程中积累了丰富的经验，总结出堰坝选址、筑堰技术、渠道修筑等方面的宝贵水利经验，对今天的水利工程发展仍有重要的参考意义。

（1）堰址选择

据明万历二十三年（1595）屠隆《重建百仞堰碑记》和《百仞堰记》，青龙堰原址位于松阳县地标性景观——独山（百仞山）附近，在明正德年间（1506—1521）水毁后，一直未修复，致使溪南一带尽为赤土近70年，田禾颗粒无收，乡民

周侯（周宗邠）迁堰创作画（杜飞 绘）

深受其苦，多次上告官府祈求修复古堰。然若于原址（北岸四都源河口下）重新筑堰，虽可灌南岸田亩无数，但是，水位抬高之后，导致松阴溪水倒灌进四都源，北岸乡民则受涝灾之患，此旱涝纠纷历近70年难以解决。

明万历二十二年（1594）五月，处州知府任可容决定复修重建，时任知县周宗邠亲往实地踏看水脉，于是年秋将青龙堰堰址向上游迁移数百武（古代6尺为步，半步为武）。新堰址地势稍高，南可决水灌溉，北无漫流漂舍之患，永垂大利，亦杜争端矣。

明万历二十三年（1595），由赐进士第礼部仪制清吏司主事明州屠隆撰文，赐进士第户科给事中遂昌项应祥书丹，赐进士第礼部仪制清吏司主事缙云李正蒙篆额的《重建百仞堰记》碑刻和屠隆的《百仞堰记》，详细记述了青龙堰迁堰之历程，总结了堰址选择，为水利工程成功之关键。

明万历二十五年（1597）六月，南乡横山村村民、青龙堰堰长等民众联名，自费为知县周宗邠勒石纪事颂德，碑额为《周侯治水德碑》。此碑为双面碑，正面歌颂周宗邠治水功德，背面记述青龙堰灌区分水轮灌和“圳田制”的管理经费落实制度。

（2）筑堰技术

宋朝以前，松阴溪上堰坝的主要形式是竹笼卵石堰，该类型的堰坝利用本地随处可见的毛竹、松木及河卵石作为堰坝的建筑材料，制作工艺简捷，工本轻。先民将毛竹分瓤剖成几缕，根部或末梢连着，编成空笼，再以溪中卵石填入笼中，构成完整的筑坝构件，用于筑坝、围堰、护岸、护坡等。

竹笼卵石堰

南宋开禧元年（1205），参知政事何澹奏请朝廷“为图久远，不费修筑”，调兵3000人，历时三年改通济堰为砌石堰。芳溪堰位于松阴溪支流，自宋以来一直采用大石砌筑。可见在宋时松阳先民已掌握了块石干砌加松木牛栏仓防冲基础的砌石堰技术，这种技术的推行极大地提高了堰坝工程的耐久性，至今仍在传承。松阴溪干流因河宽水急，施工难度大，投资耗材多等因素，仅靠当时民力难得推广这种技术先进、结构牢固的堰型。据《浙江分县简志》《瓯江志》《松阳县志》记载，明万历十六年（1588），知县廖性之凿石修筑，改白龙堰为巨石干砌堰。明万历二十六年（1598），处州知府任可容改青龙堰竹笼卵石堰为块石砌筑堰。

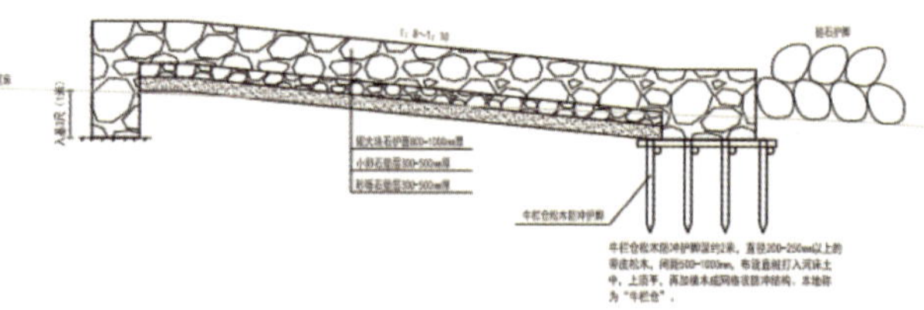
干砌石堰坝结构图

（3）无坝取水

湖圳之所始，在元，则由七都象鼻潭入水。至明洪武间改而下之，则由轭儿洞潭入水。

——清光绪十二年（1886）《重修京梁圳碑》

除了在河道适当位置修建堰坝实现有坝取水外，松阳先民在近千年前就充分利用干支流河道地势高的深潭实施无坝取水，其中以松阴溪右岸的京梁圳为典型。京梁圳干渠全长4.5千米，引松阴溪水灌溉3000多亩良田，是松古平原上的一条水利命脉，进口处有一深潭名为牛轭洞潭（轭儿洞潭），深不见底，为京梁圳实施无坝取水提供了有利的地势条件。

牛轭洞潭中有一巨石，因其形状酷似小牛的脊背，被百姓称为牛背石。旱季，松阴溪水位降低，每当牛背石露出水面，先民们便通过在松阴溪上临时筑堰来加高水位，增大京梁圳引水量，以满足灌区用水要求。此牛背石实际上起到的是水位观测的作用，相当于现代的水位尺，“牛背调水”是松古灌区目前发现最早的水文观测实践。

牛轭潭与牛背石（李潮胜 摄）

（4）渠道修筑

芳溪堰古圳图

这张清康熙二十五年（1686）的水系图，绘制了芳溪二堰的干支渠水脉、道路走向，标注了58个汴（分水口）演（涵洞口）、3片灌区界线（分片轮灌界线）、3条支流、4处厂（管理场房）、6座水碓、10个地方等内容，展示了古渠系工程的各类建筑物和工程节点经渠道串联，有机组合，综合利用水资源的水系布局。体现了松阳先人规划、设计渠系建筑的“系统规划、建管并重、综合利用”之理念。

青龙圳渠道烧爆法遗址（刘晓飞 摄）

在统筹规划渠系网络的同时，松古灌区先民广泛采用烧爆法在石壁上开凿渠道。所谓烧爆法，即用火焰加热石壁，再浇以冷水，石块在热胀冷缩作用下自然崩解，蕴含了先民们朴素的物理智慧。

不仅如此，灌区先民在修筑午羊堰引水渠时，充分利用地形地貌，遵循自然规律，贯彻天人合一、生态治水的理念和智慧，巧妙运用巨石堆间隙布设引排水渠道。巨石出口下游设有一溢流口，当渠水水量过大、水位过高时，则从溢流口排出，又从巨石缝隙中顺势回到松阴溪，最大限度减少了对环境的影响。

（5）水闸设置

长堰蜿蜒，中为巨闸，启闭以时，洵宏伟之功，千百世之利也。

——明·屠隆《百仞堰记》

午羊堰进水渠道（李潮胜 摄）

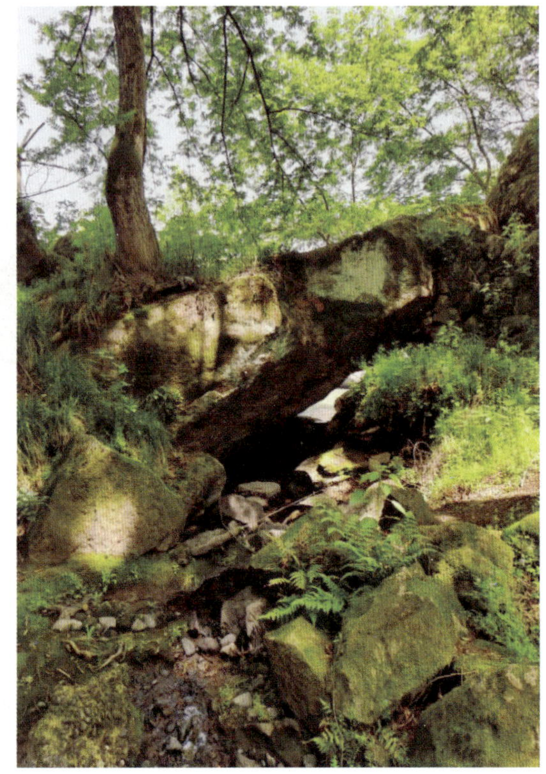
午羊堰排水渠道（李潮胜 摄）

堰袤八十余丈，广四丈，基入土三尺，边设闸以时启闭。

——明·屠隆《重建百仞堰记》

明万历二十二年（1594）周宗邠青龙堰迁址在松阴溪干流上兴建了长八十余丈（约今266米）、宽四丈（约今13米），基础埋深三尺（约今1米）的堰坝，并在堰边设立了水闸。

又议设里河闸式，旱则闭，令东南不病田；涝则启，令西北不病邑，盖两利而全之。

——明·李鋕《百仞堰记》

明万历三十六年（1608），澍雨倾盆，溪水暴涨，百仞堰被洪水冲决，坝断为二。时任知县林大佳关心民间疾苦，热心治水，决定设置河闸，旱季关闭以灌溉南岸农田，雨季开启使北岸不受涝。折射出松阳先人在治水技术上不断探索、创新、进步的历程。

2.工程建设智慧

现代工程建设在项目前期阶段需要解决项目立项、用地许可和资金来源等方面的问题，而在明清时期的松古大地上，先民们通过长期的实践和探索，便已经提出了水利工程的“七三立项”原则、“借地建圳”的土地处理方式和“民办公助”的资金筹集形式等机制，均有翔实的文字记载。这些机制不仅解决了古代水利工程前期的相关问题，也对当下的工程建设起到引领作用。可以说松古灌区水利工程的遗产留存和文字记载不仅是水利技术发展的见证，亦体现出松古先民无穷的治水智慧。

（1）七三立项

成功难哉，在权利害。利七害三，则兴利；利三害七，则避害；利害相半，与其有利，不若无害。

——明·屠隆《百仞堰记》

明代屠隆与时任松阳知县周宗邠、遂昌知县汤显祖友善，在松阳耳闻周宗邠关心民疾，热心整治百仞堰，解除民众旱涝之苦，有感于青龙堰堰址选择策略之智和迁堰工程之宏伟，并受堰旁父老请托，遂执笔撰写《百仞堰记》一文，在文中对治水立项原则进行总结，是中国历史上最早对水利工程建设的利弊进行定量分析并决定工程兴建与否的案例之一。

（2）借地建圳

下洋一圳坝被水冲，无从起水，因向石门通借圳基，接引石门圳之水以灌溉田园。

——清光绪二十三年（1897）《石门圳碑记》

松阴溪流域两岸农田一般较河道水位高，村民即使在本村庄最上游河道修建堰坝抬高水位，也往往不能借其灌溉全村农田，故松古灌区的堰坝及渠首段工程一般位于灌片上游的非受益村庄，在修建灌溉工程时势必涉及上游村庄的土地和权益。在该背景下，松古灌区先人创新采用“通借圳基”的方法来处置工程用地，据清光绪二十三年（1897）的《石门圳碑志》记载，松阴溪上的下洋堰水毁无从取水，下游受益村（黄公渡村）先后于清道光年间和光绪丁酉年（1897），向非受益村（石门村）通借圳基修建渠道接引石门圳水灌溉。该项机制既体现了松阳先民治水中政策处理的智慧，也真实反映了松阴溪上下游村庄诚恳通情、团结治水的情怀。

（3）民办公助与水利建设税费

广义上讲，“民办公助”是以群众为主体兴办各种社会事业，政府给予一定资金支持的建设模式，松古灌区先民筹措水利工程建设资金时广泛采用的便是公帑出资、按亩派捐、个人捐资等方式相结合的模式。

以青龙堰圳为例，明代李鋕所著《百仞堰记》便记载：“万历甲午，毗陵周侯首谕父老，请白道郡。出公帑与民力各半，筑成故堰，为一方利赖。”明确指出百仞堰的工费由国库支出和乡民各半筹资组成。独山下的摩崖石刻反映的是由受益村庄按亩派捐修建圳堤。

光绪三十四年（1908），复筑何家堰上首石堤一百七十余丈，按亩派捐，每田一口，向业主捐洋银七角，以为工费之资。

——独山摩崖

松阳县建于民国二十七年（1938）的第一个水库——仙岩脚水库。其建设资金也按受益田亩摊收。田的所有人和经营人不一致时，由佃（经营人）业（所有人）各半负担。

值得一提的是，据松阳《城东周氏宗谱》和民国周文翔所著《续建石柱殿落成记》记载，周氏先祖周德闻（1319—1372），字汉杰，“幼通经史，长精武略，屡建大功，拥资百万，捐金独拨白龙堰，灌溉东乡良田千亩，人享其利。”《松阳县志》上也记载，白龙堰是由“里人周汉杰悉力鸠工而成”。展现了周汉杰高风亮节个人捐资兴建水利工程的筹资形式。

据清光绪二十年（1894）松阳厘捐局颁发的收捐联票记载，为解决松阳县府对开办学堂水利等善举无钱款的问题，时任知县提议并报浙江布政使和巡抚批准，在出境米谷贸易中，按每百斤米抽捐30文，每百斤谷抽捐24文的标准征收捐费，用于水利等公益事业。

从清嘉庆十五年（1810）和同治二年（1863），塘岸庄水碓户陈叶海的纳户执照看，水碓还是当时政府税收之一。

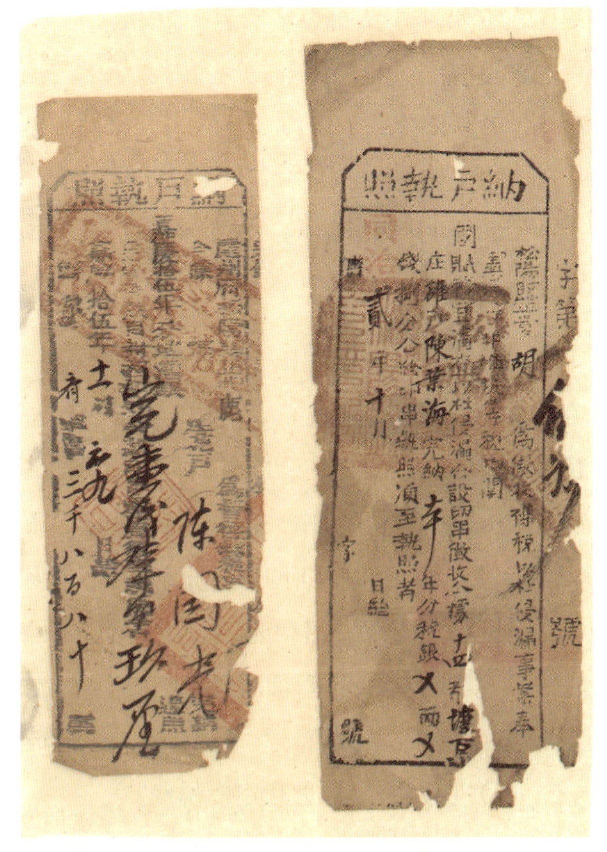

清嘉庆十五年（1810）、同治二年（1863）碓户纳户执照（刘增金 提供）

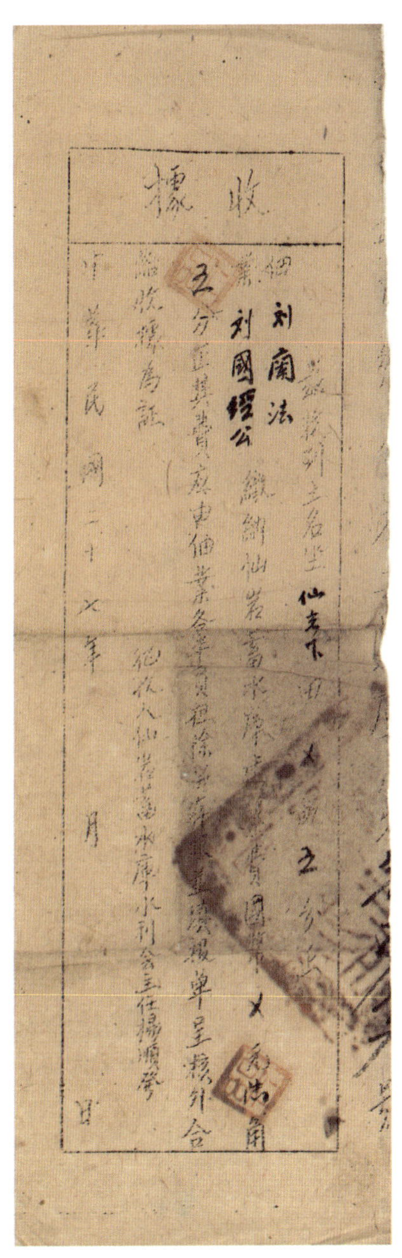

收據

刘蘭法
刘國經公

給收據為證

中華民國二十七年 月 日

民国二十七年（1938）仙岩脚水库建筑费收据（刘增金 提供）

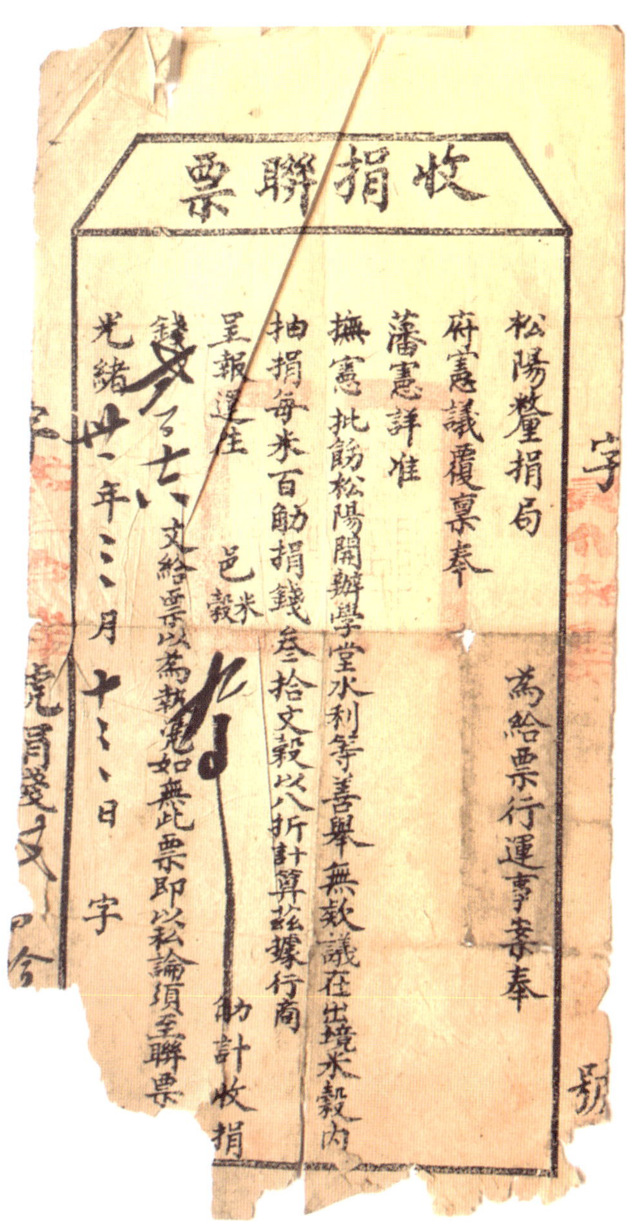

收捐聯票

松陽釐捐局 爲給票行運事案奉
府憲議覆稟奉
藩憲詳准
撫憲批飭松陽開辦學堂水利等善舉無款議在出境米穀內
抽捐每米百觔捐錢叁拾文穀以八折計算茲據行商
呈報運往 邑 米穀 觔計收捐
錢 文給票以爲執照如無此票即以私論須至聯票
光緒 廿 年 三 月 十三 日 字

清光绪二十年（1894）收捐联票（刘增金 提供）

管理机制

在探索水利工程建设技术进步的漫长岁月中，松古灌区先民同时也逐渐构建起较为完善的工程管理机制，在管理机构、管护经费、维修养护、水量调配上，千百年前就推行了独特的“堰（圳）董会”“圳田制”“汴石制”和“轮灌制”，到明清时期已形成了较为健全完善的水权获取、许可、变更、交易、保障等管理机制。

1.河长制起源——堰董会、圳董会

自古以来，松古灌区水利工程管理推行董事会负责制，以“堰董制”“圳董制”最为常见。堰坝、圳渠的管理负责人由受益村民众推举，称“堰首”“堰长”或“圳长”，并以之为核心成立董事会，称堰董会、圳董会，是古堰渠工程管理的直接责任机构，董事会其他成员称为堰董、圳董。堰（圳）董会分地方（村、坦）和灌区两级设置，前者称某某地方堰（圳）董会，后者称某某堰（圳）董会。“力溪地方堰长”“芳溪堰长”是芳溪堰榜文中明确的分级记载。地方堰（圳）董会由本村各宗族代表组成，一般7-8人。灌区堰（圳）董会由地方堰（圳）董会派员组成，视受益村个数多少而定员，少则7-8人，多则近30人，主要负责堰渠工程的维修养护、日常用水秩序的维持和摊派民工、收取水费等维养经费的筹集，与现代“河长制”的管理制度相近。

清乾隆十七年（1752）六月十二日，松阳县正堂黄槐签发告示，为十三都下源口等四庄派定芳溪堰水期，并任命刘某、徐某为正副圳长，负责管理相应片区的水利工程运行，幅面巨大，朱批灿然。文中明确提到的“圳长”一词作为一种基层水利管理职位最早以文书原件形式呈现在世人面前，“圳长”所负职责和现基层河长相近，也是松古灌区为“河长制”起源地的有力佐证。

2.筹资形式——圳田制

无论是工程的维修养护还是用水秩序的维持，都需要付出一定的人力和物力，必

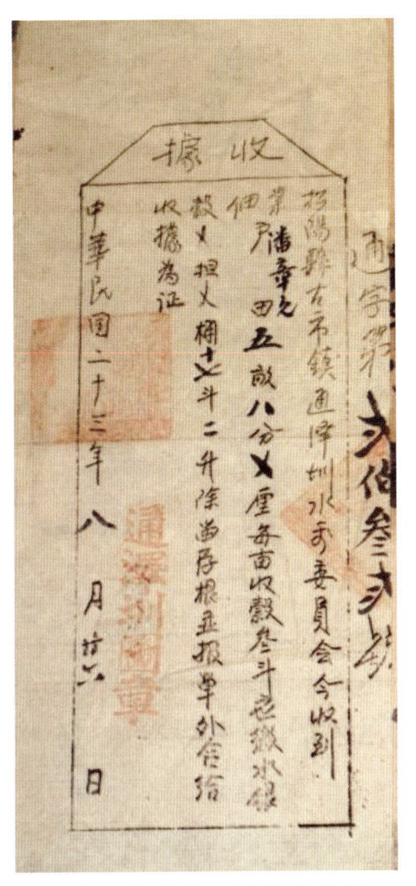

1934年维修通泽堰圳筹资收据（孟浩 提供）

须有管理经费的支撑。为了落实长效管理，各堰董会、圳董会需要对管理经费进行筹集。民国《复修通泽堰》记载了“自民国十一年改制，无论水旱，以时修作，每年每亩收谷三斗存储，以为常费”。

除了常规的收缴水费等方式外，灌区先民还广泛推行了“圳田制”。圳田制具体是指堰（圳）董事会通过各受益村划拨或者购买获得田地后，将所属的田地出租给农户，并收缴相应的租金，用以维修、管理堰圳，同时堰（圳）董事会对该收益性不动产实行内部监督管理。

“买圳田六亩，存积田租，用于筑砌修圳事。”“其田契、仓契并粮票，一应在游廷俟收存，立有存契字一纸，交与黄元淮手执据存照，日后不没。”这是清嘉庆十年（1805）《田圳碑记》记载神坛堰堰董会购圳田及采取的内部监督管理。从现代视角来看，施行“圳田制”的各个灌片均有一个水利集体专户，下辖的田地作为收益性不动产，获得的租金由堰（圳）董事会统一管理。

土名京梁圳　外圩地一片，并墓基一应在内，在学田圳上，青邑王自赉等讨种，每年四月内交纳租金几千几百文正；又　内基地一片，屋基一座，每年四月交纳租钱几百文正。

——清光绪十二年（1886）《重修金梁圳碑》

3.水量调配——汴石制、轮灌制

松古灌区虽然处于亚热带季风气候区，但水资源时空分布不均，旱季处处缺水，水资源调配尤为重要。除了利用牛背石观测水位并进行人工干预以外，松古先民在长期的治水实践中还总结出“汴石分水”和“分片轮灌”等水资源调配制度。

共承洪武年间旧额金梁堰第一港，于地名杨汴，定立汴石，照田多寡分派。彼都汴石阔四尺二寸，本都汴石阔二尺四寸，分水两流，灌溉田禾已久。

——明天顺元年（1457）榜文

至明宣德时，两边堰门定石分水，铁水铸定。

——民国叶祥麟《续修芳溪堰记》

“汴石分水”是指在分水渠入口处将一定尺寸的石板采用铁水浇筑等方式固定分水口渠道宽窄深浅，起分水均水作用，其作用相当于闸门，体现了灌区先民对于渠首分水口设置的科学先进性。

断令两庄遵照旧定水期，通年轮流引灌，毋许变更、争竞。

——清道光十四年（1834）龙石堰《奉宪勒石永示碑》

“定期轮灌”是指同一灌片划分各受益村片区，按照分水榜文、碑刻或摩崖石刻等规定的水期，轮流进行农田灌溉，为松古灌区最常见的用水配水方式。《奉宪示勒金梁堰碑记》《重修京梁圳碑》《芳溪堰奉宪勒石碑》《芳溪二堰水期碑记》《奉宪勒石永示》、独山摩崖石刻等均反映了轮灌制度。

4.水权管理机制

水权是指水资源的所有权以及从所有权中分设出的用益权。早在明清时期，松古灌区的先民们便通过明晰水权，形成了一套较为系统的水资源权属管理制度，包含对水权的获取、许可、变更、交易等管理。通过研究松古灌区芳溪堰等遗存的榜文、碑刻，世人得以初窥古代水权管理体制机制，为水权管理的未来发展提供思路。

【水权获取】

芳溪堰灌区水期自宋以来一直推行力溪6天、源口5天、五小坦片（后肖、包村、大齐、高岸、塘头五村）3天的14天轮灌制，并以古榜圳图为依据，历无争议。据清道光四年（1824）芳溪二堰《奉宪勒石碑》记载，芳溪堰为“源口、岗坞、力溪三庄之民出资共筑，五小坦之民并不在内，是以五小坦田亩虽多，而轮灌之期独少”。体现了芳溪堰水量分配原则并不是按照灌溉面积大小来定，而是遵循投资所有原则。

【水权许可】

原遗有古榜圳图，因今年洪水飘荡，墙屋俱倒，古榜失坏。设不恳照，虑恐日后无查，叩乞宪天勒赐印照，照旧灌溴，以存后验。

——康熙二十五年六月初七榜文

松古灌区的古榜圳图、水期榜文、水期勒石永示碑、水期印单等凭证是灌区先人持有水权的合法依据，类似于现代的取水许可证，需要经过时任官府的批准并发布告示后方才有效。明天顺元年（1457）榜文便记载：金梁堰灌区顽民强抄汴石，占夺水利，时任县令李新查验旧案后，发榜文重新分派水圳，准许按榜分水灌溉。清康熙二十五年（1686）榜文也有芳溪堰古榜圳图遗失，请求重印，上报县府批准的记录。龙石堰道光十四年奉宪勒石永示碑记：“竹溪庄黄宗远等，藉执康熙年间水期印单。”芳溪堰光绪七年榜文“检呈康嘉年间水期印示”。

【水权变更】

芳溪堰灌区因水源短缺而灌溉面积大和“五小坦田亩虽多，而轮灌之期独少”，经常发生水事纠纷案件，历史上发生了三次水权变更的事件，均有翔实记录。

康熙十八年（1679）七月，大旱，因争水灌溉，源口村徐范明等持械打伤力溪村金佛明等人，时任知县张景留对源口村有关人员批捕查办，并据力溪村所呈古榜变更水期，定源口村5日为3日。此为自宋以来有记载的第一次变更。

知县李钟秀开展面积复核（杜飞 绘）

清康熙二十五年（1686），芳溪堰古榜圳图（轮灌依据）因洪水毁失，经县府批示照旧重印。或许是在重印之时，源口村人发现原康熙十八年（1679）力溪村人呈县府水期古榜有误。康熙二十七年（1688）二月，源口村民刘世广等上告力溪村民周时远等紊乱水期古榜，强夺水期。时任知县李钟秀刚到松阳上任，仅从灌溉面积的大小与水期长短的比较，认为芳溪堰轮灌分水确失平允。为调查芳溪堰灌区灌溉面积，专门颁发榜文，详细明确调查范围、上报程序、复核办法和弄虚作假的处罚措施，开创古代灌溉面积调查和“飞检”的先河。

调查范围：“各居民田主，细将各人名下所种田亩实数细注坵段，或自业或系租承某人名下佃种，俱要详细开明。”

上报程序：“同本坦高年、知事老成，尊长造册，约练总、乡长、里老公同核查明确送县。”

复核办法：“仍共议公正，老成弓手二名，伺候各家田边插立四至木片，上写田主、佃户名下亩数，候本县不拘时候亲往丈量。”

处罚措施：“如混拉傍坦田数及以少报多，查出或被人讦告明白，除重责卅板枷示外，仍将谎报田亩入官。”

——清康熙二十七年（1688）榜文

康熙二十七年（1688）六月，李钟秀根据调查得到的灌溉面积大小，按面积均分水期发布榜文判许变更，判定源口五日为三日，五小坦三日为五日，源口和五小坦片水期互换，总十四天一轮不变。

随后，源口村民不服变更，将此事上诉至处州知府，两年后知府批查撤销县府变更，维持原各村水期轮灌制。康熙二十九年八月，知县李钟秀公示水期并刻立水期碑——《芳溪二堰水期碑记》。此为芳溪堰第二次水权变更。

道光四年（1824），五小坦灌片村庄李某为了争取更多的灌溉水期，控告力溪村周某霸占芳溪堰水，并上诉至浙江布政使司和闽浙总督。时任松阳知县江思濬奉浙江布政使和闽浙总督批示审理此案，采取了力溪和源口不变、五小坦片加一天的方案，将十四天一轮变十五天一轮。刻立《奉宪勒石碑》进行公示，以垂永久。此为第三次变更，直至20世纪80年代杨岭脚水库建设后告终。

三次变更，第一次县府依据古榜水期，只因为力溪村民所呈古榜有涉假之嫌，故不能为各方接受。第二次变更实质是政府层面对水权获取的原则之争。知县李钟秀所遵循的是按灌区面积均分水期的原则，而纠纷双方和处州知府所遵循的是原始投资创建形成的投资所有原则。故一审知县李钟秀的判决结果是互告双方均不得益，反而第三方五小坦受益。虽然最终处州知府纠错维持了历史水期，但为后期五小坦要增加水期埋下了事端。第三次变更知县江思濬在遵循投资所有原则的同时，采用调解说服之法，取得了各方认可，故可维持久远。

【水权交易】

明清时期松古灌区完成了水权的确定、水量的分配，具备了水权交易的条件。据乾隆三十四年（1769）榜文记载，在康熙三十一年（1692）至乾隆三十四年（1769）间，松阳县有记载的水期买卖案件出现过两起，卖出的水期主要用于水碓碾大米等加工业，当时为保农田灌溉均被时任政府禁止。

清乾隆三十四年（1769）十二月，力溪民人周尚德等联各具词呈称，原定的十四天一轮计水期，“竟遭樟村庄钟某等，恃富霸占水利，饵诱本坦周某等，擅将水期盗卖盗买”用于水碓轮转。时任知县曹立身查知，康熙三十年（1691）郑伟全知县任内也曾发生，并定规禁止在案，为此知县曹立身规定水资源的调配原则为“冬季轮转，春夏秋季溉田”“水碓不与田争水”，并出示晓谕严禁水权交易“盗买盗卖水期”。

【水权保障】

敢有故违之人，被堰首□□□指名呈告，即将违犯之徒定罚花银贰百□□□公用，及依律问罪不恕。

——明天顺元年（1457）榜文

如有截霸紊乱，坐视等奸，立即重处，申报前示并发。

——清康熙三十五年（1696）四月榜文

明清时期官府在颁布榜文、碑刻等取水规定的同时，明确了相应的保障、处罚措施。清光绪七年（1881），芳溪堰力溪村民人与五小坦片民人依据不同的水期凭证[道光四年（1824）水期变更前后]互殴控告。五小坦片民人廖正楷等人借其子武举人廖登高之势，捆殴关禁力溪村民，松阳县正堂发榜维持变更后的“十五天轮灌制”水期，亦上报革除廖登高武举之功名。清康熙三十五年（1696）榜文也记载，时任知县武方蔚为追究源口地方土豪强截霸灌，不遵水期的行为，命捕衙即日减从，亲行踏勘，查照往例，按期分水，及时实现对灌区水权行使权的维护。

5.工程维修

松古灌区古堰渠、堤防等工程的维修工作，大多以堰董会、圳董会议定筹资派工修复方案，报知县批准后，由堰长等负责组织执行。芳溪堰清康熙元年（1662）榜文中便明确记述了芳溪堰堰长等众议照田摆工修筑古堰事呈县府，时任知县陈启东批示的事件。除此之外，芳溪堰清乾隆二十五年（1760）、清嘉庆五年（1800）十二月、清道光十三年（1833）十二月、清光绪二年（1876）九月等时期榜文均对工程维修有详细记载。

堰圳水毁工程修缮和维养所需投工和资金的分派原则有两类，一为按受益田亩、人丁分派，二为按轮灌水期分派。堤防工程水毁修复投工筹资则较为灵活多样，有按田亩、房屋、仓场等受益对象分派的，也有自愿捐募的。

从芳溪堰遗存自明嘉靖九年到清光绪九年的17篇榜文看，康熙三十一年至乾隆十七年是依照水期分派投工和筹资的，其他年份均以按亩均派，青龙堰等也以按亩均派为主。按田亩分派投工费用，当原始水期也以田亩均派时是公平的，反之如芳溪堰水期权限是以原始投资创建获取的，则有失公平。这也可以解释为何芳溪堰的修复均要县府发榜告示强力组织实施。

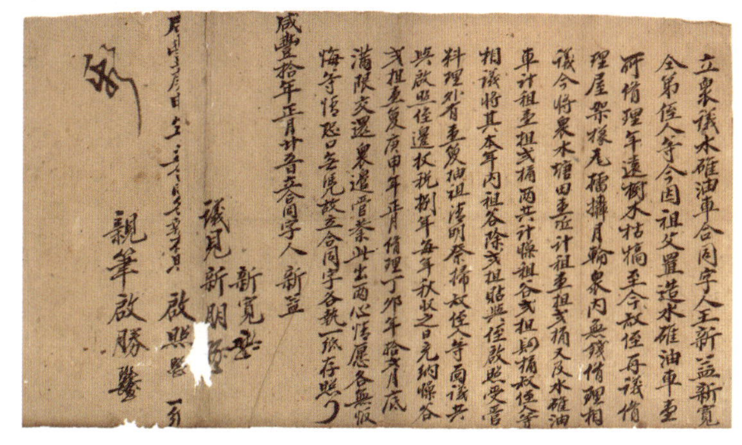

咸丰十年（1860）水碓油车修理契约（刘增金 提供）

水碓是最古老的水力

机械工程，其业主大多以私人或股份制建造为主。从咸丰十年（1860）立水碓油车合同字可知，水碓大修经费是通过出租水碓八年的租费，由大修出资人征收来落实。

6.产权交易

松古灌区先民在水利工程的建管过程中，形成了买卖、借用等形式多样的工程产权交易机制。

【立卖契约制】

①据清道光二十七年（1847）二月《石门圳碑志》记载，时十五里先民纪家杰出卖水碓一座、水圳一条给下洋圳、莺嘴圳、石门圳、十五里圳等众圳长为业。其交易办法为请托中人（一般二人以上），组成买、卖、见中三方，共同议价，当日亲收钱数，同时另请代笔人书写出卖契据，出卖方、见中方及代笔人三方共立文契自愿画押。

碑文：立卖契人纪家杰，今因□□不给，自愿将自造水碓壹座、水圳壹条，内坐一半土名坐落五都十五里大埭外。托中亲立文契，出卖与下洋圳谢□荣等、鹰嘴圳陈目光等、石门圳叶起台等、十五里圳纪安民等众圳长为业。三面断定折□钱五十二千文，其钱当日亲收……日前并无典当，重□□明价定，日后永无找赎。此出两家心愿，故立卖契为据。

道光二十七年二月

立卖契纪家杰押

见中纪陈土押、纪廷凤押、纪炳基押

代笔纪兰潮押

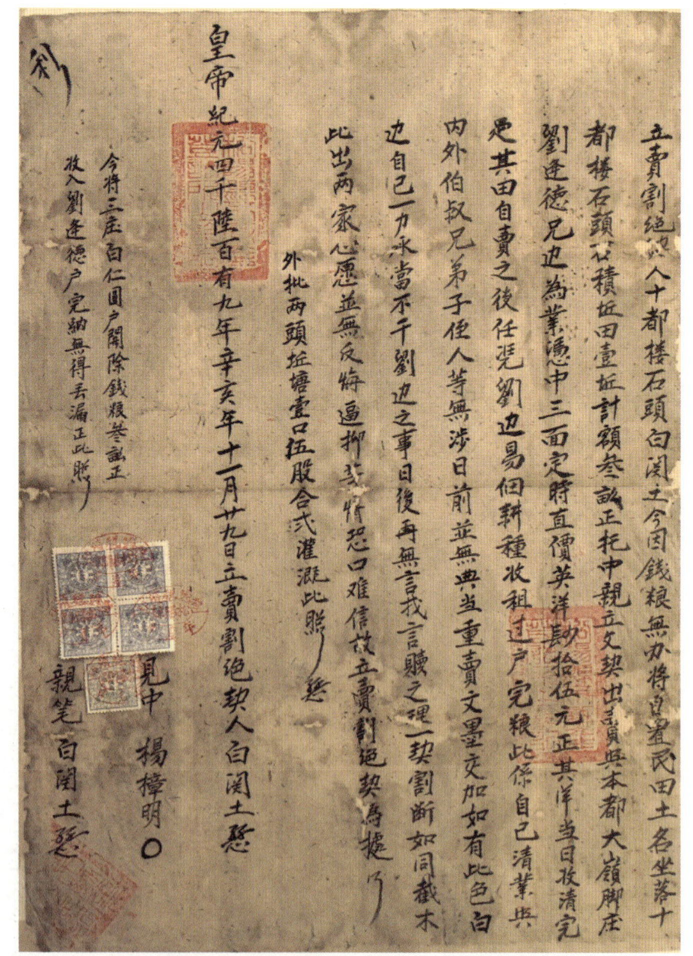
立賣劉絕契人十都樓石頭白閔土今因錢粮無办將自置民田土名坐落十都樓石頭小積坵田壹坵計額叁畝正托中親立文契出賣與本都大嶺脚庄劉逢德兄边為業憑中三面定時直價英洋貳拾伍元正其洋當日收清完足其田自賣之後任從劉边易佃耕種收租过户完粮此係自己清業與内外伯叔兄弟子侄人等無涉日前並無典当重賣文墨交加如有此色白边自己一力承當不干劉边之事日後再無言找言贖之理一契割断如同截木此出兩家心愿並無反悔逼抑等情恐口难信故立賣劉絕契為據

外批兩頭坵塘壹口伍股合式灌溉此照

皇帝紀元四千陸百有九年辛亥年十一月廿九日立賣劉絕契人白閔土

見中 楊樟明○

親笔 白閔土

今将三庄白仁圃户開除錢粮叁畝正收入劉逢德户完納無得丢漏此照

黄帝纪元四千六百零九年（1911）松阳十都田塘买卖契约（浙江艺术职业学院江杰 收藏）

②山塘的产权交易是随着田地的买卖同步进行。黄帝纪元辛亥年（1911）十一

月，十都楼石头（现赤寿楼塘村），白关土卖割绝契，在卖地契正文后，明确一条款“外批两头丘塘一口，五股合二灌溉此照”。可见原山塘股份随地转卖。

【立和好借圳字制】

据清光绪二十四年（1898）《石门圳碑志》记载，黄公渡村先民谢开余等人，因下洋圳堰坝被冲毁，无水灌溉，因此向石门村借石门圳引水灌溉，双方并请在见人立和好借圳字为据。

碑文：立和好借圳字。黄公渡谢开余等，原因日前下洋圳坝旧在莔□坛入水，被水冲塌，无从接引。恳意通情，向接石门圳水……其圳程任下洋圳永远□□□□□□□□□□□□□家和好，故立□借字为据。

光绪二十四年四月十八□□□□□□□□□□□□□□押、谢荣财押、陈开富押

合同为照

在见周凤鸣□□□□□□□□□□□□□金泽基、王正梅、叶潘福、潘永怀、叶明泰、寿、树等。

7.灾后重建管理

（1）管理机构

民国元年（1912），松阳遭百年不遇洪水大灾，城南护城堤冲决，水满进城。石仓源尤甚，溺死百余人，芥菜源村全村覆没。为做好灾后重建工作，经县知事（县长）案准，由松阳里人潘锡璋、包芝洲、刘可培倡设水灾善后机构——松阳水灾善后事务所。该事务所遂请县内义侠士绅为董事，群策群力，开展灾后救灾工作。

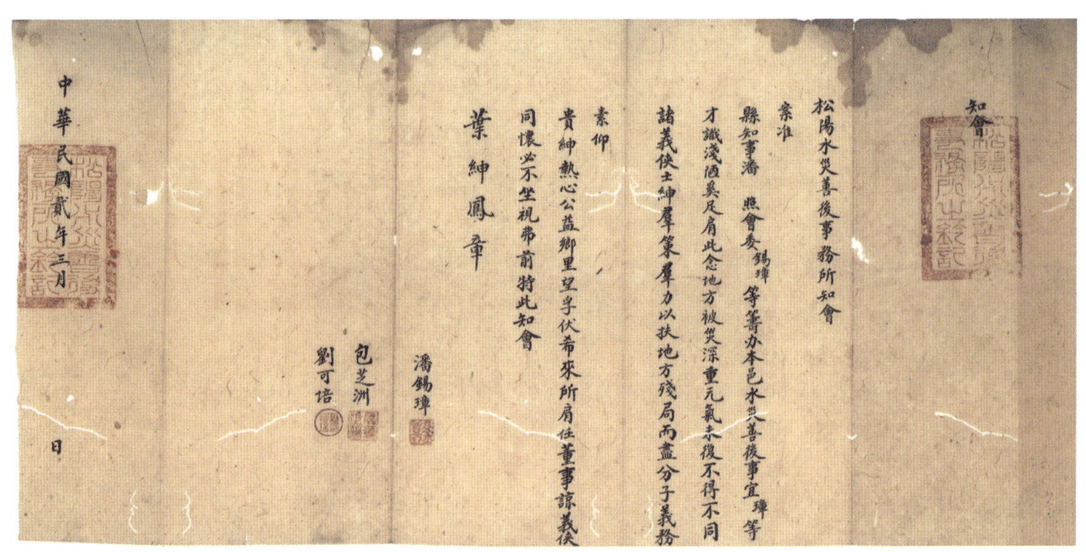
知會

松陽水災善後事務所知會

案准

縣知事潘 照會委錫璋等籌办本邑水災善後事宜璋等

才識淺陋奚足肩此念地方被災深重元氣未復不得不同

諸義俠士紳羣策羣力以扶地方殘局而盡分子義務

素仰

貴紳熱心公益鄉里望孚伏希來所肩任董事諒義俠

同懷必不坐視弗前特此知會

葉紳鳳章

潘錫璋 包芝洲 劉可培

中華民國貳年三月 日

民国二年（1913）松阳水灾善后事务所知会（孟浩 提供）

（2）救灾善后资金

水灾善后资金，除时任松阳县令出公帑外，以民间捐款为多。松阳水利志记载：“明嘉靖三年（1524）大水，邑令魏良弼公留意民瘼，请公帑修筑力溪村水毁河堤，为永利”，“道光十五年（1835），知县汤景和为首劝捐筹款，在城南济川门外筑堤防洪”等等。民国二年（1913）松阳水灾善后事务所共捐筹洋钱八千五百元。抗日战争胜利后，1946年松阳县政府向省政府请拨物资办理水利交通工程事业费。

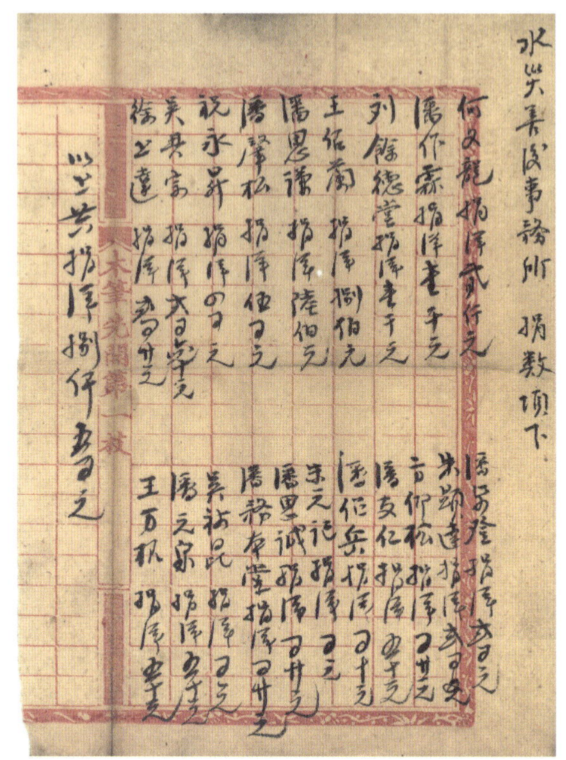

民国二年（1913）松阳水灾善后事务所捐款（孟浩 提供）

表61　松陽縣三十五年度請撥物資辦理水利交通工程概況

工程名稱	受益情形	經費來源		日期	備致
		請撥物資數(斤)	核發物資數		
修築城厢下水道	整頓環境衛生	[illegible] 4002.00	麵粉585.00	3582開始35105完成	內貼補運費73斤
修築縣城至宣平縣道	便利交通調劑經營	麵粉 3856.00	〃 3856.00	36216開始已完成十分[illegible]	在所撥30%工賑麵粉
修築松遂路和仁段	仝　上	〃 2144.00	〃 2144.00	35126開始36115完成	撥項下支給
修建南門浮橋	仝　上	〃 63452.00	〃 49280.00	36317開始完成十分之[illegible]	仝　上
修建龍石圳防洪堤堰	受益田3000餘畝	〃 3634.00	〃 3,600.00	3621開始3639完成	尚未奉撥發
修建龍徐圳堤	〃〃〃1000餘畝	〃 5490.00			〃
開築新圳及建修圳堰	〃〃〃2200餘畝	〃 14,908.00			〃
修建塔寺下防洪堤	〃〃〃2000餘畝并保全塔寺下百餘戶人民生命財產	〃 13,120.00			〃
復治馬橋圳	〃〃〃2000餘畝	〃 4,656.00			〃
修建横山圳防洪堤	〃〃〃2,000餘畝并保全水南[illegible]村數百戶人民生命	〃 8,018.00			〃
修建東塢水堰	受益田400畝	〃 2,880.00			〃
修建松遂大路	便利交通調劑經營	〃 116,628.00			〃
修建章村至古市大路	仝　上	〃 18,079.20			〃
修建寺嶺下防洪堤	受益田280餘畝并保全寺嶺下千餘人民生命財產	〃 36,875.00			〃
修建章村防洪堤	受益田300餘畝并保全章村數百戶人民生命財產	〃 57,697.00			〃
修建河頭防洪堤	受益田230餘畝并保全河頭村130餘戶人民生命財產	〃 29,850.00			〃
開築城郊水利工程	受益田30000餘畝	〃 100,000.00			〃

附註：本縣開築城郊水利工程係列入省計劃已組織工務所并呈請撥發工程事業費及派員來縣指導

松阳县1946年请拨物资办理水利交通工程概况（松阳县档案馆 收藏）

遗产工程社会价值

水是生命之源、生产之要和生态之基，是人类基础性的自然资源和战略性的经济资源。松阳临水而建、依水而荣，完备的灌溉工程体系不仅成就了浙西南最大的盆地灌区，带动了松阳粮食生产和“三张叶”（烟叶、茶叶、桑叶）的发展，更促进了松阳地区社会经济文化的繁荣昌盛。松阴溪又因独特的地理位置串联起瓯江、钱塘江、信江三条黄金水道，展现出巨大的社会经济价值。

1.处州粮仓

据清顺治版《松阳县志》记载：松阳全县有田2272顷（古代的1顷等于50市亩，折算后约为11.36万亩），除部分山区农田外，灌区农田面积约为9万亩，故有瓯江流域壶镇、碧湖、松古三大灌区面积“三、六、九”之说，分别指面积为三、六、

松古盆地农业蓬勃发展（刘晓飞 摄）

九万亩。松阳先民在广阔的松古盆地上勤于开垦、精于农耕，高效利用灌区水利工程发展农业，使松阳拥有了“处州粮仓”“松阳熟，处州足”“处州大米出松阳”等赞誉。

2.松阳风物

农业和水运的发展带动了松阳烟叶、茶叶、桑叶和青瓷的繁荣。早在三国时期，松阳就开始种植茶叶。据松阳茶文化考究，唐显庆年间（656—661），松阳道教天师叶法善自高宗朝入京，见幸五朝，计五十余年。其在卯山采制的“卯山仙茶”带入宫中，列为皇家贡品，饮誉京师。据1996版《松阳县志》记载，民国十八年（1929）松阳茶叶获得了首届西湖国际博览会一等奖。据民国二十六至二十八年（1937—1939）三年工作概况记载，全县每年产茶千余担，1938年迁建于松阳的浙江省农业改进所，在横山村设立了省茶叶调整实验场，费工千余垦植茶园50亩，栽植茶苗3万余株，并在横山创办了制茶厂。如今，松阳有了松阳银猴、松阳香茶两大区域品牌。

全縣物產分類產值表

物產種類	全類總值	百分比
總產值	3,737,943元	100.00
禾穀類	1,704,635元	45.60
荳類	72,000元	1.90
果實類	78,500元	2.20
茶桑類	91,470元	2.40
林產類	487,900元	13.10
紙類	108,913元	2.90
菸酒類	680,188元	18.20
油類	56,000元	1.50
畜產類	394,337元	10.50
特用類	64,000元	1.70

全縣物產一覽表

物產類別	物品名稱	全年產量	全年總值
禾穀類	大麥	6,000担	30,000元
	小麥	14,000担	70,000元
	秈稻	360,000担	1,440,000元
	糯稻	40,000担	160,000元
	高粱	81担	405元
	小米	846担	4,230元
荳類	黃荳	8,400担	50,400元
	斑荳	3,600担	21,600元
果實類	紅梨	900担	6,300元
	桃	600担	3,000元
	梅	560担	1,120元
	文旦	2,700担	43,200元
	杜梨	4,600担	23,000元
	柿	376担	1,880元
茶桑類	茶葉	2,200担	71,220元

—4—

民国二十年（1931）出版《浙江经济调查》第四册1930年度松阳县物产调查统计表（刘增金 提供）

松阳先民在人口迁移和文化交融的过程中逐渐改良出了名为“松阳晒红烟”的烟叶种植技术。咸丰年间（1831—1861）的松阳烟行、烟店如雨后春笋般林立，19世纪下半叶烟叶贸易大幅增长。当时松阳的种烟、晒烟、制烟等多项技术领先国内水平，松阳烟叶以叶大片厚、气香味浓闻名中外，曾远销阿联酋、埃及、黎巴嫩等27个国家和地区。从松阳到温州，温州到台湾再到日本，温州到福建再到东南亚，建立起一条

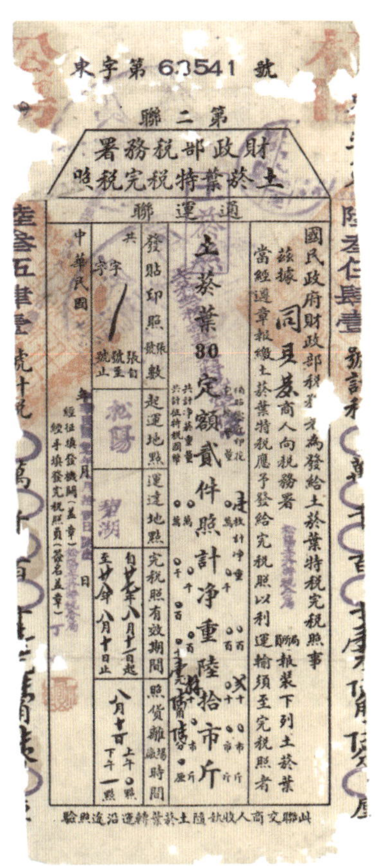
東字第63541號
第二聯
財政部稅務署
土菸葉特稅完稅照
適運聯
國民政府財政部稅務署為發給土菸葉特稅完稅照事
茲據　　商人向稅務署報裝下列土菸葉
當經遵章報繳土菸葉特稅應予發給完稅照以利運輸須至完稅照者
土菸葉 80 定額貳件照計淨重陸拾市斤
發貼印照張數
起運地點　松陽
運達地點
完稅照有效期間
照貨離場時間
中華民國　　年　　月　　日
此聯交商人收執隨土菸葉轉運沿途照驗

民国二十七年（1938）松阳土烟特税局颁发土烟叶特税完税照，交商人收执随土烟叶转运沿途照验（刘增全 提供）

飘荡着烟草香味的“海上丝绸之路”。据温州瓯海海关1877—1949年的出口记录，光绪三十二年（1906），松阳出口烟叶有21400多担（一担约50公斤），价值24.3万海关两。最兴盛的一年为1911年，松阳烟叶有12万担。民国四年（1915），松阳古市“罗萃泰烟行”选送的松阳晒红烟荣获“巴拿马—太平洋万国博览会”农业类金质奖章，民国十八年（1929）获“杭州西湖博览会”优质奖，使松阳烟叶更是声名远播。1938年4月7日，浙江省烟叶股份有限公司在松阳成立。至20世纪90年代，松阳烟叶种植面积还有三四千亩。

松阳蚕农素有在田边地头栽桑和养蚕自缫土丝的习惯。民国三十年（1941），浙江省农业改进所在松阳古市开垦桑园192亩，植桑53200株。1956年，设立松阳县蚕桑推广委员会。1988年2月，松阳丝厂建成投产，当年产白蚕丝21.17吨，其中出口10.68吨，创外汇100.89万元。到20世纪末，蚕桑生产成为松阳主导产业之一，桑园种植面积逾万亩，产值超千万元。

宋元时期，龙泉青瓷是“海上丝绸之路”上最主要的输出物品。唐乾元二年（759），龙泉县由松阳南部地区析置而出，与松阳有着割舍不清的文化渊源。界首村窑（唐宋时期有3个窑址)、大石村窑（唐宋时期）、择子山窑（南朝到宋朝）兼具越窑、婺州窑、瓯窑风格，松阳瓷窑深刻影响了龙泉窑的发展，唐宋时期界首窑、择子山窑的梅瓶（装酒具）已大量生产，通过松阴溪流域对外销售。松阴溪成为以青瓷为主要运输物件的“海上丝绸之路”的起始点之一。如图唐代界首窑双系青釉梅瓶，高25厘米，底径6.4厘米，口径7.8厘米，圆唇外翻，短颈，丰肩鼓腹，收修腰，平底。器身从上至下有明显的螺旋纹，是拉坯成

唐代界首窑双系青釉梅瓶（刘增全 提供）

型的特征。肩腹部施青釉，局部有乳浊窑变挂釉斑，施釉不及底，露胎处呈紫红色，平底略内凹。淘土淘炼不净，粗糙厚实，造型修长硕美。此器为唐时松阳县装酒之实用器物，对研究松阳县酒文化具有较高的参考研究价值。

3.水运商贸

松阳先人根据“八山一水”的地理地形特征，依托松阴溪这条天然水路通往外界，以松阳为枢纽，钱塘江流域、信江流域和瓯江流域的贸易网逐渐铺开，松阴溪将内陆与海洋顺畅地扭结在一起，牵挽起浙东、浙西南的山海大观，可谓财贸达三江，为松阳带来数百年的商旅繁荣。

松阴溪上的船

西汉建元三年（前138），东瓯国北迁，乘竹筏木排从温州经瓯江上溯，过丽水，沿松阴溪，到达古市一带上岸。三国时期，松阳至永宁（今属温州永嘉）便已经通航，成为瓯江流域最早开辟的水运干线。到了唐代，受江西、福建以及省内三衢、婺州等地的商业辐射，松阴溪成为浙西南重要的水路商道。明成化年间，仅从松阳转运到温州乐清广丰仓的大米就达7150石。在航运最发达的清中期至民国初期，松阳一地拥有千艘帆船，数量冠绝瓯江沿岸各县。

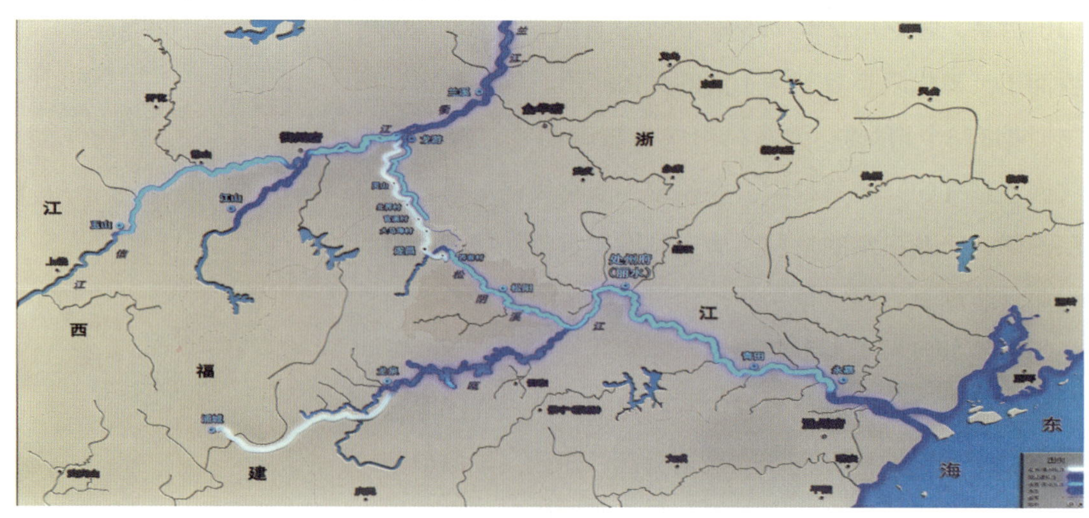

三江贸易图

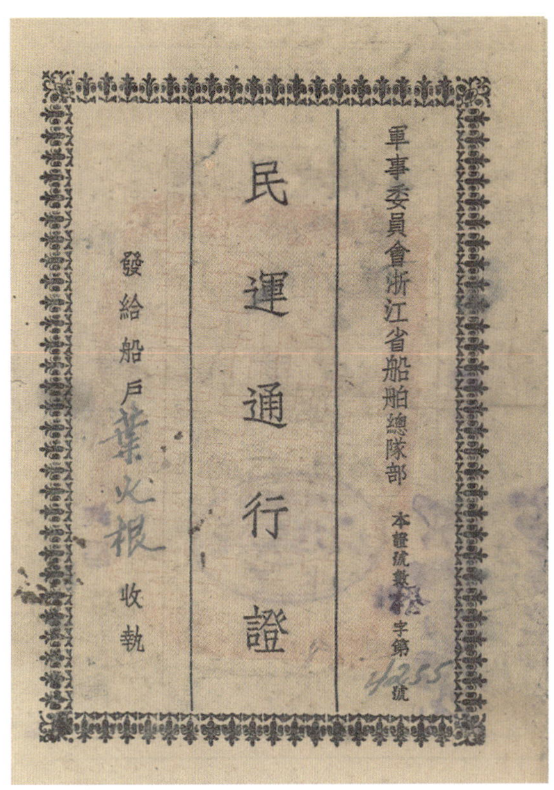

軍事委員會浙江省船舶總隊部

本證儲數　字第 4255 號

民運通行證

發給船戶 葉火根 收執

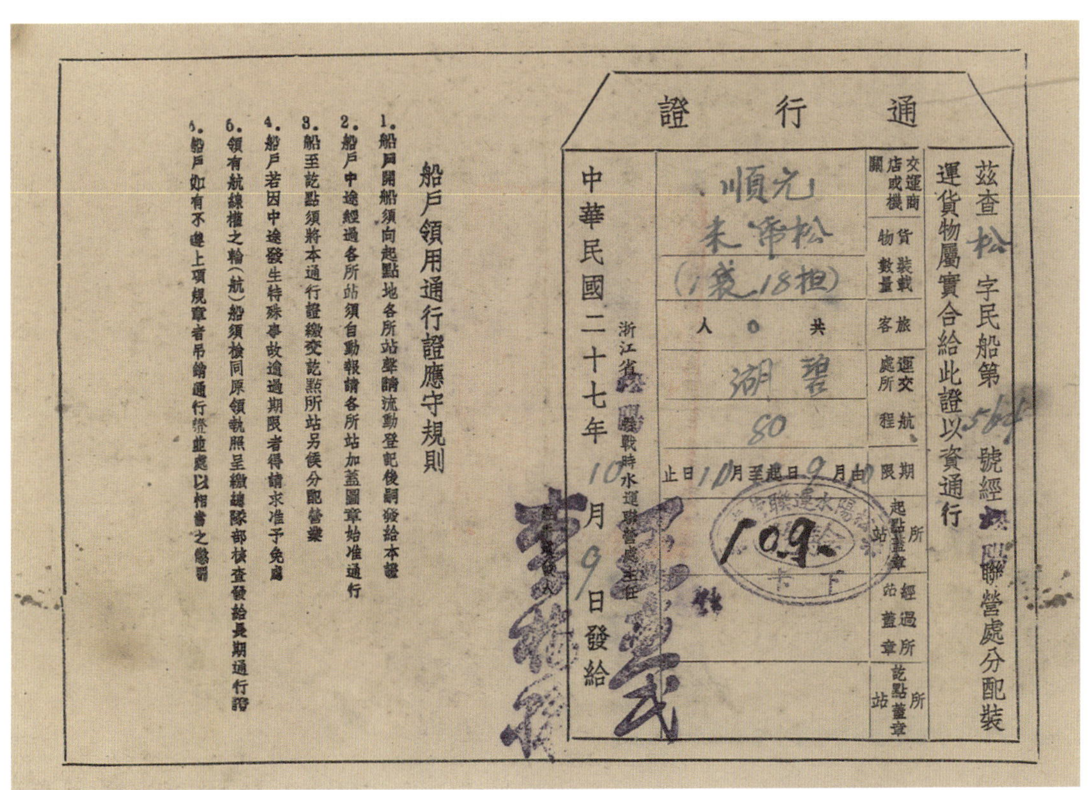

通行證

茲查松字民船第564號經松陽聯營處分配裝運貨物屬實合給此證以資通行

交運商店或機關	順元 宋帝松
貨物裝載數量	（1袋18担）
旅客	共　人
交運處所	碧湖
航程	80
期限	由10月9日起至10月11日止
起點所站蓋章	10.9.
經過所站蓋章	
訖點所站蓋章	

中華民國二十七年10月9日發給

浙江省松陽縣戰時水運聯營處主任

船戶領用通行證應守規則

1. 船戶開船須向起點地各所站聲請流動登記後嗣發給本證
2. 船戶中途經過各所站須自動報請各所站加蓋圖章始准通行
3. 船至訖點須將本通行證繳交訖點所站另候分配營業
4. 船戶若因中途發生特殊事故逾過期限者得請求准予免扁
5. 領有航線權之輪(航)船須檢同原領執照呈繳總隊部核查發給長期通行證
6. 船戶如有不遵上項規章者吊銷通行證並處以相當之懲罰

民国二十七年（1938）松阳县战时水运联营处发民运通行证（刘增金 提供）

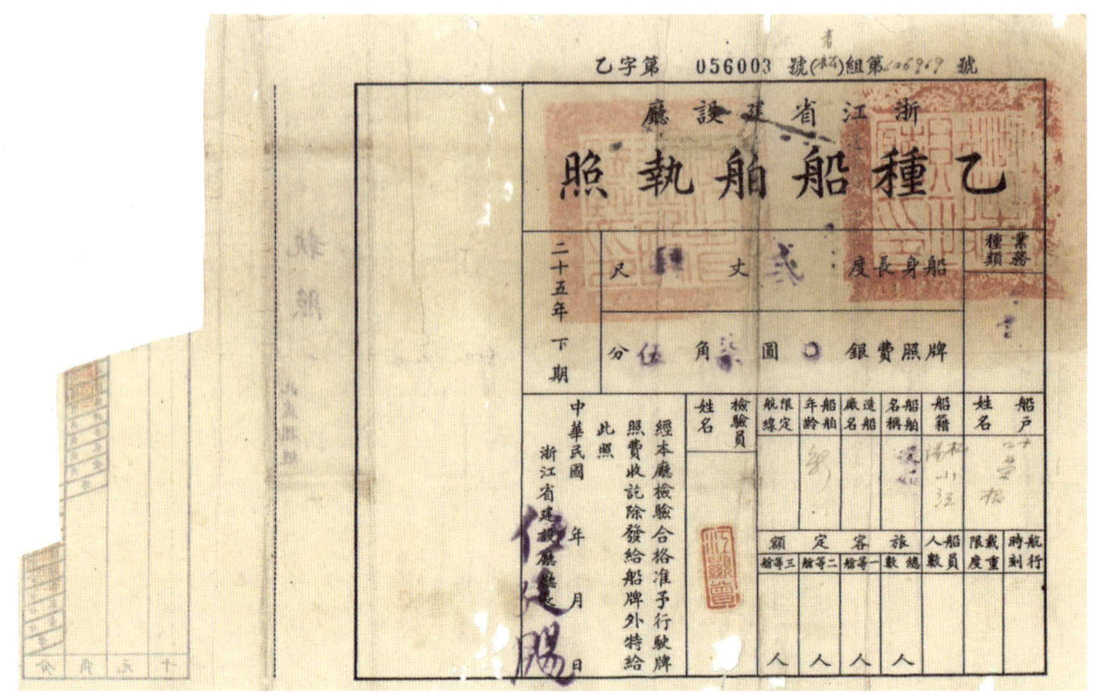
乙字第 056003 號（松）組第 號

浙江省建設廳

乙種船舶執照

業務種類	船身長度 丈 尺	二十五年下期
	牌照費銀 圓 角 分	

船戶姓名	船籍	船舶名稱	造船廠名	船舶年齡	限定航線	檢驗員姓名

航行時刻	載重限度	船員人數	旅客定額 總數	一等艙	二等艙	三等艙
		人	人	人	人	

經本廳檢驗合格准予行駛牌照費收訖除發給船牌外特給此照

中華民國 年 月 日

浙江省建設廳廳長

民国二十五年（1936）浙江省建设厅发松阳县百步村船户叶荣根“乙种船舶执照”（刘增金 提供）

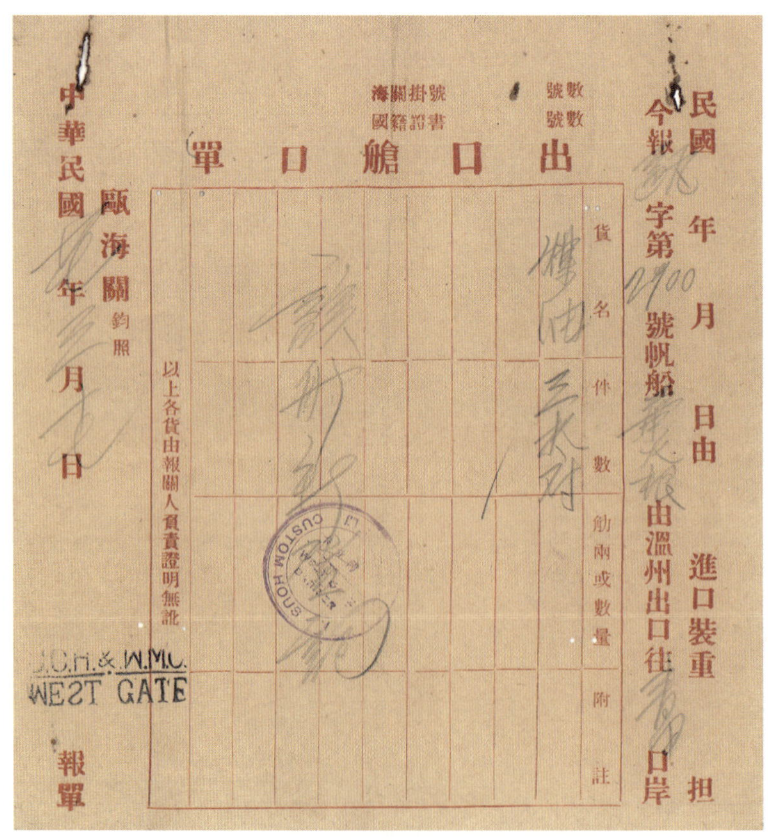
海關掛號數 號

國籍證書號數 號

出口艙口單

民國 年 月 日由

今報 字第 號帆船 由溫州出口往 口岸 進口裝重 担

貨名	件數	觔兩或數量	附註

以上各貨由報關人負責證明無訛

甌海關 鈐照

中華民國 年 月 日 報單

民国二十七年（1938）松阳船户叶火根从温州运送煤油到青田（刘增金 提供）

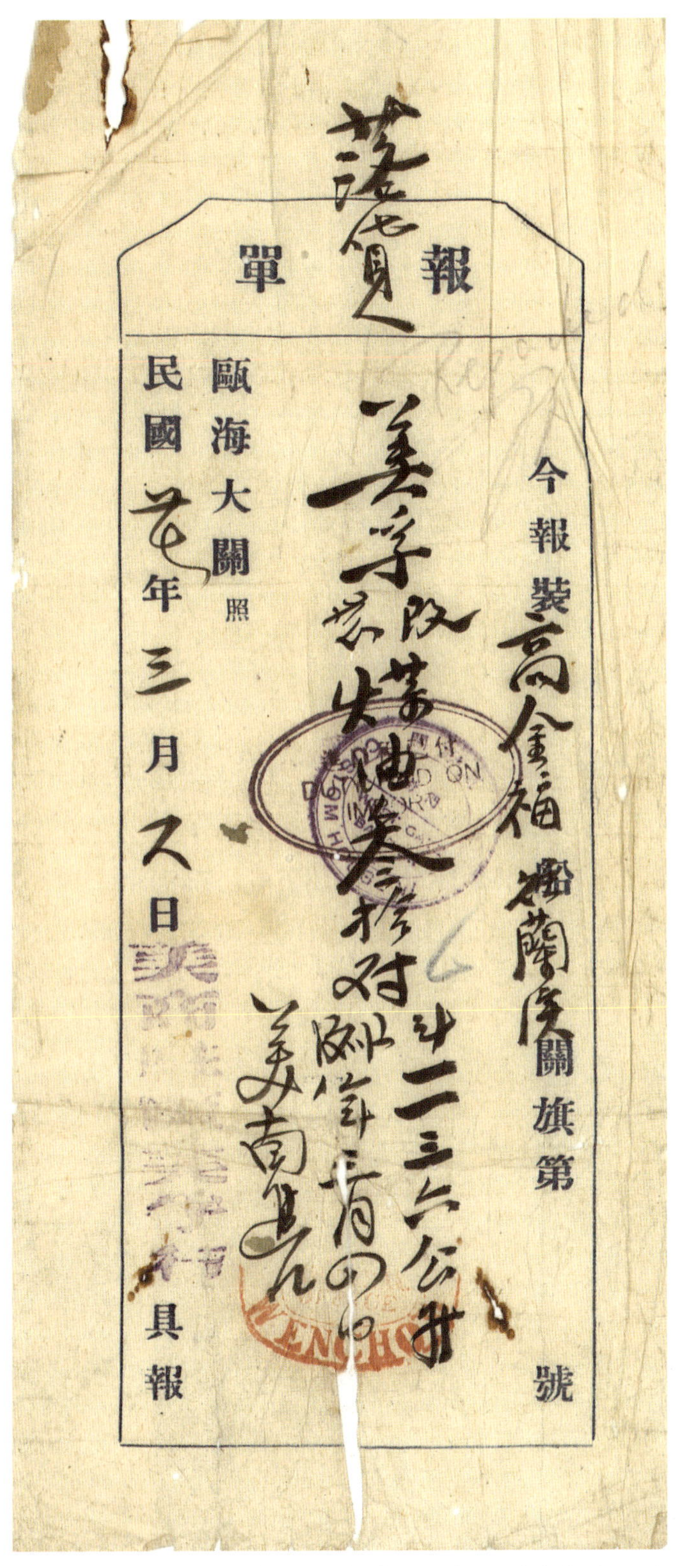

報單

今報裝　　船　　關旗第　　號

甌海大關　照

民國　　年　三　月　　日　具報

民国二十七年（1938）松阳船户叶火根从瓯海大关运送美孚煤油到兰溪的“报单”（刘增金 提供）

4.古村绵延

“案吾村畴昔，颇号殷富，今远不如。以溪水正冲，薄近村间，如有一视同仁不胡越乡党者，沿溪一带捍以长堤，堤上广树巨木，则美荫深护，殷富可仍，此实至要。”

——清光绪二十年（1894）《赤岸吴氏宗谱》村境图说节选

《赤岸吴氏宗谱》村境图

这是松阳先人将河道治理与村庄发展规划连为一体的文献记载，文中分析了赤岸村村庄田野过去是十分殷富，因溪水正冲，薄近村间，致使村畴殷富大不如前。提出了在沿溪一带修筑长堤，堤上广种树木，即可绿化环境、保护村畴殷富永续之方案，并强调“此实至要”。体现了松阳先人对河道防洪、生态绿化、村庄发展三者关系的辩证认识。“堤上广树巨木”可谓是松阳先人的生态堤防，真实反映了先人治水的生态理念。

八卦村——山下阳村（姜晓东 摄）

小桥流水人家——松庄村（李潮胜 摄）

溪山清韵——象溪村（松阳县档案馆 提供）

纵观松阳村落，或依水而建，或背坡临溪，或枕山面水，呈现出一幅人水和谐的绝妙画面。松阳先人充分利用溪流、山涧、清泉等水体，通过对水流和合理规划来实现全村人的水源共享。溪流或者水渠曲折蜿蜒，从各家门前流过，使每位村民与水源建立密切关系，在取水之便的同时也唤起人民对保护水资源的高度责任感，同时艺术化地设计水体形状，形成腰带水、九曲水、阶梯水、月池等，俯仰之间均有佳景。毋庸置疑的是，水景观是松阳村落在发展过程中的妙趣之笔。

粮食、经济作物的丰产和水运商贸的发展，使松阳先民有较高的经济收入，促进了城镇村落的建设。历经各个时期，松阳地区形成了一批特色鲜明的古村落，它们具有浓郁的地方特色，建筑环境、村落布局、建筑风貌保存得比较完整，宗族文化、耕读文化、风俗民情等各个时代的历史信息脉络可循，相对完整地保持着“山水—田园—村落”的格局，凝聚着1800多年农业文明历史的精华。

截至2023年底，松阳县有78个古村落获评国家级传统村落，它们散落在1401平方千米的县域中，交织于百姓的日常生活里，成为田园松阳的最大亮色。

怀德古里——界首村（县融媒体中心 提供）

悬崖上的山村——陈家铺村（松阳县档案馆 提供）

滨水古商埠——雅溪口村（松阳县档案馆 提供）

观妙入真

文献碑刻

榜文告示

松古灌区先民治水过程中遗留下的榜文、告示遗产十分丰富，主要分为堰圳、堤防两大类，目前共收集25篇，多为松阳县档案馆馆藏①。其中堰圳20篇、古水圳图1幅，堤防2篇，其他2篇。年代从明天顺元年（1457）到民国四年（1915），跨越458年。

1.金梁堰 明天顺元年（1457）四月初五 呈批

处州府松阳县为水利事。据十五都民匠籍叶隐武等状告本都与十六都余宗行等，共承洪武年间旧额金梁堰第一港，于地名杨汴，定立汴石，照田多寡分派。彼都汴石阔四尺二寸，本都汴石阔二尺四寸，分水两流，灌溉田禾已久。正统四年，因彼都杨世显等聚众强抄汴石，并将汴田开穿深阔占夺水利。比时，武等告。蒙本县知县李□等拘集粮里老徐永衍、王爱善等踏勘明白，具结备申，合干□□□□上司，给榜存照。至景泰七年，为因天旱，田禾缺水，不期彼都顽民余宗行等谓见经告文案被贼烧毁无存，纠集三十余人，仍行到汴抄丢汴石，强欲全占水利。是武等继即赴县具状告，蒙父母官知县马等亲临堰所，踏视重覆，体勘明白，照旧分水溉田，仍蒙给榜备照。岂期余宗行、周旭怀等捏词赴府，具告行提。虽蒙问檄的决宁家。又奉帖□□□将汴石拆除，于今未蒙体勘回覆。本年三月十八日，蒙本府大人曹□□□□□，本堰当蒙父母官知县马等禀□本堰水利，每月照依日期分派，轮流灌溉田土。今武等若不再行告给榜文执照，诚恐顽民争占不便据告。得此查得案内，于景泰七年六月内，据

①松阳县档案馆“镇馆之宝”——《松阳芳溪堰水利档案》于2013年3月入选第三批浙江省档案文献遗产名录。该批档案原为松阳县一毛姓家族收集、保存和传承。1988年，松阳县水利水电局编纂《松阳水利志》时寻访发现，移交至松阳县档案馆永久保存，共有原件22件，为明嘉靖九年（1530）至清光绪九年（1883）历代知县关于芳溪堰水事的告示文书等原始文稿。从中可见松古灌区的水旱灾情和水事纠纷的概况，以及我国古代县级政权对水利工程的管理情况，对于研究古代水利工程、农耕文化、公告批文格式及书法等具有重要研究价值和凭证价值。松阳县档案馆借助2021年度浙江省重点档案保护与利用专项资金，对芳溪堰水利档案进行了修复，并制作仿真件展示宣传，成为“松古灌区”入选世界灌溉工程遗产名录的关键史料支撑。

金梁堰首叶聪等状呈，亦为前事。案经行属重覆体勘明白，给榜分水，去□，今供前因参照，致争水利及侵占圳港作田犯罪，革前着令照旧改正贰尺，官不许多占外，合行备榜，前去分水处□□□张桂晓谕承利居民人等，今后务依派定轮流分次日期，均承水利。敢有故违之人，被堰首□□□指捐名呈告，即将违犯之徒定罚花银贰百□□□公用，及依律问罪不恕，所有榜□□至出给者。今开每月前叁日蔡弘孙等，后柒日毛自坚等。十五都初一至初三日酉时止，十六十七都初三日戌时起至初十日酉时止；十五都初十日戌时起至十三日酉时止，十六十七都十三日戌时起至二十日酉时止；十五都二十日戌时起至二十三日酉时止，十六十七都二十三日戌时起至晦日止。右榜谕众通晓【松阳县印】。天顺元年四月初五日给。

注释：

这是松古灌区年代最久远的榜文，距今近570年，文中记载金梁堰自明洪武年间始，虽历正统四年（1439）、景泰七年（1456）水事纠纷至天顺元年（1457）前一直采用汴石制分水。天顺元年（1457）水事纠纷再发，松阳知县改汴石制分水为轮灌制分水。

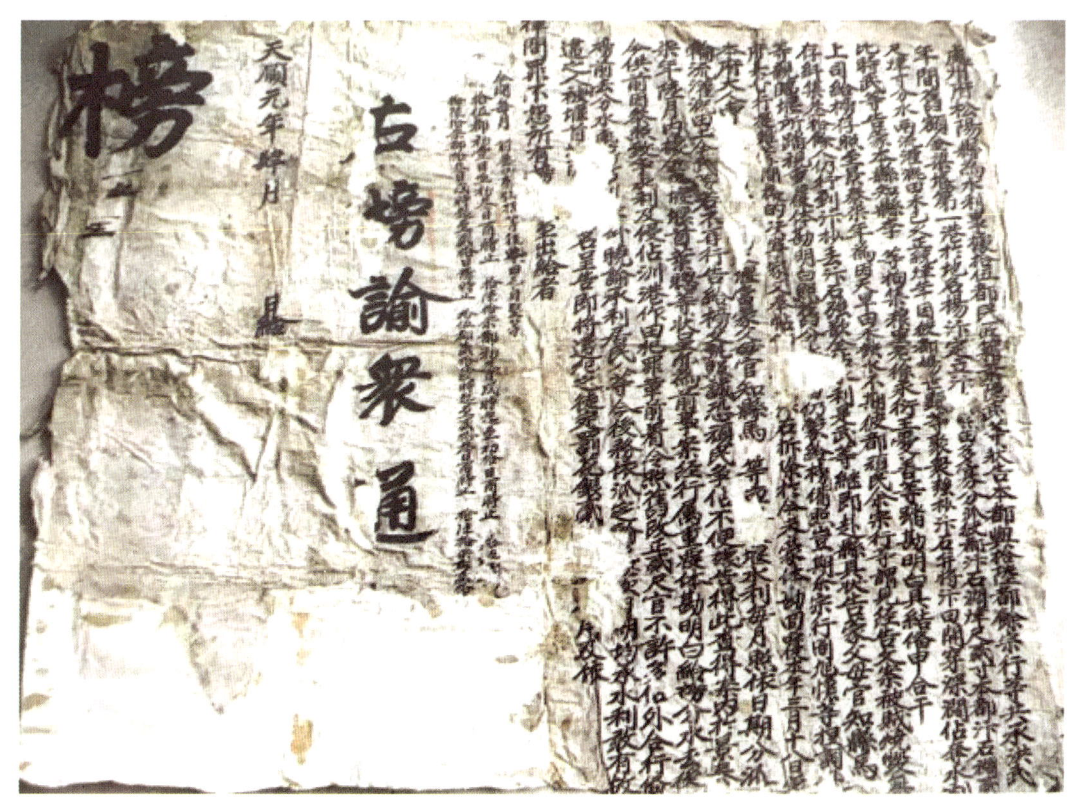
榜
天顺元年肆月
县
右榜谕众通

明天顺元年（1457）金梁堰汴石分水改轮流灌溉榜文（2008年吴志华摄于斋坛乡毛夏根家）

2.芳溪堰 明嘉靖九年（1530）八月初四 呈批

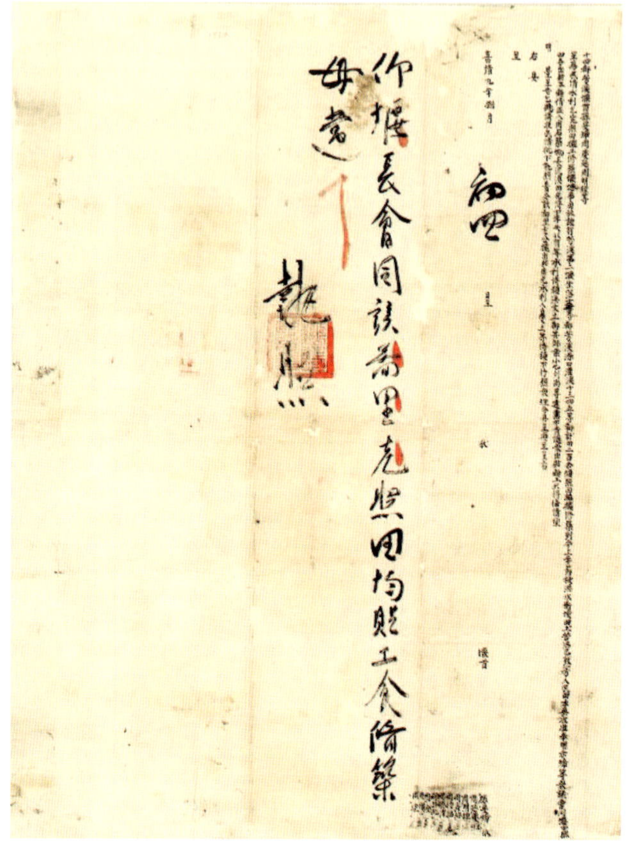
明嘉靖九年（1530）八月知县对芳溪堰修复水利呈状的批示（82cm×61cm，松阳县档案馆藏）

十四都芳溪堰首孙旻璋、周延庆、周明理等，呈为民情水利乞究照田摆工修筑堰塘事。因祖设有芳溪第二堰，坐落十三都芳溪源口，灌溴十三四五等都计田二百余顷，照田编摆，修筑到今。上年节被洪水冲坏，田土苦晒，已致一方人民田禾无收。准奉明示，璋等众议会同堰甲，照田各出财本，雇倩匠人用石筑砌，长流溴田，免得下年失收。有等承利恃顽洪文立、郑其师、叶小七、刘尚等违党，不肯随众出贴雇工，只得备情，望明台呈告，乞赐怜准民情，批下执照，着令该都里老公摆出贴，庶免承利人户洪文立等恃顽不行。照众理合具呈须至呈者。

右具呈。

堰首孙旻璋、周延庆、周明理、周齐珍、周怡福、周德泽、孙林玘、周全、周瓒、周瑄。

嘉靖九年八月初四日呈

仰堰长会同该图里，克照田均贴工食修筑，毋违。执照。【松阳县印】

注释：

①明嘉靖九年（1530）八月初四知县对芳溪堰修复水利呈状的批示。批示宽61厘米，高82厘米，上面清楚地说明了事情的经过和组织摊派贴工的操作方法，并盖有"松阳县印"。

②通过这份修复芳溪堰的告示，我们可以清楚地了解，芳溪二堰设有堰首（堰长）若干名（堰董会），负责堰坝的巡察、维护等日常管理，向上呈报水利民情灾况，组织执行堰圳修复等事项。芳溪堰的修复及筹资方案由堰董会报县府批示并公告执行。

3.芳溪堰 清康熙元年（1662）七月十七日 呈批

十四都芳溪堰长孙伯士、周佛僧等，呈为恳恩水利乞究照田摆工修筑古堰事。缘祖古设有芳溪第二堰，坐落十三都芳溪源口，灌澳十三、十四、十五等都计田二百余顷，照田编摆修筑至今。因上年节被洪水冲坏，田禾苦晒，已致一方田禾无收。堰长士等众议，会同堰甲，照田各出财本，工雇匠人用石砌筑，修补原额，长流灌田，上完国课，下救小民。设不呈照，恐有恃顽，不守法纪，叩乞仁爷赦批赐照，着该都堰甲照依旧例修筑古堰，赐小民粮命有着，顶德上呈。康熙元年七月十七日。呈状堰长孙伯士、周佛僧、周永良、周永求状。

通乡水利仰公派修筑。准照【松阳县印】

注释：

知县陈启东，进贤人，贡生。顺治十八年任松阳知县。

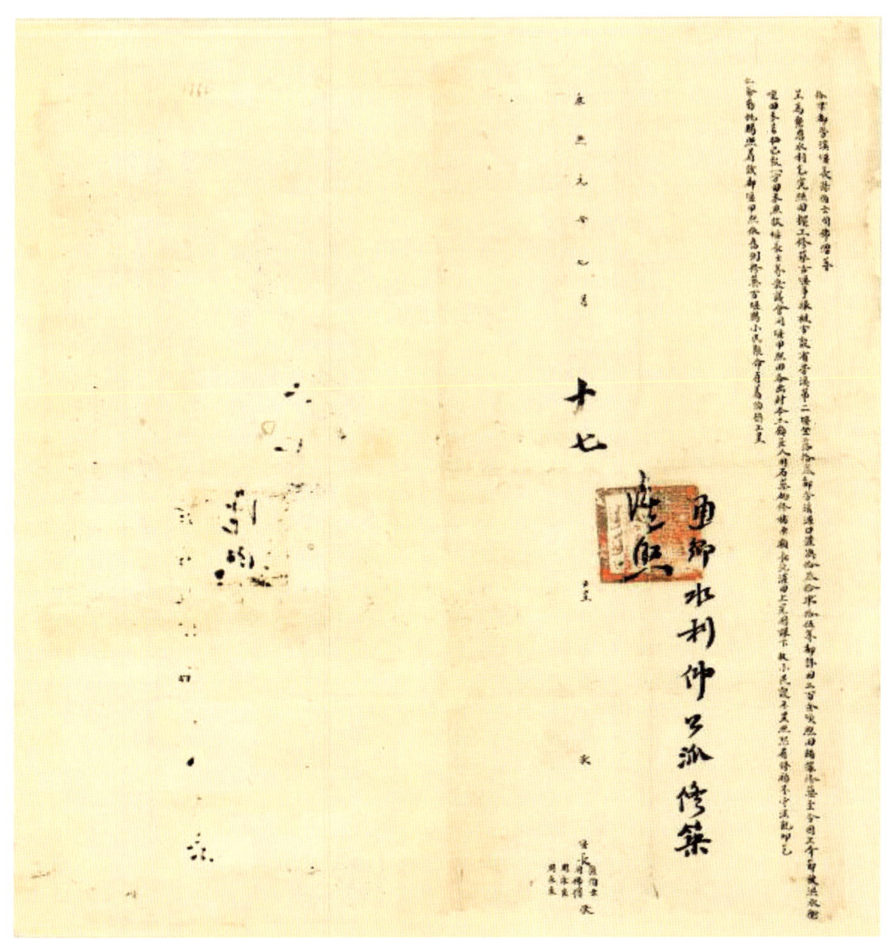

康熙元年（1662）七月知县陈启东对修筑芳溪堰作出的批示（64cm×56cm，松阳县档案馆藏）

4.芳溪堰 清康熙二十五年（1686）六月初七 呈批

呈状人周永良、周永焕、周鹿鸣、周应洪，呈为恳恩赐照以存后验事。缘身坦自宋朝设有十三都芳溪源口第二堰灌溉，身十四都力溪、后肖、驮齐等处田地百余顷。原遗有古榜圳图，因今年洪水漂荡，墙屋俱倒，古榜失坏。设不恳照，虑恐日后无查，叩乞宪天敕赐印照，照旧灌溉，以存后验。合坦顶祝上呈。康熙二十五年六月初七日。呈状人周永良、周永焕、周鹿鸣、周应洪、吴国伟、孙世荣。

准照。

注释：

知县周名播，宝应人，监生。康熙二十五年（1686）任松阳知县。榜文记载芳溪二堰原遗有古榜圳图，历来依图轮灌，时年闰四月廿六日古榜圳图因洪水毁房而失坏，虑恐日后无查，上呈县府批示同意，照旧印照。

康熙二十五年（1686）六月知县周名播关于芳溪二堰古榜圳图照旧印存的批示（57cm×48cm，松阳县档案馆藏）

5.芳溪堰 清康熙二十五年（1686）水系图（残存第二圳图）

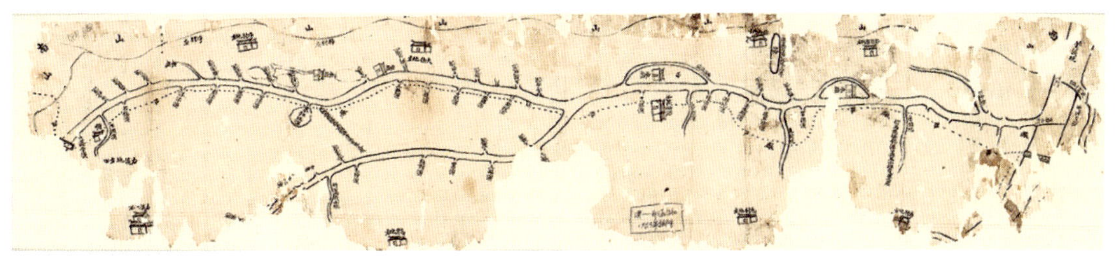

清康熙二十五年（1686）芳溪堰二圳水系图（110cm×28cm，松阳县档案馆藏）

注释：

①古圳图年代：据芳溪堰圳董会后代介绍，此图为明洪武年间（1368—1398）绘制，故现在松阳档案馆初始记录为明洪武年间（1368—1398）。另一种说法是清光绪七年（1881），其依据是该图左上角有“1881”铅笔标注。按现存榜文记载事实推测，确定为清康熙二十五年（1686）更妥。其缘由为康熙二十五年六月初七榜文明确记载古榜圳图因洪水毁房而失坏，并上呈县府同意照旧印照，故康熙二十五年前的老图应不存在，且康熙二十五年确印过古榜圳图。二为乾隆三十四年（1769）十二月告示榜文记载：“但圳水所流前坑现有新旧水碓七座”，而本图中仅标注有六座，故文中出现“现有新旧”的说法，说明后有增加，亦可证明本图在乾隆三十四年（1769）前已绘成。其三该圳图材质和同期清榜文相近。

②古圳图内容：该古圳图所示灌区信息十分丰富。取水源为芳溪坑，芳溪堰分二圳，上为第一圳，下为第二圳。本图为第二圳水系，自取水口至力溪干渠道路及高岸支渠布置图。沿干渠图中标注有经过唐头坑、包村坑、竹蒿后小坑三条支流及堤防；源口及五小坦、源口与后肖、五小坦与力溪三大灌片的分界地线，十四天（道光四年后改为十五天）轮灌制就按此界轮流。干支渠的主要建筑物有4处厂（有空地可存放货物的栈房、棚舍，即管理用房、场地）、6座水碓（徐山、后肖、大徐、樟村、净村、力溪）、7个引水汴口、41个引水演（涵）、10个未标注的分水口。灌区共涉及10个地方村庄（源口、唐头、新思垄、徐山、包村、大徐、高岸、樟村、净村、力溪）。灌区边缘山脉（西山、南山等）。

6.芳溪堰 清康熙二十五年（1686）六月十七日 呈批

康熙二十五年（1686）六月知县周名揩就十四都力溪地方堰首修复古圳呈状的批示（57cm×50cm，松阳县档案馆藏）

松阳县十四都力溪地方堰长周永良、周永焕、周鹿鸣、吴国伟、周应洪、孙世荣，呈为翘宪颁示筑圳以全国课民命事。切自宋朝以来设立水圳，坐落十三都芳溪源口上下二堰。上堰古立南北二门，中半分水。其北门堰水灌溉源口、下项、上安等处地方田地；南门堰水灌溉下圳十四都力溪、大齐、后肖、周弄口、徐山、高岸、包村、塘头、十三都源口、十五都岗坞，共十坦田地通计百顷有余。历传古榜堰图，轮流灌溉，至今无异。不料闰四月廿六日忽逢滔天洪水，身等本坦古堰尽皆推坏，古榜堰图相随房屋漂流无处可循。且值亢旱，田禾枯槁，若无堰水灌溉，将来一逢荒旱，秋收绝望，钱粮民食无依。身系圳长，曾已呈控县主，止蒙批照，但砌筑古堰、抬石扛磁、雇工倩匠，费用工程浩繁，必须照亩均派，共襄力役，庶克有济。诚恐各坦民心不一，顽梗坐视，古圳终难成功。幸荷宪天摄理，府篆慈爱，覃敷遐迩，苍赤讴诵。正各属灾黎生全之日，奔号宪天大老爷准颁告示，晓谕各坦士民，齐心协力，举行兴筑古圳，照亩均派资财，俾水利永有攸赖、人民不致流离，恩垂千载，德配二□。为此深切连名上呈县府正堂大老爷施行。康熙二十五年六月十七日。具呈人周永良、周永焕、周鹿鸣、周应洪、吴国伟、孙世荣。

仰士民公议修筑，不便验示。

注释：

该告示主要记载了自宋朝以来芳溪一二两堰的灌溉范围和分水口，芳溪二堰历传古榜堰图，轮流灌溉的历史。康熙二十五年（1686）闰四月廿六日洪水，古堰尽皆推坏，古榜堰图相随房屋漂流无处可循的灾情及古堰修复方案。

7.芳溪堰 清康熙二十七年（1688）四月十一日 告示

松阳县正堂李

为晓谕公报田亩以便分派堰水日期事。前据五坦力溪等处告争灌溉，本县亲行踏勘，吩咐乡耆里老等从公勘查，详开各坦原额现种亩数花名细数确册。昨虽各报数目，俱不详细，力溪岗坞等所开与源口等坦诸人所报互异。曾经查询，另开确数，至今日久未覆。此时农忙，恐迁延烦扰，及赴府路途遥远，致尔等苦累。趁本县今在旧市比欠，便可早行完结。为此示仰力溪、岗坞及五坦、源口各居民田主，细将各人名下所种田亩实数细注坵段，或自业或系租承某人名下佃种，俱要详细开明，同本坦高年、知事老成，尊长造册，约练总、乡长、里老公同核查明确送县，仍共议公正，老成弓手二名，伺候各家田边插立四至木片，上写田主、佃户名下亩数，候本县不拘时候亲往丈量。如混拉傍坦田数及以少报多，查出或被人讦告明白，除重责栅板枷示外，仍将谎报田亩入官。限三日内报完汇册赍送，各宜自慎，毋违。立速。特示。右仰知悉。康熙二十七年四月十一日给。发力溪岗坞地方张挂，不许风雨损坏。

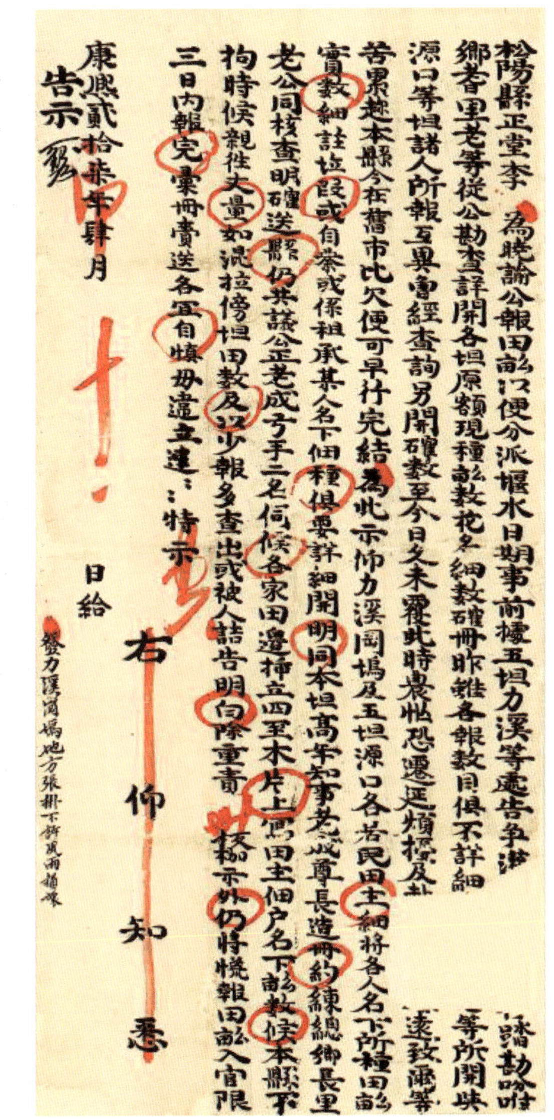

康熙二十七年（1688）四月知县李钟秀开展灌溉面积公报核查的告示（128cm×57cm，松阳县档案馆藏）

注释：

①知县李钟秀，奉天人，监生。康熙二十七年（1688）任松阳知县。该告示主要讲述有效灌溉面积调查，明确了村、乡、县的上报、复核程序规定，对虚报面积者采取了严厉的处罚，开创了“不拘时候亲往丈量”的“飞检”模式。

②灌溉面积是灌区管理最基础最重要的资料，该告示是中国古代政府层面进行灌溉面积核查不可多见的宝贵遗存。

8.芳溪堰 清康熙二十七年（1688）六月二十日 告示

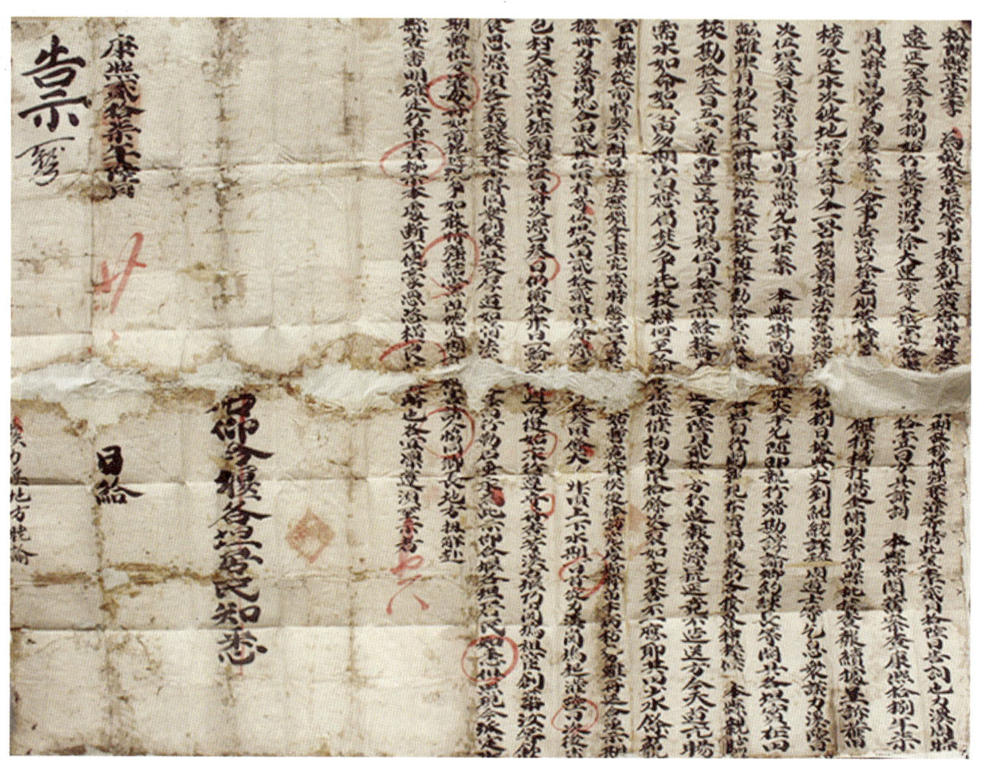

康熙二十七年（1688）六月知县李钟秀关于按田亩分派变更水期的告示（130cm×162cm，松阳县档案馆藏）

松阳县正堂李

为截夺官堰等事。据刘世广告周时远紊乱水期故榜恃强夺灌等情，此盖本年二月十六日告词也。力溪周时远延至三月初八始行投诉，而源口徐大运等又越一十四日即二十一日方具诉词。本县检阅旧案，查康熙十八年七月内麻日昌等为聚党□命事，告源口徐老朋等恃富争霸敲锣持械打伤金佛明等。前县批捕查报，续据呈诉旧榜分定水次，彼地源口三日。今一罟独霸抗法恳踏等情，二十八日，据典史刘绍统详称，周道士等乞息众议，力溪六日，次五坦三日，末源口五日。申明前县允详在案。本县斟酌前情确失平允，随即亲行踏勘，谆谕乡约练长等，开具各坦实在田亩。虽四月初五投有一册，俱无坵段确数。随发劝谕告示三地，着令各坦自行开报现存实田细数，仍各按界插标，候本县亲临校勘。十三日，五坦遵即造送，而岗坞五月十六亦经投册，力溪延至六月二十日方行造报，而源口抗延竟不造送。方今天道亢旸需水如命，如果田多期少，自应眉焚争先投辩，何至谕示差提催拘勒限十余次，褎如充耳杳不一应耶？其田少水余，藐官抗横。从前情弊，不问可知，法应锁拿重究。虑时殷苦旱，农民困顿，姑暂宽贷，俟后体访究处。斯时苗禾病枯，势难再延，合亟示期。据册，力溪、岗坞合田二十五顷有奇，五坦共田二十二顷有余，源口估计十三顷余。大约四顷上下水期一日。首从力溪、岗坞起灌六日，次后肖、包村、大齐、高岸、塘头五坦五日，再次源口三日，仍循十四日一轮。之后，周而复始，永行遵守。再查芳溪古堰乃岗坞祖官创筑，汝等饮食思源，须各义让从优，不得同众例较，宜敦厚道如情法兼顾，各坦自行勒石垂永。为此，示仰合堰各坦居民知悉：俱照现今派定水期轮值分灌，毋再如前搀越混争。如敢恃强结党阻挠定期，许被害诸人协同乡长地方扭解赴县，查审明确，定行重责枷示。本处断不使豪恶恣横、良善失所也。各宜凛遵。须至示者。右仰合堰各坦居民知悉。康熙二十七年六月廿日给。发力溪地方晓谕。

注释：

①芳溪堰始建于宋，由力溪、岗坞、源口三村先民投资创筑。圳途沿岸的后肖、包村、大齐、高岸、塘头五坦（简称五小坦）先民并未出力兴建。水期分配历来以古榜圳图为依据，实行十四天为一轮制，始从力溪、岗坞六日，次源口五日，后五小坦三日，历无争议。

②康熙十八年（1679）七月，源口村徐老朋等恃富争霸持械打伤力溪村金佛明等人，时任知县张景留对源口村有关人员进行批捕查办，其后又根据力溪村人呈报的旧榜分定水期，定源口水期为三日，这是有记载的芳溪堰水期第一次变更。康熙二十七年（1688）二月十六日，或许是受康熙二十五年（1686）古榜圳图照旧印制的影响，源口村民刘世广等不服，上告力溪村民周时远紊乱水期故榜（指康熙十八年案时所呈旧榜），强夺灌期为本榜文案件的背景因缘。

③李钟秀于康熙二十七年（1688）四月任松阳县知县，接案后亲勘现场，认为不按土地面积多少定水期确失公平，尔后发榜开展灌溉面积调查，并据所查面积多少，对历史形成的水期进行了第二次变更调整，变源口五日为三日，五小坦三日为五日。两年后康熙二十九年（1690），处州知府对本次变更进行了修正，恢复历史灌期。

9.芳溪堰 清康熙二十九年（1690）八月十九日 告示

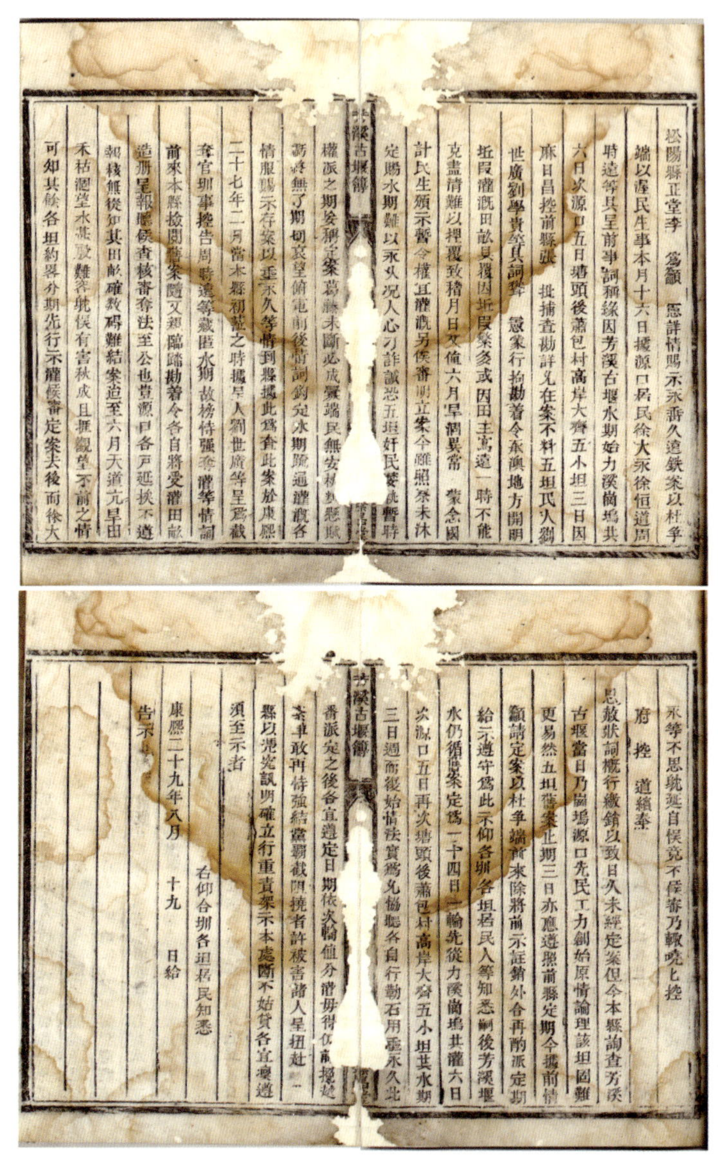
松陽縣正堂李　爲籲　懇詳情賜示永垂久遠鐵案以杜爭
端以遏民生事本月十六日據源口居民徐大永徐恒道周
時遠等具呈前事詞稱緣因芳溪古堰水期始力溪崗塢共
六日次源口五日塘頭後蕭包村高岸大齊五小坦三日因
麻日昌控前縣張　批捕查勘詳允在案不料五坦民人劉
世廣劉學貴等具詞粘　憲案行拘勘着令本縣地方開明
坵段灌溉田畝具覆因坵段繁多或因田主寓遠一時不能
克盡清難以埋覆致稽月日又值六月旱涸異常　蒙念國
計民生頒示暫令權宜灌溉另候審明立案今雖照示未沐
定賜水期難以永久況人心刁詐誠恐五坦奸民藉此暫時

芳溪古堰簿

權派之期妄稱定案葛藤未斷必成釁端民無安枕勢懇賦
霑霈無了期切哀望俯宅前後讞詞鈞定永期贖過灌溉各
情服賜示存案以垂永久等情到縣據此爲查此案於康熙
二十七年二月當本縣初莅之時據早人劉世廣等呈爲截
奪官圳事控告周時遠等藏匿水册故榜恃强奪灌等情詞
前來本縣檢閱舊案隨又親臨踏勘着令各自將受灌田畝
造册呈報聽候查核審奪法至公也豈黠户各戶延挨不遵
規核無從知其田畝確數礙難結案迨至六月天道亢旱田
禾枯涸望水甚殷難容耽候有害秋成且推觀望不前之情
可知其餘各坦約略分期先行示灌候審定案去後而徐大
永等不思耽延自誤竟不候審乃輙嘵嘵上控
府控　道續奉
恩赦狀詞概行繳銷以致日久未經定案但今本縣詢查芳溪
古堰當日乃崗塢源口先民工力創始原情論理該坦固難
更易然五坦舊案止期三日亦應遵照前縣定期今據前情
籲請定案以杜爭端前來除將前示註銷外合再酌派定期
給示遵守爲此示仰各圳各坦居民人等知悉嗣後芳溪堰
水仍循舊案定爲一十四日一輪先從力溪崗塢共灌六日
次源口五日再次塘頭後蕭包村高岸大齊五小坦共水期
三日週而復始情法實爲允協聽各自行勸石用垂永久此

芳溪古堰簿

番派定之後各宜遵定日期依次輪值分灌毋得仍前搶趁
余非敢再恃强結黨霸截阻撓者許被害諸人呈扭赴
縣以憑究訊明確立行重責枷示本處斷不姑貸各宜凜遵
須至示者
右仰合圳各坦居民知悉
康熙二十九年八月　十九　日給
告示

康熙二十九年（1690）八月知县李钟秀为吁宪详情赐示永垂久远以杜争端以渥民生事告示（李义敏 收藏）

松阳县正堂李

为吁宪详情赐示永垂久远铁案以杜争端以渥民生事。本月十六日，据源口居民徐大永、徐恒道、周时远等具呈前事词称，缘因芳溪古堰水期：始力溪岗坞共六日，次源口五日，塘头、后萧、包村、高岸、大齐五小坦三日。因麻日昌控，前县张批捕查勘详允在案。不料，五坦民人刘世广、刘学贵等具词耸宪。蒙行拘勘，着令承澳地方开明坵段灌溉田亩具覆。因坵段繁多，或因田主窎远，一时不能克尽清，难以控覆，致稽月日。又值六月旱涸异常，蒙念国计民生，须示暂令权宜灌溉，另俟审明立案。今虽照察，未沐定赐水期，难以永久，况人心刁诈，诚恐五坦奸民娄执暂时权派之期妄称定案。葛藤未断，必成衅端。民无安枕，粮悬赋亏，终无了期。切哀望俯电前后情词，钧定水期，疏通灌溉，各情服赐示存案，以垂永久。等情到县。据此，为查此案于康熙二十七年二月当本县初莅之时，据呈人刘世广等呈为截夺官圳事，控告周时远等藏匿水期故榜、恃强夺灌等情词前来。本县捡阅旧案，随又亲临踏勘，着令各自将受灌田亩造册呈报，听候查核审夺，法至公也。岂源口各户延挨不遵报核，无从知其田亩确数，碍难结案。迨至六月，天道亢旱，田禾枯涸，望水甚殷，难容耽误，有害秋成。且捱观望不前之情，可知其余各坦，约略分期，先行示灌，候审定案。去后，而徐大永等不思耽延自误，竟不候审，乃辄哓匕控府控道。缤奉恩赦状词，概行缴销，以致日久，未经定案。但今本县询查芳溪古堰，当日乃岗坞源口先民工力创始，原情论理，该坦固难更易。然五坦旧案止期三日，亦应遵照前县定期。今据前情，吁请定案以杜争端前来。除将前示注销外，合再酌派定期，给示遵守。为此，示仰各圳各坦居民人等知悉。嗣后，芳溪堰水仍循旧案定为一十四日一轮，先从力溪岗坞共灌六日，次源口五日，再次塘头、后萧、包村、高岸、大齐五小坦其水期三日，周而复始，情法实为允协。听各自行勒石，用垂永久。此番派定之后，各宜遵定日期，依次轮值分灌，毋得仍前挽越紊争。敢再恃强结党霸截阻挠者，许被害诸人呈扭赴县，以凭究讯明确，立行重责架示。本处断不姑贷，各宜凛遵，须至示者。

右仰合圳各坦居民知悉

康熙二十九年八月十九日给

告示

注释:

①本告示来源于清乾隆三十九年（1774）《芳溪古堰薄》（详见文选6）。

②这是源自康熙十八年（1679），历时11年源口村民为维护历史水期的维权争斗诉讼的最终裁定。知县李钟秀依据处州知府审核意见，判定维持原芳溪堰历史形成的14天轮灌制，源口村水期又从康熙十八年后的3天恢复为5天。

10.芳溪堰 清康熙三十一年（1692）七月初三 告示

松阳县正堂郑

为恳宪赐示严饬顽抗照期筑砌古堰救全粮命事。据源口地方居民徐有星、徐大增等连名具词内称："缘身等源口地方同力溪岗坞地方，祖民先朝扦筑芳溪二堰一条，上自源口起，下至力溪岗坞止。因寇乱，堰榜损失，蒙张老爷并李老爷两县主电阅旧案，示期勒石，始从力溪、岗坞共水期六日，次从源口水期五日，再次塘头、后肖、大齐、高岸、包村五小坦共水期三日，以十四日为一轮，周而复始灌溉。不期，前堰于康熙二十五年洪水推坏大堰，至今不能筑砌。连年草拼掩塞，蓄存流水不敷灌田，一经水大推去无存，粮命两失。身坦与力溪村民公议，目今倩匠筑砌旧堰工本浩大，自应遵照水期分砌，情恐小坦居民散涣，均非土著，人力不齐，设不恳示，严饬顽抗，难以秉心告成。叩乞电恤粮命攸关，赐示遵照水期筑砌。古堰易成，恩功浩大。"等情到县。据此，合行给示晓谕严饬。为此，示仰源口地方并力溪岗坞及合堰居民人等知悉为照：原有芳溪二堰一条，系源口、力溪、岗坞祖民创设，前经洪水推陷，缺水灌田。今据徐有星等呈称，再兴筑堰，应照勒碑派定水次日期，首从力溪、岗坞共水期六日，次从源口水期五日，再次塘头、后肖、大齐、高岸、包村五小坦共水期三日，各办雇工匠，同心竭力，筑砌坚固，蓄水长流，照次灌田，上办国赋，下资民食。毋许顽抗，参差不齐，有误大堰，不能成功。示饬之后，倘有仍行恃顽搀越紊乱不遵者，许令督堰为首人等指名呈赴，本县定行严拿重究。各宜凛遵，毋违。须至示者。右仰合堰各坦居民人等知悉。康熙三十一年七月初三日给告示[松阳县印]发力溪岗坞地方张挂晓谕，不许风雨损坏。

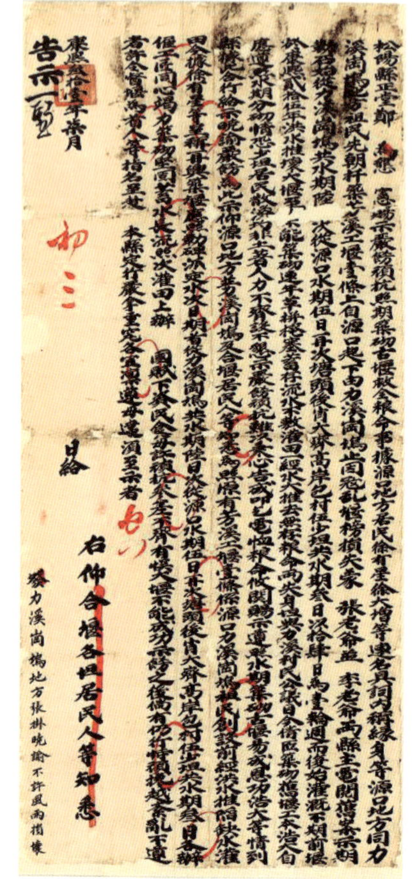

康熙三十一年（1692）七月知县郑伟全按照水期分派筑砌修复古堰的告示（135cm × 57cm，松阳档案馆藏）

注释：

知县郑伟全，龙川人，举人，康熙三十年（1691）任松阳知县。文中"应照勒碑派定水次日期"，勒碑指清康熙二十九年（1690）知县李钟秀亲立的芳溪二堰水期碑。告示主要记载各灌片依照水期雇办工匠，同心协力，修筑水毁堰坝。

11.芳溪堰 清康熙三十五年（1696）四月 呈批

呈状力溪地方坦民周时鸣、周鹿鸣、周应洪、吴叶孙等，呈为抗顽待荒，违例截霸，七坦民命无生事：缘身坦同源口、后肖、塘头等八坦，共坐芳溪官堰壹条，遇旱同力筑砌，派定始从身坦六日，次从源口五日，后从后肖、五小坦三日，周而复始，灌溉八坦，粮命攸关，历示可电。乘今雨泽愆期，身坦遵奉宪批，于本月二十三日竭力修筑，应从定期。讵遭源口地方土豪徐增孙、徐正运、徐郑孙、徐老六、杨国王、周老大、周业孙，坐视抗不同筑，仍将身坦水期，强截霸灌农田，致身坦苗莫插。邻坦叶长庆、金老亨、金大运、曹国成骇证。窃思堰有定例，违抗不遵，纪律无存，仍行强霸，有奸无法，设不颁究，紊乱水期，抗误待荒。叩乞宪天大老爷怜敕捕踏律，究抗例法，诛紊乱，以全民命。连名哭呈。

计粘前任示期

镜电

康熙三十五年四月廿六日

呈状人：周时鸣　周应洪　周普能

周时远　周鹿鸣 吴叶孙

周天如　周翁生等状

处州府松阳县正堂武（批示）：

仰捕衙，即日减从亲行踏勘，查照往例，按期分水，仍令各坦并工修筑，以资灌溉。如有截霸紊乱，坐视等奸，立即重处，申报前示并发。

四月三十日

捕衙（松阳令印）

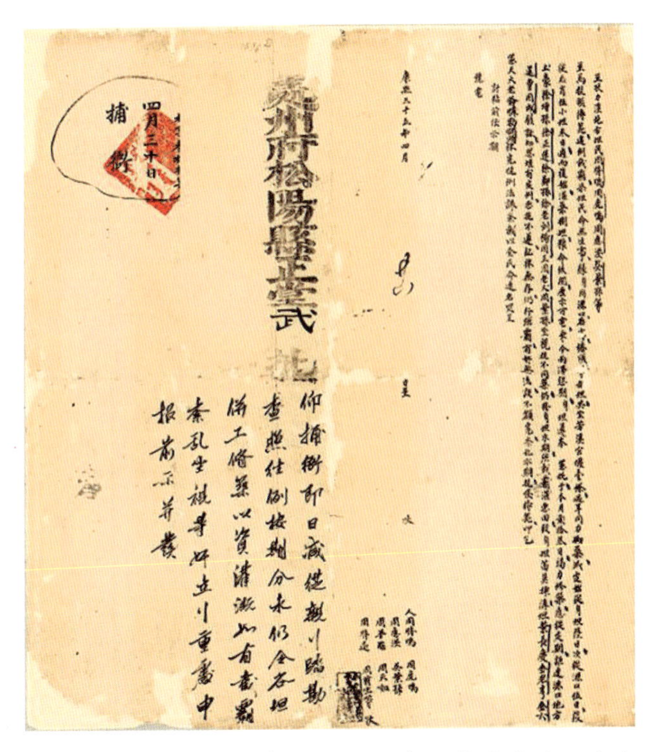

康熙三十五年（1696）四月知县武方蔚就力溪坦民告源口土豪挟势霸水案，批示捕役前往处理，并令各坦按期分水的告示（58cm×50cm，松阳县档案馆藏）

注释：

知县武方蔚，襄平（辽宁辽阳）人，监生。该告示主要记载武方蔚追究源口地方土豪，强截霸灌，不遵水期的行为，保障了灌区群众的水权行使。

12.芳溪堰 清康熙三十五年（1696）五月初八 批示

为抗顽待荒违例等事。康熙三十五年五月初四日典史费继祖【松阳县典史费继祖真记】

处州府松阳县正堂武批：据详，芳溪官堰并工修筑，按期分水，各情胥服，如详存案缴。五月初八日

捕衙【印】

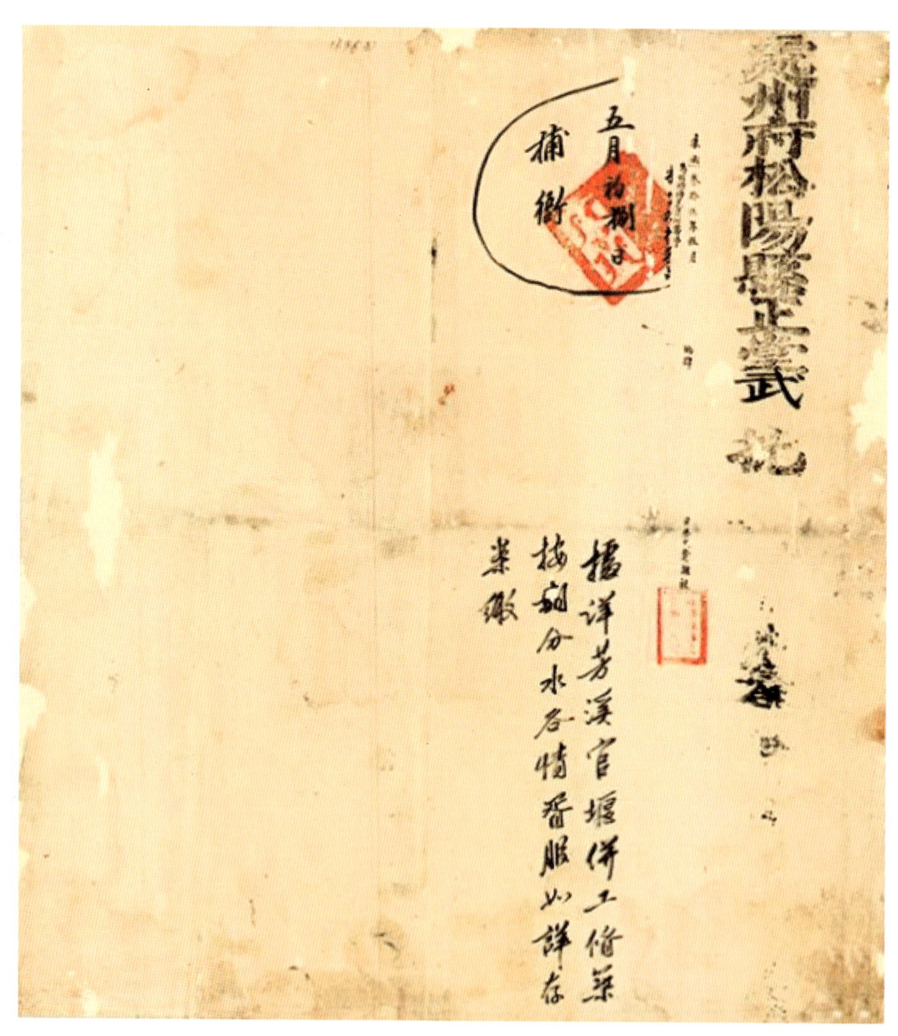
處州府松陽縣正堂武
批
據詳芳溪官堰併工修築
按期分水各情胥服如詳存
案繳
五月初八日
捕衙

康熙三十五年（1696）五月知县武方蔚并工修筑按期分水的告示（58cm×50cm，松阳县档案馆藏）

13.芳溪堰 清乾隆十七年（1752）六月十二日 告示

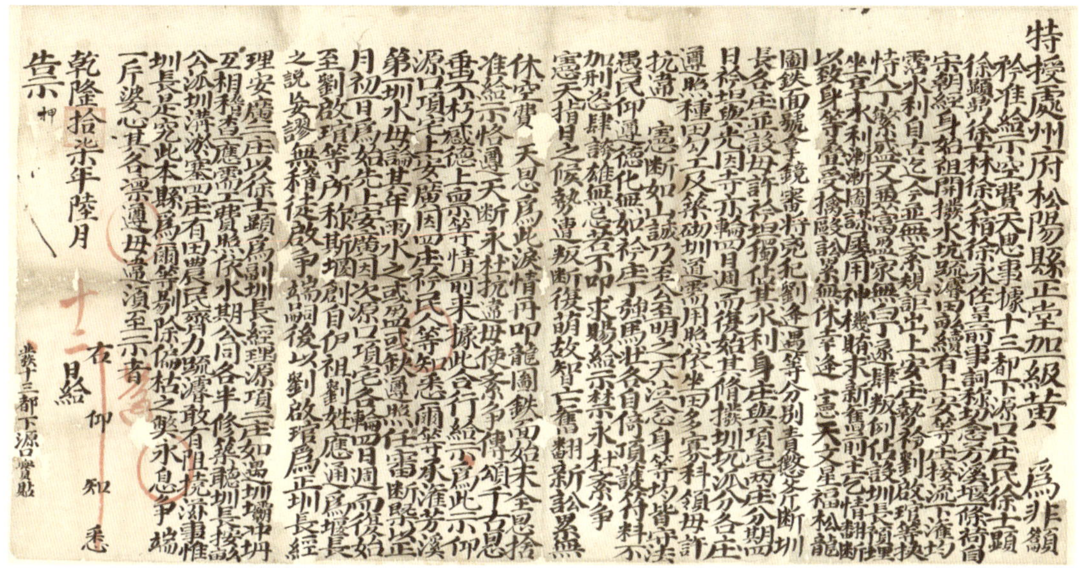

清乾隆十七年（1752）六月特授处州府松阳县正堂黄槐为十三都下源口等四庄派定水期任命圳长告示（174cm × 94cm，浙江师范大学中国契约文书博物馆藏）

特授处州府松阳县正堂加一级黄

为非吁矜准给示空费天恩事。据十三都下源口庄民徐士显、徐显鼎、徐士林、徐公柏、徐永佐呈前事，词称："切念芳溪堰一条，荷自宋朝，经身始祖，开拨水坑，疏浚田亩。续有上安等庄，接流下灌，均沾水利。自古迄今，并无紊规。讵出上安庄势衿刘启琯等，挟恃人丁繁盛，又兼富盈，家无白丁，遂肆叛例，占设圳长，预埋坐享水利。渐渐图谋，屡用神机，贿求新旧前主，乞情翻断，以致身等叠受擒殴，讼累无休。幸逢宪天文星福松龙图铁面，号拿镜审，将凶犯刘逢遇等，分别责惩，斧断圳长各庄并设，毋许衿坦独占。其水利，身庄与项宅两庄分期四日，衿坦与光因寺亦轮四日，周而复始。其修拨圳坑，派分各庄遵照种田匀工，及筑砌圳道需用，照依坐田多寡科领，毋许抗违。宪断如山，诚乃至公至明之天。泣念身等均皆守法愚民，仰遵德化。无如衿庄丁强马壮，各自倚顶护符，料不加刑，恣肆夸雄无忌。若不叩求，赐给示禁，永杜紊争，宪天指日之候，势遭叛断，复萌故智，亡旧翻新，讼累无休，空费天恩。为此，泪情再叩龙图铁面，始末全恩，舍准给示。恪遵天断，永杜抗违，毋使紊争。传颂千古，恩垂不朽，感德上禀。"等情前来。据此，合行给示。为此，示仰源口、项宅、上安、广因四庄衿民人等知悉：尔等承灌芳溪第一圳水，毋论其年雨水之或盈或缺，遵照任审断，概以正月初一日为始，先上安、广因，次源口、项宅，各轮四日，周而复始。至刘启瑄等所称斯堰创自伊祖刘姓应通为堰长之说，妄谬无稽，徒启争端。嗣后以刘启瑄为正圳长，经理安、广二庄；以徐士显为副圳长，经理源项二庄。如遇圳坝冲坍，互相稽查，应需工费，照依水期公同各半修筑，听圳长按亩公派。圳沟淤塞，四庄有田农民，齐力疏浚。敢有阻挠滋事，惟圳长是究。此本县为尔等剔除偏枯之弊，永息争端，一片婆心，其各凛遵毋违。须至示者。右仰知悉。乾隆十七年六月十二日给【松阳县印】发十三都下源口实贴。

注释：

①知县黄槐，上海人。进士。乾隆十六年（1751），任松阳知县。综理一切，恬静不烦，且奉公廉洁。办案精敏，讼无一滞。尤勤于振作人才，修葺书院，清理义学田租。复念贫民童子无力读书，遂捐俸建小义学，于义学田租内拨修脯，延师训课，童蒙至今人感其惠。十九年，携教谕王玉生、训导陈集英倡捐重修县学。并在旧明善书院之西俸建朱子祠，为童业义学。勤干有声。乾隆二十年（1755），调任平阳县。

②榜文中“光因寺”，即广因寺，现遗址位于新兴镇潘连村。建于后唐清泰二年（935），时名文殊寺；宋治平二年（1065），改名广因禅院，后屡毁屡建。清道光间，僧人南昆募建重修广因禅寺。主持松阳广因寺的僧人崇儒（贯一和尚）于光绪末年慨然拨寺田80余亩，创办古市贯一高等小学校。1937年11月淞沪会战后，日军大举进攻浙江。成立于杭州萧山的湘湖师范被迫南迁，于1938年1月辗转松阳办学，本部设在广因寺。1942年5月22日，日军轰炸湘师本部，广因寺被毁。

14.芳溪堰 清乾隆三十四年（1769）十二月十六日 告示

特授松阳县正堂加三级纪录六次记大功八次曹

为求恩给示保全民生事。据力溪民人周尚德、李庆生、周士显、周福龙、周启稷、吴有选、吴增芳等联名具词呈称："缘德庄有芳溪古圳一条，分为前后两坑灌溉田亩。历奉各宪给示定规分轮水次，先从力溪、岗坞起灌六日，次源口五日，又及高岸、大齐、后肖、包村、塘头五小坦共三日，计十四日一轮。冤遭樟村庄阙棍钟紫选等恃富谋占水利，饵诱本坦周有本等擅将水期盗卖盗买。荷蒙宪天镜讯枷责示儆，尽感鸿仁断案如山，本不应再渎。但圳水所流前坑现有新旧水碓七座，原例冬季轮转、春夏及秋溉田，历遵无异。奈今不如古，屡于需水如命之候，不时偷放转碓，以致圳水出溪，所有田亩收成十室九空。诚恐将来蹈辙，为此联名预禀，叩乞恩准给示，以杜后患，以保民生。"等情到县。据此，为查是案。业于康熙三十一年间郑任内出示晓谕定规在案。兹据前情，合再出示晓谕严禁。为此，示仰力溪、源口等庄以及合圳人等知悉为照。芳溪古圳一条，系源口、力溪、岗坞祖民创设，应照从前派定水次日期，首从力溪、岗坞共水期六日，次从源口水期五

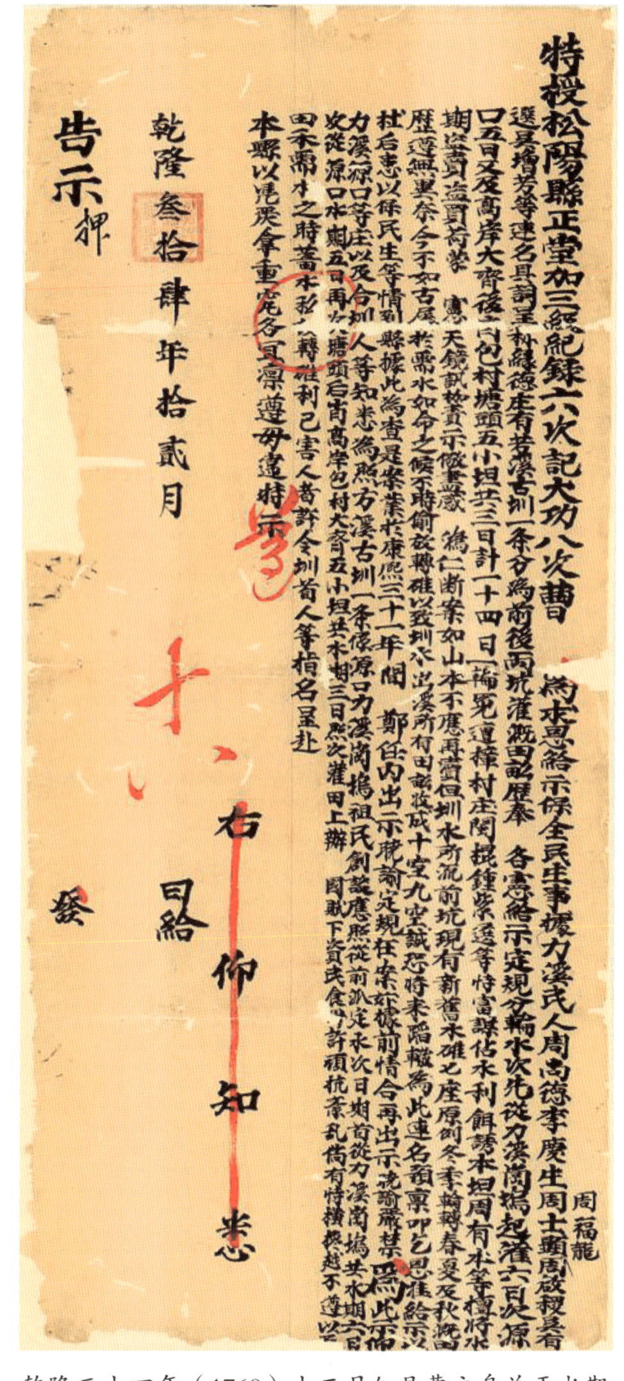

乾隆三十四年（1769）十二月知县曹立身关于水期买卖、农田灌溉与水碓用水调配的告示（126cm×57cm，松阳县档案馆藏）

日，再次塘头、后肖、高岸、包村、大齐五小坦共水期三日，照次灌田，上办国赋，

下资民食，毋许顽抗紊乱。倘有恃横搀越，不遵以□田禾需水之时，蓄水私放转碓利己害人者，许令圳首人等指名呈赴。本县以凭，严拿重究。各宜凛遵，毋违。特示。右仰知悉。乾隆三十四年十二月十六日给【松阳县印】。

注释：

①知县曹立身，字显堂。山西平定人。雍正十三年（1735）举人。乾隆二十九年（1764）任松阳知县。催科不扰，折狱平情。任内，筹捐修葺学宫及县署大堂、育婴堂、钟楼、玉岩义仓。又捐俸修砌赤塔桥、石佛岭道路，以便行人。并捐资增辑纂修《松阳县志》，尤为卓卓表见。光绪《处州府志·职官》、民国《松阳县志·政绩》有传记。该告示主要记载康熙三十一年和乾隆三十四年水期卖买、蓄水私放转水碓影响农田灌溉事件，时任知县不仅出示晓谕严禁水期卖买、蓄水私放转水碓行为，而且确定“冬季轮转、春夏及秋溉田”的用水原则。

②水期买卖其实质是水权交易，2005年1月6日，浙江省义乌市与东阳市之间进行新中国成立后首例水权交易，在古代中国记载水权交易遗存资料十分罕见，该告示是中国古代水权交易最早案例之一。

15.芳溪堰 清嘉庆五年（1800）十二月十九日 告示

特授浙江处州府松阳县正堂加五级纪录十次王

为不遵派拨赐示饬遵以保粮田事。据周兆德、叶石丰、周五寿、周廷柱、周天运等呈称：“缘有芳溪堰，上至十三都下源口起，下至身等十四都力溪等庄，同共一堰引水灌溉粮田二百余顷无异。不期是堰于六月间被洪水冲推，粮田荒芜。现在鸠工开拨费本计，要钱二百零十千文。身等公议，计亩派资开拨。无如人心不齐，有遵派不遵派之异，难以告竣。仰祈恩准赐示饬遵派拨，以观厥成，上全国课，下资民食，德泽永垂。为此，备情连名迫叩，伏乞电准赐示饬遵派资开拨，以保粮田。”等情前来。据此，合饬示遵。为此，示仰该都地保及各庄居民人等知悉：尔等速将冲坏芳溪堰应需修费公同议派，迅照田亩，照数出资，派拨多夫，趁此冬作农隙之时，上紧赶修完固，以保粮田。务须踊跃赶办，毋得稍有贻误。倘有不遵派拨恃强抗违者，许该地保指名禀县，以凭拿究。事关保卫田畴要堰，该地保人等均毋玩视延误致干提究。各宜凛遵，毋违。特示。右仰知悉。嘉庆五年十二月十九日给

【松阳县印】

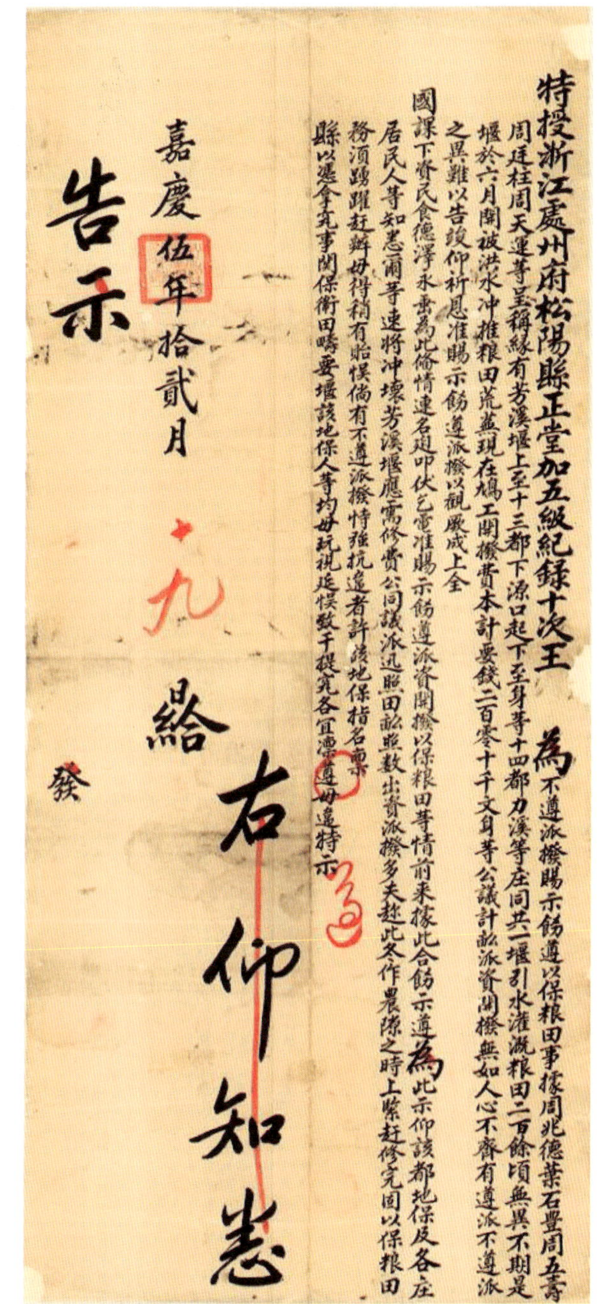

特授浙江處州府松陽縣正堂加五級紀錄十次王
為不遵派撥賜示飭遵以保粮田事據周兆德葉石豐周五壽
周廷柱周天運等呈稱緣有芳溪堰上至十三都下源口起下至身等十四都力溪等庄同共一堰引水灌溉粮田二百餘頃無異不期是
堰於六月間被洪水冲推粮田荒蕪現在鳩工開撥費本計要錢二百零十千文身等公議計畝派資開撥無如人心不齊有遵派不遵派
之異難以告竣仰祈恩准賜示飭遵派撥以覩厥成上全
國課下資民食德澤永垂為此備情連名迫叩伏乞電准賜示飭遵派資開撥以保粮田等情前來據此合飭示遵為此示仰該都地保及各庄
居民人等知悉爾等速將冲壞芳溪堰應需修費公同議派迅照田畝照數出資派撥多夫趁此冬作農隙之時上緊趕修完固以保粮田
務須踴躍赶辦毋得稍有貽悞倘有不遵派撥恃強抗違者許該地保指名禀
縣以憑拿究事關保衛田疇要堰該地保人等均毋玩視延悞致干提究各宜凛遵毋違特示
右仰知悉
嘉慶伍年拾貳月 十九 給
告示
發

嘉庆五年（1800）十二月知县王洪序因洪水毁堰、粮田荒芜，颁发关于重修芳溪堰的告示（124cm×53cm，松阳县档案馆藏）

注释：

知县王洪序，四川人。嘉庆（1796—1820）初年，任松阳知县，卒于任，墓在城北望松禅院之西。

16.芳溪堰 清道光十三年（1833）十一月二十八日 告示

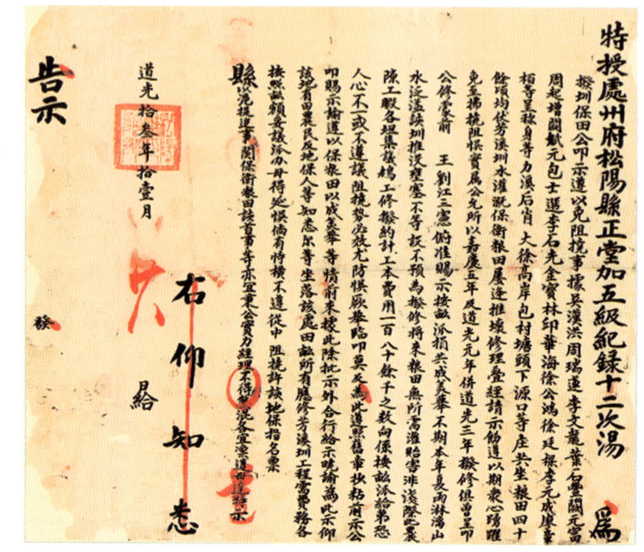
特授處州府松陽縣正堂加五級紀録十二次湯

告示

右仰知悉

道光拾叁年拾壹月

道光十三年（1833）十一月知县汤景和按田亩分派资费修圳保田的告示（51cm×54cm，松阳县档案馆藏）

特授处州府松阳县正堂加五级纪录十二次汤

为拨圳保田公叩示遵以免阻挠事。据吴汉洪、周瑞莲、李文龙、叶石丰、阙元富、周起增、阙斌元、包士选、李石光、金宝林、邱华海、徐公鸿、徐廷梁、李元成、廖章柏等呈称："身等力溪、后肖、大徐、高岸、包村、塘头、下源口等庄，共坐粮田四十余顷，均伏芳溪圳水灌溉保卫粮田，屡逢推坏修理，叠经请示饬遵以期，众心踊跃，免至拂挠阻误，实属公允。所以嘉庆五年及道光元年并道光三年拨修，俱曾呈叩公修，蒙前王刘江三宪俯准赐示按亩派捐，共成美举。不期本年夏雨淋漓，山水泛溢，该圳推没壅塞不等。设不预为拨修，将来粮田无所需灌，贻害非浅。际此农隙工暇，各坦集议鸠工修拨，约计工本费用一百八十余千之数，向系按亩派给。第恐人心不一或不遵议阻挠，势必效尤防误厥举临叩莫及。为此，遵照旧章，抄粘前示，公叩赐示谕，遵以保粮田以成美举。"等情前来。据此，除批示外，合行给示晓谕。为此示仰该地有田农民及地保人等知悉：尔等坐落该处田亩，所有应修芳溪圳工程需费，务各按照亩额，妥议派办，毋得延误。倘有恃横不遵从中阻挠，许该地保指名禀县，以凭提追。事关保卫粮田，该首事等亦宜秉公实力经理，不得弊混。各宜凛遵，毋违。特示。右仰知悉。道光十三年十一月廿八日给【松阳县印】发

注释：

知县汤景和，号竹筠，云南邓州人。嘉庆十六年（1811）进士。道光六年（1826）授松阳知县。在任期间，宽厚爱民。重建学宫，课士训俗，亲撰《重建松阳文庙记》《重建明伦堂碑记》。又在济川门兴筑城南河堤，得免水患，百姓为记颂汤景和而称城南河堤为"汤公堤"。此外，还劝农惠商，政绩卓越。道光二十四年（1844）致仕，在任松阳知县共计十九年。

17.芳溪堰 清光绪二年（1876）九月初六 告示

补用总捕府署松阳县正堂加三级纪录五次储

为出示晓谕事。据十四都力溪庄衿耆马万森、阙炳旺、吴日光、周之翰、饶永富、包官荣呈称：“伊庄共坐粮田数十顷，向赖芳溪圳水灌溉。本年夏雨过多山水泛溢，兼有大帮放运竹木，以致该圳损坏壅塞。现集村众核实估修，计需工价钱一百五十余千。应循旧章，按亩派捐修复，以保粮田。公叩出示晓谕。”等情到县。据此，除批示外，合行出示晓谕。为此，示仰十四都力溪庄业主佃户地保人等知悉：尔等管种粮田，如果向引芳溪圳水灌溉者，务须按亩派捐，富者出钱，贫者出力，将圳修筑完固以资蓄泄而保农田，弗得推诿旁观致贻见义不为之诮。至于此后放运竹木，亦宜各自背放，勿得暗中拆毁。其就地居民，尤不得藉端阻扰。倘敢故违，一经访闻或被告发，定即差提到县，从重惩办，决不宽贷。各宜凛遵，毋违。特示。右仰知悉。光绪二年九月初六日给【松阳县印】发贴力溪庄晓谕。

注释：

知县储家藻，军功。光绪元年（1875），署任松阳知县。该告示主要记载方溪圳因洪水和放运竹木毁坏，时任知县要求灌区群众循旧章按亩派捐，富者出钱贫者出力，修筑堰圳。同时禁止放运竹木拆毁堰圳。

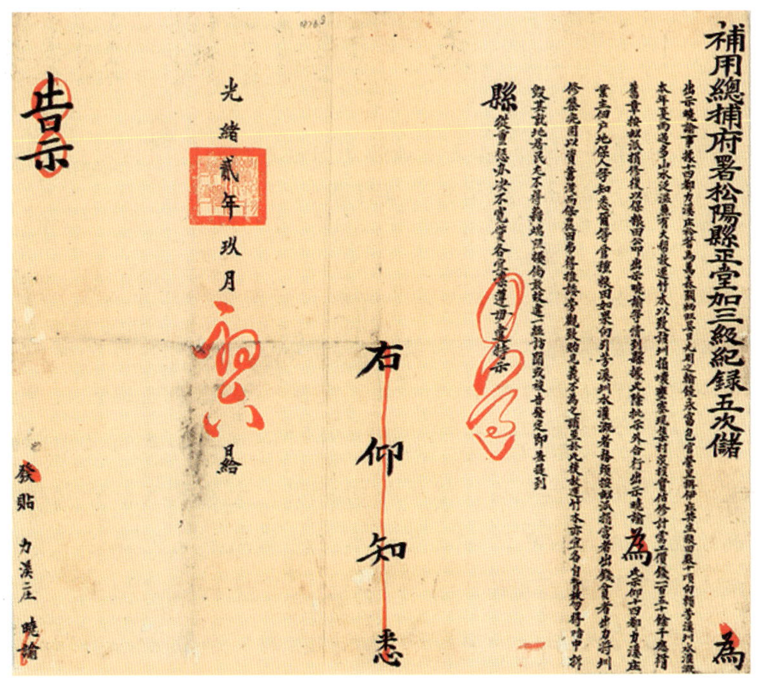
補用總捕府署松陽縣正堂加三級紀録五次儲

為

縣

右仰知悉

光緒貳年玖月 日給

告示

發貼力溪庄曉諭

光绪二年（1876）九月知县储家藻于洪水后颁令农户出钱出力抢修芳溪堰的告示（63cm×58cm，松阳县档案馆藏）

18.芳溪堰 清光绪七年（1881）十二月十二日 告示

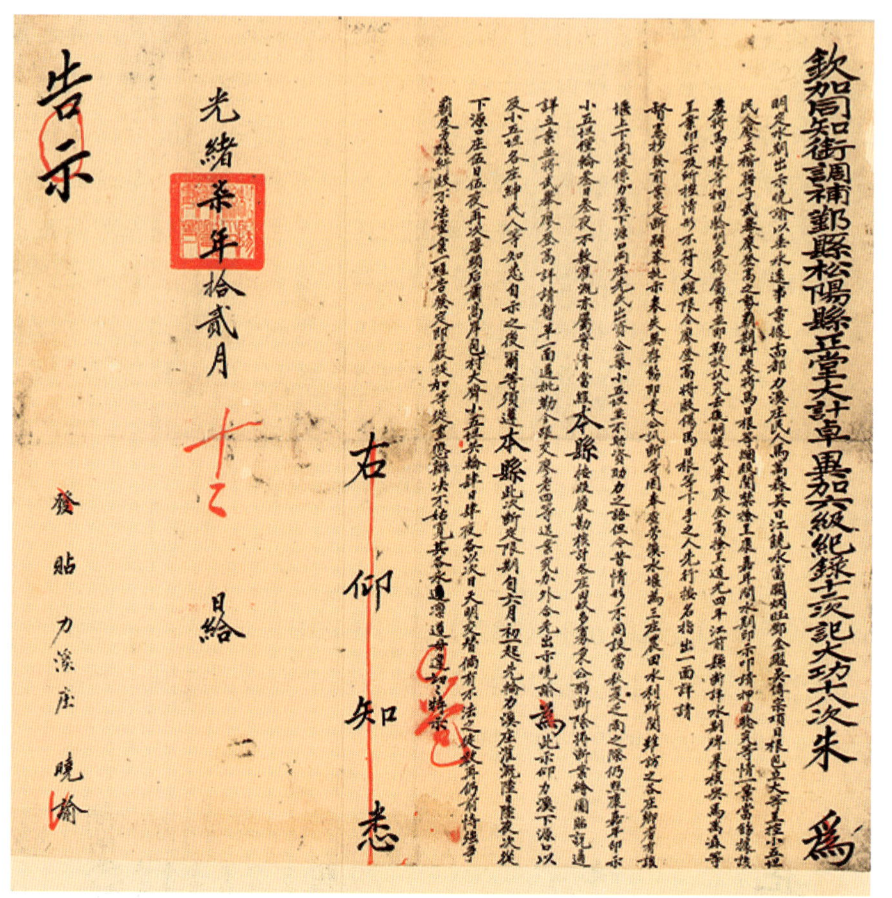
欽加同知銜調補鄞縣松陽縣正堂大計卓異加六級紀錄十二次記大功十八次朱

為

右仰知悉

光緒柒年拾貳月 十二 日給

告示

發貼力溪庄曉諭

光绪七年（1881）十二月知县朱庆镛解决因水期纠纷殴斗伤人、再明水期案的告示（58cm×58cm，松阳县档案馆藏）

钦加同知衔调补鄞县松阳县正堂大计卓异加六级纪录十二次记大功十八次朱

为明定水期出示晓谕以垂永远事。案据十四都力溪庄民人马万森、吴日江、饶永富、阙炳旺、邓金鉴、吴传宗、项日根、包立大等，呈控小五坦民人廖正楷，藉子武举廖登高之势，霸期纠众，将马日根等捆殴关禁。检呈康嘉年间水期印示，叩请押回验究，等情一案。当饬据该差将马日根等押回验明，受伤属实，并即勒提讯究。去后嗣据武举廖登高检呈，道光四年江前县断详水期碑摹核与马万森等呈案印示及所控情形不符；又经限令廖登高将殴伤马日根等下手之人，先行按名指出。一面详请督宪抄发前案定断，嗣奉批示卷失无存，饬即秉公讯断等因。奉查芳溪水堰为三庄农田水利所关。虽访之各庄乡耆有“该堰上下两堤系力溪下源口两庄先民出资公筑，小五坦并不助资助力”之语，但今昔情形不同。设当秋夏乏雨之际，仍照康嘉年印示，小五坦仅轮三日三夜，不敷灌溉，亦属实情。当经本县按段履勘，核计各庄田亩多寡，秉公酌断：除将断案绘图贴说，通详立案，并将武举廖登高详请暂革。一面遵批勒令跟交廖老四等送案究办外，合先出示晓谕。为此，示仰力溪下源口以及小五坦各庄绅民人等知悉。自示之后，尔等须遵本县此次断定限期，自六月初一起，先轮力溪庄灌溉六日六夜，次从下源口庄五日五夜，再次塘头、后肖、高岸、包村、大齐小五坦共轮四日四夜，各以次日天明交替。倘有不法之徒，敢再仍前恃强争霸及另酿纠殴，不法重案，一经告发，定即严提加等，从重惩办，决不姑宽。其各永远凛遵勿违，切切。特示。右仰知悉。光绪七年十二月十二日给[松阳县印]发贴力溪庄晓谕。

注释：

①知县朱庆镛，字友笙，江苏太仓人。同治十年（1871），登进士。光绪二年（1876），任松阳知县。政尚严明，尊礼贤士。做文章讲究理法，推崇先儒路德（1784—1851）《仁在堂全集》。课训士子极其公正明察事理。与士子评论试艺，亲自批改，如师生一般恳切教导。莅松数年，提拔赏识了诸如曾春沂、高焕然等知名士。任满，调任鄞县（属宁波鄞州区）。

②该告示主要体现芳溪堰水权获取遵循投资所有原则，水权获取来源于初始工程投资，体现了谁开发，谁所有。“检呈康嘉年间水期印示”即历来的“十四日”轮灌制，其中小五坦为三日三夜。“道光四年江前县断详水期碑”即道光四年知县江思濬变更芳溪圳水期碑记，水期为变更为“十五日”轮灌制，其中小五坦为四日四夜。知县朱庆镛仍维持变更后的“十五日”轮灌制，同时对武举人廖登高父子将马日根等捆殴关禁的不法行为处以详请暂革武举人功名的处罚。

19.芳溪堰 清光绪九年（1883）四月二十九日 告示

钦加知州衔特授处州府宣平县调署松阳县正堂加六级纪录十二次皮

为断定水期出示晓谕勒石永禁以垂久远事。案据力溪庄民人马万森等、下源口庄刘德基等、小五坦廖正楷等，互控芳溪堰水期纠众争殴一案，当经朱前县勘验集讯，两造供词各执。先将水期断结，绘图贴说，通详立案，并将武举廖登高衣顶详奉批准暂革，各在案。兹经本县摘传人证，覆讯明确取具，各遵结附卷，除将讯断缘由并武举廖登高衣顶具文详请开复外，合行出示晓谕。为此，示仰力溪、下源口、小五坦各庄绅民人等知悉：嗣后，尔等各庄田亩引灌芳溪堰水，务须遵照本县此次覆讯详定日期，自六月初一日起，先轮力溪庄灌溉六日六夜，次轮下源口庄灌溉五日五夜，再次轮塘头、后肖、高岸、包村、大齐小五坦共灌溉四日四夜。以十五日为一周，各以次日天明交替，周而复始，轮流灌溉。倘再紊乱混争，恃横强霸，一经访闻或被告发，定即提案，从严究办，决不姑宽。用是勒碑遵守，以垂永久，毋违。特示。右仰知悉。光绪九年四月廿九日给[松阳县印]发十四都后肖庄晓谕。

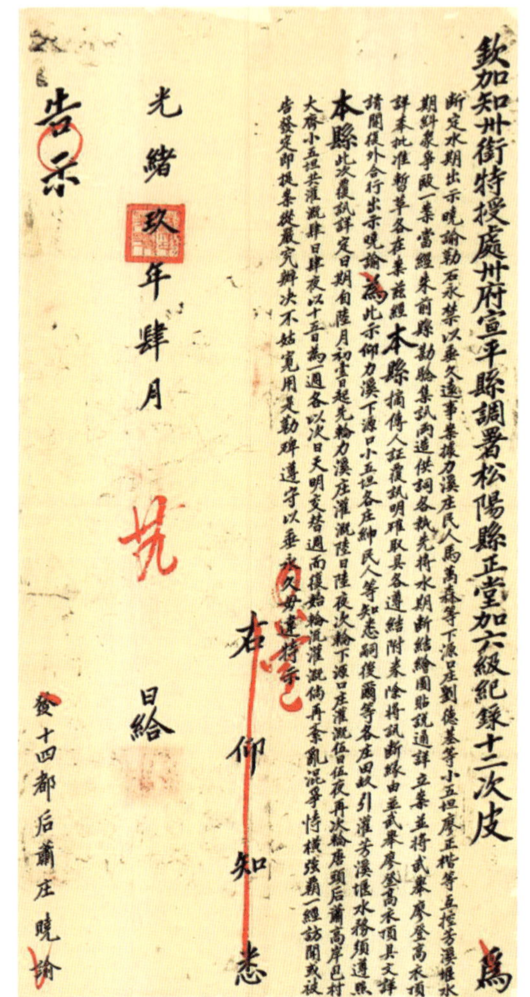
欽加知州銜特授處州府宣平縣調署松陽縣正堂加六級紀錄十二次皮 爲
斷定水期出示曉諭勒石永禁以垂久遠事案據力溪庄民人馬萬森等下源口庄劉德基等小五坦廖正楷等互控芳溪堰水
期糾衆爭毆一案當經朱前縣勘驗集訊兩造供詞各執先將水期斷結繪圖貼說通詳立案並將武舉廖登高衣頂
詳奉批准暫革各在案茲經本縣摘傳人証覆訊明確取具各遵結附卷除將訊斷緣由並武舉廖登高衣頂具文詳
請開復外合行出示曉諭爲此示仰力溪下源口小五坦各庄紳民人等知悉嗣後爾等各庄田畝引灌芳溪堰水務須遵照
本縣此次覆訊詳定日期自陸月初壹日起先輪力溪庄灌溉陸日陸夜次輪下源口庄灌溉伍日伍夜再次輪塘頭后蕭高岸包村
大齊小五坦共灌溉肆日肆夜以十五日爲一週各以次日天明交替週而復始輪流灌溉倘再紊亂混爭恃橫強霸一經訪聞或被
告發定即提案從嚴究辦決不姑寬用是勒碑遵守以垂永久毋違特示
右仰知悉
光緒玖年肆月廿九日給
告示
發十四都后蕭庄曉諭

光绪九年（1883）四月知县皮树棠对十四都乡民廖正楷等人上书翻案事，维持原判，并重申水期勒石轮流灌溉的告示（112cm×56cm，松阳县档案馆藏）

注释：

知县皮树棠（1829—1889），字鹤泉。湖南善化（属长沙市）人。同治元年（1862）壬戌恩科举人，历任湖南宜章和华容县学训导、辰州府学教授、浙江宣平知县，光绪八年（1882），署任松阳知县，有善政。十一年，因病解职。其子皮锡瑞（1850—1908），字麓门，晚清一代经学大师，也是近代中国一位教育名家，后人尊称“师伏先生”。

20.新兴堰 民国元年（1912）十二月 告示

松陽縣民事長兼臨時軍政事務張 爲
給諭事據古市區議事會函稱上源口新興堰兩
造認定分辦共計長三十四丈周士增等經修七
丈孟道周道宗等經修二十七丈各村殷戶之田
有藉此堰灌溉者每畝派捐英洋三角三錢正現
在時日已促叩請發給分辦明諭二張各執一張
以便修復而專責成再者前謂孟道周上祖有功
孟姓富貴二房田畝一概免捐昨接上源口周英
銀所具說帖據說周緯公子孫之田當與富貴二
房同例以作酬勞向來無異修堰諸董亦皆允許
所給示諭內懇將此項事情宣告分明免滋事端
等由函禀前來據此合行發給爲此諭仰修復新
興堰該經董等遵照辦理
民國元年十二月 日 孟道周道宗等 准此

《黄源孟氏宗谱》记载民国元年（1912）十二月松阳县民事长张铭新谕

松阳县民事长兼临时军政事务张为

给谕事

据古市区议事会函称：上源口新兴堰，两造认定分办共计长三十四丈。周士增等经修七丈，孟道周、道宗等经修二十七丈。各村殷户之田，有藉此堰灌溉者每亩派捐英洋三角三钱正。现在时日已促，叩请发给分办明谕二张，各执一张，以便修复而专责成。再者前谓孟道周上祖有功，孟姓富贵二房田亩一概免捐。

昨接上源口周英银所具说帖据说周纬公子孙之田当与富贵二房同例，以作酬劳，向来无异，修堰诸董亦皆允许。

所给示谕内恳将此项事情宣告分明，免滋事端等由。函禀前来，据此合行发给为。

此谕。

仰修复新兴堰该经董等遵照办理。

民国元年十二月日

孟道周，道宗等 准此。

立借票人周士侯周仙定等今因新興圳灌溉五坦
糧田水道禍遭乾隆五十年八月被豪惡曾子成
强決此堰覇稱勘頭共堰時伊親翁金定祥惡胥
攬權朦縣給示准其分期灌田五坦向縣疊告又
叩府疊控始飭縣履勘審復求縣吊銷曾子成前
縣所給分期溉田硃示事始清晰搆禍兩年所費
甚鉅雖已照畝派錢難以敷用承孟廷琯仝富房
姪獻芹拚出元銀壹伯兩以應公用公議日後新
興圳或遇水漲沙塞五坦挨戶出工開撥永免富
貴二房子孫不必到堰開撥以酬助銀之功惟恐
年久無據故立借字存照
乾隆五十一年秋立借票人 周士侯 周仙定
德贊 鄭孟芳
代筆 孟獻誥
字存孟振岳家

《黉源孟氏宗谱》记载乾隆五十一年（1786）孟氏富贵二房助修新兴堰

立借票人周士侯、周仙定等因新兴圳灌溉五坦粮田水道。祸遭乾隆五十年（1785）八月被豪恶曾子成强决此堰，霸称勘头共堰，时伊亲翁金定祥恶胥揽权，蒙县给示准其分期灌田。

五坦向县叠告，又叩府叠控，始饬县履勘审复，求县吊销曾子成前县所给分期灌田硃示，事始清晰。

构祸两年，所费甚巨，虽已照亩派钱，难以敷用。承孟廷琯同富房侄献芹拼出元银一百两以应公用，公议日后新兴圳或遇水涨沙塞，五坦挨户出工开拨，永免富贵二房子孙不必到堰开拨，以酬助银之功。惟恐年久无据，故立借字存照。

乾隆五十一年（1786）秋立借票人：周士侯，周仙定，德赞，郑孟芳。

代笔：孟献诰。

字存孟振岳家。

注释：

①《黉源孟氏宗谱》记载孟氏富贵二房助修新兴堰免捐田亩一事，见乾隆五十一年（1786）的立借票据一份，民国元年（1912）张铭新谕令一份。

②民事长张铭新，四川人，民国元年（1912）三月至五月，由松阳县衙典史推选为民事长兼临时军政事务。

③富贵二房：富房，孟廷珊（1738—1772），字玉佩，国学生。彼时已殁，其子献芹主事。孟献芹（1761—1806），字采之，太学生。贵房，孟廷琯（1741—1788），字鸣佩，国学生。孟道周（1863—1917），讳人仁，字乃安，国学生，职员。孟道宗（1871—1924），讳人信，字乃成，邑庠生，县立第十一国民学校校长。另几位周姓古人，应是上源口周氏，郑姓当是徐郑村郑氏， 皆为堰董。

21.力溪防洪堤 清康熙二十年（1681）六月十七日 告示

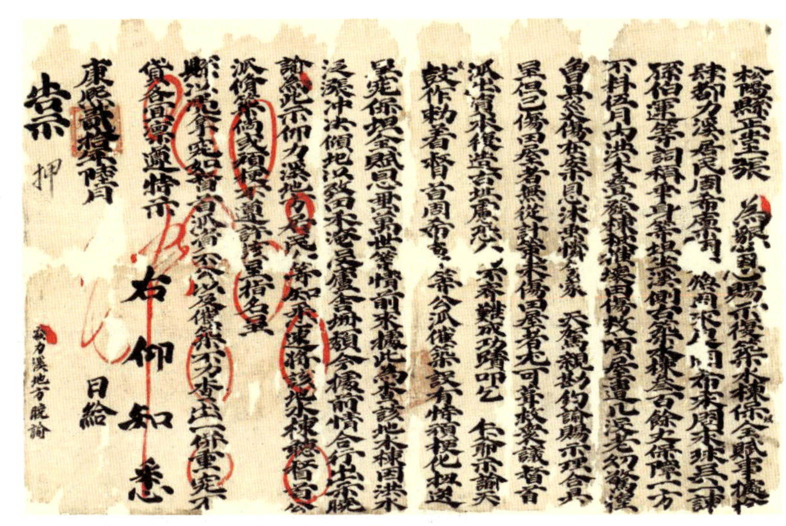

康熙二十年（1681）六月知县张景留关于十四都力溪地方修筑水埭事项的告示（67cm×98cm，松阳县档案馆藏）

松阳县正堂张

为恳恩赐示复筑水埭保坦全赋事。据十四都力溪居民周希廪、周永焕、周永良、周希宋、周永球、吴一谏、孙伯运等词称：“垂身等坦坐溪侧，古筑水埭三百余丈保障一方，不料五月内洪水叠发，埭被推坏，田伤数顷，屋遭几没，老幼惊惶。曾具灾伤在案，恩沐垂怜。今蒙天驾亲勘，钧谕赐示，理合具呈。但已伤田屋者无从计策，未伤田屋者尤可葺救。众议督首派出资本复造古址，虑恐人心不齐难成功迹。叩乞仁爷示谕天鼓作敕，着督首周希廪等公派催筑，设有恃顽梗化，扭送呈究，保坦全赋，恩垂万世。”等情前来。据此，为查该地水埭，因洪水泛涨冲决倾圮，以致田禾淹没、庐舍坍颓。今据前情合行出示晓谕，为此示仰力溪地方居民人等知悉：速将该地水埭听督首公派修筑，倘或顽梗不遵，许该里指名呈县以凭拿究。如督首派资不公以及催筑不力，查出一并重究不贷。各宜凛遵，特示。右仰知悉。康熙二十年六月十七日给。发力溪地方晓谕。

注释：

知县张景留，奉天辽阳人，监生。康熙十五年（1676）任松阳知县，正值松阳遭受耿精忠争战平息，张景留招抚流民，设立义学，捐俸重修县学，主持重建叶雪庵公祠。又逢荒年，为民弥补积欠之税，力请免除该年之赋，相继开浚了瓜渚、瓜渚子圳、曹圳、通泽、霏溪、白龙等七堰圳，督修力溪堤。勤勉有政声，于康熙二十四年（1685）升山东沂州知州。康熙四十九年（1710），松阳士民奉张景留入祀名宦祠。

22.□□村筑防洪堤 清乾隆二十五年（1760）二月初七 告示

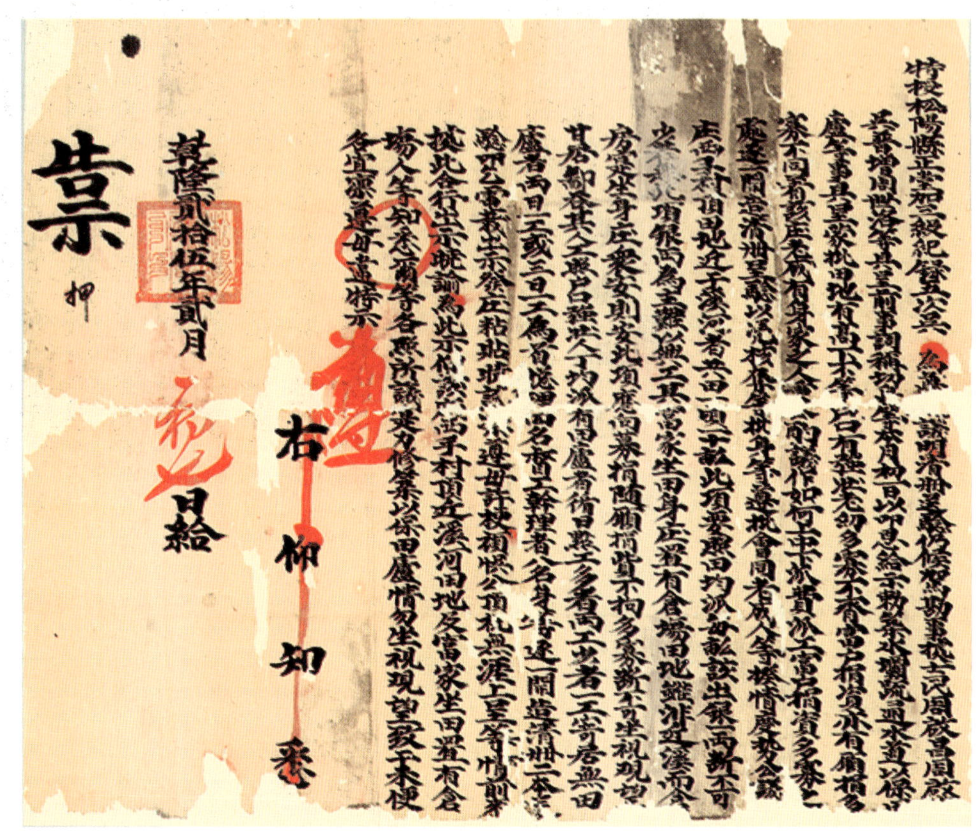

乾隆二十五年（1760）二月知县吴凤章按受益田亩、仓场、居住人员筹款派工筑水坝疏水道的告示（57cm × 59cm，松阳县档案馆藏）

特授松阳县正堂加三级纪录五次吴

为遵批议明清册送验，仍候驾勘事：据士民周启昌、周启□、吴普增、周世洛等具呈前事，词称：切身等本月初一日，以叩恩给示敕筑水坝，疏通水道，以保田庐等事具呈。蒙批田地有高下不等，户口有强壮老幼多寡不齐，富户捐资亦有愿捐多寡不同，着该庄老成有身家之人，秉公酌议，作如何上中下派费派工，富户捐资多寡之处逐一开造清册呈验，以凭核夺等，批身等遵批会同老成人等揆情度势公议，□庄西手村顶田地，近于溪河者共田一顷一十亩，此项要照田均，派每亩该出银两，断不可少。若无此项银两为主，难以兴工。其富家坐田身庄置有仓场，田地虽非近溪而仓房实坐身庄，众安则安。此项应向募捐，随愿捐赀，不拘多寡，断不可坐视观望。甘居鄙吝其人工，照户口强壮人丁均，派有田庐者循日点工，多者两工，少者一工，寄居无田庐者两日一工或三日一工。为首总理四名、督工干理者八名，身等逐一开造清册二本送验，叩乞电栽（裁）出示，发庄粘贴，晓谕凛遵，毋许梗顽误公顶视，无涯上呈等情前来。据此合行出示晓谕。为此，示仰该庄西手村顶近溪河田地及富家坐田置有仓场人等知悉，尔等各照所议，实力修筑以保田庐，情勿坐视观望，致于未便。各宜凛遵勿违。特示。

右仰知悉。

乾隆二十五年二月初七日给（松阳令印）

告示

注释：

①该告示主要记载时任县令吴凤章根据该村西边每家每户的实际防洪保护受益情况，分类制定修筑堤坝、疏通水道的筹资派工方案并要求造册送验。确认为首总理四名、督工干理者八名为实施组织人员。告示中未明村名，据文中呈状人姓名和内容推测核对应为力溪村。

②知县吴凤章，潮阳（属广东汕头）人。和厚敏练，才能优异，登进士。乾隆二十二年（1757），任松阳知县。葺云岩胜境，修衙署，建训导宅；创立义田，劝捐社谷五千二十三石二斗，以救济贫苦；建立社仓（东乡净居庄、西乡白云观各三间），作《社仓记》。吴凤章息讼宁民，劝农礼士，对百姓很是实诚，百姓也实诚待之，以至于赋税都不用催缴。政声口碑载道。

23.坡头圳坝 同治三年（1864）十二月二十八日 告示

赏戴蓝翎署处州府松阳县正堂加六级纪录十二次胡

为据情示禁以免坍坏事。据十三都大畈庄民李礓元、李元亨、李宗基、叶公亮、徐叶海、叶连培、李芝财、李朱青、李元振、李五奶、叶吴坤、李锡朋等呈称："缘庄内有坡头圳坝一条，村内坐有田数十亩，全赖此圳坝蓄水灌溉，以利粮田。前被洪水冲坏必须人工约计本钱八十余千文，坡头圳坝村内灌田为最重，前奉汤主任内出示永禁，不准坍坏在案。今有渔利之徒，不顾圳坝内灌溉粮田为重，凡有树木理应扛搬过坝，以免坍坏，有等恃蛮木客，横将灌溉粮田之水圳坝坍坏，不能蓄水，此等恶属非沐出示永禁。水圳坍坝被坏，粮田荒芜，废甚工本，后控莫及，不得不备情，公叩出示永禁等情到县。"据此，除批示外，合行出示永禁。为此，示仰该处居民及木客人等知悉。须知该圳蓄水攸关灌溉粮田，尔等嗣后凡有树木从此圳坝经过，务宜扛搬过坝，不得再将圳坝坍坏。自示之后，倘仍有不肖之徒，再蹈前辙，恃蛮不遵，许该圳董及地保人等指名禀县，以凭提究，决不宽贷。其各凛遵毋违。特示。

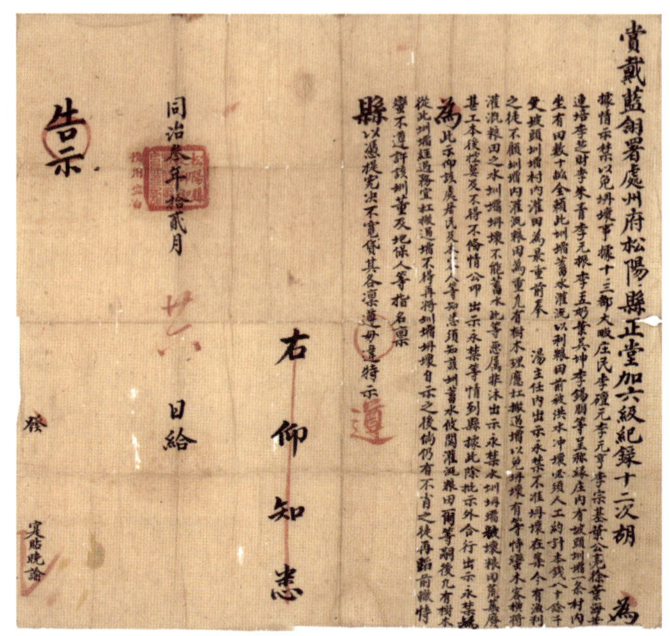

同治三年（1864）十二月廿八日知县胡开诚关于树木要扛搬过坝，以免坡头圳坝坍坏的告示（70cm×72cm，刘增金收藏）

右仰知悉。

同治三年十二月廿八日给。（钤印）："松阳县之印记""预用空白"告示。发实贴晓谕。

注释：

知县胡开诚，江西人。清同治二年（1863）任松阳县知县。大畈庄即为内十三都枫坪乡斗潭村大畈自然村。该告示主要记载大畈庄坡头圳坝因木客沿溪放木，树木过坝坍坏堰体，知县胡开诚要求凡有树木从此圳坝经过，务宜扛搬过坝，不得再将圳坝坍坏。

24.民国元年（1912）六月十二日 松阳县知事刘耀东谕

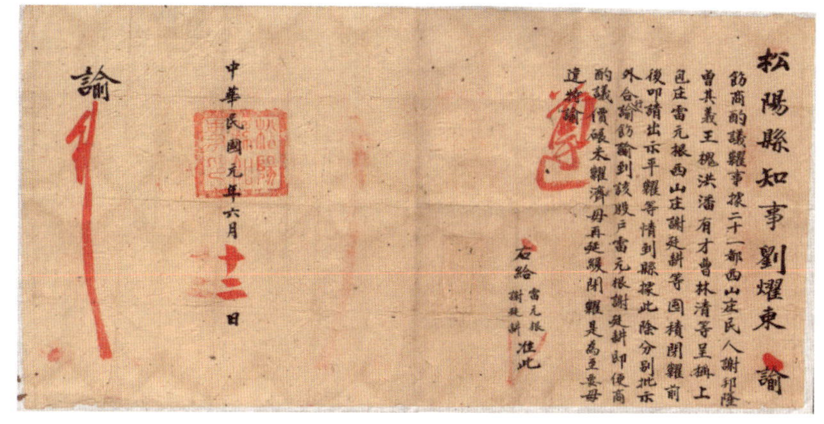
民国元年（1912）六月十二日 松阳县知事刘耀东谕（53cm×28cm，阙龙兴收藏）

饬商酌议粜米事：据二十一都西山庄民人谢邦隆、曾其义、王槐洪、潘有才、曹林清等呈称，上包庄雷元根、西山庄谢廷耕等囤积闭粜，前后叩请出示平粜等情到县。据此，除分别批示外，合行谕。饬谕到该殷户雷元根、谢廷耕即使商酌议价碾米粜济，毋再延缓闭粜。是为至要，毋违。特谕。遵！

右给雷元根、谢廷耕准此

中华民国元年六月十二日（钤印：松阳县知事印）

谕行

注释:

①刘耀东（1877—1951），字祝群，号疚庼居士，又号启后亭长。文成南田人，明代诚意伯刘基第二十世裔孙，清廪贡生，近代著名藏书家、书法家，浙南宿儒。以其文学成就，被誉为“青田三才子”和“括苍四皓”之一。民国元年任松阳县知事。

②这是1912年时任松阳县知事刘耀东谕令上包庄雷元根西山庄谢廷耕饬商酌议粜米事的谕令，是民国元年新政权刚刚建立时新公文程式尚未改革仍带有封建王朝性质的下行公文（一般有诏、制、诰、敕、谕、旨），此是上级政府对民众所颁发的谕令。

③饬商，即整顿和整饬商业秩序，确保商业活动的规范和有序进行。饬，古同“敕”，有告诫、命令的意思；商，指商业活动。饬商可以理解为通过命令或告诫的方式来整顿和规范商业行为。酌议，即斟酌商议。刘耀东通过此谕令以整顿当时的松阳大米交易矛盾，以平抑物价。此谕令所反映的民国时期富户囤积居奇哄抬物价导致的平粜事件，刘耀东时任松阳县知事时所记日记《疚庼日记》中有记载，以及在民国四年（1915）松阳县知事刁良枢的《巡按使巡视松阳县宣言》均有此类事件记载。均体现了松阳县在新中国成立之前的旧社会水利不修，旱涝不保所导致米粮歉收引发的尖锐社会矛盾。

25.民国四年（1915）八月 刁良枢《巡按使巡视松阳县宣言》

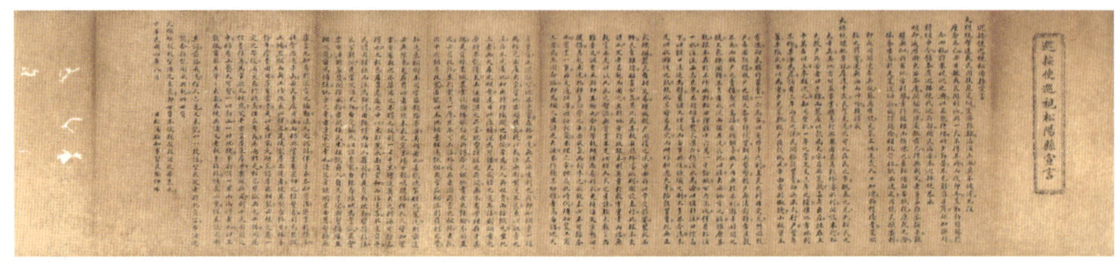

民国四年（1915）八月松阳县知事刁良枢印布《巡按使巡视松阳县宣言》（124cm×28cm，刘增金收藏）

巡按使巡视松阳县宣言：

大总统肇造我民国，扶危定倾，宏济艰难，海澨山陬，莫不被泽，尤复廑念不已，必目睹我民间利病，无一夫不得其所，而后即安。盖勤勤恳恳于今四秋，将举视巡之典，以万几待理，旰夕勤劳，不克躬莅茅檐，亲加抚辑。特颁申令，饬各省巡按代巡使代巡所部，问民间疾苦。本巡按使恭承明命，遍历浙东西各属。问关跋涉，遂抵兹邑，得与我父老子弟雍容握手，欢慰无似。所有地方利弊，幸得扬榷备陈之。查松阳县向苦赋役，康乾之际，休养生息，于是荒逋坍废，咸得捐除，烦役苛征，概不波及，用能民歌乐利。即咸同间连年兵乱，苏息生聚，元气不凋。近岁人口增加，物价腾贵，受间接之影响，遂无病而呻吟。复得我大总统醲化覃被，屡逢中岁，民食充足。凡苛政病民之事，概未之见，此松民之大幸矣。其地方公益事业，应急兴举者，莫急于修浚水利，开设米行。松邑殷户所苦者曰平粜。而农产以谷为大宗，苟非荒歉，每年出产，恒在五十万石以上，麦类次之。如遇丰收，一年之蓄，足支三年之粮。惟地方水利不修，旱涝为虐，谚有三年两荒之说。民间稻谷买卖向无正式行户。丰年篝车狼戾，不以为重。少见荒歉，殷户匿谷成风，市面常形俶扰。小贩资本有限，向来临时买卖，一六为市，以逐升斗之利。至是更利用灾荒，恐吓殷户，希图短价。贩户之间，又各争持竞买，相与垄断。殷户无法对待，常匿谷不出。而贩户之卖价，愈以高抬，展转相寻，贩户乃无往不利。游手好闲之徒，又乘机闹粜，不肖者或从而扬其波。长此以往，大非地方之福。推原其故，根本在于不修水利。松田号称十六万一千余亩，公共流域，仅有松溪一水。溪流西高东卑，不利储蓄，农民灌溉，倚溪水为源，以堰引流。田价高下，以堰口远近为断。旧堰又堙没而勿事兴复，塘坝之制，又多不合法，未足以收潴泄之效。故水旱皆易为灾，而耕作但邀天幸。稻谷买卖，既无正式机关，农民自相交易，酿成殷户囤积之风，市面所以常受影响。农政不修，民食难持，妨害公益，莫此为甚。故丞应修浚水利，开设米行，此根本大计也，父老曷起而图之。至于地方行政根本，则莫重于教育、实业两端。无教育不足以启人民之智识，无实业不足以保人民之生计。松邑教育尚难普及，调查风潮即其验也。合县学校办理尚有形式，更赖诸父老热心提倡，急起直追。此邦多向学之士，因风气而利导之，成效未必不可操券也。实业一事，因交通阻滞，因陋就简，亦理之常。但处此时代，须知农工商三者，为立国命脉。即为个人生计之大源，不得听其幼稚，弃焉勿讲。况天产丰富，山隰弥望，地不爱宝，森林四达，无在非生利之区。即如烟叶一项为松邑出产大宗，质地亦颇佳良。徒以栽培无术，制造不良，兼以贩卖之法。在本邑产地，初无特种机关之组织，常为外人所收卖，而操纵之。坐此三者，而天产之烟叶，遂日以痿顿，深为可惜。夫栽培之道不讲，则烟叶之原料不能优美。土壤燥湿之所宜，肥壅培之所问，无不有学理存乎其间。是宜采省城农业试验场试验之所得，合之就地耆老之经验，参酌并用，必有改观。至于制造一层，尤不可不讲，外国在吾国所卖之烟卷，大抵用中国烟草改制。若能以本地烟叶仿造纸烟，或雪茄烟捲则获利尤丰，如近来桐乡本国雪茄销路甚广，其明著也。若能次第仿照制造，则前途必无限量。是在有心者扩张未来之宏业，竭力鼓吹提倡，俾人人皆知实业，自有取之不禁用之不竭之效，则一日千里，增进莫大之利源可操券得也。又松邑居旧处属之中心，东邻丽水，南通云和，西接遂昌，北达宣平，民情因朴陋而流为强悍，因强悍而误入萑苻。于是自动被动，皆罹于法，良可叹惋。是宜父诏兄勉，勿受煽惑以误身家，勿听勾结以为尝试。花会票布法所严禁，关系风俗，亦关系民生。拒绝匪人，自为守望，与警备队互相巡逻，密为侦缉，地方之幸，亦身家之幸也。诸父老欲闾里安集，击柝无虞，当先加意于流言之煽动，浪人之讬迹。俾子弟各知守法，乐业于保安，社会思过半矣。若夫事属司法，而仍与实业有密切之维系者，则为监狱工场。监狱而无工作改良以课之，是徒聚群不逞者，使其饱食终日，休养余年，糜费国用，宁有当乎。是以生理家之研究，谓群恶相聚，必使之有一定之劳役。廑筦束于歆羡，法良意美，莫过于是。松邑监狱尚乏工场，固属经费难筹，为官厅之缺点，父老亦宜群策群力，乐观厥成。则小民囹圄之中，仍有工艺可习，一以劝工，一以化梗，事所谓一举而两得者也。以上数端，皆举其荦荦大者，本使与诸父老执手临歧，语长心重，愧未能周晰其词。前路戒途，倌人已速，又未能一一致语。望我父老将此宣言，布诸逖听，合县能闻风兴起，以毋负大总统殷殷望治之至意，即毋负本使殷殷致语之苦衷也。

中华民国四年八月日松阳县知事刁艮枢印布

注释：

①县知事刁艮枢，字位思。江苏南通人。光绪年间举人，与状元张謇交好。民国三年（1914）八月任松阳县知事。到任，编印《劝戒赌文》《劝戒淫文》《劝戒斗文》等通俗小册子，发至全县村户，以整饬社会风气。刁艮枢治学兼采新旧之长，谋划本地教育、文化事业，并开设松阳邮电局。刁艮枢雅好“文字饮”，曾与金泽荣等南通文人在适然亭文会，任松阳知事时又与高焕然、杨光淦、潘文斐等文人在松阳文庙举办赏菊文会。

②该宣言主要讲了当时松阳地方农政、行政、司法三个方面内容。农政方面指出公益事业当务之急是修浚水利，开设米行。松阳坐拥十六万一千余亩田地却“三年两荒”民食难持的根本原因是水利不修，旱涝为虐，兴修水利、开设米行是根本大计。行政方面则是要重视教育和实业，无教育不足以启民智，无实业不足以保民生，实业建设着重讲了松阳烟叶仿造纸烟和雪茄烟的设想。司法方面讲了戒赌、戒淫、戒斗，使子弟各守其法，建设监狱工场教育犯人学习技艺，改造感化犯人以达到劝工和化梗一举两得目的。

碑刻石刻

松古灌区先民治水过程中遗留下众多碑刻、摩崖石刻遗产，主要分为堰圳、水库、河道变迁和桥渡四大类，目前收集共31方。其中堰圳23方，水库山塘2方，河道变迁3方，桥渡3方。年代从汉建安年间到民国二十八年（1939），跨越1700余年。

1.金梁堰 元至正六年(1346) 邑令买住公去思碑

［元］　刘 基

民国版《松阳县志》记载《 邑令买住公去思碑》

松阳民金文俊，致其父老之言，走郡请曰：“邑长买住公，治吾邑六年，有善政，今秩满而去矣。吾民不能忘，愿得文以记。”

伯温辞不获，则询治状。曰：“公为政以爱民为先，以廉洁为本。其始至也，复金梁堰以灌民田，民受其利，歌之曰：闵闵污莱，我畲我菑。堰流以溉，有堤相之。积潦肆啮，堤圮赴壑。究其原因，白石凿凿，公来相攸，负锸商功。阴泄阳潴，岁则屡丰。”……

浙东宪佥琐主公，按郡至县，得公治绩，荐之。已而，索公行部，复廉察之交剡上台。今去我，将羽仪天朝，是不可不识其思也。余曰：“美哉，邑长之政固善矣。若父老不忘其善，能致其去后之思，亦善也。”《语》曰：“斯民也，三代之所以直道而行，有循良之政，使得相安于田里，则所以渗漉乎其心者，自有以使人不忘如是也。”然《汉传》循吏六人，班固称其所居民富，所去见思，然皆二千石守相。唐世知县，若韦景俊、何易于等，往往始得列是传。然大要以惠利在民，不忘者预焉。今买住公去而见思，其正所谓古循良者欤！因作诗卑其父老，且以续夫士民之所未诵者。

公字从道，唐兀氏，世居广平。由进士出身，故知爱民之方，而民亦不忘之如此。诗曰：民产有恒，役则罕均，何以均之？曰：义以使民。民情好恶，哗讦以辨。何以理之？曰：明德知本。逶迤阡陌，芊芊禾麻。民用胥勤，力及荒畲。受廛为氓，旅途任载。苍苍萑蒲，夜寂尨吠。治无大小，学道爱人。已惟水蘖，民则阳春。车声辚辚，辕攀辙卧。去者之思，用勖来者。善达而思，天下之兼。宁独而思，一邑是奄。蟾峰秋高，明月千里。甘棠蔽芾，柏台森峙。至正六年正月记。

注释：

①刘基（1311—1375），字伯温，浙江青田人。元末进士。辅佐明太祖朱元璋统一天下，功勋卓著，曲直分明，其品格和谋略酷似诸葛亮。此前，曾任处州总管府府判，后晋为浙江儒学副提举。元至正六年（1346）年关，刘基回青田时，途经处州丽水，受松阳百姓金文俊等人之请托，遂撰《邑令买住公去思碑》。该碑目前尚不知所终，碑文录自民国版《松阳县志·金石》。

②买住，字从道，唐兀氏，河北广平县人。元元统元年（1333），举乡进士，任保定路安州同知，元（后）至元六年（1340）买住转任松阳达鲁花赤（蒙古语，官名，意为握实权者，与知县同义）。元至正二十年（1360）登蒙古、色目人榜右榜进士第一人。买住状元及第后，曾任绍州路同知，随路新军总管。至正年间，郴地贼寇攻陷乐昌，买住率义兵大败贼寇，收复乐昌，后率军攻嘉定，未下而卒。买住治松邑六年，政德彰著，民为立石者四：曰善政、曰新筑宣公堤、曰遗爱、曰去思。入祀县学名宦祠。光绪《处州府志·卷十四职官志》，顺治、乾隆、光绪、民国《松阳县志·政绩》有传。

2.金梁堰 清道光十三年（1833）奉宪示勒金梁堰碑记

奉宪示勒金梁堰碑记（碑额）

特授处州府松阳县正堂加五级纪录十次汤

为圳修榜损呈请勒石事。

案：据士民毛鸿、毛[illegible]、毛廉、毛有仪、潘士达、毛炎勋、毛开基、毛大奶、陈士元、毛启和、潘纹、毛炎照等呈称，生等十六都毛村等庄，素由金梁圳水与十五都东村庄遵照榜示定期轮灌。彼大路村头圳道，源水横冲，圳经修理。因榜破伤，恐朽蠹无存，为此粘呈古榜，公叩勒石等情。

嗣据东村庄徐廷臣、陈凤池、叶高富、潘志文等，斋坛毛飞熊、毛应选、王喜林、鲍伯松，以毛鸿等冒请勒石等情具呈。当经勘明讯结，查斋坛庄毛飞熊等所争金梁圳之水毫无确据。又查历控之案并无斋坛庄在内，不得混争。其东村庄徐廷臣等与十六都毛鸿等着令遵照旧榜，将金梁圳水利照田多寡派定日期、交递时刻。十五都东村庄每旬轮灌三日三夜，十六、十七都毛村等庄每旬轮灌七日七夜，周而复始。至东村与毛村公共圳道，其阔狭均照上下圳口一色，不得紊乱滋争。准给勒石，以垂永久，各宜凛遵毋违。特示。

奉宪示勒金梁堰碑记拓片

计开：每月前三日东村庄前民蔡弘孙，后七日毛村庄前民毛自坚等。

东村庄初一日起至初三日酉时止；毛村等庄初三日戌时起至初十日酉时止；东村庄初十日戌时起至十三日酉时止；毛村等庄十三日戌时起至二十日酉时止；东村庄二十日戌时起至廿三日酉时止；毛村等庄廿三日戌时起至廿九日酉时止。

道光十三年八月十四日给

右仰知悉

告示

注释：

①碑高180厘米，宽82厘米。额楷书，字径10厘米；文16行，满行36字，楷书，字径3.5厘米。碑嵌在松阳水利博物馆（松阳县水利档案方志馆）。

②据顺治版《松阳县志·卷一塘堰》，乾隆、光绪、民国版《松阳县志·建置》记载，金梁堰在县西二十里十五都，灌田六十顷。元（后）至元六年（1340），堰圮，经达鲁花赤买住乘时以筑，民获其利，因名“宣公堤”。

奉宪示勒金梁堰碑记实物

3.金梁堰 清光绪十二年（1886） 重修京梁圳碑

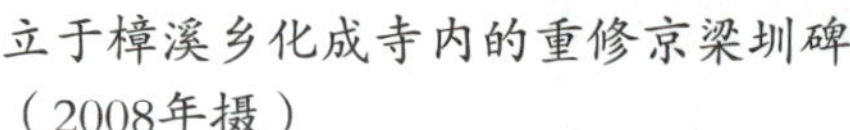
立于樟溪乡化成寺内的重修京梁圳碑（2008年摄）

拓片

【清】朱庆镛

钦加同知衔特授处州府松阳县正堂加六级纪录十二次朱

处松之西乡，有京梁圳焉。是圳也，十五都与十六都人民，协力共兴。因而十五、十六两都，共溉粮田。溯圳之所始，在元，则由七都象鼻潭入水。至明洪武间改而下之，则由轭儿洞潭入水。故奉部照有旧额京梁圳第一港之词。自轭儿洞潭至揭汴地段分东西两侧，其东圳是东圩蓬、桐村、斋坛与小石庄分拍流通，其西圳十五、十六都按期轮流。十五都东村等，定于逢旬尾日酉时起，三日三夜灌溉；十六都毛村等庄定于逢三日酉时起，七日七夜灌溉。遇月尾廿九日酉时，依次各守定章，已数百年矣。迨光绪十年，圳经水坍。控奉朱县主批示，赶紧修复，并令勒石永禁，不许闭塞水门，演内毒鱼，折毁石堋及拦截水道等等。如若有违宪禁，图利毒鱼者，一经查出，重则经公究治，轻则议罚，决不徇情。但是圳初筑头演用石、次演用树，是以年远树木霉烂以致次演倒塌。今克成石堤后，是圳几次兴工石筑，庶几久不敝塌。爰书数语以志圳之所自，并以记圳所修云，是为序。

圳内旧有圩地一片，土名种户附勒于石，以垂永久。

土名京梁圳埭外圩地一片，并墓基一应在内，在学田圳上，青邑王自赉等讨种，每年四月内充纳租钱几千几百文正；又埭内基地一片，屋基一座，每年四月内交纳租钱几百文正。

三坦董事潘树荣、徐克成、陈朝周、叶永章、徐炳福、潘学霖、吴克伦、周振田、毛启培、许为椿、潘树川、周发旺、罗邦统、陈高选、叶根田、潘金贤、陈庚成、潘廷楠、毛启槐、毛尚骏、刘永基、毛财士、毛继德、毛继楠、吴林福

三坦董事公具立

大清光绪十二年小阳月

注释：

①碑高150厘米，宽80厘米。额楷书，字径10厘米；文21行，满行33字，楷书，字径3.5厘米。原立于樟溪乡力溪村化成寺内，现在斋坛乡小石村。

②综合京梁圳所遗榜文、碑刻，其古圳水系图如下。

③京梁圳水系总干渠后分东、西两圳，东圳灌东圩蓬（含京梁）、桐村（东村）、斋坛与小石四庄，各设支渠分拍流通，实行统灌制。西圳灌十五都桐村（东村）、十六都毛村、大路等庄，为京梁圳第一支渠，故有“京梁圳第一港之称”。圳途自分水口至桐村入东关源，沿东关源而下，在东关源与仙坑源合流下河道筑横塘陂（金梁子堰）引灌至毛村、大路。天顺元年（1457）前一直采用汴石制分水，天顺元年（1457）改汴石制分水为轮灌制分水。实施桐村（东村）三日三夜，毛村、大路等庄七日七夜的十天轮灌制，数百年不变。现有榜文、碑刻所载事项均为西圳。

4.青龙堰 明万历二年（1574） 修筑何家堰记

今将明朝万历二年新筑何家堰督造堰首姓名开列：
何智 廷佐 廷宁 廷侍 廷任 廷保 廷僚
廷佑 廷保 如仁 如仪 秉心 良缘 良晨
以上姓名现刻于独山石壁上，后有小字不能尽抄。

注释：

①该文摘录2012年版《清源何氏宗谱》（第九修）卷一序文

②该文记载万历二年（1574）修复何家堰（即青龙堰）并将事件人员刻于独山石壁上。经核，该独山石刻位于瓦东公路独山上首转弯处，距清光绪三十四年（1908）独山摩崖题刻约20米。此处悬崖石壁外即为青龙堰干渠，渠外为松阴溪河道。1972年瓦东公路修建时，将青龙堰干渠内移置于岩石中，此石刻随之而毁。

繼洪捐銀二錢
繼禎捐銀六錢
顯一捐銀一兩六錢
重九捐銀四錢
繼祊捐銀六錢
繼海捐銀二錢五分
繼峯捐銀二錢五分
繼壽捐銀六錢
繼霧捐銀三錢
文瑞捐銀二錢
蘭寶捐銀五錢
繼選捐銀四錢
繼祺捐銀八錢
繼承捐銀一兩二錢
繼祿捐銀四錢
繼長捐銀二錢五分
繼秀捐銀二錢五分
繼養捐銀四錢
繼聖捐銀三錢
貴福捐銀四錢
有章捐銀一兩二錢

清源何氏宗谱 卷一 序文 公元贰零壹贰年

今將明朝萬曆二年新築何家堰督造堰首姓名開列
何智 廷佐 廷憲 廷侍 廷任 廷保 廷僚
廷佑 廷保 如仁 如儀 秉心 良緣 良晨
以上姓名現刻於獨山石壁上後有小字不能盡抄
今將讓公贖田於赤塔渡土名列後
一土名支墓壠口田二坵計額二畝
凡何姓過渡不得措錢
又先太祖獨建淨因寺撥田奉佛此田至光緒丁未年
間均已移撥水南學校充作教育之資
淨因寺後堂有檀越主何耀公及斑璽公之神主

《清源何氏宗谱》（第九修）记载修筑何家堰记

5.青龙堰 明万历二十三年（1595） 重建百仞堰记

【明】屠隆

重建百仞堰记（碑额）

松阳县重建百仞堰碑记

赐进士第礼部仪制清吏司主事明州屠隆撰文

赐进士第户科给事中遂昌项应祥书丹

赐进士第礼部仪制清吏司主事缙云李正蒙篆额

百仞堰在松阳县治之西偏百仞山下，因山为名，其来旧矣。自九芝乡耆德门循移风乡徐川、澄川迄黉山，下引水灌田万亩。庆历间，波冲堰坏，田禾尽槁，一望萧然。荒蓁野蔓，民穷逋租，逃徙为墟。乡民累告，蕲修复故堰□□□亦蒿目忧之，以费巨茯繁，辄辍议。已而，议典报两台，可。且捐赎锾如干矣，而犹未决。同年夏五月，刺史皖城任公抚然□□隐孰有大于此者。白之参知荆溪曹公，遂定其议，刻期鸠工，迄有成绪。

夫松阳僻在山谷间，故多逋课奸萌，号称难治，然岂独水利之未兴，抑亦立法之未善。□公初年恫了十邑之弊，苦心摩画条议，立为见带征之法。今且著为令，以本年为见征，以上年为带征，循次而溯，及完年而后止。民输不苦，官督不烦。于是至于今，松阳之积年逋逃始有次第，是岂水之利哉！往者松民数患盗，自循公乡约之饬，阴寓保甲之法，家修户戢，靡有奸纪乱绳，窃窃如畴昔者。而松之民始以安枕也，是又公之余波及之也。公又禁游讼，遏顽风，令暴姓豪主敛迹，不复敢凌轧小民。而今之松民久谒始向风骎骎，首善路矣，公其大有造于松哉！以故，堰令甫下民□蹶趋之，咸知公之以佚使也。畚插如云，杵橐成龙，不数期月而大成，屹然为不拔。亲董事之吏□□□成数而已，不烦促□□维时毗陵周侯始令松阳，侯体公之心，亦力肩其事。往时故堰水圮堧□堤为□□□□民不胜□□□松之害，当年苦□□是复议建堰益虞不便□□北患□□□不已，侯亲踏再三酌，徙堰基西上百武，当北岸崇广处为两便计。白诸公，公立报，可。于是郡丞宛陵许公诣度共谋定焉□□□□□□□北坦□□流之患，松民其永永□□而□害也，周侯亦预有劳焉，非公其孰能主持而垂兹不朽哉！不佞偶客长松，堰旁诸生父老相率征不佞言以记，予不佞辱知周侯，而于公尤不能诿，且公适当报最，遂并其政而书之。堰袤八十余丈，广四丈，基入土三尺，边设闸以时启闭。工肇于八月八日，竣于明年三月十日。凡为日者几时，堰故名因山，今仍旧。

任公讳可容，许公讳国忠，周侯讳宗邠，各郡籍并载前。

万历□□□年岁次乙未仲冬月望日立

督工：主簿柯与松、典史陈弘谟

堰旁生员暨堰长十□等咸襄有劳，佥得备名□□□□□

生员：□□□、吴继周、徐鸣时、何□□、何良心、詹仰□

堰长：何侍、□德、吴良、徐钱、何□、□□、何国震、潘增万、詹□□、吴子翼、何谦厅、何日新、刘登春、吴朝仪、吴有绶、程公遂、徐二钱、吴伯英

注释：

①该碑为双面碑，背面刻清《奉宪颁顺庄规条碑》。碑高212厘米，宽93厘米，厚13厘米，右下角残缺，中有裂痕。额篆书，字径9.5厘米；文24行，满行48字，楷书，字径2厘米。现藏松阳县博物馆。

②该碑由屠隆撰文，项应祥书丹，李正蒙篆额。屠隆的碑刻存世实物极少，松阳存此名碑，幸甚。

③百仞堰，又名何家堰、青龙堰，堰坝在松阴溪南岸百仞山（独山）山麓西上约一公里与竹溪源水交汇处。渠道由西向东，经独山脚下，过瓦窑头、水南青龙、程徐等村，至横山村汇入黄坑源注入松阴溪干流，全长7千米，灌田186.5公顷。百仞堰为松阳历史名堰之一，自古以来，该堰一直为水南一带的主要引水工程。百仞堰旧址在独山潭附近。宋庆历间（1041—1048）遭水毁，明正德间（1506—1521）修复，又毁。万历年间（1573—1620）曾多次修建，其中万历二十二年（1594），将址上移数

百米至今址。万历二十六年（1598）重修，改竹笼卵石为块石筑砌。清光绪三十四年（1908），水南、徐村、程村捐资修筑百仞堰上首石堤一百七十余丈，新中国成立后政府多次拨款补助，修建百仞堰。

④关于堰名，历代正名应为百仞堰，各版县志及碑刻均以百仞堰为名。何家堰出处为灌区主要村庄水南村、青龙村人口以何姓为主，堰圳以何氏家族为主修筑。明万历年间李鋕《百仞堰记》中，为区分万历二十二年（1594）周宗邠迁址后，出现新旧百仞堰址，将原址处称为何家堰。青龙堰为现代名，据说为新中国建立后，水管会取名为青龙堰。

⑤屠隆（1543—1605），字长卿，又字纬真，号赤水，别号由拳山人、一衲道人、蓬莱仙客，晚年又号鸿苞居士，世称“屠赤水”，浙江鄞县（今宁波）人。明代戏曲家，文学家。明万历五年（1577）进士。授颍上知县，修堤治水，民筑“绿波亭”纪其功德。越两年调任青浦知县，时招名士饮酒赋诗，游九峰、三泖，以仙令自许，然于吏事不废，士民皆爱戴之。万历十一年（1583）迁礼部仪制清吏司主事，次年遭人诬陷，罢官归家，遨游吴越间，寻山访道，啸吟赋诗。屠隆为人豪放好客，所结交者多海内名士。游历松阳，与松阳知县周宗邠、遂昌知县汤显祖友善，常煮酒赋诗，抚琴唱和，其谊甚笃，堪称知己。所作传奇《昙花记》《修文记》《彩毫记》均大行于世，叫座京城。诗文率不经意，一挥数纸，有《白榆集》《由拳集》《鸿苞集》等。《明史·列传第一百七十六》有传。

⑥项应祥（1554—1614），字汝和，又字符芝，号东鳌，晚号驾五山人。浙江遂昌人。明万历八年（1580）进士。先后任建阳、丹阳、巴县、华亭知县，擢升司谏。万历二十年（1592）升户科给事中，继任礼科工科左右给事中、吏科都给事中、太常寺少卿、通政司右通政。三十六年，特擢都察院右佥都御史、应天巡抚。为官清正，政绩卓著。晚年因病居家，置养士田三百石于学宫。入祀建阳名宦祠，遂昌乡贤祠。著有《酰鸡斋稿》《国策脍》《问夜草》。光绪《处州府志·卷十八经济》、光绪《遂昌县志·卷八宦迹》有传。

⑦李正蒙，字汝明，处州缙云人。明万历八年（1580）进士，授礼部仪制清吏司主事，以学行抡教驸马。考满当迁，因父老乞终养，大宗伯沈公留待数日，请命转本司员外郎，正蒙坚辞而归。先意承志，十余年如一日，角巾布袍，恂恂若书生。著有《白华楼集》。光绪《处州府志·卷二十孝友》，光绪《缙云县志·卷九笃行》有传。

⑧任可容，字子贤，安徽怀宁人。明万历五年（1577）进士。二十二年由驾部郎出任处州知府。廉明恺悌，省刑讼、裁里供、清奸弊，岁旱步祷，多方救济。培养士气，修学宫、创文昌阁，集庠士肄业，亲为考课，有连理紫芝之瑞。擢广东宪副，十邑士民建祠祀之。光绪《处州府志·卷十三职官志》有传。

⑨许国忠，宣城举人。明万历间（1573—1620）任处州府同知，擢处州府知府。

⑩周宗邠，字肇迁，号洪庵，江苏武进（毗陵）人。明万历二十二年（1594）任松阳县知县。性爽迈，奖与庠序，发诸至诚。事有关诸生者，求辄应如响。且修废振颓，一时咸举，士民德之。擅长琴艺，常与遂昌知县汤显祖及游历于吴越间的戏曲家屠隆谈词论曲，研习琴理，好比知音。著有《南华集》《古薜萝轩诗集》。光绪《处州府志·卷十四职官志》，顺治、乾隆、光绪、民国《松阳县志·卷七政绩》有传。

【顺治、乾隆、光绪、民国《松阳县志·塘堰》】百仞堰，在县南三里十九都，灌田一十七顷五十亩。

6.青龙堰 明万历二十五年（1597） 周侯治水德碑

【明】 项应祥

周侯治水德碑（碑额）

知松阳县周侯治水德碑

赐进士第户科给事中遂昌项应祥撰文

赐进士第□部仪制清吏司主事缙云李正蒙篆额

青龙堰周侯治水德碑拓片

尝闻水之为害大，而治水之功难。当尧之时，洪水泛滥，下民其沼，弗护安居。尧忧举舜，舜忧举禹。禹殚敷治，八年于外，三过不入，经历多艰，聿收平成之绩，咸沐永赖之休。丰功伟绩，贻昌厥后。贵为天子，富有四海。夏社四百之久，周非治水之功所致也。兹邑南横山吴坦之民，居百仞堰末流，历遭水患，荡额无纪。堰虽蒙筑，河流绝绩，以致衣食无资，税征虚赎，老幼彷徨，思恳别土。

仁侯念及，台驾亲临。目击其患，发仓振贷，宽济助筑。砥柱中流，杜绝水患。堰水有承，民始安堵，功不在禹下矣！善治苍黎，□□令□簪缨奕世，亢灵长于四百载之大业，□但已也。

仁候下车未几，筑学□□文运挽回，设馆课士，人材乐育。立乡约而民劝善，设保甲而民□恶，筑四门预杜民患，助葬埋泽及枯骨，修城隍庙福国佑民，整瑞阳楼康民阜物，□□□建忠义祠施社学教行童蒙有养。公余则巡行郊野，而补助弘施，□□则步祷□□而甘霖时□□□□□威感恩祀报无已。

侯之令德，侯之令福，其有既乎！不佞与松接壤，松父老踵敝邑请志，其美无容以辞者。侯之嘉声，骏烈种种，与龚、黄、卓、鲁相为辉映，则自有昆。吾□器在不佞，何敢赘焉。

侯讳宗邠，字肇迁，别号洪庵，乃晋陵之世望云。

万历二十五年岁次丁酉六月朔吉旦

生员吴国□、继周

堰长吴朝仪、子翼、伯良、伯英、一元、有亮

庶民吴朝安、朝光、伯□、有鼎、大山、大法、有忠、连元、朝东、朝海、子和、建元、敬德、敬宾、敬礼、子绅、有楫、敬义、伯信、伯文、敬科、□□、子继、子□、真元、□□、□缙、伯□、敬智、有望、伯众、子鸿、伯言、子仲、敬文、有元、有新、子信、中元、□元、敬□、□□、□□、子忠、子□、子安、子端、世□、有□共执 爵禄齿满，福寿攸长。

青龙堰周侯治水德碑实物

注释：

该碑为双面碑，背面刻明《百仞堰记双港渡记》，天地及两侧，均饰以云纹、水纹及图案纹，碑额“周侯治水德碑”篆体为缙云人李正蒙撰。碑高196厘米，宽84厘米，厚14厘米。额篆书，字径12厘米；文20行，满行37字，楷书，字径2.2厘米。碑原立于水南横山吴氏宗祠，现藏松阳水利博物馆（松阳县水利档案方志馆）。

7.青龙堰 明万历二十五年（1597） 百仞堰记双港渡记

百仞堰记双港渡记（碑额）

水之于人，有利有害。何以见其为利也，天旱禾槁，非水无□资其生。百仞圳成，则有以得水之利矣。何以见其为害也，溪涨人阻，非水有以贻其患。双港渡设，则有以济水之害矣。

其圳田渡租，圳次渡守，并列于后：

一圳田：一圳次递年，何、徐、程、吴四坦，□□分为率，每分该水三日半。何坦七日，徐坦三日半，程坦三日半，吴坦三日半。每月轮流，周而复始，毋得混乱，永为定规。

一渡田地：吴翊跋土名回复地一片，租十石正；吴贡跋土名礁头地二片，租三石正；吴文献跋土名中央演地二片，租四石正；吴津跋地土名中央演地一片，又土名回复地一片，共租六石；吴溢跋土名四雇山前，又土名中央演地二片，共租六石；吴文邦跋土名回复地二片，共租伍石正；吴徐道跋土名回复地一片，租二石；吴项道跋土名中央演地一片，租二石；吴端跋土名回复地一片，租二石；吴大成跋土名中央演地一片，租二石；吴大祥跋土名中央演地一片，又土名回复地一片，共租六石正；吴大豪跋土名回复地一片，租六石正；吴大朝跋土名中央演地一片，租二石正；吴继周跋土名回复地二片，内画租六石；吴涓跋土名鸟□地一片，内画租三石；吴大基跋土名回复地一片，租五石；明觉寺跋土名叶弄田，租三石；吴大山跋土名中央演地一片，租三石。

大明万历二十五年六月吉旦立

青龙堰百仞堰记双港渡记拓片

注释:

该碑为双面碑，背面刻明《周侯治水德碑》。碑高196厘米，宽84厘米，厚14厘米。额楷书，字径11厘米；文17行，满行29字，楷书，字径2.5厘米。碑原立于水南横山吴氏宗祠，现藏松阳县水利博物馆（松阳县水利档案方志馆）。

青龙堰百仞堰记双港渡记实物

8.青龙堰 清道光十三年（1833） 青龙圳下游横山水圳放生碑

【清】 傅秀璋

放生碑（碑额）

特授松阳县正堂加五级纪录十次傅为叩恩示禁事。

据士民高琳福、吴殿奎、吴殿彪、蓝发生、项石玄发等呈称，该庄土名自青山脚至水步头坑口等处，计坐粮田四顷有零。有不法棍徒不顾粮田，将圳坝挖掘毒鱼等，圳岸损坏，种物践毁，无水灌溉，实为民害。已经演戏约禁，仍蹈故辙，叩请加禁，请饬将是圳作为放生鱼池事合行示禁，为此示仰该都庄人共知悉。嗣后毋在该圳车戽捉鱼有碍粮田水利，亦不得在坑口等处挖拆田圳致碍修筑。至该圳即作放生鱼池，所有不法棍徒如敢故违，许该庄士民指名禀县，以凭提究，各宜凛遵毋违。

特示

嘉庆九年四月初一日给

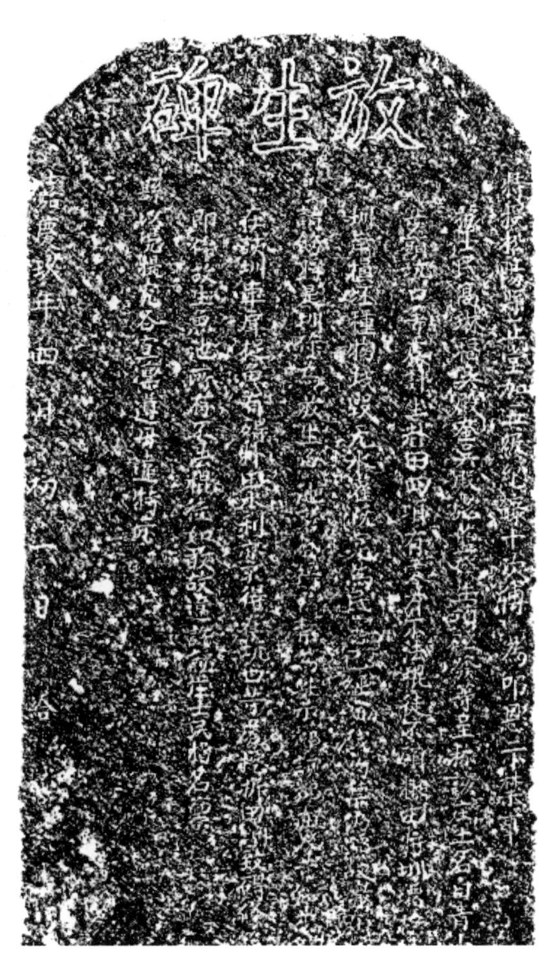

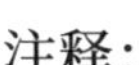

注释：

①碑高141厘米，宽68厘米。额楷书，字径12厘米；文9行，满行31字，楷书，字径3.5厘米。碑在水南横山村。

②该碑文为松阳县知县傅秀璋于清嘉庆九年（1804）四月初一日为横山村水圳颁。背面为《横山禁赌碑》，刊于道光十三年（1833）。两碑均颁于嘉庆九年四月，字体及镌刻手法皆相同，故该碑当为道光十三年刊。

③“松阳县正堂傅”即傅秀漳。傅秀漳（1761—？），四川金堂举人。清嘉庆元年（1796）任松阳县知县，九年复任（光绪、民国《松阳县志》作“十年任”。据横山《禁赌碑》《放生碑》，嘉庆九年已复任），才识明敏，谨饬安详。任满调补镇海县知县。

9.青龙堰 清光绪三十四年（1908） 独山摩崖题刻

独山摩崖题刻（涂雅芬 摄）

光绪三十四年（1908），复筑何家堰上首石堤派捐事及相关灌区之分水期，镌刻在堰渠边的独山北侧石壁上，以垂久远。

光绪三十四年，复筑何家圳上首石堤一百七十余丈，按亩派捐，每田一亩，向业主捐洋银七角，以为工费之资。水南坐田六成，徐村坐田二成，程村坐田二成。日后轮流水期亦按田亩多寡按日灌溉，周而复始，毋得异言。又水障、水关、水闸三款工费洋银八十余元，俱系水南独出，程、徐二村未费分文。恐日久无传，故勒石以垂久远。

各村圳董公立

注释：

该石刻记载修复何家圳（青龙堰后输水干渠）一事，在所有的榜文、告示、碑刻之中首次出现了“业主”，本修复工程业主即为青龙堰圳董会。

10.白龙堰 清康熙十七年（1678） 张侯重造白龙堰记

【清】 钱本一

张侯重造白龙堰记（碑额）

重修白龙堰记

时康熙十有七年，张侯莅松阳之二年，白龙堰重造□□请为之记。

按《志》：白龙堰系松阳县西望南五里许，截大溪之流□□山之下。自县□□至东直流一二等都，灌田千余亩其□□矣□故明崇祯初□□□□田竟□□二都之输民□照之。侯□□见□□□□□□□□□运石购木筑堤（下缺）董其事不□而功成□□□□□□□□已五十年矣。莅斯土者几数□□□无□□贤人，为民兴利而且□至今□□松阳□残□浚。我侯抚□新复虑之□□□□□□□元气一□□□□此视□天下事重□以其人哉。侯家（下缺）士长赈□饥□□□□□□□□□而□其筑□之一□□利无穷□□□也□其民筑堰□□此矣（下缺）其白龙圳□□侯之□□松民□□□□益矣。本一桐□□士□□□随故□□□纪其事云。

康熙十七年秋大吉立

儒学训导邻□□□□钱本一顿首拜撰

甲民、堰长何得庆（因碑文模糊不清，其余二十余人姓名略）同立

张侯重造白龙堰记拓片

注释：

①该碑系白龙堰堰长等为康熙十七年（1678）松阳知县张景留重造白龙堰立。碑残高158厘米，宽82厘米。额篆书，字径8厘米；文21行，满行34字，楷书，字径3厘米。现藏延庆寺庭院内。

②该碑原立于项弄村，后被移作白龙堰埠头踏步，2003年4月，项弄村民在修建埠头时挖出。碑面磨损严重，字迹模糊，多不可辨。该碑为双面碑，碑阴被磨去，仅存寥寥几笔划及边纹，其型制和纹饰颇似明碑。该碑是目前发现的唯一一方白龙堰碑刻，弥足珍贵。

③钱本一，浙江桐乡人。岁贡生，清康熙间（1662—1722）松阳县儒学训导。

11.管洲堰 清康熙十八年（1679）修复管洲堰记

管洲堰记（碑额）

管洲堰者松阳上乡七都灌田之堰也，上□八都瓜渚堰（观口堰）分流□□剥□□□□灌溉，从下而上照田分日，其来旧矣。□□□□□本朝堰道敝塞，遇旱无收，缘是田荒粮□，人逃村□。邑侯张公甫下车，□□劳来安集为事，问民疾苦，巡行阡陌间，侯怃然曰："有是哉，是尚可不亟谋水利乎？"乃下令属诸父□□□开圳道以备旱潦，仍捐俸五十余两，买田仟浚圳潭，□□□宅墓，不数月而堰功告成。岁己未，天旱异常，稻米尽槁。而承此圳之□□□□□□□斯仓斯箱者，□谁之赐？乡耆何继勋等饮水知源，属如铎记之以贞诸石，铎惟公德及民，岂止管洲一堰，先是瓜渚及瓜渚子圳，曹圳、通泽、霏溪、白龙等堰相继开浚，岁增谷亿□□。诚如孙叔敖起芍陂而楚受其利，文翁穿湔口而蜀民富饶，史起引漳川而邺邑大治，郑国开经渠而关中沃野。利民利国，后先辉映。公□□□仆仆为此者，以为养足而后教可兴也。他如请蠲□、革里役、设义馆、修学宫，□政不胜缕述，铎特记其大者，俾后之人知。□我士女、宁我□□、黍□□翼，惟公之贻。公讳景留，字汉孺，号心韩，奉天辽阳人。

计开：

黄埠头地方坐堰田一顷，每十日坐派水分二日一夜；上河地方坐堰田三顷零，每十日坐派水分五日五夜；岗下地方坐田一顷零十亩，每十日坐派水分二日二夜；五木地方坐堰田七十八亩，每十日坐派水分二日二夜。

康熙十八年岁次己未季冬之吉

本邑弟子员如铎百拜撰文

堰长：何继勋、何继业、何有业（等二十人）

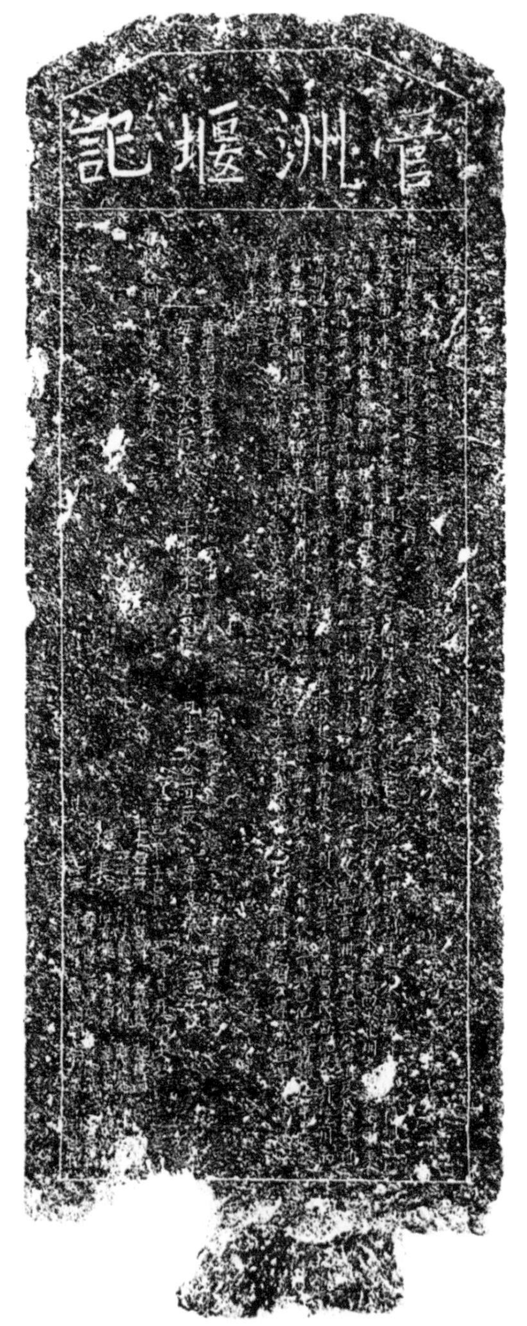

管洲堰记拓片

注释：

碑高154厘米，宽59厘米。额楷书，字径9厘米；文19行，满行119字，楷书，字径2厘米。碑藏在松阳水利博物馆（松阳县水利档案方志馆）。张景留任松阳知县热心水利，相继开浚瓜渚、瓜渚子圳、曹圳、通泽、霏溪、白龙、管洲等七堰圳，该碑记载为清康熙十八年（1679）张景留修复管洲圳之详情。

管洲堰记实物

12.管洲堰 清乾隆五十九年（1794） 管洲圳示

管洲圳示（碑额）

特授松阳县正堂随带军功加三级寻常加三级纪录五次魏

为堵截凶殴等事。案据七都上河冈下黄埠头士民何元臣、潘硋德、留海潮、吴硋松具控黄国栋、郑缵醇等，将伊官洲圳首筑堤，闭塞圳道，粮田缺水灌溉，并据八都旧市居民刘老五等呈控黄国栋、郑缵醇等，筑截大河，壅水致害民房，各等情一案。业经本县亲勘详报，并蒙本府宪鸣，念切民瘼水利攸关，亲临勘明，黄国栋等所筑堤坝，实有伤碍水利庐舍，断令将北首堤坝拆去二十七弓，以免阻滞水利。奉文行知到县，除经饬委捕衙杜 监拆完竣，具报外，惟恐再有无知奸民，妄顾利害，复于该处筑坝闭垦，致滋事端，亦未可定。合行出示谕禁。为此，示仰该地保、居民人等知悉，嗣后该处毋许再行筑堤，其圳旁隙地亦不得复垦阻塞水道。倘有故违，着该地保及各庄居民据实指名禀县，以凭严究，该地保毋得容隐及藉端捏禀干咎。各宜凛遵，毋违。

特示　乾隆五十九年十一月十八日

管洲圳示拓片

注释：

管洲堰（观口堰）位古市镇，邻街取水。防洪保街筑堰引水，不同村庄各取所需，时发矛盾。该碑记载乾隆五十九年（1794）时任知县解决管洲圳渠首因防洪筑堤等被堵塞之纠纷。碑藏在松阳水利博物馆（松阳县水利档案方志馆）。

管洲圳示实物

13.芳溪堰 清康熙二十九年（1690） 芳溪二堰水期碑记

芳溪二堰水期碑记（碑额）

松阳县详奉

道府批查芳溪二堰乃岗坞、力溪、源口先民创始，今将派定水次日期列后，不许搀越紊乱，各坦遵守，故勒石碑为照。

今开：

始从力溪、岗坞，水期共六日；次从源口，水期伍日；再次塘头、后肖、包村、高岸、大齐伍小坦，水期共叁日。循照旧案，总共一十四日为一轮，周而复始，勿得违错。

特示　右仰合堰各坦居民知悉

康熙二十九年八月　日知县李钟秀立

注释：

①芳溪二堰水期碑记，碑高140厘米，宽52厘米。原藏新兴源口村，现碑已佚，仅存拓文。

②清康熙二十七年（1688）时任知县李钟秀主持芳溪二堰水期变更（见前告示8），源口村先人不服，并上诉至处州道府，清康熙二十九年（1690）处州道府判决恢复原历史水期。该碑刻主要记载李钟秀奉处州道府批查，派定恢复岗坞、力溪、源口、伍小坦的历史灌溉水期。

14.芳溪堰 清道光四年（1824）奉宪勒石碑

奉宪勒石碑（碑额）

署处州府松阳县正堂加五级纪录十次江

为田繁水少等事。道光四年正月初九日奉本府宪雷牌。道光三年十二月十九日奉署布政使司吴宪牌。道光三年十一月二十五日奉总督部堂赵批。本署司呈详处州府松阳县民人李石光控周增庚等霸占芳溪圳水一案。奉批如详饬遵，仍候抚部院批示缴。又奉巡抚部院断批前由，奉批如详饬遵，仍取碑摹送查毋违。仍候督部堂批示缴，各等因下县奉此查此案。前挺五小坦民人李石光等上控督宪衙门，具控周增庚、刘名兴霸占芳溪圳水一案。行县勘讯核议，缘该庄有圳一条，名为芳溪，发源下源口庄，引灌源口、力溪、岗坞及五小坦之田六十顷。康熙二十九年旧有碑记载明：引灌之水从岗坞、力溪先灌六日六夜，次及源口庄五日五夜，再次五小坦三日三夜。历久遵守，原无他议。五小坦民李石光等以伊庄田亩较多水期反少情不输服，上控督宪。奉前府宪核议具详，饬取碑摹下县，即经前宪刘道德碑摹申送蒙饬勘讯，未及勘详，旋即卸事。本县抵任，

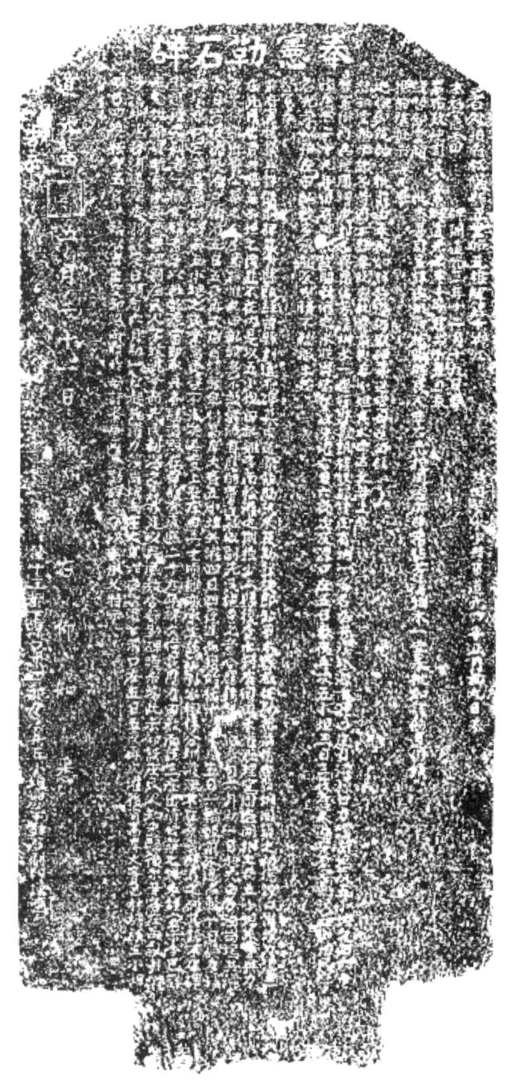

芳溪堰奉宪勒石碑拓片

勘讯前情，查该圳开筑之初，系源口、岗坞、力溪三庄先民出资共举，五小坦之民并不在内。是以五小坦田亩虽多，而轮灌之期独少。本县复查，水利有关田禾灌溉，理宜周边。开圳之初，五小坦未曾兴力，原不得与出资公筑之三庄并论。虽其田亩较多，不敷灌溉，自应酌量通融，以副先民施恩之意。今应请照旧章，自六月初一日起，先由力溪、岗坞共灌六日六夜；次及源口五日五夜轮灌；再次后肖、塘头、包村、高岸、大齐五小坦共灌四日四夜。周而复始，按十五日一轮，较前不过多轮一日。与力溪、岗坞、源口三庄并无妨碍，而五小坦之民受惠越复不浅矣。再查上安庄田二十顷，虽亦承受该溪引水，但系分圳灌溉，不在原案应灌之列。其余

不在碑载应灌之列者，一概不得紊争以杜讼源，当即取其各结遵照在案。复查康熙二十九年碑文，仅载应灌田数，而该三庄出资公筑之处未经宣示。今已详奉宪批勒碑晓示，永远遵守，俾别庄民人不致混争而先民利泽之义亦足以兴风教。合行勒碑晓示，为此示仰该庄民人知悉。嗣后，尔等各庄田亩引灌芳溪圳水，务须遵照本县详定日期：自六月初一日起，先灌力溪、岗坞两庄六日六夜，次灌下源口庄五日五夜，再次灌后肖、高岸、大齐、包村、塘头五小坦四日四夜。按十五日一轮，以日出交卸，周而复始，毋许紊争。因是勒碑遵守，以垂永久。特示右仰知悉。道光四年【松阳县印】二月二十一日给。发十三都下源口、十四都力溪并五小坦照示勒石，刷印送查。

芳溪堰奉宪勒石碑实物

注释：

①该碑高172厘米，宽83厘米。额楷书，字径6.5厘米；文22行，满行59字，楷书，字径3厘米。该碑原置于芳溪堰徐山村段埠头，碑面朝上，磨损较重，字口模糊。现藏松阳水利博物馆（松阳县水利档案方志馆）。

②知县江思濬，号明洲，重庆人，贡生。道光元年（1821），署任松阳知县。明辨是非，公正决断。多有才干，且勤于政。兴利除弊，大治舆情。五年，劝捐城乡社谷五千余石，办置粮仓存储，以备荒灾歉收之年，松阳地方尤沾惠泽。三年后调任余杭知县。

③碑文主要记载道光三年（1823）松阳县民人李石光控周增庚等霸占芳溪圳水一案，上诉至闽浙总督、浙江布政使司，时任松阳知县江思濬奉总督部堂、布政使司、处州府宪批示审理案情。经过详细了解调查、细心调解，于道光四年（1824）成功将芳溪堰“十四日为一轮”的历史水期变更为“十五日为一轮”的新水期。

15.神坛堰 清嘉庆十年（1805） 田圳碑记

田圳碑记（碑额）

立序田圳事：原叶村田圳，坐落松山村顶，土名坛头圳。因乾隆六十年，被洪水遭坏冲没。蒙叶正荣、游廷侯、叶伯达、黄元淮、叶逢祥、叶文光、萧必盛等七人，为首派钱筑砌，以作工本饭食之费，尽心竭力，公直无私。余钱八千，守管积放，余资所买民田六亩。一土名上项塔，上下田三坵，计额二亩，价钱三十二千。又土名大畈田一坵，计额二亩，价钱三十四千二百文。又土名上项塔路边演头坵田一坵，计额一亩二分五厘，价钱二十一千文正。又买大仓一个二格，与关王殿同办，各出钱五千，共成十千。其田契、仓契并粮票，一应在游廷侯收存，立有存契字一纸，交与黄元淮手执据存照，日后不没。今共买圳田六亩，存积筑砌修圳，以备工食之资，以使久远之图。又邀同二十五人，各出谷二桶，立成圳会。黄元汉、罗元沛、吴元丰、吴廷坤、黄国仁、黄起宗、罗元裕、黄永高、叶云礼、叶光亮、叶日高、黄元润、黄春松、游端午、游三妹、叶世明、叶培元、陈宗斐齐集守管，在会者协心督砌经理，无容拖懒。如有恃强违逆情事者，不许入会。故立开列田亩公序。

又土名占庵前田一坵，额七分五厘，价钱十四千五百文。

大清嘉庆十年九月

合坦众立　谷旦

注释：

碑高143厘米，宽68厘米。碑原嵌在叶村乡叶村关王殿墙上，现藏松阳水利博物馆（松阳县水利档案方志馆）。碑文记载叶村田圳（坛头堰、神坛堰）位支流东坞源叶村乡松山村顶，在清乾隆六十年（1795）和嘉庆十年（1805）利用圳董会余资购买民田六亩为圳田，建立长效管养经费——圳田制和成立圳董会等事。

16.神坛堰 清同治三年（1864） 神砝堰碑志

神砝堰碑志拓片

神砝堰碑志（碑额）

叶村神坛堰与松山河塘圳控争水利，奉县宪胡公勘讯，分定圳水，两造遵结在案。谕令上下两圳各立碑记，永远为据，谨刊：

堂谕查讯，叶村田亩计有三千余亩，松山地方田地计有五百余亩。其堰两方俱已勘明，向系旧堰，应准开拔，着在儿弄堰处分定堰口，分寸十分，其中儿弄圳只应得水廿分之一，其余水应与下堰，再在河塘堰处分定堰口分寸，松山田少，九分半之中，河塘圳只应得一分五厘，其余八分应与神坛圳中灌溉叶村之田。上下两圳各立碑志，永远为据，以免两相致争。其叶荣昌赔修毗钱十千文，查系匪扰之累，业已掌责，宽宥。免追，取具，两造遵结附卷。此谕。

同治三年仲冬　　　月　　　吉旦

叶村具状人罗宗贤、黄瑞云、游金兴等敬立

注释：

①碑高170厘米，宽65厘米，厚10厘米。碑原存叶村关王殿内，现藏松阳县水利博物馆（松阳县水利档案方志馆）。

②碑文记载同治三年（1864）松阳知县胡开诚主持确定分配神坛堰、河塘圳、儿弄堰三堰水权分配方案。三堰取水水源为松阴溪支流东坞源，三偃圳水系见左图。

神砛堰碑志实物

17.龙石堰 清道光十四年（1834）奉宪勒石永示碑

奉宪勒石永示碑（碑额）

特授松阳县正堂加六级纪录十二次汤

为偏断霸截圳水等事。道光十四年八月十四日奉本府宪陆宪牌开，道光十四年七月二十六日奉布政使司程牌开，道光十四年六月二十三日奉巡抚部院富批本司呈详松阳县民人黄宗远等，控徐燮等霸截龙石圳圳水一案，核议缘由，奉批如详，饬遵取图到府。奉此合行饬遵，为此行县官吏立即查照，抄详来文事由，即遵照毋违□□□详内开，前布政司程，□□司，查松阳县民黄宗远等呈控生员徐燮等霸截圳水一案。缘黄宗远、郑三良等，均住松邑竹溪庄。徐燮等住河头庄。毗连庄顶有龙石圳，即龙陂圳一条。县志载明灌田二十顷。自圳水流至寺口，分为东西两小圳。东圳水灌东畈田，西圳水灌引西畈田。竹溪、河头两庄田亩共资灌溉，由西圳归水直下，分为九汴。竹溪庄坐上四汴：高山汴、白坛汴、□□汴、麻车汴等，轮流六日六夜。河头庄坐下五汴：步蓝汴、石桥汴、杨家汴、和尚汴、高洋汴，轮灌五日五夜。其分汴日期自□□□起，相沿无异。竹溪庄士民黄宗远等，以河头庄田另有下叶、岗头、项圳三圳灌注，并以圳水向至七月初一以后，不再□□。竹溪庄轮灌，其高山、麻车两汴，无论竹溪、河头水期，各留一竹筒水长流在。河头庄士民徐燮、杨宗祚等佥称，圳水轮灌并无七月以后停灌长流竹筒情事。两造争执互控。前代理县陈□讯断，该圳水期既有旧章，饬令循旧章照轮。□□□竹溪庄黄宗远等，藉执康熙年间水期印单，复控该县戡明，下叶、岗头、项圳三圳与龙陂圳流分派期，并非同源共流，下叶圳址与项圳相距河头数里，两圳之水坐下，河头田坐上，势难以下灌上。至岗头一圳，虽共承龙陂圳水系，却在源流之末，与河头五汴田亩，高下悬殊，难资灌溉。其高山、麻车两汴，如遇河头水期，准留竹筒是有名无实。既据康熙年间水期印单，钤印半角印文模糊，且将年号低写，并无事由所载，竹筒水长流未免偏私，不足为凭。该县宪将印单涂销，断令两庄遵照旧定水期，通年轮流引灌，毋许变更、争竞。黄宗远坚执不服控，奉陆宪台批县

龙石堰奉宪勒石永示碑拓片

录案具详，饬司核复行示。据该县补详，由府核议详复到司，得悉前情，本司遂加查核。竹溪庄黄宗远等，与河头庄徐燮等互争圳水之处，既据该县汤令勘讯明确，两庄田亩均藉龙陂圳水灌溉，苗禾成熟迟早不一，未便以七月初一日为止，轮流分水期自昔酌定日期至今，并无偏估，应请府如县断，悉照旧定水期年轮流灌注，饬县给示，勒石永远遵行，以利农田而杜争竞。竹溪高山、麻车两汴向有竹筒，着令轮值河头水期之内，即行闭塞，毋许长流，用昭平允。所呈水期印单，印文模糊，不足为凭。经县当堂涂销，应毋庸议。徐燮等被抢水车、锄头，业经县讯追缴给还。两造阻殴滋事，本有不合，姑念各为田禾，徐燮等并无霸截情事，从宽免予深究。余均如县详究结，以清尘牍。缘奉前因，理合核明详复，伏祈宪台察核批示，饬遵等因奉此，合行给示勒石。为此，仰示十七、十八两都河头、竹溪两庄士庶，业经□□□，自此之后，各宜永远遵行，以利农田，以杜争竞，毋违。特示。

现将古定通年水期轮流开后：

初一、初二两日两夜，和尚汴，杨家汴；初三、初四两日两夜，高洋汴、石桥汴、步蓝汴；初八、初九、初十、十一四日夜，高山汴、白坛汴、□□汴、麻车汴。

周而复始，日出为期，不得违越。

大清道光十四年九月　日给

龙石堰奉宪勒石永示碑实物

注释：

碑高195厘米，阔79厘米，厚8厘米。原存河头村杨某家庭院，现存松阳水利博物馆（松阳县水利档案方志馆）。主要记载清道光十四年（1834）龙石堰（水源为支流竹溪源）灌区竹溪村民黄宗远等人告河头村民徐燮等人霸截圳水一案，此案上告至浙江布政使和巡抚部院，时任知县汤景和奉布政使、巡抚部院、处州府宪批示公断此案，还河头村民徐燮等人清白并形成分水灌溉规定。

18.午羊堰 清道光二十七年（1847） 石门圳卖契碑

立卖契人纪家杰，今因□□不给，自愿将自造水碓壹座、水圳壹条，内坐一半土名坐落五都十五里大埬外。托中亲立文契，出卖与下洋圳谢□荣等、鹰嘴圳陈目光等、石门圳叶起台等、十五里圳纪安民等众圳长为业。三面断定折□钱五十二千文，其钱当日亲收。其水碓圳基任凭众执契管业，其圳水亦任众边□□□田□田其圳坐在石门圩圳坝之上，此系自己物业，与内外人等无涉。日前并无典当，重□□明价定，日后永无找赎。此出两家心愿，故立卖契为据。

道光二十七年二月

立卖契纪家杰押

见中纪陈土押、纪廷凤押、纪炳基押

代笔纪兰潮押

注释：

①该碑文为契约两篇，一为清道光二十七年（1847）撰，另一为清光绪二十四年（1898）撰（见本书第135页）。碑高137厘米，宽64厘米，文15行，行35字，楷书，字径3.5厘米。碑体被切割，与清光绪二十三年（1897）石门圳碑志一同改作井口石，后断裂、残缺磨损严重，存石门村会堂旁。

②本碑文记载清道光二十七年（1847）十五里村民纪家杰将自造水碓一座、水圳一条，出卖与下洋圳、鹰嘴圳、石门圳、十五里圳等众圳长为业。具体四圳及引水堰位置水系图如下。

③水碓及水碓圳应位十五里圳上游附近。或许是该水碓的运行，减少了四堰圳的灌溉水源，故众堰长将其买下，确保灌溉取水。

④十五里堰圳位六都源口下，灌十五里村地势较低的临溪田地，现和梁下堰合并一堰，分左右两岸引水。

⑤石门堰位下洋堰（午羊堰）上游约650米，其灌溉面积不大，仅石门村部分临溪较低田地，尾水直接并入下洋圳渠首。因两圳头尾相接，故有光绪二十四年（1898）黄公渡村因下洋堰水毁后，立和好契约借用石门堰圳引水一事。

⑥鹰嘴堰位黄公渡村头鹰嘴潭，为下洋堰（午羊堰）的备用引水点。因地势较低引水效果不好，现已佚。

⑦龙舌堰位黄公渡村下，由于下洋堰常水毁且和石门等村常有纠纷，处于下洋圳下游片区的塔寺下、上连头等村，于清末民国初兴建了龙舌堰为下洋圳下片灌区新的取水堰，水毁后于2010年午羊堰修复时合并一堰。

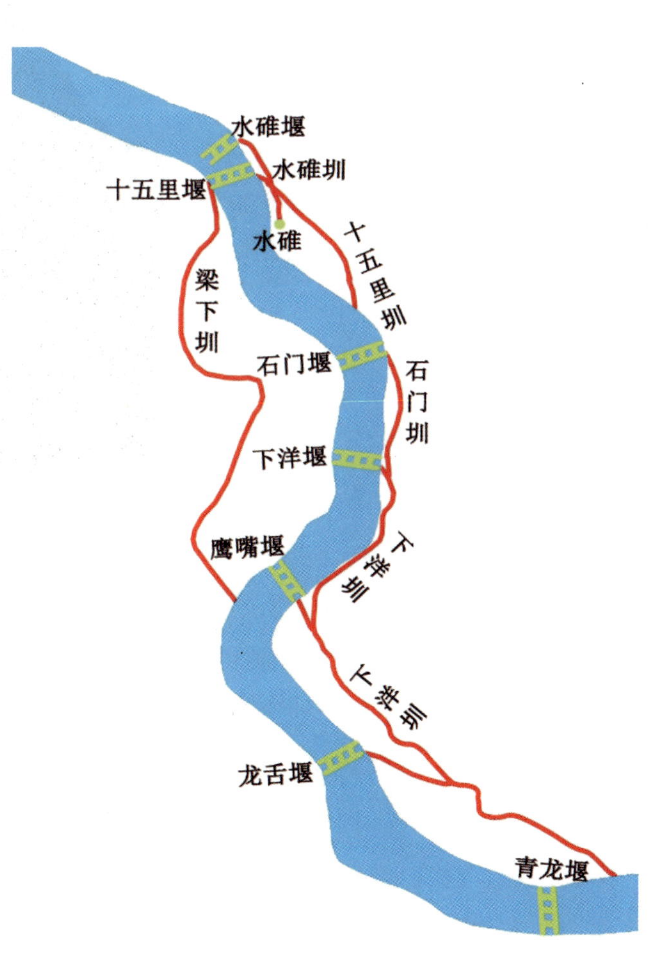

19.午羊堰 清光绪二十三年（1897） 石门圳碑志

石门圳碑志：且夫田必资水，水由圳来。顾吾石门自道光年间，与黄公渡拼买十五里纪家杰水碓圳一条，共享水利。分为三坝，名曰石门圳、下洋圳、莺嘴圳。但下洋一圳坝被水冲，无从起水，因向石门通借圳基，接引石门圳之水以灌溉田园。至光绪丁酉年（1897），讵陈攀桂率黄公渡谋占圳基，两相纠缠。后蒙赵太尊依公断结，各归各圳，毋得谋占等情。而黄公渡悔之莫及，窃思□□下洋圳更无从起水，因请亲友，再向石门通借圳基。罚彩灯壹堂，自认前非。吾石门亦遵和好。然字传久远，恐其有失，因勒石铭碑，不致湮没无传云。

赵太尊谕，此逢今年六月天旱，争水溉田，以望有秋，人情之常。□下有滋闹，亦是苦于望水起见，本府从宽，免其深究。惟圳坝关系水利甚大，今年各圳均有被冲之处，着各修各段，赶在冬间修理完好，□□□□□□□被邱水森等纠众损毁，亦着仍旧修好，转念包炳照年高谷二石□□□□□□□□□□三元，以示体恤。水利众人共享，惟望尔等归去上下各圳□□□□□□□□□□□□□□，切切。

丁酉年九月初三日谕。

外注下洋圳借字□□□□□□□□□□□□□□圳借字均同。

注释：

①碑高133厘米，宽53厘米，文13行，满行33字，楷书，字径3.5厘米；碑体被切割，与石门圳卖契碑一同改作井口石，残缺磨损严重，存石门村会堂旁。

②碑志记载清光绪二十三年（1897）黄公渡村因下洋圳坝被洪水冲塌无从引水，向石门村借地建圳引水等事。通借圳基、借地建圳，首借为清道光二十七年（1847），后至民国年间在县政府的协调下，两村又签订协议，黄公渡村向石门村“借山过水”，每年交租金两百斤稻谷，直至新中国成立后停止。

③“赵太尊”即赵亮熙。赵亮熙（1835—约1905），四川宜宾人。清咸丰五年（1855）举人，光绪十八年（1892）七月任处州知府，数月后调知台州，二十二年（1896）八月复任处州知府。

20.午羊堰 清光绪二十四年（1898） 石门圳借契碑

立和好借圳字。黄公渡谢开余等，原因日前下洋圳坝旧在蓝□坛入水，被水冲塌，无从接引。恳意通情，向接石门圳水，突于□□□□□□□□畴荒□拦阻□□□两造具控，蒙赵太尊断结，依旧各管各圳，但下洋□□□□□□□□□□□友向石门叶高惠等借石门圳入水，作坝工费黄公渡自行□□□□□□□□□□□□灌溉车厍并转碓，日后毋得滋事。其圳程任下洋圳永远□□□□□□□□□□□□家和好，故立□借字为据。

光绪二十四年四月十八□□□□□□□□□□□□□押、谢荣财押、陈开富押

合同为照

在见周凤鸣□□□□□□□□□□□□□金泽基、王正梅、叶潘福、潘永怀、叶明泰、寿、树等

大清光绪二十八年孟（下缺）

注释：

本碑文为契约借圳碑字。记载清光绪二十四年（1898）黄公渡村因下洋圳坝被洪水冲塌无从引水，向石门村叶高惠等借石门圳入水之事，并立和好借圳字。

21.龙峰堰 清光绪二十四年（1898）摩崖题刻

立议约龙峰圳灌溉塘岸路、庄门、下街路三坦。历年定于六月初一、初二两日夜灌溉塘岸路，水期起塘岸路定例上尖石头至大塘上旧亭止为上则一日夜，又旧亭起至落脚一日一夜为下则。不准存替并放出下街路界外灌溉。倘有不遵议约，一经查出，轻则罚大钱二千四百文公用，重则经官究治，决不徇情。勿谓言之不预，特此告白。

大清光绪二十四年春三月

塘岸路公具

注释：

庄门源口庄门畈的龙峰堰渠，旱年水利纠纷不断。清光绪二十四年（1898）三月，相关受益灌区代表就分水达成协议。协议条文镌刻在渠边石壁上，以垂久远。

22.神壇堰 民国四年（1915） 神壇堰碑记

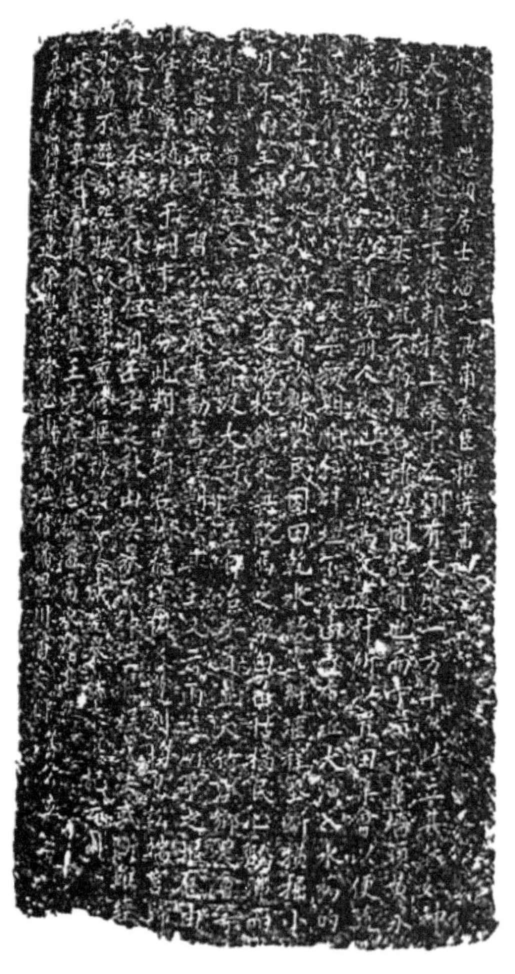

神壇堰碑记（碑额）

神壇堰碑记骥湖居士潘文波甫春臣撰并书。我松西南十里许（下缺）大竹溪济众堰下，后村桥上溪中左侧有大岩一方，卓然峙立，其状如神，俗谓神壇口子典（下缺）亦涌出，直接堰基，源流不竭，堰名神壇，固记实也。而寺岭下、叶墙头、黄泉头、城南一带地方，良（下缺）灌溉，县志所载班班可考。前人处心积虑，为久远计所以置田集会，以便随时经理。奈堰程屡遭（下缺）依旧址修复或□新改筑，务期顺接神壇下流。由卖布丘大演入水为的，数百年来恃以灌溉（下缺）上年旱魃为灾，大竹溪有少数农民因田干水歉，霹将堰程塞断，横掘小支，堰水傍出，不得下（下缺）月不雨，望梅难止行人之渴，投钱更无饮马之泉，田苗枯槁，民心腾沸。而寺岭下诸地方父老，事（下缺）起原县署，迭经令饬县农会及大竹溪区自治委员，并大竹溪乡农会等，前后查勘答复，均已载（下缺）复蒙县知事刁公，亲履查勘，审理判决。其主文云：两造所争之堰，应由大竹溪区项树德等，先将（下缺）任意争执，致于刑事处分。此判幸项君树德等，俱各遵判，均息讼端，言归于好，共敦田畯之欢。洽比（下缺）之庆，岂不懿欤休哉！但自壬子之秋，山洪暴涨，神坛堰程或决或断。虽经临时草草修理，缺点犹多。赖（下缺）大局，不避劳怨，按亩捐赀，重修堰陂。兹已落成，爰举始末撰记云尔。松林、杨志章、毛春杨、徐万基、王先森、陈志松、潘高水、潘湛然、口樟基、杨志传、李根连、徐学章、徐必树、叶必信、潘思川、潘安澜等公立。

民国四年岁在乙卯端阳之吉

注释:

①碑断为两截，上段残高61厘米，下段残高120厘米宽68厘米。额篆书，字径7.5厘米；文14行，楷书，字径3.5厘米。碑在叶村乡寺岭下村。

②潘文波（1882—？），又名起得、从周，字春臣、用之，号永清、骥湖居士，松阳城南人。清附贡生，自治研究所、教员讲习所毕业生。创办育英学堂兼任堂长。曾任县教育局董事会董事、区议会议员、大竹溪农协会执委、松阳振济委员会干事、松阳社会服务处常务董事、《松阳民报》社营业部主任等职。民国十一年（1922）当选第二届县议会议员，并担任民国《松阳县志》协修。

③“县知事刁公”即刁艮枢。刁艮枢，江苏人。民国三年（1914）八月至四年十月，任松阳县知事。

④神壇偃位松阴溪支流竹溪源大竹溪村下游，灌溉水南街道寺岭下等村农田1500余亩。

23.新兴堰 民国二十八年（1939） 横溪墈头水圳碑记

横溪墈头水圳碑记（碑额）

松阳县政府布告（建字第一号）案：查本邑杨源乡与安溪乡因争执新兴上圳及新兴坝水利，涉讼经十余年之久。嗣于民国二十三年间，奉建设厅派饶委员实地查勘，并经决定新兴坝缺口之宽度及深度暨新兴上圳之平均高度。后因该处经山洪冲刷地势变迁，前测深度比率已非现状，且筑坝地址亦有移于上游之必要。由本府令饬古市区署，召集二乡乡长会商，咸表同意订立合约，请农业改进所测定地址，兴工建筑。

经呈奉建设厅，令饬遵照，以新兴上圳及新兴坝缺口之宽度，依照二乡灌溉田亩差别，定为十与六之比，等因各在案。兹据安溪乡乡长温昌照呈称：属乡业已照厅令比率将圳坝筑成，十余年之悬案一旦结束，未可谓非前曾厅长之造福吾乡，拟述梗概，以志感念而垂永久，请给示刻碑等情，据查事关水利要政，爰叙案情始末，布告通知，仰该二乡民众，尔后有所遵循。此布。县长蒋剑农。本圳圳董：温汝玉、潘世璋、温昌照、刘志根、吴国余、李朝荣、潘士松、温保和、潘学兴；后圳圳董温昌照、温亦铨，温绍真、温葆康、刘金水、刘贤回、潘传仁、温培舜、温亦尧、温培芳、温德政、温亦火、温德厚、温德夏、温亦宽、温培泽、李陈樟、温知新、温保荣、温怀樟、杨兴定、温其福。刘关桃抄写。

中华民国二十八年十二月日

注释：

①碑高119厘米，宽61厘米。额楷书，字径8.5厘米；文18行，满行33字，楷书，字径2.5厘米。碑在新兴横溪村。

②蒋剑农，号鹤麓，浙江嘉兴人，民国二十六年（1937）一月至二十九年（1940）十二月任松阳县县长。

③刘关桃，新兴横溪人。

新兴上圳（新兴偃）和横溪墈头水圳位于松阴溪支流十二都源上源口村附近，新兴上圳位上游，两偃相距1.3千米，为确保横溪墈头偃有水，必须在新兴上圳堰坝处设置两堰分水口，文中新兴坝缺口即为分水口，宽度定为十与六之比即是分水方案。

24.民国二十七年（1938）仙岩脚水库石刻

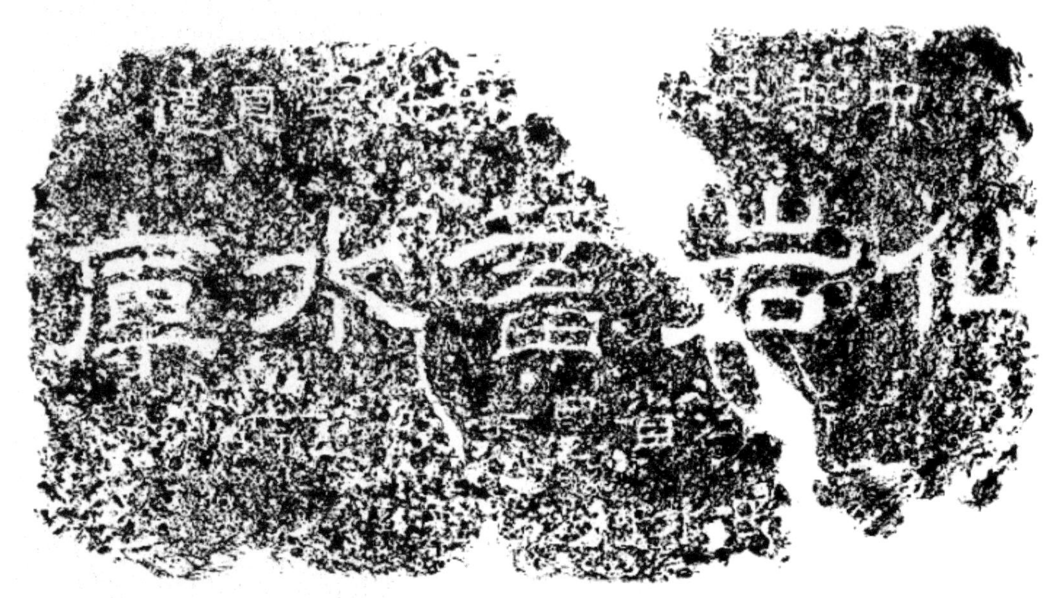

仙岩脚水库石刻拓片

中华民国二十七年冬建
仙岩蓄水库
浙江省农业改进所农业水利工程队建造

注释：

①石刻嵌于仙岩脚水库大坝上。该刻剥泐甚重，现已裂成两块，部分铭文残缺。高50厘米，残宽90厘米。“仙岩蓄水库”5字，字径16厘米；款字隶书，字径5厘米。

②仙岩脚水库，在赤寿乡楼塘村仙岩脚，民国二十七年（1938），由浙江省农业改进所设计兴建，省农业水利工程队负责施工，立有“仙岩蓄水库”石刻。民国三十年（1941）汛期，大坝顶层被水冲塌，次年，土坝被彻底冲垮。现大坝为1978年11月重建，为黏土心墙坝，高12.26米。1983年8月发生涵管堵塞故障，1984年12月20日修复竣工，因民国旧刻牌记模糊难辨，并有残缺，遂用混凝土按原文仿制牌记一块于坝面。仿制牌记今佚。

25.叶氏家族墓地 纪年墓砖石刻与卯山塘渠

建安昭宝叶

元康七年（297）七月三十日叶家富贵

叶氏家族墓地出土纪年墓砖

注释：

①据萧放、邵凤丽《祖先祭祀与乡土文化传承——以浙江松阳江南叶氏祭祖为例》文章考证，叶望（152—217）是叶姓始祖叶公沇诸梁的二十二世孙。东汉建安二年（197）从青州（今山东益都）启程南迁，到了丹阳的句容（今江苏镇江东南）。当时又逢孙策为统一江南与少数民族发生战争。叶望在句容难以立足，又辗转迁居到松阳卯山。1987年，卯山山麓的东角垄村西社庙山的一座古墓被盗掘，出土西晋“元康七年七月三十日叶家富贵”纪年砖，以及青瓷虎子及青瓷盘口壶、铜镜、谷仓、碗、水盂等文物，附近还发现大量古墓葬。1989年，松阳县政府将社庙山定为“晋至南朝的古墓葬群文物保护点”。近年，又出土了“建安昭宝叶”纪年墓砖、青瓷虎子、五管瓶、水盂等汉代文物。由这些出土文物可以判定，早在东汉建安年间就有叶姓祖先生活在松阳卯山附近。

②据松阳县人民政府、汉声编辑室编著的《松阳传家——松阳乡土文化考察》松阳第一姓——“叶”的力量一文中记录。1987年古墓遗址上发现有“元康七年七月三十日”的墓砖。2006年在“元康墓”10米远的地方发现了一块墓砖，上面写着“建安昭宝叶”，原来这是一个叶氏墓葬群。经过考证确定这正是江南叶氏始祖望公的墓。这样把松阳叶氏始祖为晋代叶俭的说法往前推了100多年，复为江南叶氏始祖并确认了江南叶氏始祖叶望的下落与归宿。

③据《叶氏广远宗谱》记载，“太中大夫望公字世贤者，建安间避乱迁丹阳之句容，生一子曰遂，遂生成，成生允，允生琚，公为幽州刺史，琚生四子，长曰硕，次曰俭，三曰游，四曰愿。及琚公不禄卜兆于栝州之松阳，硕游愿三公散居闽浙诸处，

而俭公为晋折冲卫将军，除括苍太守，独守先人卢墓，遂择居卯山之麓焉”，从记载分析：

叶望其后为叶遂，任吴指挥将军、蔡州刺史，按前所述叶望卒于建安二十二年（217），时年65岁，其后未有在建安年间去世的叶氏先祖，故“建安昭宝叶”对应墓主人应为叶望是有一定道理，随着叶氏古墓的进一步挖掘，现已确认叶望之子叶遂墓位卯山五里地的石龟山。

按照叶望生卒年，并按二十年为一代进行推算，时太康二年，叶俭29岁，出任永嘉太守。元康七年，叶琚66岁，叶俭46岁，从年龄角度来看，元康七年这块墓砖应为叶琚，和族谱中记载的“琚公生四子硕俭游愿，解组后就养于次子括苍太守俭公任所考终命焉”是一致的。

从《叶氏广远宗谱》记载描绘的叶氏祖坟地理图和卯山挂月风景图可见，卯山塘渠与叶氏祖坟为同时代出现。

26.北宋熙宁四年至七年（1071—1074） 治平禅寺记

【北宋】王安国

治平禅寺记

处州之松阳资圣寺距县郭西一里，矗然见于山林之间，而溪落其前。出入瓯闽者，由之取道而祷祠观。游者无时而不集，实为一邑宾客之辏。

太宗出御书，真宗出芝草，使藏其中。而仁宗又出御书，其来久矣。英宗即位之初，诏天下寺观，无籍而额不出于朝廷者，听州县条上特赐以名。于是始被诏用治平之纪元，以易其额，而岁度学者一人，父老相与语曰：吾邑之远，而四朝宠锡，实为盛事。且吴越之俗，鼓舞佛法者，固不迫于号令，而乐致其力。吾闻五代之时，黎民愁叹于征戍调发之勤，迄我朝始合正朔于一。而百年之中，养生送死。于无事之际，退而思前人。值其不幸之时，而我得不自幸耶？且闻佛法有因缘之理，苟贪今日之福，而不知福之所以植，庇上之德，而不知德之所以报。泯然待终，而为后世之因缘者，尚何恃也？

道宁乃输钱于印经之院，售五千四十八卷归之寺。又合福之钱万一千有奇，属弟道隆者使作转轮之藏，有殿有堂，列以两庑。又命僧省文丐佛像六十，而工以期年而就。噫！何其盛也。

世之儒者，以百氏出于道术散裂之余，而佛尤后出。自西域数译而至中国，上古之人不道也，诗书无有也，遂肆意诋斥，以为与杨、墨、申、韩等为诡驳之说。虽然杨、墨、申、韩能行于一时，而终无抗儒者之辨。独佛法之旋废旋兴，而山海荒忽之俗，闻佛则瞻仰赞叹，与儒者并出而牢不可坏者，岂非其道神妙得于人心之自然耶？故虽不远万里，迹绝形殊，其言不可算数，而理则一也。彼以上古诗书求之者，特见其粗耳！孰知其精之在人而不自悟耶？方其因归依之感于外而使人之内有以发其信心，则侈其事以报之。奚曰不宜？同郡国子监直讲龚原深之，吾游之贤者也，语其寺如此，而乞余文揭之碑。遂为之书。

注释：

①碑已佚，据雍正《浙江通志·卷二百五十八碑碣》，顺治《松阳县志·卷七寺观》，乾隆、光绪《松阳县志·卷十一碑文》，民国《松阳县志·卷十三碑文》著录。碑之高、广、行数不计。

②碑文撰于龚原任国子监直讲间，未署年款。考龚原于熙宁四年（1071）为国子监直讲，王安国卒于熙宁七年（1074）。该文当撰于熙宁四年至七年间（1071—1074）。

③王安国（1028—1074），字平甫，临川（今江西抚州）人，王安石之弟。幼敏悟，以文章称于世，与兄王安石、弟王安礼并称为“临川三王”。然屡举进士不第，熙宁元年（1068），韩绛等荐其才行，赐进士及第，除西京国子监教授，未几授崇文院校书，改著作佐郎、秘阁校理。与兄政见不合，非议新法，且结怨于吕惠卿，及安石罢相，遂被吕惠卿以事夺官，放归田里而卒。安国器识磊落，文思敏捷，曾巩谓其“于书无所不通，其明于是非得失之理为尤详，其文闳富典重，其诗博而深”。著有《王平甫文集》《王校理集》等。《全宋文》收其文二卷，《全宋词》录其词三首。《宋史·列传第八十六》有传。

④龚原（约1043—1110），字深之，一作深父，号武陵，时称括苍先生，处州遂昌（今浙江遂昌县马头乡）人。北宋嘉祐八年（1063）进士，熙宁四年（1071），为国子监直讲。元丰间（1078—1085），任国子直讲，被虞蕃诬控失官。哲宗即位，召拜国子司业，擢工部侍郎，集贤殿修撰，知润州。徽宗时，官至宝文阁待制，知庐州。后因好友陈瓘弹蔡京牵连，落职和州。起授亳州，命下而卒。龚原少时师从王安石。积极支持、参与王安石变法。著有《周易新讲义》《续解易义》《周易图》《春秋解》《论语解》《孟子解》《文集》《颍川唱和集》等。《宋史·列传第一百一十二》、光绪《处州府志·卷十九理学》、光绪《遂昌县志·卷八理学》有传。

⑤治平寺位于现松阳图书馆处，文中“处州之松阳资圣寺距县郭西一里，矗然见于山林之间，而溪落其前。出入瓯闽者，由之取道而祷祠观。游者无时而不集，实为一邑宾客之辏”。可见现松阳图书馆之前在北宋时期为松阴溪主河道和航船码头。

⑥【乾隆、光绪、民国《松阳县志》】治平禅寺，在县西一里普通院。唐咸通十二年（861），改名护国寺，又改名天王院。宋淳祐年间（1241—1252），改为资圣寺；治平中，改名治平禅寺。元大德年间（1297—1307），善因寺僧慧钟来主兹寺，重整寺宇，藏殿在大殿之西，甚雄壮可观。今废。

27.上方山 黄公堰暨放生潭题刻

黄公堰

放生潭

黄公堰暨放生潭题刻（吴伟民 摄）

注释：

①“放生潭”题刻著录于民国《松阳县志·卷十三摩崖》，“黄公堰”题刻未见记载。两题刻均无款识，亦不见《括苍金石志》所云之大花押，故题刻者及年代不详。题刻在西屏街道延庆村黄公渡南上方山岩壁上。面积均为300厘米×130厘米，直书阴刻，楷书，字径90厘米。两刻字体、镌刻深浅、大小皆同，当为同时所刻。

题刻前为农田，昔乃松阴溪河道，“黄公堰”“放生潭”题记为河道的变迁提供了实物例证。

②【《续括苍金石志·卷二小赤壁宋黄公度题崖》】……余散步西郊，至延庆寺舍利塔下。又南逾坳门，循西而上数百步，皆巉岩立石，上刻“放生潭”三大字，正书，旁刻大花押，皆径三四尺。……

③【民国《松阳县志·卷十三上方山放生潭摩崖》】右“放生潭”三大字在“小赤壁”三字之下无款。《括苍金石志》所云傍刻大花押，今亦漫漶不可复辨。

④【民国《松阳县志·卷一山川》】赤壁山，在县西五里上方山之侧。其山横若列，眉峭如削，壁前临溪流，岩带赤色。旁有石龟，下有龙舌。宋状元黄公度隐居于此，刻“小赤壁”三字于岩壁。其下又有“放生潭”三字，远望则字画显然，近观则毫无痕迹，真仙境也。又有小峨嵋、小桃源在其中。山下有渡，遂名其地为黄公渡。

28.南宋绍兴八年至二十六年（1138—1156）上方山小赤壁题刻

小赤壁

注释:

①题刻在西屏街道延庆村黄公渡南上方山岩壁，20 世纪 70 年代初为修建松阴溪黄公渡段大坝，在上方山开岩取石时毁。该题刻《续括苍金石志》、民国《松阳县志·卷十三摩崖》著录。今仍民国《松阳县志》之旧录入。“小赤壁”三大字，隶书，径三尺；旁有小字款一行，民国时已剥落，不可辨。顺治《松阳县志》载：“宋状元黄公度尝游玩于此地，刻其石曰‘小赤壁’。”该题刻当为黄公度中状元后（绍兴八年至二十六年）所刻。

②黄公度（1109—1156），字师宪，号知稼翁，福建莆田人。南宋绍兴八年（1138）戊午科状元。任承事郎签书平海军节度判官，迁秘书省正字。因与赵鼎往来及评议时政，为秦桧所不容，被贬为肇庆府通判达十年之久。桧死复起，仕至考功员外郎。不久，因病卒于任上，年四十八。黄公度工诗善文，其词气和音雅，得味外味，人品既高，词理亦胜。著有《知稼翁集》。《宋史翼》有传。

29.清道光十九年（1839）双济桥田亩捐缘碑

双济桥田亩捐缘碑（碑额）

复造城南天后宫下桥渡序

城南赤塔埠桥渡，以济绎络往来行人。至嘉庆五年，洪水冲击，不独桥渡坍没，而且河侧房屋咸成溪，河道阻且涨矣。雷、傅二公向石仓源庄募捐，得赀若干，添造天后宫下手桥渡，名曰双济，义可知也。将余赀置买潘村庄牛路坂田，租三担四桶，以作管桥工食。旋桥又水推，道光二年，盐公金兰会慨助土名河头庄田，租十一担，并助桥渡，双济行人。至道光九年，复遭洪水，桥没而田亦冲坏，虽与佃人开复，桥则莫克造矣。

夫兹桥渡为南北往来之要道，经前人创建之良模，童叟无愁浅深，昼夜不息驰驱。原前人万功所肇，岂有驾鼋之虚。将来者百里同嗟，难□化虹之力，所祈陆地喜布，满以莲花，不似三川苦济，盈于匏叶各如云。而□□□桥有矣，得不日之观成，莫胜利落云尔，是为序。

一金兰会蔡腾奎、蔡东川、潘双星、毛荣宗、洪福宁、梁寿宁、洪茂得、王明亭、朱菁园、王东砚、朱汉鹏、王藕塘、王沛霖等捐助土名坐落十七都河头庄田大小十一坵，额十亩，计租十一担四桶正；

一土名坐落二十都潘村庄牛路坂田大小七坵，额三亩，计租三担四桶正，契存阙康奎手；

双济桥田亩捐缘碑拓片

一土名坐落十九都百念社大慈寺前田二坵二分五厘正，计租二担正。

叶以兰捐造渡船一只；盐公堂、蔡士伟、蔡懋昭、叶题标以上各捐银十两正；叶文蔚、□时钦、阙天开、益丰善记、蔡其德以上各捐银八两正；张茂兴（下缺）、叶世清以上各捐银四两正；阙廷对、孙永丰、叶廷梁、陈正茂、叶文□、王恒茂以上（下缺）郑清利以上各捐银□两五钱；张永兴公廉仁记、阙天有、阙天青（下缺）石玄锦、何遇根各捐银三两正；丁光和、张魁福、童朝盛捐（下缺）永富、蔡日昌、□国□、□永利（下缺）捐银二两正；（下缺）记、傅永隆、吴（下缺）金聚记、阙天茂（下缺）。

大清道光十九年岁次己亥□□月公立

注释：

①碑高192厘米，宽79厘米，厚12厘米。额楷书，字径11厘米；碑左剥蚀甚重，行数不明，满行44字，楷书，字径3厘米。碑原在松阳城南天后宫，现藏松阳县博物馆。

②双济桥，在城南天后宫下手之赤塔埠。清嘉庆五年（1800），因原桥渡被水冲毁，邑人士募捐，添造于天后宫下手。后又被水冲没，道光二年（1822）重建。九年，复遭水坏，十九年，由金兰会及邑绅士捐助复造。咸丰八年（1858），被水冲圮，同治十二年（1873），邑绅士劝捐复造。光绪八年（1882），赤塔埠两桥董事禀县立案合办，称“万年双济桥”。民国十一年（1922）夏，该桥被水冲塌，势难复建。董事蔡储廉等将此桥移于小叶村庄。

③【民国《松阳县志·卷二桥渡》】双济桥，在城南赤塔埠天后宫下。咸丰戊午（1858），被水冲圮。同治十二年（1873），邑绅士劝捐复造。【民国《松阳县志·卷二桥渡》】万年双济桥，在城南。前本分为两桥，与丁、潘赤塔桥参而为三。嗣于光绪八年（1882），两桥董事禀县立案合办，称“万年双济桥”，冀垂久远。民国十一年（1922）夏，该桥埠被水冲塌，势难复建。董事蔡储廉等将此桥暂移于小叶村庄。虽经县议会议复，亦无如何，而斯桥遂同废圮矣。

30.清光绪十四年（1888）佳溪桥渡记

【清】刘德元

佳溪桥渡记（碑额）

佳溪地方，山静而水动，得土山戴石之高阜，则无害民居。惜前地流沙之卑下，则宜防冲坍，上流分为两河，下流合为一派。内水亲切，外水环抱，昔日佳溪，古曰怀德里，以其为遂松之界，人遂以界首名焉，其实非旧名也。古者内河三节，渡一乘，旧田数亩，地方安。外河通瓯、衢川桥二十节，渡一乘。嘉庆间，有江西邓君助永济桥渡，建一邮亭于外河西岸，以便行人，咸丰丁巳，适遭泛滥，西水夺岸，而入于东侧内行，遂成巨港，而外河则反作沙滩矣。戊午被水又被兵，水、兵交迫，此村之疾苦较诸村为尤甚。辛酉又被水，桥渡均没无存，来往者刻不能停。事急矣，虽微有旧田，无补也。全与堂弟方出商诸同人，尽力另为劝捐，即捐田若干，开山一处，碑一块列于后。复五月西匪复拔处松，至同治元年始得清平。是以元气残伤，而民瘠贫矣！尚前捐置之今日，尚能成此举哉。今新捐之田，计算之约有十六亩六分，又地一亩二分，共计租廿三担零，桥、渡二费则不足，止桥一费则有余，现在造渡、管渡二事仍属邓永济任之，暂可不涉地方之费。设一旦邓永济将渡收去，则此渡无措，奈何？为今计者，当节其有余，每年先抽租谷八担，以防后日造渡计也。除抽外，不致亏管人，斯可耳。且桥渡之设，非为一人也，为万人也。非为一旦也，为百年也。既开创于其前，不善继于其后，可乎哉？全以此意质诸同人，佥曰此意尽善，诚久长之策也，遂命工人勒之石垂不朽云。

光绪十四年戊子仲夏吉旦

本村董事刘公喆、公全、公谔、公煦、公咏、陈樟□、刘祖豳、祖培敬立

新捐田亩鸿名开列：刘公全喜助下坞门前田一坵，额一亩（下缺）坞水路田二坵，额（下缺）石鹰坌田一（下缺）分狮子口大路边田一坵额八分；大门前半瓜月田

一坵额一亩（下缺）山脚田七坵龙井□□□田二坵，共额一亩正；刘公谔喜助下坞门□□二坵，额二亩三分，下坞门前田□□□□□□分；陈樟根喜助马□源头田十□坵，额二亩正；刘公煦喜助后山四□□殿口田二坵、龙船按田一坵、猫□□□□□□□共额二亩，又助石碑一块□□□□□□钱五千文；陈石玄照喜助资口地一片，额一亩二分；陈基根喜助下□源酒[illegible]□□□坵，额八分；刘公詠助石□□□□□□□一亩五分；刘学圃喜助坛上源口山，大小二岗内至本家山大人塆合水为界；□□□敦厚堂山，合水为界内有生□□□□在捐内。

旧置界首渡田亩附后：上坞源口田四坵，为额三亩；赤溪源田二坵，额八分，上大田五坵，额八分，下山田□坵，额一亩二分，又下山田一坵，额一亩五分，水碓（下缺）。

本里郡庠生刘德元敬书

石匠彭永兴敬勒

注释：

①该碑立于赤寿乡界首村禹王宫右侧。1996年12月禹王宫失火，正堂焚毁，碑被烧裂成数块，剥泐甚重，右上方残缺。缺字据《松阳县交通志》补。碑高154厘米，宽60厘米。额楷书，字径6厘米；文19行，满行50字，楷书，字径2.5厘米。

②佳溪桥、渡，位于界首村。自古佳溪内河有桥三节，渡一乘；外河有桥二十节，渡一乘。清嘉庆间（1796—1820），江西邓君助永济桥渡，并建邮亭于外河西岸。咸丰七年（1857）、八年、十一年历遭洪水、兵燹，桥、渡均毁，光绪十四年（1888）重建。佳溪桥，旧名永济桥，又名界首桥。木桥，全长65米，宽0.8米，高3.8米，十六节。佳溪渡，旧名永济渡，又名赤溪渡、界首渡。为洪水期临时性农渡。木船，可载20人，渡距约70米，经费自筹，政府稍有补助。桥、渡今俱废。民国《松阳县志·卷二桥渡》载有“界首渡”条。

③刘德元（1867—1958），讳厚道，学名德元，字涵三，又字含三，号霭山。清光绪十五年（1889）廪生，光绪十八年（1892）贡生，松阳界首人。光绪三十二年（1906），与刘德怀在界首村创办私立震东女子两等小学堂。民国初，任县毓秀小学教师及乡立震东小学校长等职。著有《赤溪存草》，为七卷二册，编纂有《括苍名胜留题录》二卷。《赤溪存草》一册分上、中、下三卷为刘德元《赤溪文稿》，另一册分上、中、下三卷为刘德元《赤溪诗稿》，附卷为刘福佐《三余吟草》一卷。《松阳县志续编》、松阳《佳溪刘氏宗谱·下册》有传。

31.清光绪十七年（1891）芳溪桥碑

芳溪桥碑（碑额）

重修芳溪桥序

尝闻九月涂道，十月成梁，此固王政之盛事，民生之利便者也。我乡内通龙泉，外达松邑，村非僻处不少行人，地虽偏隅岂无过客。况山名“宝盖”，水曰“芳溪”，正山水秀灵之地，往来跋涉之津，其不可无桥也明矣。故于此架木为桥，无待乘舆来济，临溪可渡，何至裹足不前。所虑者多年损坏，洪水漂流，虽昔捐有银钱以防倒塌，如今已遭兵燹，尽少余囊。某等志欲图新，力难复旧，望善信之捐施，斯落成之容易。幸而亲戚友朋，仁人信士，或捐金以重修，或拨田以图远，共集腋裘，俾得完成功业。此为宝筏自然，普渡众生耶！历年建理无难计，垂万世以此日，整修甚易，名永千秋。用是前开畎亩，后录鸿名，谨修斯序，爰告同人。

耕历有虞氏武撰

董议：此田拨入本为修桥开用，今公议定每年十月初一日□□村拨田鸿名午刻杯茗，以计开用多少，杜后桥董侵夺之弊。

芳溪旧置田亩：土名坐落副亭外大路下田大小三坵，额二亩正；又土名坐落大埬大路内田大小二坵，额一亩五分正。

芳溪新置田亩：土名坐落山下垄大路后内田大小六坵，额一亩正；徐山叶荣华助田土名坐落新恩垄田大小十九坵，额四亩正；馒头山李良宾助田土名坐落下源口兰山儿田大小二坵，额八分正；择梓山杨吴氏助田土名坐落赤岸下坌马嘴头田一坵，额三亩正；张山头叶关周助田土名坐落五圣殿前田一坵，额七分五厘正；杨丕荣助田土名坐落赤岸坌青墩后田二坵，额一亩二分五厘正；大石陈学敏助田土名坐落大弄口路上田一坵，额一亩七分五厘正；球坑李子清助田土名坐落球坑凸坵下田三坵，额五分正；叶朝隆助田球坑岗门山外路后二坵，额三分晒谷坛一片。

择梓山杨聚宗捐洋五元；本村刘彩鸿捐洋六元；赤岸周大勋捐洋三元，叶人荣捐洋二元；西源郑光荣捐洋二元正；外石塘叶关泽捐洋二元，叶关仁捐洋二元；择梓山杨增寿捐洋二元，余人贵捐洋二元；后肖潘学文捐洋二元正；后周包刘永山捐洋二元，刘日荣捐洋二元，刘彩文捐洋二元，刘彩璜捐洋二元；东邑包月金捐洋二元正；四柱湾黄开春捐洋一元正；内石塘叶炳昌捐洋一元，叶汉清捐洋一元，叶石松捐洋一元；陈坑周孙炳捐洋一元；球坑郑养林捐洋一元正；外石塘叶泽瑞捐洋一元，叶潘有捐洋一元，徐叶贵捐洋一元，徐叶水捐洋一元；杨岭脚徐金魁捐洋一元正；塔岭叶荣宝捐洋一元，叶松基捐洋一元，叶金茂捐洋一元；山甫徐养清捐洋一元，徐增鉴捐洋一元正；西源郑利根捐洋一元，毛陈松捐洋一元，郑宗财捐洋一元，郑光金捐洋一元，郑养根捐洋一元正，张丙贵捐洋一元；淡竹陈家余捐洋一元；新处徐关贵捐洋一元，叶增土捐洋一元；麒口黄发有捐洋一元正；旧市阙合美捐洋一元，胡维芳捐洋一元；岗头叶金根捐洋一元，叶元富捐洋一元，叶树乾捐洋一元正；寿宁魏书藏捐洋一元；珠岱程石美捐洋一元，叶关宝捐洋一元，叶继坤捐洋一元；大树后洪根林捐洋一元正；西演头龚姓祠捐洋一元；本村吴选藩捐洋一元，简金火捐洋一元，李文保捐洋一元，李文仪捐洋一元正，刘根水捐洋一元，刘光起捐洋一元，徐木根捐洋一元，郑国栋捐洋一元，简根起捐洋一元正，徐世炳捐洋一元，徐起森捐洋一元，徐世槐捐洋一元，郑金坤捐洋一元；官岭陈正火捐洋一元正。

杭坑桥叶关明、吴关福，新处徐叶根、叶林达，各捐桥脚洋一元；外石塘毛利照、叶陈根，坳后徐金水、徐土元、徐金远、徐金相，珠岱程光兴，新处叶金全，各捐桥板银一两。

塔岭叶炳贤、叶石玄坤、叶天财、叶土财、叶水金、叶根有、叶树贤，内石塘叶金美、叶常美、叶根富，外石塘叶金火、叶占根，竹圀郑根土、郑根林，珠岱郑金田、叶土盛、程炳根、程石盛、程陈彩、程石根、程森美、程文桂、叶德发、叶连茂、叶继川、叶树华，西源郑关林、郑德仁、郑开仁，岗头叶松仁，山甫徐周魁，其上郑石玄根，珠坑郑焕顺，后刘刘仁坤，西演头龚祥贵、龚火旺，张山头叶金元、叶文通、郑永财，杨岭脚徐福兴、邹关森，杭坑桥叶贵荣，本村徐陈恩，官岭陈树金、陈更基，各捐银一两。

董事叶关泽、叶达炳、刘日荣、叶关仁、徐世炳、简金火、徐起森、刘光起、刘彩鸿、刘彩璜、李文保、李文仪、吴世仪、吴选藩吉旦立

光绪十七年岁次辛卯腊月

注释：

①碑高151.5厘米，宽73.2厘米。额楷书，字径9厘米；文34行，满行53字，楷书，字径1.8厘米。碑在新兴下源口村。

②芳溪桥位芳溪二堰下约50米处，现已圮。

文选

1.梧桐水 南朝刘宋时期（420—479） 郑缉之《永嘉郡记》

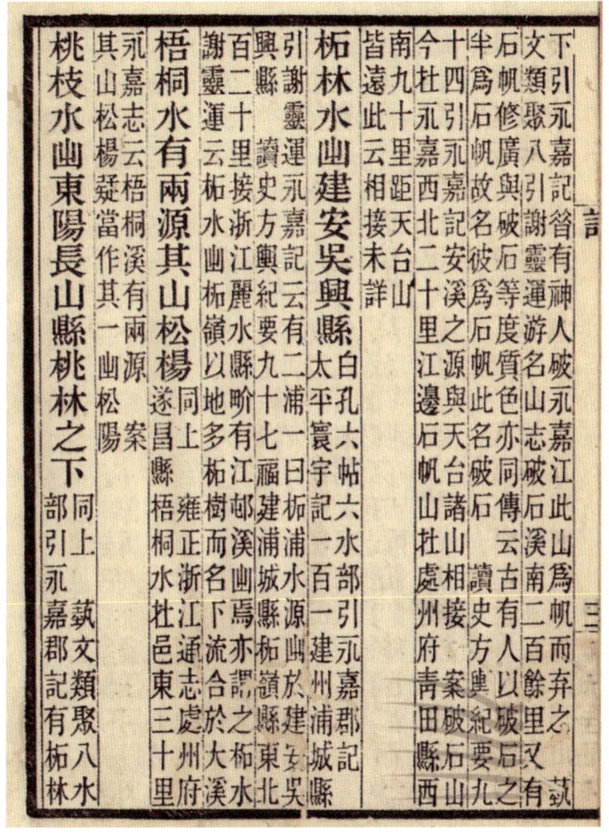

下引永嘉記昔有神人破永嘉江此山爲帆而弃之蓺
文類聚八引謝靈運遊名山志破石溪南二百餘里又有
石帆修廣與破石等度質色亦同傳云古有人以破石之
半爲石帆故名彼爲石帆此名破石　讀史方輿紀要九
十四引永嘉記安溪之源與天台諸山相接　案破石山
今在永嘉西北二十里江邊石帆山在處州府青田縣西
南九十里距天台山
皆遠此云相接未詳
柘林水出建安吳興縣 白孔六帖六水部引永嘉郡記 太平寰宇記一百一建州浦城縣
引謝靈運永嘉記云有二浦一曰柘浦水源出於建安吳
興縣　讀史方輿紀要九十七福建浦城縣柘嶺縣東北
百二十里接浙江麗水縣盼有江郎溪出焉亦謂之柘水
謝靈運云柘水出柘嶺以地多柘樹而名下流合於大溪
梧桐水有兩源其山松楊 同上　雍正浙江通志處州府 遂昌縣　梧桐水在邑東三十里
永嘉志云梧桐溪有兩源　案
其山松楊疑當作其一出松陽
桃枝水出東陽長山縣桃林之下 同上　蓺文類聚八水 部引永嘉郡記有柘林

（温州市图书馆收藏　刘增金 提供）

梧桐水有两源其山松阳

注释：

①梧桐源为松阴溪主要支流，发源于遂昌县濂竹乡安门村西白弦山西麓，经龙岩头村后进入松阳县注入松阴溪，集雨面积62.3平方千米，主流长19.45千米。

②《永嘉郡记》,南朝刘宋时期（420—479）员外郎郑缉之作，郑缉之生平不详。该书自宋以后便已亡佚，今仅存清朝经学家孙诒让辑本一卷计50条，每条所记详略不一，多则一二百字，少则寥寥数字。虽然是残本，依然具有很高的史料研究价值，是研究六朝时期永嘉郡地区（今温州、丽水一带）的珍贵史料。在这仅存的50条记述里，有不少篇幅涉及松阳县，内容涉及山川、形胜、物产等。其中关于松阴溪上游支流梧桐源(梧桐水)的记载“梧桐水有两源其山松阳”是南朝时期关于松阴溪支流的明确记载，并加注“雍正《浙江通志》：处州府遂昌县梧桐水在邑东三十里；《永嘉志》云：梧桐溪有两源，案其山松阳疑当作其一出松阳”。

③梧桐水是民国版《松阳县志》记载古堰皇上堰所在地，可以说梧桐水、皇上堰和通济堰一样具有悠久的历史。据民国《松阳县志》古堰记载，皇上堰在九都梧桐源口，灌田十余顷。如这张民国二十二年（1933）九月皇上圳水利委员会发给业(佃)户黄元福（古市镇黄枝莲村人）的水银谷六斗收据，是皇上圳水利委员会按受益田亩收取水圳修缮和维养所需资金的物证。

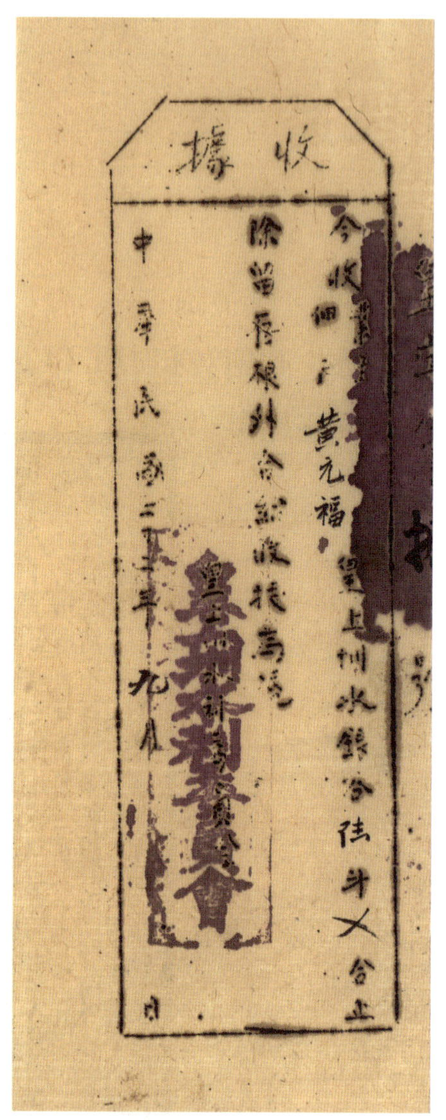
收據
今收到業佃户黄元福皇上圳水銀谷陆斗又合正
除留存根外合給收執爲憑
皇上圳水利委員會
中華民國二十二年九月 日

民国22年九月皇上圳水利委员会水银谷收据（刘增金 提供）

2.梧桐水 清乾隆四十五年（1780） 叶国山《溪堰引》

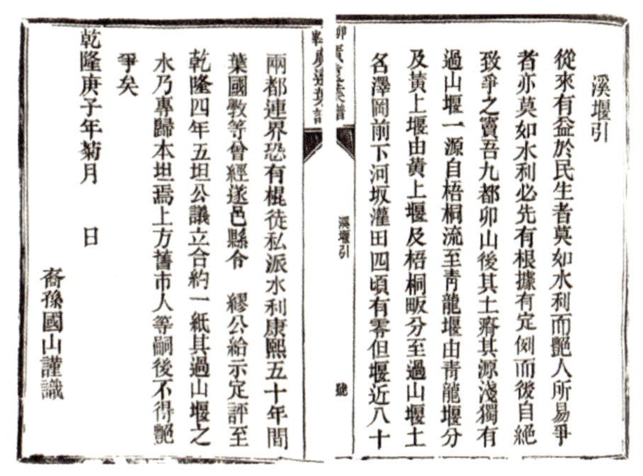

溪堰引

從來有益於民生者莫如水利而艷人所易爭者亦莫如水利必先有根據有定例而後自絕致爭之竇吾九都卯山後其土瘠其源淺獨有過山堰一源自梧桐流至青龍堰由青龍堰分及黃上堰由黃上堰及梧桐畈分至過山堰土名澤岡前下河坂灌田四頃有零但堰近八十兩都連界恐有棍徒私派水利康熙五十年間葉國教等曾經遂邑縣令　繆公給示定評至乾隆四年五坦公議立合約一紙其過山堰之水乃專歸本坦焉上方舊市人等嗣後不得艷爭矣

乾隆庚子年菊月　日

裔孫國山謹識

从来有益于民生者，莫如水利，而艳人所易争者，亦莫如水利，必先有根据有定例，而后自绝致争之窦。吾九都卯山后，其土瘠，其源浅，独有过山堰一源，自梧桐流至青龙堰，由青龙堰分及黄上堰，由黄上堰及梧桐畈分至过山堰，土名泽岗前下河坂，灌田四顷有零。但堰近八、十两都连界，恐有棍徒私派水利，康熙五十年间，叶国教等曾会经遂邑知县缪公给示定评，至乾隆四年，五坦公议立合约一纸，其过山堰之水乃专归本坦焉，上方、旧市人等嗣后不得艳争矣。

乾隆庚子年菊月　日

裔孙国山谨识

注释：

该文摘录于《叶氏广远宗谱》，文中青龙堰非松阴溪干流青龙堰，位支流梧桐源，现梧桐源水库坝址处，引梧桐水灌溉梧桐源西片梧桐口、半古月、龙下等土地。各版县志未记载，从本文可见该堰在康熙五十年（1711）前已存在。1965年梧桐源水库建设拆堰变坝，其圳渠走向未变，现已改成水库西干渠。2005年水库再次扩建，首段总干渠已失去功能。黄上堰，又名皇上堰、官堰，主要灌溉梧桐源东片叶川头、黄枝连等土地，现堰因水库建设改变取水位置而拆除。过山堰位于松阴溪支流太平山源，卯山后村下。因源浅水缺，其灌溉水源通过黄上堰引梧桐源水，经过山堰圳灌溉农田，是松古灌区源短水缺区块先民实施跨流域引水的实证。三堰圳水系位置如图。

3.龙凤堰 明正德十五年（1520）叶元福《堰引》

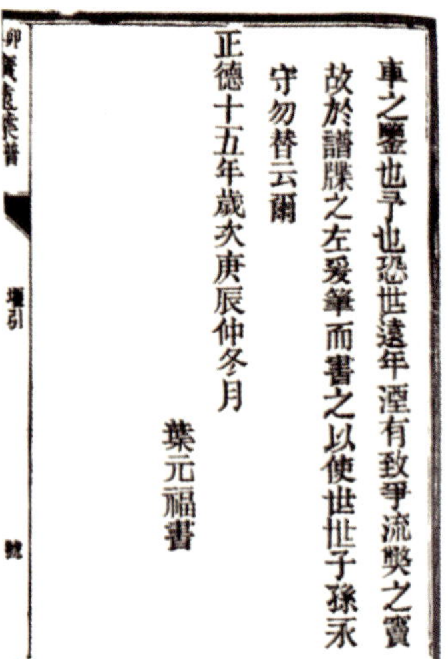

堰引

國以民為本民以食為天食也者五穀而已矣五穀之所以生也者水而已矣不有水而五穀其何以生乎本坦坐田二十五頃有零壤高土薄別無河水灌溉有之惟庄門源一堰而已其堰獨灌卯山後庄門下街等庄歷有分水日期定規本坦源遠而田多分派水期二日古市下街亦分派二日庄門源近而田少而且漏水亦多止分派一日議約每年五月十六日三坦佃人各自帶糞箕鋤頭到源口築堰修坑照次日期灌溉前後不得錯亂致爭此固大中至正之規無有餘不足之弊者也不亦善乎但水利之功最大而其為禍亦復不少蓋利之所在即爭之所在也不見夫下源梧桐二堰乎夫前車後車之鑒也予也恐世遠年湮有致爭流弊之竇故於譜牒之左爰筆而書之以使世世子孫永守勿替云爾

正德十五年歲次庚辰仲冬月

葉元福書

国以民为本，民以食为天。食也者五谷而已矣，五谷之所以生也者水而已矣，不有水而五谷其何以生乎？本坦坐田二十五顷有零，壤高土薄，别无河水灌溉，有之惟庄门源一堰而已。其堰独灌卯山后、庄门、下街等庄，历有分水日期定规。本坦源远而田多分派水期二日，古市下街亦分派二日，庄门源近而田少而且漏水亦多止分派一日。议约每年五月十六日，三坦佃人各自带粪箕、锄头到源口筑堰修坑，照次日期灌溉前后，不得错乱致争。此固大中至正之规，无有余不足之弊者也，不亦善乎。但水利之功最大而其为祸亦复不少，盖利之所在即争之所在也。不见夫下源梧桐二堰乎，前车后车之鉴也。予也恐世远年湮有致争流弊之窦，故于谱牒之左爰笔而书之，以使世世子孙永守勿替云尔。

正德十五年岁次庚辰仲冬月

叶元福书

注释：

该文摘录于《叶氏广远宗谱》，记载的堰为龙凤堰，位于庄门源源口，顺治版县志也有记录。

4.青龙堰 明万历二十三年（1595）屠隆《百仞堰记》

後地特崇表厲意也。經始於丁酉春仲，孟夏落成。陳其祀典，凜乎在上，忠義之心，孰不耿耿然興起。嗟乎！公不負於其君，後世亦何敢負於公哉！人亦可以自勵矣。

百仞堰記　　明　屠赤水

水利萬物，理得其性則利，理不得其性則時或爲害。明王哲后，獨夏大禹稱曰神。詎非爲其祠山川，感元渺，出金簡玉書，悟百川之理，四乘所之，役丁甲，走庚辰，波神效靈，岳瀆共命，斯其所繇號曰神禹者哉。然非能逆水性而神也。至堙息壤，營宣防水，又有不得不障者。時而導之，以免水患，則澤疏下流；時而障之，以收水利，則功在砥柱，相幾度

松陽縣志　卷十二藝文　記　十八

勢，何可膠諸。松陽縣南，有山巃然，曰百仞。大溪湯湯東注，舊築堰障水，因山名百仞，長八十丈有奇。堰東南自九芝鄉耆德門，循移風鄉徐川、澄川，迄橫山下，引水灌田萬畝。慶歷間，波衝堰壞，田禾盡槁，一望蕭然，荒榛野蔓，民窮租逋，逃徙爲墟。鄉氓累告兩臺，斬修復故堰。先是署縣別駕文公、司李劉公、邑令蕭公，上其議未決。毘陵周公來宰邑，甫下車，父老首以爲請。而公遂力任其事，乃白之參知荊溪曹公、郡侯皖城任公，持論益堅，僉謂經費無出，則議動臺使者，贖鍰若干。諸當路咸報可，刻期鳩工。故堰旁東北，地形稍卑，隄爲水勢激沏，春夏間，溪流受障，輒漫衍漂沒

水利万物，理得其性则利，理不得其性，则时或为害。明王哲后，独夏大禹称曰神。讵非为其祠山川，感元渺，出金简玉书，悟百川之理，四乘所之，役丁甲，走庚辰，波神效灵，岳渎共命，斯其所繇号曰神禹者哉！然非能逆水性而神也。至堙息壤，营宣防水，又有不得不障者。时而导之，以免水患，则泽疏下流；时而障之，以收水利，则功在砥柱，相机度势，何可胶诸。

松阳县南，有山窿然，曰百仞。大溪汤汤东注，旧筑堰障水，因山名百仞，长八十丈有奇。堰东南自九芝乡耆德门，循移风乡徐川、澄川，迄横山下，引水灌田万亩。庆历间，波冲堰坏，田禾尽槁，一望萧然，荒榛野蔓，民穷租逋，逃徙为墟。乡氓累告两台，靳修复故堰。先是署县别驾文公、司李刘公、邑令萧公，上其议未决。毗陵周公来宰邑，甫下车，父老首以为请。而公遂力任其事，乃白之参知荆溪曹公、郡侯皖城任公，持论益坚，佥谓经费无出，则议动台使者，赎锾若干。诸当路咸报，可刻期鸠工。故堰旁东北，地形稍卑，堤为水势激沏，春夏间，溪流受障，辄漫衍漂没庐舍，为民大患。至是议修故堰，东北乡民力争其不可，两乡交哄不已。周侯亲往相度形势，曰："堰坏，则东北庐舍无漂没之患，而南田日槁；堰复，则东南亩有灌溉之利，而北舍可虞。较而言之，灌溉利大，漂没之患弥大。吾有一策，令两乡民有利而无患可乎？"于是，命徙堰基西上数百武，地形稍高，故岸堤崇广，南可决水灌

田，北不漫流漂舍，永垂大利，杜争端矣。侯又白道郡，郡丞宛陵许公，亲诣相度，曰："韪哉！周君策。收水之利，绝水之患。虽使白公郑国持筹，无以易也。"于是，两乡民贴然议，遂共徙堰基上流，兴工某月日，至某月日工竣。不佞客长松，周侯觞余百仞山下。

长堰蜿蜒，中为巨闸，启闭以时，洵宏伟之功，千百世之利也。傍堰诸父老，相率征不佞言，勒石以识不朽。屠子曰："成功难哉！在权利害，利七害三，则兴利；利三害七，则避害；利害相半，与其有利，不若无害。今灌田之利十，而漂舍之害又倍十，利必不可兴，而害尤不可不避，将奈之何？周侯一策而两利俱全，何其计划善，而功伐盛也。"然非诸公持议于上，则群易摇，力诎无措，功曷繇成乎？士庶意大，率归功周侯，不佞为侯言之。侯愕然曰："某无状，敢贪其功。创议则别驾文公、司李刘公、邑令萧公，主议则监司曹功、郡侯任公，决徙堰议则郡丞许公，捐资则台使者，某何秋毫之力之有？"不佞谓："数公功故自伟，非侯畴肩其任，又乌能权衡得当而两利乎？君子于是而益多，周侯之能让。"

注释:

从明万历二十三年（1595）屠隆《重建百仞堰碑记》，明万历三十六年李鋕《百仞堰记》和本文所记内容可知:

①青龙堰（百仞堰）在明正德年间（1506—1521）水毁后，一直未修复，致使溪南一带尽为赤土七十余年。明万历二十二年（1594）五月处州知府任可容决定修复重建。

②周宗邠在明万历二十二年（1594）始任松阳知县。刚上任即负责实施青龙堰重建工程。青龙堰七十余年不能修复除资金外，更大的缘由是原址修建存在南灌北涝之纷争。故周宗邠策划迁址重建青龙堰工程。工程于万历二十二年（1594）八月八日开工。万历二十三年（1595）三月十日竣工。

③屠隆与遂昌知县汤显祖、松阳知县周宗邠友善，曾在松阳独山脚下、松阴溪旁的瑞现夫人庙煮酒赋诗、抚琴唱和，其谊甚笃，堪称知己。明万历二十三年（1595）冬，屠隆到松阳作客，周宗邠宴请于独山脚下，受堰旁父老请托，写下了《重建百仞堰碑记》和《百仞堰记》。在《百仞堰记》中，提出了"利七害三则兴利，利三害七则避害，利害相半，与其有利，不若无害"的"七三法"水利工程兴建原则。这是中国水利史上最早使用定量分析工程可行性的案例之一。

5.青龙堰 明万历年间 李鋕《百仞堰记》

之力之有不佞謂數公功故自偉非侯疇有其任又烏能
權衡得當而兩利乎君子於是而益多周侯之能讓
百仞堰記 明 李 鋕 晉雲
余棲衡門松陽包生洪伉者爲余舊知不遠二百里而來
班荆道故意甚讙也因稱邑之南有山巋然干霄名百仞
者其下有大溪築堰障水亦因山而名百仞自南而東枕
九芝鄉之耆德門循移風鄉之徐川澄川迄黌山下溉田
數十頃蓋吾邑巨浸也所從來遠矣正德間壞於洪水溪
南一帶盡爲赤土幾百年萬歷甲辰毗陵周侯首諭父老
請白道郡出公帑與民力各半築成古堰爲一方利賴迨
松陽縣志 卷十二 藝文 記 二十
戊申澍雨暴漲從中衝決堰斷爲二附城者利於下流安
確故南民告修城民告阻然田蕪糧在徵賦莫支上控院
道蒙允給穀重修城民又謂公帑不宜爲一鄉費倡言上
流有何家堰可築維時令尹欲從其議而故跡蕩没巨浪
難填竟遷延至今幸晉興林侯下車問民所便留心水利
適南民上控郡尊吳公軫恤民隱下檄勘議林侯遂毅然
不搖羣喙惟較鄉城之利孰多則從其多較何家堰與百
仞堰之費孰廉則從其廉南民願履畝科銀而不費公則
從其便又議如裏河閘式旱則閉令南東不病田澇則啓
令西北不病邑蓋兩利而俱全之申議報可刻期鳩工從

余栖衡门，松阳包生洪伉者，为余旧知。不远二百里而来，班荆道故，意甚欢也。因称邑之南，有山巍然干霄，名百仞者。其下有大溪，筑堰障水，亦因山而名百仞。自南而东，枕九芝乡之耆德门，循移风乡之徐川、澄川，迄横山下，溉田数十顷。盖吾邑巨浸也，从来远矣。正德间，坏于洪水，溪南一带，尽为赤土几百年。万历甲辰（应为“甲午”），毗陵周侯，首谕父老，请白道郡，出公帑与民力各半，筑成古堰，为一方利赖。迨戊申澍雨暴涨，从中冲决，堰断为二。附城者利于下流安碓。故南民告修，城民告阻。然田芜粮在，征赋莫支。上控院道，蒙允给谷重修。城民又谓，公帑不宜为一乡费。倡言上流有何家堰可筑。维时令尹欲从其议，而故迹荡没，巨浪难填，竟迁延至今。幸晋兴林侯，下车问民所便，留心水利，适南民上控。郡尊吴公，轸恤民隐，下檄勘议。林侯遂毅然不摇群喙。惟较乡城之利孰多，则从其多。较何家堰与百仞堰之费孰廉，则从其廉。南民愿履亩科银而不费公，则从其便。又议如里河闸式，旱则闭，令南东不病田；涝则启，令西北不病邑。盖两利而俱全之。申议报，可刻期鸠工。从此，荒原为沃野，虚粮为实征。涸鳞仰沫，千家举火。是林侯宣郡尊吴公之德意，兴周侯之往迹，而德于此方，民甚厚。拟勒碑识感。闻公有一日之长，敢乞一言。余曰：史起灌邺，崔瑗渠汲，千古有称。林君兴利一方，乃仁牧之大端。虽古循吏，何以逊焉。是当为记，遂书以贻之。

注释：

①明万历二十二年（1594）知县周宗邠迁址重建百仞堰时的资金筹集方案是“出公帑与民各半”。明万历三十六年（1608），百仞堰水毁，在修复方案上有重回原址（指周宗邠迁址前的堰址，即文中的何家堰）修复、筹资等事项之争。时任知县林大佳毅然决策“兴周候之往迹”修复百仞堰，并在堰上设立水闸，调节旱涝。

②李鋕（1534—1624），字廷新，号旭山，浙江缙云县城东门人，明万历二年（1574）进士。曾任刑部云南司主事，又改刑部主事，后任广东布政司左参政、山东按察使、都察院右佥都御史。万历二十一年（1593）任淮阳巡抚。万历四十四年（1616）初，晋为刑部尚书。

③李鋕与松阳县包洪伉等人旧交甚笃，曾数度作客松阳。受松阳百姓托，撰《百仞堰记》。

6.芳溪堰 清乾隆三十九年（1774）《芳溪古堰薄》序

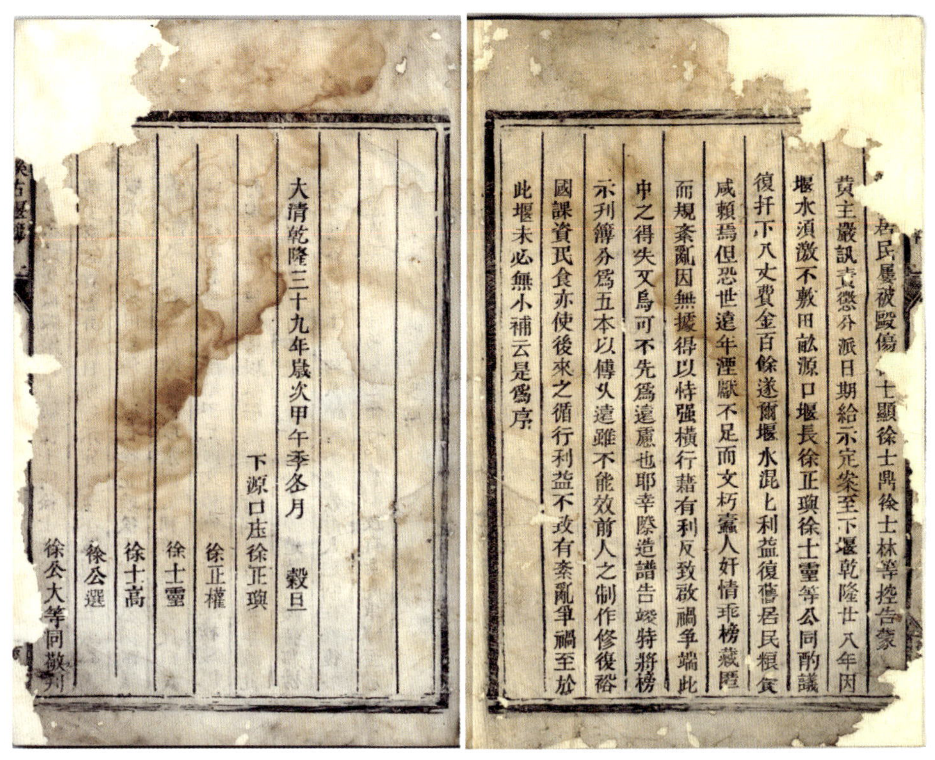
民屢被毆傷士顯徐士鼎徐士林等控告蒙
黄主嚴訊責懲分派日期給示定案至下堰乾隆廿八年因
堰水湏激不敷田畝源口堰長徐正璵徐士靈等公同酌議
復扦下八丈費金百餘遂爾堰水混匕利益復舊居民粮食
咸賴焉但恐世遠年湮獻不足而文朽蠹人奸情乖榜藏匿
而規紊亂因無據得以恃强横行藉有利反致啟禍争端此
中之得失又烏可不先爲遠慮也耶幸際造譜告竣特將榜
示刊簿分爲五本以傳久遠雖不能效前人之制作修復裕
國課資民食亦使後來之循行利益不致有紊亂争禍至於
此堰未必無小補云是爲序

大清乾隆三十九年歲次甲午季冬月　穀旦
下源口庄徐正璵
徐正權
徐士靈
徐士高
徐公選
徐公大等同敬刊

源口居民屡被殴伤，徐士显、徐士鼎、徐士林等控告，蒙黄主严讯责惩，分派日期，给示定案，至下堰。

乾隆二十八年，因堰水湏激，不敷田亩，源口堰长徐正玙、徐士灵等公同酌议，复扦下八丈，费金百余，遂尔堰水混匕利益复旧，居民粮食咸赖焉，但恐世远年湮，献不足而文朽蠹，人奸情乖，榜藏匿而规紊乱，因无据得以恃强横行，藉有利反致启祸争端，此中之得失，又乌可不先为远虑也耶。

幸际造谱告竣，特将榜示刊簿，分为五本，以传久远。虽不能效前人之制作修复，裕国课，资民食，亦使后来之循行，利益不致有紊乱争祸。

至于此堰，未必无小补云，是为序。

大清乾隆三十九年岁次甲午季冬月　谷旦

下源口庄　徐正玙　徐正权　徐士灵　徐士高　徐公选　徐公大等同敬刊

注释：

①清乾隆三十九年（1774）木刻本《芳溪古堰薄》残卷，为浙江师范大学人文学院李义敏教授所藏。

②《芳溪古堰薄》收集了清乾隆三十九年（1774）前，涉及源口村有关的芳溪一圳（上圳）和芳溪二圳（下圳）的水利档案。主要内容有：1.乾隆三十九年（1774）刊刻《芳溪古堰薄》序；2.乾隆十七年（1752），松阳县正堂黄槐为十三都下源口等四庄派定水期任命圳长事告示；3.康熙二十九年（1690）八月，松阳县正堂李钟秀为吁宪详情赐示永垂久远铁案以杜争端以渥民生事告示；4.康熙三十五年（1696），源口地方圳首徐有升、徐有约，力溪地方堰首周应洪、周天如等立芳溪堰约；5.康熙二十九年（1690）八月，松阳县正堂李钟秀立芳溪二堰水期碑记；6.清康熙年间设立芳溪堰南北堰门分水；7.芳溪堰图（芳溪一堰和二堰源口古圳水系图）。

③纵观源口村在清康熙十八年（1679）与力溪村因争水期械斗及其产生的直到康熙二十九年（1690）才告终结的水期诉讼案，在清乾隆十七年（1752）和上安等村为争夺水期和正圳长的诉讼案。由于在两案中，源口村均不能直接提供古榜水期等有力证据而吃亏。故有“人奸情乖，榜藏匿而规紊乱，因无据得以恃强横行，藉有利反致启祸争端，此中之得失，又乌可不先为远虑也耶。”之深刻认识，此概为源口村先民编刻《芳溪古堰薄》之背景。

④该序中记载在清乾隆二十八年（1763），因下堰水量不足，无法满足农田灌溉，源口地方圳长商议，在堰下八丈（约30米）费金百余复扦建堰坝，以截上、下两堰之漏水。此复扦之堰应为芳溪三堰。

7.芳溪堰 清康熙年间 设立芳溪堰南北堰门分水存据

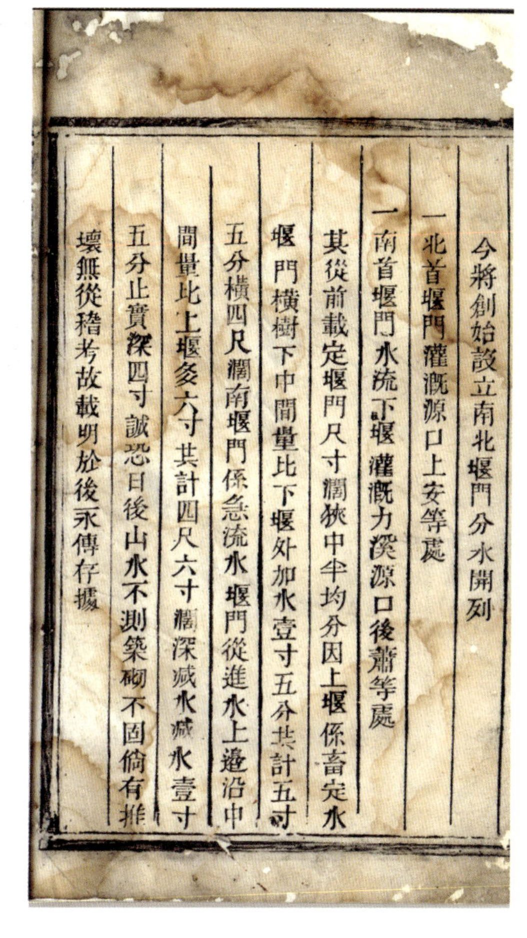

今將創始設立南北堰門分水開列
一北首堰門灌溉源口上安等處
一南首堰門水流下堰灌溉力溪源口後蕭等處
其從前載定堰門尺寸濶狹中半均分因上堰係畜定水
堰門橫樹下中間量比下堰外加水壹寸五分共計五寸
五分橫四尺濶南堰門係急流水堰門從進水上邊沿中
間量比上堰多六寸共計四尺六寸濶深減水減水壹寸
五分止實深四寸誠恐日後山水不測築砌不固倘有推
壞無從稽考故載明於後永傳存據

今将创始设立南北堰门，分水开列。

一北首堰门，灌溉源口、上安等处。

一南首堰门，水流下堰，灌溉力溪、源口、后萧等处。

其从前载定堰门尺寸阔狭，中半均分。因上堰系蓄定水，堰门横树（竖）下中间量，比下堰外加水一寸五分，共计五寸五分，横四尺阔。南堰门系急流水，堰门从进水上边，沿中间量，比上堰多六寸，共计四尺六寸阔，深减水一寸五分止，实深四寸。诚恐日后山水不测，筑砌不固，倘有推坏，无从稽考，故载明于后，永传存据。

注释：

①本文摘录自清乾隆三十九年（1774）《芳溪古堰薄》。主要记载芳溪一、二两堰（也称上圳和下圳）历来分水口在一堰上，设南北两堰门，以同样大小的尺寸分水。因南北两堰门所处位置不同，南堰门顺流而下，水急易取流量大，北堰门位河流侧面，靠堰蓄水抬高水位而取，流速慢，取水量相对小，天旱易两相争水。故将南北两门按不同水势进行了取水口尺寸的调整，并立据永传。

②文中未记载立据时间，其内容与民国叶祥麟《续修芳溪堰记》所述为同一事，其分水口尺寸也一样，并详述了该分水口尺寸是由二堰堰董代表合约而定，时间为康熙二十六年（1687）六月二十一日。故该文应该是在康熙二十六年（1687）六月颁立。

8.芳溪堰 清康熙三十五年（1696）源口与力溪地方圳首立约

立約源口地方圳首徐有升徐有約力溪地方堰首周應洪
周天如等原有芳溪古堰一條同共灌溉與塘頭後蕭包村
高岸大齊八坦歷有 前任示例始從力溪與崗塢灌溉六
日次從源口灌溉五日後後蕭五小坦灌溉三日共水期一
十四日週而復始今因遇旱修築人工不行修砌以致力溪
周時鳴等具控 縣主蒙送捕爺已經親勘明白詳覆在案
恐日後再有坐視不遵紊亂水期故再立約嗣後遇旱首日
力溪并七坦人工修南邊修築叁分內修築貳分次日源口
人工修築北邊大路下修築貳分內修壹分毋致失期築成
即照示期輪流如有違悞坐視經
公呈究恐口難信故再立約爲用
三十五年五月 初二日 立約徐有升
徐有約
周應洪
周天如
代筆周雲仙

立约 源口地方圳首徐有升、徐有约，力溪地方堰首周应洪、周天如等。原有芳溪古堰一条，同共灌溉，与塘头、后萧、包村、高岸、大齐八坦，历有前任示例：始从力溪与岗坞灌溉六日，次从源口灌溉五日，后后萧五小坦灌溉三日，共水期一十四日，周而复始。今因遇旱，修筑人工不行修砌，以致力溪周时鸣等具控。县主蒙送捕爷已经亲勘明白，详覆在案。恐日后再有坐视不遵，紊乱水期，故再立约。嗣后遇旱，首日，力溪并七坦人工修南边，修筑三分内修筑二分；次日，源口人工修筑北边大路下，修筑二（三）分内修一分。毋致失期。筑成，即照示期轮流。如有违误坐视，经公呈究。恐口难信，故再立约为用。

康熙三十五年五月初二日

立约：徐有升、徐有约、周应洪、周天如

代笔：周云仙

注释：

①本文摘录自清乾隆三十九年（1774）《芳溪古堰薄》。文中记载清康熙三十五年（1696）五月初二为芳溪二堰水期及堰坝水毁修复事项，源口地方圳首和力溪地方堰首在县府协调下而立约，确定修复堰坝方案。

②本立约同康熙三十五年（1696）四月三十日知县武方蔚就力溪坦民告源口土豪挟势霸水案批示和清康熙三十五年（1696）五月初八知县武方蔚为抗顽待荒违例等事批示，属同一案例的不同时期。康熙三十五年（1696）四月的知县批示，反映该年四月芳溪堰董会组织修堰，遭源口土豪徐增孙等人阻抗及知县武方蔚的处置方案。本立约则说明在政府协调下，达成了修复任务分配为力溪、五小坦等七坦修复堰南岸三分之二，源口修复北岸三分之一的方案，该修复工程量基本同各自的水期占比相当。康熙三十五年（1696）五月知县武方蔚批示是在该案结束，典史记录完成后，知县对本案的总结性批示。

9.芳溪堰 清乾隆三十九年（1774）芳溪堰图

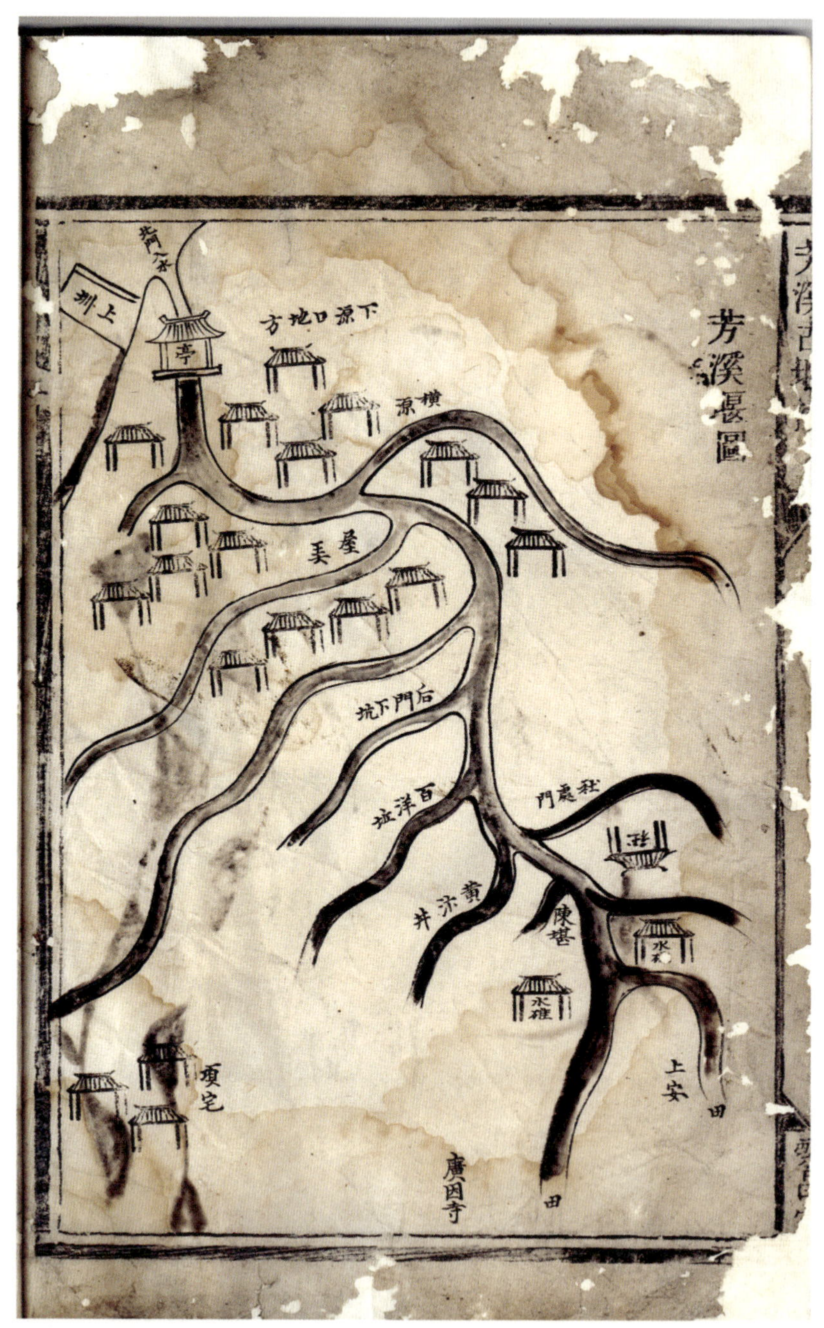

芳溪一堰古圳图（源口村部分）

芳溪二堰古圳图（源口村部分）

注释:

①本文摘录自清乾隆三十九年（1774）《芳溪古堰薄》。此二图具体绘制年代不详，于清乾隆三十九年（1774）编入《芳溪古堰薄》。

②图一为芳溪一堰（上圳）源口村范围古圳图。图中反映一堰（上圳）灌区涉及源口、项宅、上安、广因寺四村，除源口外其他各村水系从略。源口水系由总干渠自北门入水经亭（进水闸门控制点）后，先北下，再自东向西穿越源口村庄，出庄后直向北下连接上安、广因寺干渠。途中共有10条支渠、2座水碓分布于干渠东西两侧。值得一提的是从图中可知，源口村庄屋弄与水系并行，是松阳先人引水入村，门前观流水的景象典范。其水碓布设于其村干渠末端，不仅利于落差形成，更体现了利用余水转轮，农田用水先于水碓用水的理念。

③图二为芳溪二堰（下圳）源口村范围古圳图。从图中可见沿干渠至东南角鸭切坑后即简化为“水出力溪”，沿干渠西北侧至塘头坑后也无详细水系。可见鸭切坑和塘头坑为源口与下游五小坦灌片分界线。核查清康熙二十五年（1686）芳溪二堰水系图，两图源口与五小坦灌片分界线一致，水碓和新亭庄坑等建筑物、支流均相同，可见该图是清康熙二十五年（1686）芳溪二堰水系图中源口村灌片的圳渠细部详图。

10.芳溪堰 民国 叶祥麟《续修芳溪堰记》

考十三都，原有芳溪古堰，邑乘仅载，在县西三十里十四都，旧名上曹堰，灌田八十顷等语。所以有民国四年七月，十三都农民刘家语等，与十四都圳董刘永兴等之争执。后是堰创自明洪武年间（按，应是宋或宋前）。上堰灌溉十三都上安、广因寺一带。下堰灌溉十四都力溪一带。至宣德时，两边堰门定石分水，铁水铸定。自清康熙年间，南头堰门平水石，被洪水冲坏，天旱，两相争执。后由十四都周永良等，十三都刘邦生等，写立合约，载定堰门阔狭，水口浅深尺寸。上堰系蓄定水，堰门横树下中间量，比下堰外加水一寸五分，共计五寸五分深，横四尺阔。南堰门系急流水，堰门从进水上边，沿中间量，阔比上堰多六寸，通共计四尺六寸深，减水一寸五分止，实深四寸。日后山水不测，两造照约内分定阔狭浅深筑砌。此康熙二十六年六月二十一日事也。不料，民国元年，淫雨为祸，山潦成灾，堰坝复被洪水冲坍，致起四年七月，十四都人民与十三都人民毁堰之争执，涉讼公庭。经习前知事派委查勘，判令十四都人民，合力工作，在旧坝自开原有堰门，除去积石，自间小堰。从此，各自用水。至十三都人民，应念十四都自复堰门之劳，将毁坝自行修理。此民国中近事也。唯松邑环境皆山，一经久雨，堤圳坝往往受殃，水利所关界线稍涉不清，人民争执每每又因之而起。若芳溪堰者，即其已事也。兹因该堰续修工竣，庶几南流汤汤，北流活活，各安乐利，永好无疆。爰叙颠末，以补前志所未及，而泚笔为之记。

注释：

叶祥麟（1878—1918），又名叶亨滋，字瑞青。松阳古市人。系叶应龙之子，孝道敦厚。其妻洪氏（1875—1915），挑灯伴读，并勉励其勤学奋进。府试以第一取为邑庠生。时逢“欧化东渐”，叶祥麟从事办学，任古市贯一高等小学校长，管教兼施，宽严互用，经省、道、县历届视学视察，传谕嘉奖，迭至七次。学生毕业，留丽水、杭州不下数十人。积劳致疾，英年去世。

11.响石堰 清道光二十五年（1845）汤景和《响石堰石堤记》

響石堰石隄記
古者治地莫重於溝洫今之隄堰是也松邑山深
水急時或連日大雨溪流暴漲波濤奔溢臨水村
郭田廬衝圮歲所時有余涖松有年地方水利頗
得其詳東鄉通濟堰灌田千餘頃爲功最鉅爲利
甚溥次則城南百仞堰灌溉亦廣往因歷年衝塌
幾成荒墟歲庚寅余○○者捐修外築長隄所費
巨萬幸可保衛無虞而邑人競稱䏶田獨推北鄉
之赤岸莊壬寅春仲該鄉士民以議築堰隄籲請
詣勘余至其地父老告余曰此響石堰也外逼於
溪濤之澎湃内臨以山石之巑岏入水門戶地僅
咫尺而扼要甚於咽喉每值淫雨連綿千工所築
輒被圮於片刻洪波此由溪滑剎削衝波難保業
經吳瑞鳳置田五畝約計一半撥入堰衆以作坑
基急須鑿石築砌庶可一勞永逸余爲審其形勢
即令幹練者董其事并委黃捕廳督其程該業戶
踴躍捐資募匠採築興工於是年之夏董事等不
避寒暑不辭勞瘁跋涉三載迄甲辰冬告竣隄計
二百丈弓鄉人歡欣鼓舞咸推功於余請爲誌其
事余曰此該士民之力也余何功之有爲雖然余
承乏茲土十有八年矣愧無善績而樂利之謀與
有責焉此舉爲賦稅所自出告厥成功固事之不
容没者因援筆而爲之識道光廿五年乙巳季春
賜進士出身加知州銜松陽縣知縣湯景和撰

半畝居誌
道光歲庚戌季秋之月社廟之前有片壤焉約廣
一畝高陷不均負土疊石以成平壙結構數間豎
不倍尋横不累丈蓋一畝之基而仍餘其半已矣
夫斯居也無節無棁昭其儉也不雕不飾昭其質
也且地接祠宇居連村壤比列其間屋舍儼然有
足觀者亦必有所取焉爾詩有之九月築場圃十
月納禾稼謹蓋藏也况在斯地大含細入秀外惠

响石堰石堤记　清·汤景和

古者治地，莫重于沟洫，今之堤堰是也。松邑山深水急，时或连日大雨，溪流暴涨，波涛奔溢，临水村郭田庐冲圮，岁所时有。余莅松有年，地方水利颇得其详。东乡通济堰，灌田千余顷，为功最巨，为利甚溥。次则城南百仞堰，灌溉亦广，往因历年冲塌，几成荒墟。岁庚寅，余□□者捐修，外筑长堤，所费巨万，幸可保卫无虞。而邑人竞称腴田，独推北乡之赤岸庄。壬寅春仲，该乡士民以议筑堰堤，吁请诣勘。余至其地，父老告余曰：此响石堰也，外迫于溪涛之澎湃，内临以山石之巑岏，入水门户地仅咫尺，而扼要甚于咽喉。每值淫雨连绵，千工所筑辄被坍于片刻洪波。此由溪潺剥削，冲波难保。业经吴瑞凤置田五亩，约计一半拨入。堰众以作坑基急须凿石筑砌，庶可一劳永逸。余为审其形势，即令干练者董其事，并委黄捕厅督其程。该业户踊跃捐资募匠，采筑兴工，于是年之夏，董事等不避寒暑，不辞劳瘁，跋涉三载，迄甲辰冬告竣，堤计三百来弓。乡人欢欣鼓舞，咸推功于余，请为志其事。余曰：此该士民之力也，余何功之有焉？虽然余承乏兹土十有八年矣，愧无善绩，而乐利之谋与有责焉。此举为赋税所自出，告厥成功，固事之不容没者，因援笔而为之识。

道光二十五年乙巳季春

赐进士出身加知州衔松阳县知县汤景和撰

注释：

①本文选录松阳县赤寿乡赤岸村《赤岸吴氏宗谱》，作者汤景和，时任松阳知县。

②从文中记载可见，历代松阳知县对堤堰建设一直十分重视。“古者治地，莫重于沟洫，今之堤堰是也。”沟洫，即田间水道，泛指农田水利。当时松阳县最大的水利工程为东乡通济堰，其次为城南青龙堰（百仞堰）。在道光十年（1830），汤景和主持捐修了青龙堰。道光二十二年（1842），汤景和又亲勘响石堰，组织督修响石堰石堤，历时三年，至道光二十五年（1845），筑成了长“三百来弓”即长约500米的石堤。

12.赤岸村 清光绪二十年（1894）吴春泽《村境图说》（节选）

……庄街之南，有父老不时集此，与后生小子谈忠说孝、讲让劝善者，则申明亭也。转亭之曲，行不数武，溪流浩浩，练影茫茫，跨洪波而横亘者，就安桥也。桥兴于光绪丙子年，人不病涉，为地方之一大善举。此吾村形胜之崖略也。案吾村畴昔，颇号殷富，今远不如。以溪水正冲，薄近村闾，如有一视同仁不胡越乡党者，沿溪一带捍以长堤，堤上广树巨木，则美荫深护，殷富可仍，此实至要。若捐金以饱空门而妄冀冥福，是之谓不知务，吾弗取焉。然兵燹以后，士食旧德之名氏，农服先畴之畎亩，无大富亦无贫赤，俗敦俭朴，人尚忠义，犹古昔也。如先辈周敏庵太夫子、其弟廷琜翁农民、国佑族叔曾祖、允光房叔，以捍贼石达开窜松阳，随邑侯张公越泉防御，皆殉难焉。奉旨配享昭忠祠，血食千秋，及我先大父等尤其表表者也。至今，委巷穷檐，观法有素，不畏强御，不侮鳏寡。同治六年，傍村之麓突有行旅争攘，村民知而锄梗扶顺，为鸣不平。徐邑侯给匾书“不负皇仁”四大字并跋数行旌之。此其已事也。光绪己卯，吾邑旱，四乡祈雨者众，概持乂棍迎神，谓之抢雨，殊失诚求之意。独吾村迥不随俗，各手擎香楮，诚敬有加。县主朱公见之，极其褒奖，亦给匾额，颜曰“民风古朴”有序冠其首。凡他行事多有类是者，不胜殚述。今二匾悬申明亭，为众所观瞻，亦劝善之一助也。至平时，有喜庆疾苦死丧水火盗贼，相救相友相扶持，其所由来者旧矣。若夫读书人士，学问文章为时所仰，敦行洁己，不为利汩，不为俗囿。辟佛禁道崇尚圣教者，固亦未尝无人。而得科名者，帮增以上，吾未之前闻焉。堪舆家言，东南方巽峰缺如，无文笔，须起三层高阁耸峙之，则人力亦可补天工。庶几科第可希，是所望于有力者。

光绪二十年岁在阏逢敦牂菊秋

昌昤撰 朝冕敬书

注释：

①本文选录《赤岸吴氏宗谱》，为吴春泽撰写，其子吴朝冕篆书。文中“案吾村畴昔，颇号殷富，今远不如。以溪水正冲，薄近村间，如有一视同仁不胡越乡党者，沿溪一带捍以长堤，堤上广树巨木，则美荫深护，殷富可仍，此实至要。”分析了村庄田野过去是十分殷富，因溪水正冲，薄近村间，致使村畴殷富大不如前。提出了在沿溪一带修筑长堤，堤上广种树木，即可绿化环境、保护村畴殷富永续之方案。这是松古灌区文献遗产中，目前唯一一篇将河道治理与村庄发展规划连为一体的文献记载，并认为“此实至要”为关键措施。

②文中“光绪己卯，吾邑旱，四乡祈雨者众，概持乂棍迎神，谓之抢雨，殊失诚求之意。独吾村迥不随俗，各手擎香楮，诚敬有加。县主朱公见之，极其褒奖，亦给匾额，颜曰‘民风古朴’有序冠其首。”记录了清光绪五年（1879）松阳大旱，四乡“求雨”的实情和《松阳县志》《松阳水利志》记录一致。

③吴春泽（1849—1917），讳昌昤，字沛然、昭明，号双竺，松阳赤岸人。岁贡生，以子朝冕贵赠文林郎。少失怙恃，依叔扶持成人。家贫力学，设帐二十余年。清

季，兴办学堂，邑侯叶昭敦稔知其学行，派往日本考察学务。回国后，成立“毓秀高校”，充任教员。旋温处学务处长孙仲容聘为学务调查员。清光绪三十二年（1906），任本邑劝学总董。以子吴朝冕贵赠文林郎。民国纪元，任参事，旋辞职归，潜心治学。其为学，勤奋过人，一以义理为主兼事考据。凡《五子近思录》、阎氏《四书释地补编》、陆氏《毛诗草木鸟兽疏》、朱氏《说文通训定声》等书颇为宣究。文法韩、欧，兼取蓝鹿洲；诗主性灵，多比兴体；字初学颜，继学欧，晚年又仿魏碑，瘦劲有神。著有《勤补拙斋集》文及《诗存》。其教学生尝曰：“读书所以明理，穷经所以致用。”及门如刘德元等，多一时名士。子朝冕、侄朝鼎，尤特出冠时。民国《松阳县志·卷九文学》有传。1907年创办公立赤岸初等小学堂。

④吴朝冕（1879—1968），又名叔慈，字冠甫，又字冠父，号憨禅，松阳赤岸人，春泽之子。幼承庭训，学识卓越，尤工书法，名满江浙。清光绪三十年至三十三年（1904—1907），留学日本明治大学。宣统元年（1909）拔贡，朝考二等，以直隶州州判分发安徽候补。民国光复，充处州军政分府秘书，旋派赴沪军都督处接洽军务专员。民国二年（1913），充浙江民政司文牍课课员，旋升收发课课长、浙江行政公署第一科科员、浙江禁烟总局委员，奉奖一等奖章。民国三年，考取第一届知事，分发京兆任用，充内务科科员、代理京兆香河县知事。在任捕匪出力，奉内务部呈请大总统奖给金质棠荫章。民国四年，咨调湖南任用，充省公署收掌主任员，旋委署安乡县知事。民国九年，充浙江省公署收发处主任。奉，大总统核奖五等嘉禾章。民国十年，奉内务部改分江苏任用县知事。后任上虞县长、外交部秘书、外交部总务司文书科科长。著有《松荫庐诗文集》。

13.赤岸村 民国 吴朝鼎《拟迁赤岸村点之幻想》

曰“杞人忧天”，又曰“痴人说梦”，其一远虑过深，其一出言无据，其不可效法也，明甚。予自愧今日所主持之意见，适与二语相仿佛，意欲置而不论，则以此事虽非一时之急，其实关系重要，而又不能自已于言，因不避冒昧，故作是篇，冀为后世动议之起点。后之作者，试听吾一再言之，古来人之心理所最注要之点，日事保持不暇者，莫如身家国三种问题。不知三问题外，犹有为我身家所寄托之小范围，与国同一不可灭亡者，不更有生长居游之乡乎。

维我赤岸，前临大溪，后倚平畴，上通金衢，下达瓯江，面积数十亩，烟居三百户，立祀数千年，辟田廿余顷，人民户口殆以千计。而且山珍海错，罗列街前，攘往熙来，络绎不绝，就表面上观之，岂非安乐之地耶。孰知，竟有莫大之缺点，而为吾不得不虑者在焉。村前一带，当光绪、宣统及民国初年，洪波迭乘，三十年间冲没田园庐舍无数，虽曰唇亡齿寒，尚未伤及全体。迹其坍塌之处，现出古时旧径朽木腐叶败索等物，足见此地未有赤岸以前，早已立村，必经洪水覆没。厥后，沙土复长，又成村落，其理当不出此。诚思旧村既能消灭，今之赤岸岂能长存乎？前车之鉴，不可不为其寒心也。设一旦滔天大祸又临及我后世子孙乡人，痛可极哉，悔可极哉。故当春夏之交，连日大雨如注，溪流暴涨，往往触目惊心，是即吾之隐忧所由起，痴想所由生，正不得不为亿万世之子孙再筹一乐土也。闲尝燕居无事，问晴课雨，屡瞩郊原，默念吾乡负此巨垄，宜以种作为本，立村当以利农为第一要义。推究村之贫弱，实因农业之不振。农业不振，一由农民之怠惰，一由土质之不肥，识者于此，苟非力筹一种自然之肥料，实无法以普利田畴。今试拟一村点能致自然肥料之方法，并陈造村之规模，为后世商之居恒。统察地势，俯揣农情，赤岸立村之优点，当在垄之上部，白石左下，青墩右上，当坑筑舍，俾村之秽质濁物顺流而下，浸沃全畴，能使瘠土化为膏腴；再令播种之家，无失农时，无俾旱涝，尿粪物质等肥料，随资本之厚薄而增加之，何忧物产之不丰，获利之不钜哉？至于结构村式入手，测量地形，立坑身为标准，周围先画长方界线，约容千户。由村顶入水，平列二坑，迳达村身为内河；又分左右二坑，由村外经过为外河，水流村下，仍然复合村内二河。上得三地面，各地面中立街道，两旁接连造屋，无论中式西式，总以流通空气，排秽卫生，保险火患为必要。每街横分六巷，每巷河上架一石桥以通往来，至于偏街小巷，随其建置屋宇，而按排之沿河栽种花木，吸收炭气，并供雅观。村外左右各设一地如鸟两翼长与村齐，阔数十丈，旁筑场圃，为栽竹植草种蔬及堆积各种肥料之作用，内留地心为摊晒五谷烟叶并击球运动之场。果依此说进行，非但水患无忧，而且农业大盛，农业既盛财源自充，财源既充进而讲求商业，何难争雄古市，比美松城，将见赤岸又俨然成一钜镇也，岂不懿欤。至若寺院社亭，家庙校舍，另立村顶，依山高下建筑，远近回环种植桑树，以资养蚕而助幽胜，暮鼓晨钟，书声琴韵，时送村庄，亦天然之胜概也。予识卑见浅，所陈意旨大略如斯，现在思想日新，工程日巧，更有完善之策，犹望后之贤者，合上二说，前说是一时不能至之事实，后说是万不能达到之目的。作者忽入此非非之幻想，此何异于杞人忧天，痴人说梦乎！虽然桑田沧海，世事易更，凡我克昌后裔，有志男儿，果能于世界上获大富贵，佔大势力，不难旋转乾坤，再造山河，况区区一乡里乎？如谓此必无可希望之事业，试举其近而易知者证明之，例如杭之旗营也，清泰也，拱辰桥也，数十年前皆为荒凉寂寞之乡，今日之繁盛何如者；又如苏之上海，粤之香港，一为海滨，一为山岛，现为全国商埠之冠。形形色色，怪怪奇奇，指不胜屈，数百年前，又谁逆料有今日之盛驾东亚耶？倘得申吾说而行之，化幻想为实事，为万世造无疆之幸福，予实有厚望焉。用垂谱牒，以待后之兴者。

注释：

①该文据松阳《赤岸吴氏宗谱·卷十四》著录。文中记录赤岸村光绪至民国初年的洪涝灾害，考证了古村遗址被洪水覆没的物证，提出了避洪和引河水入村等村庄建设规划设想。

②吴朝鼎（1873—1949），讳朝梧，名悟，又名伯宣，字彝卿、逸卿，号逍遥子。光绪癸卯科（1903）增生，留学日本，民国松阳县众议院议员。著有《赤郇震一偶钞》。

14.白龙堰 民国六年（1917）周文翔《续建石柱殿落成记》

續建石柱殿落成記　周文翔邑人
嗚呼世代之變易人事之滄桑比比然矣無論其遠者大
者卽一邑之近一宗之小亦恆有因地思人數典忘祖之
慼何其疏忽乃爾也如吾祖漢傑公諱德閫幼通經史長
精武略元季寇亂率子弟保障鄉民明師入栝蒼辟公守
禦處州合兵數萬東取甌海屢建大功朝庭念其勳績勑
賜三省總管吁其盛也倘或功高而驕不問細事名成而
退不顧民生誰曰不宜乃擁貲百萬軫念兆民捐金獨撥
白龍圳灌溉東鄉良田千餘畝人享其利欽准立祠名曰
石柱殿奉公神主以表其德宜其血食千秋久而弗替矣

松陽縣志　卷十三　藝文　記　五七

不幸於崇禎丙子歲被洪水沖盪僅留故址後人欲修不
果延至數百年蔓草荒蕪蓬蒿滿目鄉人不識謬稱爲伍
子胥殿嗚呼吾公之功德何至湮埋若此哉猶幸有貴戚
高昕齋太守於民國紀元由粵東解組歸偶過其地見石
柱矗矗詢知爲公神主殿遺址披閱縣乘知公事實囑其
內弟周開華告知敝族並爲轉請縣憲蒙知事錢公世昌
俯念舊勳諭飭圳董修復殿宇以時享祀休哉數百年之
湮沒一旦表著重新雖由高君倡其始錢公成其後或亦
吾太祖之英靈不爽有以致之歟嗟乎吾等近在一邑屬
在一宗乃置祖宗遺澤於不問豈不愧哉雖世事滄桑大

民国版《松阳县志》记载《续建石柱殿落成记》

呜呼，世代之变易，人事之沧桑，比比然矣。无论其远者、大者，即一邑之近，一宗之小，亦恒有因地思人，数典忘祖之感，何其疏忽乃尔也。如吾祖汉杰公，讳德阃，幼通经史，长精武略。元季寇乱，率子弟保障乡民。明师入栝苍，辟公守御处州，合兵数万，东取瓯海，屡建大功。朝廷念其勋绩，敕赐三省总管，吁其盛也。倘或功高而骄，不问细事，名成而退，不顾民生，谁曰不宜。乃拥资百万，轸念兆民，捐金独拨白龙圳，灌溉东乡良田千余亩，人享其利。钦准立祠，名曰石柱殿，奉公神主，以表其德，宜其血食千秋，久而弗替矣。

不幸于崇祯丙子岁，被洪水冲荡，仅留故址。后人欲修不果，延至数百年，蔓草荒芜，蓬蒿满目，乡人不识，谬称为伍子胥殿。

呜呼！吾公之功德，何至湮埋若此哉。犹幸有贵戚高昕斋太守，于民国纪元，由粤东解组归，偶过其地，见石柱矗矗，询知为公神主殿遗址。披阅县乘，知公事实，嘱其内弟周开华，告知敝族，并转请县宪。蒙知事钱公世昌，俯念旧勋，谕饬圳董修复殿宇，以时享祀。休哉，数百年之湮没，一旦表著重新。虽由高君倡其始，钱公成其后，或亦吾太祖之英灵不爽，有以致之欤。嗟乎，吾等近在一邑，属在一宗，乃置祖宗遗泽于不问，岂不愧哉。虽世事沧桑，大都如是，自今以后仍恐日久遗忘，复蹈故辙，负疚尤多。兹殿宇告竣，因志其颠末，以垂久远，俾后世知所根本而弗忘焉，则尤吾等之所厚幸也夫。时民国六年冬月也。

注释：

①高焕然（1861—1934），讳贤襄，学名焕然，又名邦伟，少字鲁才，号星斋，后字昕斋，松阳县象溪人。光绪十一年（1885）乙酉科拔贡，光绪二十三年（1897）丁酉科举人，光绪二十四年（1898）戊戌科三甲第一百三十三名进士。授广东长宁、灵山知县，清理各县积案，因触忤权贵而被劾，以“官可不做，人不可不为”自勉。长宁士民赠匾“恺悌君子”，灵山士民称颂“数十年来无此好官”，张人骏（1846—1927）赞誉为“当今循吏”。后升钦州知府，官正四品。入民国，由民团护送回乡，归居象溪，竭力兴学，主编《松阳县志》。娶与白龙圳灌区项弄村周氏同宗的雅溪口村庠生周凤桐之女周君徽为妻，即文中周开华之姊。

②知事，中华民国初期时的县级最高长官。

③钱世昌（1880—1947），字正卿，新昌人。清末拔贡。浙江法政学堂毕业，任职于浙江陆军第二师。后曾任松阳县知事、金华县县长。从政之余，研习医术，20世纪20年代末，在杭州设中和医舍，有医名。

15.白龙圳 民国六年（1917） 周德闻公事迹匾志

公讳德闻，字汉杰，通经史，精武略。元季寇乱，率子弟保障乡民。明师入括苍，辟公守御处州，合兵数万，东取瓯海，屡建大功，朝廷念其勋绩，敕赐“三省总管”，此敝祠头门“三省总管”直匾所由来也。家赀百万，捐金独拨白龙圳，灌溉东乡良田千余亩，人享其利，刻石立祠，以表其德。不幸于崇祯丙子岁（1636），被洪水冲荡，仅留古址，后人欲修不果，延至数百年，蔓草荒芜，蓬蒿满目，后人不识，称为伍子胥庙。呜呼！吾公功之德，何至湮埋若此哉？犹幸敝祠有贵戚高君昕斋，披阅县乘知公事，实告知敝族，并为转请县宪，蒙知事钱公世昌俯念旧勋，谕饬圳董修复庙宇，休载数百年之湮没，一旦焕然重新。虽由高君倡其始，钱公成其后，或亦我太祖之英灵不爽，有以致之欤。兹殿宇告竣，因立匾作志，以垂久远，俾后世知所报本焉。 民国六年（1917）岁次丁巳仲冬月　吉旦

注释：

①周德闻（1319—1372），字汉杰，行斌七，城东第5世，松阳城东人。通书史，精武略。值元季寇乱，屡率子弟保障乡邑。明师下括苍，辟德闻守御处州，复合兵数万，东取瓯城，累立奇功，论功不受，退守家居。捐资筑白龙圳，灌东乡田数百顷，人享其利，至今祠祀之，名为“石柱殿”。周氏宗谱称为“三省总管”，殆当时封其职而未受其任也。万历《括苍汇纪》、光绪《处州府志·忠义》有传。

②该文据松阳《城东周氏宗谱》著录。

16.通泽堰 民国 丁兆丰《复修通泽堰》

古市通泽堰址，在赤岸村脚，灌溉上下后塘民田一千八百余亩。向章，视水旱之程度，于六月初一日，定堰程之作否。堰资多寡，按亩派抽，意固美而法未尽善，何也？果年年循此例而行之，万一雨□不时，每至误事。自民国十一年改制，无论水旱，以时修作，每年每亩收谷三斗存储，以为常费。古云：有备无患，其斯之谓乎？倘经理得人，尤能于农田水利外，为地方储一巨款，即可为地方多行善事，一举两得，利孰如之。爰乐为之记。

注释：

丁兆丰（1890—1925），松阳城南人。

17.高堰 民国 毛斐然《修复高堰记》

由城北出，逶迤七里，得一山溪。溪西山腰，清流一带，横亘曲折。上束崇峦，下临深涧。溯其源，由东西坑合流，奔赴至砻糠潭，因作坝潴水，筑堤引流，灌入于堰。以堰高，故名高堰。相传有仙人插竹竿于潭底，以通泉脉，撒糠于水，使糠随水入脉，以验泉流之远近，今之大塔头砻糠泉，盖本此也。糠泉之利既溥，而堰水西流，利济西河、麻阳，溉田四百余亩，其利颇巨，故又名通济堰。考其创造之初，代远无征，壁勒字迹亦模糊不可辨。窃以斩荆榛，穿岩石，凿山开道，苦心煞费于前，乐利安享于后。一路中通，筑石梁以便商旅，两山夹峙，免隔水以向樵夫，饮水思源，厥功懋焉。闲尝沿流入山，览胜怀古，见夫花坞霞丹，林岚雨翠，接于目者。如笑如妆，如夏云之嵯峨万状；时而山风虎啸，潭水龙吟，聒于耳者，若钟若鼓，若银河之泻落九天。几有观瞻不尽，领略无穷者矣。不料旻天降戾，胜地被灾，壬戌之秋，七月既望，山洪暴发，波及跨涧，石梁村民蹙额奔告，以为此堰冲陷，命脉攸关，斯桥覆倾，行人病涉。务亟起兼筹，卒固辞不获。爰禀请县主吕派员查勘，因为量度工程，计划经费，田按亩而派捐，工群聚以兴作，增水障以固堤岸，凿礁石以疏溪流；复联合十六股资财，修复石桥。从此农人无虑，行客捐忧，共观阡陌桑麻，饶桃源之风致，岂惟岩关石寨，作松邑之屏藩也哉！

注释：

毛斐然（1863—1933），字云章，号西河野老。松阳西河人，光绪四年（1878）邑庠生。民国时期为松阳县五都区议员。热心公益事业，创立“西河学堂”，首倡捐资修建高圳，引四都源水灌溉西河、麻阳塔农田数千亩。著有《西河诗文集》。

18.松阴溪 民国 高自卑《附说松阳县水系》

谨查松阳水系分两源。一自界首至堰首，自西北达东南，直下丽水者为大溪，即松川也。发源于遂昌贵义岭，至佳溪，即界首，入松阳境。溪流至大石，则有南来内里源水入。至狮子口，有北来赤溪源水入。至后周包，有南来匣坑源水入。至横溪，有南来大岭根、大南坑、上源口各水入。至赤岸，下有北来择子山水入。至古市，上有梧桐溪自遂昌北来水入。至排铺曰清溪，有南来杭坑、小南坑、官岭各水入。至古市，下有北来黄坑口水入。至黄淤寮，有北来庄门水入。至力溪，有南来东关源水入。至上河村外湖溪，有北来湖溪源水入。至和仁桥即河云桥外仓溪，有北来砌坛水入。至河头，有南来横坑、南岱各水入。至寺岭下曰霏溪，有南来黄庄、潘坑、小竹溪、大岭头、大竹溪各水入。至石笋脚，有北来四都源姥桥水入。此处以下曰赤塔溪，离佳溪四十里。古紫荆村在大溪北岸，今松阳县治在焉。至项弄，有北来刘富岱水入。至横山，有南来岩西、郑弄口各水入。至青蒙，有北来三都源、淡竹、上田各水入。下此至金钟潭，有石岩如带，横亘中流，仅留小缺通舟，曰石门枕。至水车，有北来思步水入。至港口，与小港相汇合，离佳溪六十里，此松川上游也。一自龙松坳即龙虎坳，至港口，自西南达东北，横入大溪者，为小港。其发源又分斗潭、玉岩两小支。斗潭一支发源于龙松坳，至金马桥，有南来南坑水入。至高亭，有西北来岩坑水入。至斗潭，有北来坑岭、泥山头各水汇焉。南流至枫坪，有南来丁坑水入。至黄步坞，有南来李树下水入。曲折至排居口，乃与玉岩支水合。离龙虎坳四十五里，此一小支流也。玉岩一支起源于洋坑、犁步坑。东南流至周安桥，有北来周安水入。至白岩，有西来乌岩水入。至溪口曰夏川，有南来吴树坞、东渡察、神水岭各水，北来乌水入。东北流至竹篷，有北来大岭脚、松树坑各水入。曲折至黄石玄，有东北来范山头水入。东南流至排居口，乃与斗潭支水合。离洋坑、犁步坑二十里，此又一小支流也。两流相合，东北至坳头，有北来余叶，洞主源各水入。此处可通舟筏焉。东流至黄南，有南来大平田水入。曲折至弓桥，有西南来大潘坑、大苏坑、大横坑、小苏坑各水入。南流至洋坑埠头，有南来洋坑源水入。至大英，有南来箬竹水入。到横水口，有南来石仓源水入，曰宏溪，直出港口，与松川大港相合。自龙松坳至港口百四十里，此小港一源之总汇也。两源合流于大溪，东下至里潭，有南来寺源坑水入。至雅溪口，有北来里庄、尹源、雅溪坑各水入。至南坑口，有南来陈六山、中央坑、南坑源各水入。至黄庵口，有北来石马源水入。东南流至循（靖）居口，有北来蓉川、鲁西、坑里各水入。至小槎，有东南来西坑、东坑、西夏源各水入。东流至裕溪，有北来黄岭头、裕溪源各水入。至寨头，有北来乌呶水入。至源口，有南来洋大坑、凤陇源各水入。至岭脚，有北来章山水入。至霭溪，有南来麦垵水入。至堰头，有西北来驮林源水入，直下丽水之大港头，与龙泉、云和诸水相汇合，经青田入瓯海。自港口至此五十里，此松川下游也。独有稳坑之水，西北流出遂昌垵口，又呈回、周山头、黄岭根各水，东北流出宣平五尺坑。又洞军、上源、里黄各水，东南流出宣平白石玄下。又潘八、张山、板桥、桐榔各水，北流出丽水畎岸。另一溪流直至石牛，方与大溪汇合，顺流到海。此则虽在松界之水，而非松川之所容纳者也。凡此皆松阳水系之大概也。高自卑记述。

注释：

高自卑（1887—？），字一飞。进士高焕然次子，松阳象溪人。先后毕业于广东武备学堂、日本东京高等工业机械科预科学校。民国时期，担任县议会第二届议员、教育局董事会董事、通俗讲演所所长、县教育会会长、学务委员等职务。又任宣平警察所长、江苏省民政厅干事等公职。

19.松阴溪 民国 高自卑《附说松阳溪流之变迁》

尚留“放生潭”三字石壁前的松阴溪旧河道遗址

松阳水利惟大溪方面为最长，自界首经赤岸达古市，向多向南岸而行，今改向北岸而行。古市以下，昔向北经五木、岗下、上河、十五里，折南由浮桥头而出黄公渡。今则向南，经力溪折北，由石门而至黄公渡。黄公渡以下，昔则迤北经小赤壁、塔寺下、石笋脚，弯出汪泉头。今则迤南经叶村，直至汪泉头。现在，塔寺下、石笋脚一带，皆成田原，惟地势卑下，又有小赤壁、放生潭数字尚留石壁不灭。该处昔为溪流，自无疑义。又如南门潘祠，昔为骥湖，市勘头昔为赤塔埠，今则人烟稠密，已成街市，虽查无证据而传闻甚确，形迹尚存。民国五六年以前，南门大堤，溪流由税关前向南直下横山，而至青蒙岭。今则经外水碓，北入白沙口，过青蒙村外，以出青蒙岭脚矣。

相传此犹旧流也。谚曰：十年水流东，十年水流西。沧海桑田，其说信不诬矣。港口下、中流积沙砾数十百丈，溪水分南北两支。约里许至陈下相汇，北为小檽碡滩，南为大檽碡滩。民国以前，忽此忽彼，均视大港水势强弱为转移。自民国十一年以后，则均经小檽碡矣。自此以下至堰首，两岸青山，溪港狭窄，地鲜平原，虽略有变迁而损失无多，惟自赤岸至青蒙岭，两岸沙田鳞次栉比，或南或北迭为消长，冲坍民田不少，历年争垦争水之案迭出，尤为民间之累，安得贤有司，思患预防，劝民间多作坡障，以防水患于未来。藉人力以补天工，保水利以赡民食，抑亦行政之一大端也。此松阳溪流变迁之大略也，详记之，以俟留心农田水利者。

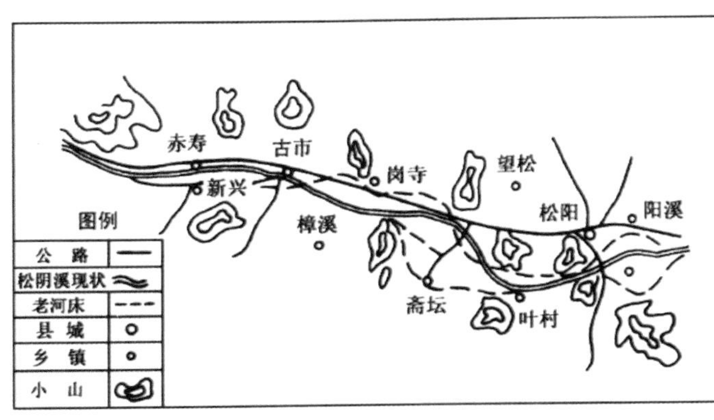

小赤壁遗址前的松阴溪旧河道遗址

20.民国元年（1912）刘耀东治水与《疚庼日记》

刘耀东（1877—1951），字祝群，号疚庼居士，又号启后亭长。文成南田（原青田九都南田）人，明代诚意伯刘基第二十世裔孙，清廪贡生，近代著名藏书家、书法家，浙南宿儒。以其文学成就，被誉为“青田三才子”和“括苍四皓（青田刘耀东、缙云赵明止、龙泉吴梓培、松阳吴冠甫）”之一。刘耀东出身书香门第，自幼勤奋好学，少年肄业于处州莲城书院，继而从学于晚清经学大师瑞安孙诒让。清光绪二十八年（1902）东渡日本，留学于日本法政大学，与陈叔通、胡汉民、汪精卫、沈钧儒同学。他是留日浙籍学生总干事，凡浙江往日本的留学生皆由他负责接待。因此刘耀东与松阳留日学生吴冠甫、刘德怀及光绪三十年（1904）十月受松阳知县叶昭敦委派赴日本东京考察学务的吴春泽（吴冠甫父亲）等均熟识交好。

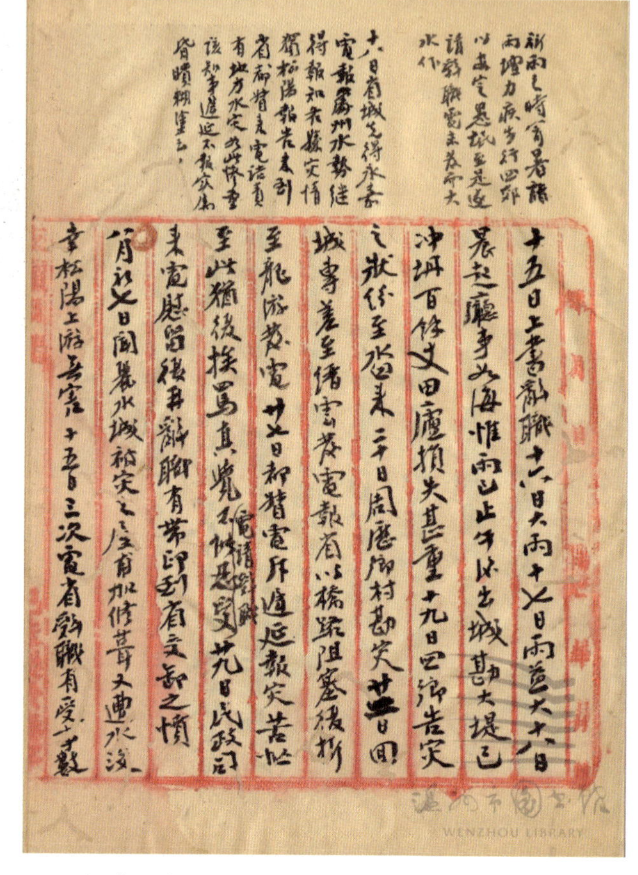

刘耀东《疚庼日记》截图
（温州市图书馆收藏 刘增金提供）

刘耀东一生笃志于学，治学严谨，学识渊博，尤精于经史。文字记载，他“潜居著述，勤于辑集文献。必使无一字无来历，无一语稍苟且。遇有疑义，务遍翻群书求证”。刘耀东一生著作甚丰，除编辑《括苍丛书》外，著有《刘文成公年谱》三卷、《南田山志》十四卷、《南田山谈》二卷、《疚庼日记》等。

刘耀东特别善于写日记，他的《疚庼日记》自16岁始至75岁止，历经一个甲子，三个朝代，记录了清末民初及抗战时的社会、时事、见闻、生活等，是一部难得的鲜活史料，现存温州市图书馆。正是这《疚庼日记》里刘耀东在民国元年（1912）农历四月到八月任职松阳县知事短短半年时间写的日记，为我们揭开一段尘封的历史。在这半年时间的松阴溪治水经历，对刘耀东来说可以是苦不堪言，正如日记所载：“于心终惴惴不安。”

按日记，民国元年（1912）农历三月三十日刘耀东到松阳。四月初二日（阳历五月十七日），任松阳县知事。当时县公署设参事一员，刘耀东荐举吴春泽任参事。民政科长蔡周卿，教育科长蔡克猷，财政科长何文龙。

四月十六，刘耀东遇到到任以来的第一大考验。时任永嘉县军政分府兼县知事徐定超来函，来松阳运米。刘耀东考虑松阳也是灾年缺米，复函婉拒。永嘉县随后由商会派人私购大米八十袋，约万余斤，偷偷运出城。刘耀东闻悉，立即派队伍至舟中截留，尽数还城。交付仓库里，并以留下其袋子以示禁罚。徐定超迅即电告省府，说刘耀东违法禁运。旋即刘耀东复电省府，地方告饥，惟有保全民生。最后在刘耀东的坚持和省府协调下此事以退还购价而终。刘耀东在日记的书眉处写注，友人说了他"不愧强项，令惟锋芒太露，终是书生本色，不合时宜"。

四月廿三日，处州军政分府都督吕逢樵派他的侄儿带兵四十人来松阳县。先是送上名刺（片）求见，坐定后，拔枪放在茶几上，拿出分府布告一张，声色俱厉地要求刘耀东盖印知晓，强行派捐军饷。刘耀东语以："地方闹米，尚办不了，何能再收捐款。"婉以却之，严以拒之。并好言相劝说，吕分府是缙云人，我是青田人，对于松阳都是括苍桑梓之乡，要为地方百姓生计考虑，不宜留"一日暴虐贪婪之名"，到时候死了子孙都要留下骂名。随即刘耀东吩咐厨房烧饭，在城隍庙设四席招待他们晚餐住宿。

廿四日，吕逢樵侄儿带兵回处州府前再度威胁刘耀东，如果吕逢樵再有命令，他一定还会再来。刘耀东笑了笑送他们走了。

廿五日，刘耀东将松阳地方情形及军政分府强行派捐的事情电告省府，请严令停收。僚属都劝他不要和分府作对，以免获罪。刘耀东答之："为民请命，是谁之责，余不畏强御。"

书眉上批注："吾浙自去年光复，各府设军政分府，恣肆苛暴，尤以处州分府吕逢樵为甚，假军饷之名，苛派各县，而松阳、龙泉又最钜。初将黄秋光羁押勒缴。何云亭、刘笃斋相继避匿，县议事议长叶有章，亦以抗拒被捕。地方骚扰，及余抵任，招云亭、笃斋、有章先后回乡，力任保护。而云亭、有章复自相纠纷，又调解之。时吕分府苛派之捐，遂不勒收，而怨余实甚。"

以上眉批记载了松阳历史上有名的"一条辫子五万五"事件，讲了处州军政分府吕逢樵假借黄秋光拒剪辫子勒捐的事。也讲了当时松阳地方官员、士绅之间的矛盾纠纷。

五月初一，处州军政分府财政司长陈子俊（丽水人）书来刘耀东催缴捐款。

五月十九日，松阳白沙堤年久失修。民众请刘耀东前往勘察，夹道欢迎。民众反映前清知县以修堤名义，于田赋项下带征经费已经数年，尽归移挪干没。幸亏现在的知事你干实事，所以才敢请你来。刘耀东当即表态："工程属实，余能主之，经费支收，尔民任之。"大众欢欢喜喜送刘耀东数里才返回家。刘耀东不禁感慨："为政得民，固非难也。"

廿九日，省财政司胡铭槃奉省府都督电令，据处州军政分府吕逢樵电告的松阳捐集军饷多数未收一事，令财政司查照前颁布停止征收令，停止征收。这无疑给了吕逢樵当头一棒。从而埋下了利用诱民扩大闹米风潮以达到陷害刘耀东的目的。

六月初一，高昕斋先生来县署殷殷相劝。说昔日于莲城和刘耀东遇识后曾经和曾廉泉谈起，我括州后生中刘耀东是个奇才，今日一见果然是我县的好官，刘耀东在日记中写道："闻之甚愧。"

六月初二，闹米事件未结束。松阳又久旱无雨。知县祈雨古已有之，元末重臣阿尔拉·阿鲁图主持纂修的《宋史》和清顺治版《松阳县志》、清吴任臣编撰的《十国春秋》均载："天福四年（939）岁旱，知县陈时祈雨百仞山，据传白龙现于山麓之白龙津，吴越王元瓘遂改长松县为白龙县。"松阳历史上号称"三阳（东阳、平阳、松阳）不可治"，有利用祈雨籍端滋事，彝弄官长恶风。光绪年间，邻县遂昌知县曾因祈雨被迫自尽。民政科长蔡周卿向刘耀东讲了祈雨情形，以36个村同时入城，求县官拜雨为最可怖，谈虎色变。刘耀东觉得："感之以诚，济之以威，治之以法，必无他虞。"其实他的内心是"于心终惴惴不安"。

六月初四，乡民数千人入城祈雨，布置周详，还好安静过去。刘耀东惟跪拜泥佛三十六次，侍者一挥扇子，一捧水洗面，汗流浃背，历时三时之久。刘耀东不禁感叹："平生未有之苦。"

书眉批注："先夕于市间购馒头万颗，临时摊置仪门内，复于门外置茶水，民众拥至，纷纷取食，喧声顿息。每村各有武道士吹角，呼天祈雨，例给香钱。查旧案而加倍给之。复属三十六村董事禁止喧哗。又治膳入内厅以饷之，如滋闹，惟董是问。"批注讲了县府购馒头万颗，备好茶水招待祈雨灾民，双饷钱给祈雨道士的时况。

初五，又有数乡入城求雨，较前天人数少。

六月初十，白沙堤告竣，士民请刘耀东前往勘收。并筑台置酒以表对县知事的爱戴之心。大家正在举觞相祝时，"大雨沛然，归途水没道路，四郊告足，此为月余来大快事"。

书眉批注："后闻白沙堤内田亩大水无损，乡民念及微劳，筑亭立碑，以留纪念。又以"粒我烝民"四字额送我解职。书眉内容写了松阳人民为感戴刘耀东建白沙堤的功绩而筑亭纪念，离职时赠匾留念的事情。

七月初五，提法司通令县知事兼理司法，每届满三个月造册呈报办理司法事宜。刘耀东自阳历5月17日任事至8月17日应造册报时，共接管旧案87件，任内判决39件，新收45件，判决29件。

书眉批注："后奉提法司令，知考为最优。"刘耀东在松阳任职期间兼理司法审判的考评取得了最优等的成绩。

七月十五日，刘耀东上书辞职。当日书眉批注内容可知祈雨时刘耀东冒暑生疾，辞职电报未发出而大水作。

十六日，大雨。

十七日，雨益大。

十八日，晨起，县府大厅如海，还好雨停了。午后刘耀东出城勘察大堤，已冲毁百余丈，田庐损失甚重。

十九日，四乡告灾之状纷至沓来。

二十日，刘耀东到各乡村勘察灾情。

廿二日，刘耀东专门差人到缙云发电报省府报告灾情，因桥路阻塞，折返至龙游发电。

廿七日，省府都督电斥刘耀东迟延灾情，刘耀东深感："苦悯至此，犹复挨骂，真觉不能忍受，电请辞职。"

廿九日，民政司给电刘耀东慰留，刘耀东回复再度请辞，并有带印到省交卸之愤。

八月初七，闻丽水城被水灾冲毁的房屋稍作修理又被大水淹没了，幸好松阳上游无害。

八月十五日，刘耀东第三次电报省府辞职，深感："有受事数月，初苦闹米。继悯祈雨，饱患水灾，地方虽谅其愚诚，长官不察其棘手，惟有引退，以让贤者。"

廿一日，省府电复刘耀东准予辞职，以潘任代理。

廿八日，潘任到松阳。

廿九日，刘耀东卸任松阳县知事。

九月初六，刘耀东交代清楚，带病乘舟离开了他仅仅任职半年时间的松阳县。

纵观日记内容可知，刘耀东任职松阳县知事时间虽短，然其勤政爱民跃然纸上，可谓"勤廉知事"。刘耀东任职松阳治水所作贡献早些年因历史档案的缺失不为后人所知，而其所写日记为我们松阳历史补上了一环。松阳县百姓历来对勤政爱民的官吏感恩戴德，刘耀东治水之功获得松阳百姓筑亭立碑纪念，离职时以"粒我烝民"匾额相赠，可以说是松阳人对其最深切的感恩和怀念。

（刘增金写于2024年9月16日）

注释：

①1912年松阳县旱涝灾难深重。农历六月前为大旱，七月十五日至十七日为洪灾。本次洪水为松阳历史有记载以来最大的一次洪水。后经水文工作者作历史洪水调查分析，确认为超过百年一遇洪水。刘耀东知事日记真实记载了这次百年不遇洪水发生的日期及县城的水情实况和报灾、救灾工作。

②松阳先民祈雨抗旱由来已久，遗存文献资料大都记载祈雨过程应由知县参与其

中，但很少有记录知县及县府在祈雨活动中承担什么角色。刘耀东知事的日记，真实地记载了当年36个村同时入城求县官拜雨，由县政府购买馒头万颗、置茶水、付道士香钱，组织36个村董事维持秩序，禁止喧哗滋闹和知县亲自参与祈雨，跪拜泥佛36次，历时三时之久的具体祈雨过程。

③由日记可知，大旱饥民祈雨是可怖之事。刘耀东知事敢接受担负职责并积极采取措施，有效安抚了群众的情绪，避免了事态进一步升级，说明他是有组织能力的。水灾发生时，因桥路阻塞而延误了灾情上报，他冒雨处理灾情致病却被上级责难，愤而辞职也就情有可原了。

④文中相关人物简介：

蔡封（1869—1915），又名蔡毓镕，字周卿。系蔡志和次子，松阳城东人。邑庠生。有胆识，遇事善断。光绪三十年（1904），深受知县叶昭敦器重。生平多义举，城南大堜冲塌，设法修复。宣统元年（1909），知县张纲赠匾“急公尚义”。光复（1911）后，历充松阳禁烟局总董、警察局总董、自治研究所总办。知事张铭新辟为参事，继任刘耀东延为民政科长。惜英年早逝。

蔡克猷（1884—1920），又名蔡储璋，字壮哉，号钟栽。松阳城东人。清邑庠生。浙江蚕学馆毕业，历任松阳县师范传习所所长、浙江蚕桑学校教师、松阳县教育科科长、海宁县第三科科长。辞职后，师从夏震武（1854—1930），笄发古服，隐居散溪，日则躬耕，夜则训徒。中年逝世。遗有《散溪遗书》，是松阳县现存书籍唯一被《汉语大字典》收录的引用书目。另著有《松俗处丧非礼辩》《富阳问道录》。

何文龙（1864—1921），字云亭。清时，鼎力兴办学堂，组设商务分会。之后理署奉化县学训导。入民国，任县议会副议长、财政科长，革除政弊。旋举为第二届省议员，提议壬子水灾案而豁免灾田粮赋，石仓士民赠匾“援之以道”。此外，建塔溪桥、筑钓鱼岭路、疏桐江等。浙江都督屈映光（1881—1973）延请为顾问，推辞。之后组织观畋林业公会，提倡蚕桑实业。

徐定超（1845—1918），字超伯，一字班侯，学者称永嘉先生，乡人尊称班老、班公、定超相。清光绪九年（1883）进士，历任京畿道监察御史、温州军政分府都督。著有《伤寒论讲义》《奏稿》《枫林诗铭》《徐侍御遗稿》《灵枢素问讲义》等。

吕逢樵（1876—1913），原名东升，字耀初，浙江缙云壶镇人。少时读私塾，其后跟随继父从商，在壶镇开了一家“合盛南货店”，经营贩卖茶叶、山货等业务。他经常往返于金华、杭州、上海、绍兴一带，结识了徐锡麟、秋瑾、陶成章等著名的革命党人，接触到了革命思想，由此立下大志，跟随他们走上了革命道路。吕逢樵因其族侄是缙云龙华会的首领，故而加入龙华会。吕逢樵在会党中慷慨好施，享有崇高威信，很快就成为处州龙华会的首领。1904年，在陶成章的介绍下加入光复会，协助徐锡麟创办绍兴大通学堂，成为学堂负责人之一，主持学堂校务。他在老家壶镇创办了半日学堂和育英女校，组织学员开展军事训练，培养革命骨干，宣传革命道理。1907年加入由孙中山领导和组织的同盟会。5月，参与策划浙皖起义，吕逢樵在起义中任分统，直接联络绍兴、金华、处州三府起义。“鉴湖女侠”秋瑾曾两次到壶镇“合盛南货店”会见吕逢樵，组织联络会党，布置起义事宜。起义失败后，徐锡麟、秋瑾先后被捕牺牲。吕逢樵也遭到通缉，隐蔽于缙云、仙居边界的八宝山和壶镇芦西村，开荒种桑筹集资金，积聚力量等待时机。武昌起义后，吕逢樵响应起义，在缙云组织光复军，在各地光复军配合下，连克永康、缙云、丽水，成立处州军政分府，任都督。后参加反对袁世凯的“二次革命”。1913年9月突然病故。

刘可培（1861—1922），又名刘德进，字笃斋，号闇然。松阳乌形山人。幼年丧父，孝事母亲。清末岁贡生。喜好钻研佛道，后追崇夏震武（1854—1930），精思明辨宋明理学的“心性”“理气”。簪发古服，竭力提倡冠昏丧祭四礼。获瓯海道尹黄庆澜（1875—1961）赠匾“敦品力学”。遗有《刘子遗书》《问道录》。逝后，夏震武为之作《刘笃斋墓志铭》。

黄炎（1866—1929），又名黄石增，字秋光。松阳乌井人（黄家大院为其故宅）。清贡生。经商考察日本结识孙中山并加入同盟会。回国联络陶成章策应黄兴长沙起义。入民国，以原咨议员身份参加浙江省第一次临时参议会。并任平民习艺所所长、县商会会长等职。曾被处州军政分府派捐巨款五万五千银圆。培植六子，于北京大学、复旦大学、北洋大学等名校毕业，在商界、法律界、工程界有建树。

曾春沂（1859—1926），又名曾凌滨，字丽清，号廉泉。系曾友颜之子，松阳午岭人。三岁读书，即能成诵，时人称之为“神童”，十岁游庠，十三岁食饩。恢廓大度，学识超越群常，尤其精通天文舆地之学。浙江督学徐树铭（1824—1900）赏识其为“大器”。光绪八年（1882），中壬午科举人。光绪十五年，己丑科会试荐卷。光绪二十六年，署理海盐县训导，未赴任。

潘任（1885—1927），字于铨，号憨夫。新昌人。民国元年（1912）署松阳知事，时年28岁，关心赋税，革新图强。遗藏《FIRST YEAR LATIN》《通商进口税则》等书。

21.民国 朱浣青筑堰引溉

两轮《松阳县志》都在“民国时期历任县长名录”表中记载1934年5月—1935年4月任职时间的县长为“朱浣青”，其籍贯为“浙江金华”。偶然翻阅《青田县志》所载的人物“朱光奎”，在同一时间任职松阳县长。相互对照，则必有一志记载纰漏。

经勘阅文献获知，朱浣青即朱光奎，同为一人，是江浙名士。朱光奎（1878—1963），字浣青，号焕辰，青田人。善诗词，工书法，尤擅颜体。光绪三十三年（1907）毕业于日本宪兵学校。宣统间，任两江督练公所科长、两江宪兵学堂总监等职。入民国，历任长兴、安吉、金华、松阳县长。

然则，朱浣青先生在松阳，有何轶事?

执经问道

朱浣青琴堂馀暇，常至积诚草舍与儒士款谈，并大书“积诚草舍”额其门（据1981年《松阳县志续编·政绩》）。邑人叶梦麟（1894—1987）诗《朱浣青县令于仲秋上丁驾临积诚草舍端弁释诗以报之甲戌》：

松阳县令有正卿，碑口交称活晋平。亥唐昔在散溪下，论道时从饱菜羹。
正卿一去遂无继，空吊散溪流水逝。欧风美雨愁杀人，孔泣朱号欲陨涕。
斯文一发系千钧，书剑徒留未死身。俎豆春秋存礼乐，衣冠难望有传人。
一朝大令来青田，后起紫阳八百年。东游扶桑西极楚，未垂青眼气无前。
忽闻祭圣搥大鼓，箫管齐鸣动干羽。起视东方犹未明，杖策欻然来蓬户。
垂绌鞶革更披端，兽跄凤舞鸟腾欢。三代威仪欣复见，空山一倡九州安。
散溪水，少微星。前有正卿后浣青，括苍万古垂典型。

该诗写于1934年仲秋上丁（农历八月首个丁日）。全诗大意为：回忆民国初年松阳知事钱世昌（1880—1947，字正卿）重士礼贤，谈经论道。钱知事于民国八年（1919）离任后，松阳礼乐无继，文教难传。直到青田朱浣青来任县长，如同八百年前（虚数，实距宋淳熙九年为七百五十十年）朱熹至此讲道一般，令松阳重启礼乐之盛。是日也，县长朱浣青听到考钟击鼓之声，徒步驾临积诚草舍，并作为主祭人参加祭孔盛典，意在礼严乐和，兴复三代威仪，以期移风易俗。如此垂于松阳典型者，前有钱正卿，后有朱浣青。

朱浣青先生执经问道积成草舍遗址（叶祖青 摄）

选贤任能

前述之邑人叶梦麟，字芝生。先在省立十一师范附小任教。1924年辞去教职，赴富阳师事夏灵峰（1854—1930）习文论道，深得赏识。学成，承命掌山东周村灵峰精舍第一分舍教事年余。1928年返乡，创办积诚草舍，教授学生，县内及处州各县闻风负笈来学者络绎不绝。“县令朱浣青与叶梦麟甚相得，聘长县教育局，婉拒不应命。陈诚将军，念旧情殷切，再三函邀，亦恳谢之。”（事见1989年《松阳文史资料》）。

叶梦麟因全身心投入积诚草舍，婉拒了朱浣青教育局长之聘，也婉拒了陈诚（1898—1965）之邀。徐思襄（1905—？）因“能古文 爱吟诗”受到朱浣青的认可，他接受了朱浣青委任为县政府财务委员，热心尽力，成绩卓越。“及民国廿三年，前县长朱公浣青知其贤，荐于省府财政厅圈委，为本县管理公款公产委员会常务委员，成绩卓著，故曾传誉嘉奖。”（事见继任县长徐其惠所撰《思襄先生行略》）。

嗣后，徐思襄还兼杭州《新浙江报》访员、《温州新报》通讯员、处区《国民月报》编辑。据徐村《徐氏宗谱》记载，徐思襄著有《愚园笔记》《愚园吟草》《愚园诗话》《桃村杂录》，惜均未传世。

筑堰引溉

朱浣青任松阳县长时松阳大旱，大竹溪等地甚至出现抢水械斗之情形。《松阳县志》（1996年版）载：“民国二十三年，夏秋大旱，数月未雨，田地龟裂。”这一年岁次甲戌，时至今日，松阳还流传俗谚曰“甲戌断水流”。

朱浣青亲勘畎亩，穷源竞流，指导救灾。于是引茅溪筑成殿前堰、八字堰、梓溪堰、朴子堰，引博泻溪筑成官水堰，邑人合称之曰“朱公五堰”。共计溉田七千余亩，邑人德之。

1935年四月，朱浣青离任。邑人作《朱公五堰歌》为之送行。歌曰：

昔在夏禹，尽力沟洫。周有浍川，遂人是职。
商鞅首祸，阡陌大开。沟洫既夷，旱魃逞灾。
温温朱公，父母斯民。决溪筑堰，以廪以囷。
白渠樊惠，媲美后先。安得如公，凿渠万千。
公毋遽归，攀辕卧辙。为酒为齐，以饯公别。

时至今日，朱公五堰中，殿前堰与官水堰二堰无考，其余三堰仍有据。朴子堰曾于1987年重筑，2015年被水毁，之后因规划建房用地，遂废。梓溪堰于1958年与四都源水库同修完竣。八字堰左右分流，故名八字，于2014年重筑，左灌邵山、西坌，右灌竹客口、北山，至今仍可灌田二千二百亩。

（李伟春写于2024年11月）

注释：

①文中茅溪即现四都源。

②博泻溪即现源内坑，发源于西屏街道源内村上山脉，经铺门、乌形山、项弄、白沙，并入三都源入松阴溪。

③官水堰即民国版《松阳县志》记载的溉水堰，在县东五里，灌田五百余亩。

22.《麓阳张氏宗谱》祀田与灌溉山塘摘录

一土名本村小西壠塘一口泉窟一所田十九坵計額
十二畝三分又身下田二坵計額二畝七分泉窟奉
官審斷圳中栥勘隔斷有内外兩截礀外泉水聽大
衆灌溉勘内面泉水聽敏公田自己灌溉三畝堰有
毗水入田處上下明驗可知
一土名黃蓮山外壠士公墳前後左右共田三十八坵
計額九畝
一土名士公墳庵前後共田十三坵計額四畝
一土名士公墳庵横頭田一坵計額八分

麓陽張氏宗譜　卷三　敏齋公祀序　五十一　共和二〇一六年重修

旹
道光十六年歲次丙申清和月　吉旦
男　朝楷　朝洙
朝桂　朝聯
朝暘　朝暉
朝霖　仝訂

敏齋公辦祭田
一土名舊市後塘河浦大小田二坵計額三畝
一土名舊市後塘入畈田一坵計額三畝
一土名舊市後塘横路田一坵計額三畝

另抽完粮田附載
一土名礶子壠水塘共三口田一段共二十四坵又壠
頭田三坵共計十一畝
一土名後周壠田六坵計三畝五分　此田每房派
人承收完糧定於清明前一市完納以便散胙時驗
串算賬
根坐張賢忌　張賢是　張廼盛　張廼昌

文賢公祀田序　四十七　共和二〇一六年重修

（1）乾隆丁卯年（1747）前已存山塘部分摘录

泉水塘口田二坵计额一亩二分五厘正……土名泉水塘边田一坵计五分……土名本村坑东梅树脚泉水塘坵田一坵计额二分五厘。

（2）乾隆辛未年（1751）前已存山塘部分摘录

土名莲塘下田二坵计二亩五分莲塘水灌溉即云公墓前又高冈背田一坵五分共三亩。

（3）乾隆癸未年（1763）前已存山塘部分摘录

土名新塘后田三坵计二亩五分……土名大墓山脚文贤公公坟前垅心田一叠九坵计四亩五分身上塘一口……土名壇子垅水塘共三口田一段共二十四坵又垅头田三坵共计十一亩。

（4）嘉庆庚辰年（1820）前已存山塘部分摘录

土名大西垅心田三坵计额二亩五分又垅心田二坵计额一亩八分，又垄右田七坵计额二亩俱莲子塘灌溉；又大陇口坪田五坵计额五分，桂花树脚田田二坵计额一亩，大陇口田一坵计额一亩五分，又大陇口田一坵计额七分五厘以上俱郑屋后塘。

（5）嘉庆壬申年（1812）前已存山塘部分摘录

土名后塘大灰铺塔沿田计三亩后塘堰灌溉……土名本村大垅口水井旁路西田三坵计额二亩郑家屋后塘及坑水灌溉。

土名旧市后塘河浦大小田计额二亩，土名旧市后塘八畈田一坵计额三亩，土名旧市后塘横路田一坵计额三亩，土名旧市河塘水田三坵计额十亩，土名旧市溪垅田一坵计额一亩五分（以上五处后塘圳灌溉）。

（6）道光乙酉年（1825）前已存山塘部分摘录

土名孝头铺大坌田一坵计额一亩二分五厘身上塘水灌溉……土名坐落孝头铺田三坵额二亩大塘水井九担塘水照分灌溉……土名坐落大坌底田二坵额二亩五分油车下泉水灌溉。

注释：

《麓阳张氏宗谱》记载自清乾隆丁卯年（1747）至民国二十七年（1938）祀田与灌溉山塘、堰圳等百余处，出现不同名称山塘48座，位山下阳村（古称麓阳）有37座，本书仅摘录一小部分。

诗词

1.唐·王维

送缙云苗太守

手疏谢明主，腰章为长吏。
方从会稽邸，更发汝南骑。
按节下松阳，清江响铙吹。
露冕见三吴，方知百城贵。

注释：

①该诗被选入《全唐诗》的第125卷第36首。

②王维（701—761），字摩诘，号摩诘居士，河东蒲州（今山西省运城市）人，祖籍山西祁县。唐朝诗人、画家。出身太原王氏分支河东氏。于开元九年（721）状元及第，历官右拾遗、监察御史、河西节度使判官。唐玄宗天宝年间，拜吏部郎中、给事中。安禄山攻陷长安时，被迫受伪职。长安收复后，王维被责授太子中允，后官至尚书右丞。王维不仅参禅悟理，学庄信道，还精通诗、书、画、音乐等。以诗名盛于开元、天宝年间，尤长五言。其诗多咏山水田园，与孟浩然合称“王孟”，有“诗佛”之称。其书画特臻其妙，后人推其为“南宗山水画之祖”。苏轼评之曰：“味摩诘之诗，诗中有画；观摩诘之画，画中有诗。”存诗400余首，代表作有《相思》《山居秋暝》等。著有《王右丞集》《画学秘诀》等。

③苗太守：《全唐诗人名考证》谓即苗奉倩，天宝七年（748）为缙云太守。

2.北宋·沈晦

初至松阳

羲之去会稽，便为会稽居。
与东土人氏，尽山水之娱。
我无逸俗韵，亦复居之俱。
朝弋林中禽，暮钓溪上鱼。
胜游穷山海，埋光混里闾。
聊为一日欢，不暇论所余。
西归道路塞，南去交亲疏。
惟此桃花源，四塞无他虞。
况复父老贤，挽留使者车。
便应寻支许，投老青山隅。

注释：

①沈晦（1084—1149），字元用，号胥山，钱塘（今浙江杭州）人。宋徽宗宣和六年（1124）甲辰科状元（北宋最后一个状元）。凡历守十九郡，官至太中大夫直徽猷阁给事中。时干戈扰攘，事势多艰，悉能保全名节。建炎三年（1129）任处州知府游历松阳，留下了《初至松阳》。自此，“松阳‘桃花源’”之称开始世代传诵。绍兴十五年（1145）年末，沈晦致仕，回到松阳，定居延庆寺塔后的上方山。绍兴十九年(1149年)，沈晦卒，终年66岁，葬于上方山。

②该诗据明成化《处州府志·卷十》、清顺治《松阳县志·卷一》著录。

游竹溪

溪水清见底，游鱼如浮空。
壁立千丈山，屈曲细路通。
艾纳渍苍碧，凌霄发高红。
平生山水思，尽偿老景中。

3.南宋·项安世

至竹客岭却寄金山闻老

二十五年丁令威，二十五日鬓成丝。

尘埃满面脚欲破，酒肉熏心舌尽痴。

雨出郭门聊一洗，日从源口便相随。

振衣直上千峰顶，却寄金山长老诗。

注释：

①项安世（？—1208），字平甫，号平庵，松阳人。宋淳熙二年（1175）进士。授绍兴教授，朱熹为浙东提举，乃相与讲明义理之学。宋绍熙四年（1193）除秘书省正字，五年（1194）为校书部兼实录院检讨官，累官龙图阁。宋庆元元年（1195），出通判池州，寻除重庆通判，坐党籍罢，谪居江陵、宋开禧二年（1206）起知鄂州，迁户部员外郎，湖广总领。开禧三年（1207）权安抚使，以事免。复起为湖南转运判官，未上，归隐后，潜心经史，多有论述。《宋史·卷三九七》有传。

②该诗据项安世《平庵晦稿》选录。金山在松阳县南。

③竹客岭，明朝时亦名竹客山，是宣平县松阳县分界地。《处州府山川考》载："竹客山又称寨头。"《浙江通志卷三十八·关梁》记载："竹客岭路通宣平故称险塞，水出东西坑为龙潭，而竹客桥翼于其上。"瓯江宣平溪支流竹客溪源于此。宋元时期，竹客岭隶属栝州丽水，宣平溪古称"午溪"。古代栝苍道由丽水莲都，沿着午溪北上，经武义柳城竹客，接松阳遂昌，继而通京师（北宋汴京开封、南宋临安杭州、元朝大都北京）。竹客驿通常"设兵五名"。元代诗人陈镒所作诗集称之《午溪集》，收入清钦定《四库全书·别集类》。宋代诗人沈晦、项安世曾径武义前往松阳，分别作有"竹客（岭）"诗文若干。

夜闻风竹有怀

竹客源头逆旅间，道人同此听潺湲。

小窗夜半闻风竹，梦著征袍绕故山。

注释：

①该诗据项安世《平庵晦稿》选录。竹客为松阳县地名。

4.南宋·张玉娘

采莲曲

女儿采莲拽画船，船拽水动波摇天。

春风笑隔荷花面，面对荷花更可怜。

注释：

①张玉娘（1250—1276），字若琼，号一贞居士，松阳人，南宋女词人。才情俱佳，身世却逢国恨家愁。国恨在于宋朝遭遇元朝入侵几近覆灭，家愁在于未婚夫沈佺宦游京师染病而亡。玉娘为情守节，为国愤慨，病从忧起，青春殒命，与沈佺合葬枫林（今址鹦鹉冢），事追“梁祝”。擅长诗词，时人以汉代班超目之，尊为“张大家”，与李清照、朱淑贞、吴淑姬并称“宋代四大女词人”。元人张献将其遗稿辑为《兰雪集》，明人王诏为其作有《张玉娘传》，清人孟称舜为其倡建贞文祠。《中国历代人名大辞典》有传。

②该诗据光绪版《兰雪集》著录。

池边待月

待月月未升，看池池水清。

冰夷吹海浪，薄雾约云英。

惟见寒波动，嫦娥明镜行。

注释：

①该诗据光绪版《兰雪集》著录。

5.元·周权

村行

风落渔歌隔浦闻，前村独树正斜曛。
谁家桃李迷荒棘，高陇牛羊卧古坟。
桥断春堤多积雨，溪深野碓自春云。
青旗摇曳疏林处，剩把闲题与客分。

注释：

①周权（1275—1343），字衡之，号此山，松阳板桥人。通经史，诗文善长乐府、歌行、大篇、小章、古律、近制。游历京都，受到袁桷等人赏识并欲引荐馆职。周权以母老推辞，归故里植莲种菊，构筑“清远堂”，著书立说。赵子昂赠匾“此山学士”。著有《此山集》行世，《四库全书》有录。子周文珂（1303—1378），字仲瑜，号草窗。事亲孝谨，深得家传，辞藻有田园风格。深得张翥、欧阳玄、揭傒斯等人器重，以中书省行走，征辟授婺州路稼轩书院山长，改授徽州路紫阳书院山长。入明，州县数荐起任，隐逸不仕。《中国历代人名大辞典》有传。

②该诗据《此山集》选录。

崇觉精舍

飞梁卧流水，复岭穿窅冥。
风雨山殿古，楹础莓苔青。
云气翳枯木，竹色环虚櫺。
永昼钟梵寂，残烛馀青荧。
幽堂肃阴阴，恍若游化城。
颀然老比丘，款客良有情。
扫叶作茗供，折铛煮松声。
楞严已不看，挂壁锡与瓶。
谈空了诸妄，说有归无生。
慰我山中人，顿有方外盟。
息心机虑湛，洗意根尘清。
取相本无我，离垢非净名。
倘可师忍粲，微言尔其聆。

注释：

①该诗据至正本《此山集·卷二》著录。崇觉精舍：位于松阳桐榔崇觉寺，据明万历《括苍汇纪·卷十五》载：始建于宋开庆元年（1259）。

松阳县水利博物馆（松阳县水利档案方志馆）

6.明·毛元淳

松川八景

镜水绕蓝

江娥炼秋水，铸出寒潭镜。
风蹙蓝一堆，波澄翠千顷。
淀汴凝不流，菱花碎无影。
虽不染春衣，自足明天性。

牛渚渔灯

群炎扑不灭，渔灯长夜灿。
金莲间水乡，珠斗下霄汉。
光射芦花渊，影摇杨柳岸。
江楼夜眺时，照入诗人眼。

下渡浮梁

括主知为政，浮梁建深涧。
巨鲸连百般，长虹接边岸。
驷马通相如，乘舆还子产。
南来北渡人，无复病涉叹。

注释：

①毛元淳，字还朴，松阳人，得庭训，幼读书，即有志圣贤学，手“濂溪、阳明”诸集，讲求不倦，棘闱屡蹶，亦无闷容。辑《寻乐编》为钱塘翁“一巘盟社”深赏，训新城，寻补会稽谕。刘念台一见器之，命主稽山讲席，著《日新录》。秩满归，囊箧萧然，唯赠行诗章盈帙而已。邑以德望推乡宾，寿七十三。民国《松阳县志·文学》有传。

②该八景诗据毛元淳《寻乐编》著录。

7.明·包仕登

南洲山

白沙翠竹寒溪头，山寺占断林塘幽。
云山正似客萧散，鱼鸟亦怪人风流。
具舟携酒谢佳意，挥扇赋诗追胜游。
那堪暂会即为别，背倚木叶鸣高秋。

注释：

①包仕登，字文举，松阳人，从王西山先生受《尚书》，得闻性命道德之学，应贤人君子聘，为国子助教。一日，明太祖召入武英殿，赐座，陈二帝三王之道，称旨，顾谓近臣曰：“此吉人士也”，以时访问，数有匡正。升齐府长史，潭王以其闻望雅重之，高丽国亦闻其名。所著有《两庵》《和陶》《璧水》《海岱》等集。成化《处州府志·卷九》、万历《括苍汇纪·卷十二》、光绪《处州府志·文苑》、民国《松阳县志·文学》、松阳《横樟包氏宗谱·卷一》有传。

②该诗据民国《松阳县志·艺文》著录。南洲山，在县东三十里。下有福安寺，宋王宽庵（王光祖，字文季，号宽庵）与朱晦庵论辨于此，信宿而去。下连象溪，山前有第一峰，后有双荐峰。下有南岩殿，颇灵应，殿前有放生潭。民国《松阳县志·卷一》。

8.明·汤显祖

松遂界石镜[1]

玉轮江上美人情[2]，黄鹤楼西石照明。

何似松阴侧圆镜，一溪苔藓暮滩声。

注释：

①该诗据汤显祖《玉茗堂诗·卷十四》、顺治《松阳县志·卷一》著录。《松阳县志》题作“酉山石镜”。

②又作“玉轮江上美人精”。误。

③汤显祖（1550—1616），字义仍，号海若、若士、清远道人。江西临川人。明万历十一年（1583）中进士，任太常寺博士、礼部主事，因弹劾申时行，降为徐闻典史，后调任浙江遂昌知县，又因不附权贵而免官，未再出仕。为中国明代戏曲家、文学家。《明史》、光绪《处州府志·职官》有传。

万寿山

9.明·魏观

逢仙岭诗二首

一

逢仙之岭皆悬崖，下有溪水青于苔。
丹枫吹过水西去，白鸟飞上崖边来。

二

行道一翁心甚急，石磴硗礅行不及。
前临绝壑后深岩，欲避前呵无处立。

注释：

①魏观（1305—1374），字杞山，蒲圻人。元季隐居，读书蒲山。太祖有下武昌，聘授平江州学正，迁国子助教，进浙东内道佥事、两浙都转盐运使。入为起居注，进太常卿、翰林侍读学士，侍皇太子及秦、晋、楚诸王授经，迁国子祭酒，年六十有六矣。以衰耄乞归，赐参政俸，优赡于家。既行，复召还，与詹同、宋濂赐宴奉天门，命名赋诗以纪其事。五年（1372），命知苏州府，三载政化翕然，修复府治，坐诬获罪以死。诏有司归葬武昌。

②该诗据《列朝诗集·甲集第十四》著录。

③题后自注："处州松阳县山也。"

10.清·王崇铭

小槎山舟行回郡

奔湍轻一叶，绝胜乘肩舆。
激雪骇飞鸟，渡沙惊冻鱼。
既无山磴险，复有枕衾余。
微醉衔觞处，尤欣可读书。

注释：

①王崇铭，阳城人，举人，清顺治七年（1650）任处州知府。

②该诗据民国《松阳县志·艺文》著录。

11.清·王玉汝

上滩行

姜文佑序略：“小厞，家景萧索，弥耽吟咏，无侘傺不自得之意。”

括苍道上万重山，中夹一流势奔逐。
五里十里白石滩，怒涛飞下石门瀑。
往为溪上舟如蚁，上滩不如下滩速。
巨舰滩下齐停篙，长条牵缆曳五六。
敌浪斗波迟复迟，前面来帆快飞镞。
譬如车行九折坂，欲上不上真踧踖。
力挽狂澜到滩头，回顾滩下阻舻轴。
地道无平而不陂，世途无岸而不谷。
十八滩中有惶恐，七里泷头闲钓竹。
利涉还应争上流，勿趋下流为归宿。
上滩滩尽便得潭，镜波平漾光可掬。
一声欸乃自在行，篷窗两岸山翠扑。

注释：

①王玉汝，字小厞，松阳人，廪生，家贫力学，著有《墨竹山房诗草》。光绪《处州府志·文苑》、民国《松阳县志·文学》有传。

②该诗据潘衍桐《两浙輶轩续录·卷四十八》著录。

12.清·毛斐然

郡试舟中咏秋景

青山夹岸水回环，树走云飞一棹间。
落叶打篷声瑟瑟，随波摇橹响潺潺。
江头乘兴浪思破，镜里陶情境更闲。
坐看霜林忘远近，烟鬟度过复烟鬟。

注释：

①毛斐然（1863—1933），讳成源，学名斐然，字云章，号西河，清光绪四年（1878）邑庠生，松阳西河人。公颖达倜傥，才华横溢，闻于乡里。创立“西河学堂”，首倡捐资修建高圳，引四都源水灌溉西河、麻阳塔农田数千亩。自号“西河野老”。自民国时期为松阳县五都区议员。

②该诗据《西河诗文集·下卷》手稿著录。

松阳十景歌·塔溪绿涨

涨绿泛小舟。白龙渡口，赤塔溪头。
桃红似锦，柳翠欲流。
阅历几秋，谁家城郭还依旧。
年华逝水，好景最难留。

13.清·刘 玠

塔溪绿涨

阴雨连绵涨碧溪，洪波万叠滚长堤。
舟人放缆随流急，一苇飞过赤塔西。

注释：

①刘玠（1711—1780），讳启玠，字锡龄，号酉山。贡生，松阳上安人。

②该诗据民国《松阳县志·艺文》著录。“塔溪绿涨”为“松阳十景”之六。

14.清·刘 瑊

塔溪绿涨

斜抱城东一塔溪，如油绿涨泛平堤。

群鸥遥逐风帆起，飞向苹花隔岸西。

注释：

①刘瑊（1726—1791），讳启瑊，字玉成，号梧园。贡生，候选儒学，工书法，松阳上安人。

15.清·高焕然

塔溪绿涨并序

塔溪绿涨，为松阳十景之六。在济川门外赤塔埠，两堰交通，灌田万顷。春雨初涨，临溪望之，碧色连天，不啻船如天上坐焉。相传昔有赤塔久被冲废，并城门亦荡然无存。今则遥望青蒙高塔，夕阳倒影，掩映溪流，亦有兴趣。抚今思昔，不免沧桑之慨矣。

春水漫漫赋济川，江天一色绿无边。

至今赤塔知何处，留得清溪灌万田。

塔溪绿涨（刘晓飞 摄）

16.清·曹立身

附邑十景·塔溪绿涨

一篙春水碧于油，雨洗遥山黛欲浮。
小艇移来芳草岸，兰桡微动不惊鸥。

古市八景·带水环襟

潆洄衣带锁溪流，激抱长堤古市头。
岸簇波纹波簇浪，一湾依媚小渔舟。

松阴溪与青云塔（刘晓飞 摄）

17.清·毛 恒

松阳道上阻雨口吟

连雨涨溪流，循溪古道幽。
林昏如欲暮，叶落乍惊秋。
茅店炊烟湿，松岗塔景浮。
仆痡予亦病，长叹拂吴钩。

注释：

①毛恒（1684—1742），字克亭，号荔园，毛以澳之子，遂昌关塘人。雍正四年（1726）拔贡。文矫健沉雄，诗亦精琢，兼工书画。执教昌山书院，延课南明书院。乾隆初，曾举博学鸿词，未赴，卒年五十九。著有《荔园文集》《远抱楼诗集》《四书解义》等。

②该诗据《昌山诗萃·卷六》著录。

18.清·刘廷玑

修通济堰得覃字二十四韵[①]

廿载兵荒后，民居半草庵。有田全借水，得堰每成潭。
自古资为利，于今圮不堪。欲修无实意，相聚总空谈。
父老心常切，参军事颇谙[②]。诸君当暇日，同我一停骖。
相度基虽坏，经营势可探。邻封求大匠，附近役丁男。
冶铁飞红焰，搜材砍翠岚。渊渊寻故址，垒垒列新龛。
手上千钧转，肩头数里担。沟深应费锸，沙拥急需篮。
防障开松闸，分流赖石函[③]。人谋天意合，雨少阳光含。
先后成功一，均平立则三[④]。自然农有庆，无复旱生惔。
夏喜禾苗秀，秋当稼穑甘。门前衣浣白，阶下米淘泔。
事事行无碍，年年乐且湛。跻堂群致颂，抚案独怀惭。
己力何曾用，天功未敢贪。古人遗法善，后世被恩覃。
在宋推何相，同时有范参[⑤]。莫忘垂创者，司马二詹南[⑥]。

注释：

①该诗据《蒿庄分体诗钞》著录。通济堰，今位于莲都区碧湖镇堰头村，1963年之前属于松阳县管辖。

②夹注："谓经历赵鍟。"

③夹注："水多则开闸以泄之，又恐山水势大横冲水道，另建石函于上，浮过雨不相碍。"

④夹注："上源、中源、下源，各定放水时刻，以息争端。"

⑤夹注："何丞相澹、范参知成大，俱大有功于堰者。"

⑥夹注："梁天监中，詹南二司马创始。"

⑦刘廷玑（1653—？），字玉衡，号在园，辽东人，清康熙二十七年（1688）年任处州知府，文采风流，关心民生大事，所在有政声。累官江西按察使。后降补分巡江南淮徐道。有《在园杂志》《蒿庄分体诗钞》《蒿庄编年诗》。

松阴溪景

往视通济堰过碧湖即事

霜打深潭彻底清，年来鸡犬乐升平。
隆冬闾里无寒色，卓午鱼盐有市声。
乡长指门求一额，染人收布让双旌。
为勤民事需民力，犹喜工夫不日成。

注释：

①该诗据《葛庄分体诗钞》著录。

由松阳至遂昌道中作

收尽残云始放晴，满溪水共板桥平。
经过一路少人迹，渐近小村闻碓声。
叠石为门从不锁，依山作县久无城。
劝农岂是寻常事，敢以荒凉废此行。

注释：

①该诗据《葛庄分体诗钞》著录。

19.清·刘符升

上安十景·芳溪鲤跃

一泓深似渚，常见巨鳌浮。
鼓翅思冲浪，修鳞待化虬。
朝寻兰芷戏，夕向湍洄游。
春雨雷鸣后，纵横遍海洲。

注释：

①刘符升（1641—1708），字秀肃，号敬庵。贡生，松阳上安人。

20.清·刘建英

上安十景·芳溪鲤跃

望洋何事到江河，源远流长便有波。
画鷁乱纹浮太白，夜涵清影漾嫦娥。
山村不比鱼暇会，泽国从来鳞介多。
泼剌一声破浪去，龙门直上乐如何。

注释：

①刘建英（1665—1737），字鼎侯，号云汉。贡生，松阳上安人。性最孝，父病，刲左股以疗。后再病，复刲右股，母病亦然。亲殁，与弟迪英庐墓侧。服既除，犹与弟作哭亲诗词，意酸楚，读者皆下泪。兄弟相师友，作文体格醇正。康熙六十年（1721）恩贡候选教谕。弟迪英，字惠侯，雍正十三年（1735）岁贡，候选训导，俱未官而卒。光绪《处州府志·孝友》、民国《松阳县志·孝友》有传。

21.清·刘迪英

上安十景·芳溪鲤跃

凿破天潢驾碧流，晓风初展露鳌头。
欲从汉路新金甲，不逐人间饵月钩。
鼓鬐时随桃浪出，扬须频向桂云浮。
峥嵘何必十年隐，平步雷鸣荡九州。

注释：

①刘迪英（1672—1745），字惠侯，号训夫，松阳上安人。清雍正十三年（1735）贡生，候选训导。

22.清·刘迈英

上安十景·芳溪鲤跃

一溪流水泻如银，鼓泄天机鲤跃身。
欲与蛟龙乘巨浪，先随鸥鹭养修鳞。
圣门昔日曾名后，孝子当年藉奉亲。
休道鹍鹏抟万里，须臾变化定谁真。

注释：

①刘迈英（1681—1740），字卓侯，号凌云，松阳上安人。清雍正年间（1723—1735）廪生。治家严肃，燕居无惰容，读书手不释卷，博涉经籍，精于《易》，著《易经解义》。诗文友健有奇气，邑令刘公赠诗奖之。光绪《处州府志·文苑》、民国《松阳县志·文学》有传。

23.清·刘毓宪

上安十景·芳溪鲤跃

清流一派映山庄，雨过金鳞跳掷忙。
水汎红英桃逐浪，鱼翻绿涨藻含芳。
登云额向龙门点，饵月须从石岛扬。
争得磻溪高士手，临渊钓出腹中璜。

注释：

①刘毓宪（1777—1851），又名宗基，字树范、佐治，号安溪。邑庠生，精医理，松阳上安人。

24.清·刘毓暐

上安十景·芳溪鲤跃

桃源有色鲜芳芬，无数潜鳞此地藏。
一曲溪流翻锦浪，环潭赤鲤伴鳟鲂。
龙门腾化滋云雨，太液泳游感圣王。
於牣非惟觇在藻，伫瞻鬐鬣各飞扬。

注释：

①刘毓暐（1794—1862），又名昀，字炳和，号朗轩。贡生，松阳上安人。

25.清·刘文礼

上安十景·芳溪鲤跃

人杰地灵溪亦芳，化龙鱼向此中藏。
桃翻细浪霞千叠，鲤跃清波水一方。
漫拟趋庭沾圣训，还同牣沼咏周王。
禹门有日争先渡，胜似随流恃激扬。

注释：

①刘文礼（1781—1848），又名俊士，字节之、灼见，号秀川。邑庠生，松阳上安人。

26.清·刘文远

上安十景·芳溪鲤跃

源泉混混望洋洋，鲤逐晴溪野兴长。
试看成龙鱼跳跃，闲观出谷水流芳。
恍同石首临渊涌，忽觉金鳞带藻香。
快变蛟腾弥活泼，河清待化护山庄。

注释：

①刘文远（1814—1884），字近之，号乐熙，善医术，松阳上安人。

27.清·刘国表

上安十景·芳溪鲤跃

望泮何事到山庄，混混源流逐浪长。
水泛浓英赤鲤跃，鱼吞绿涨清溪芳。
龙门掉尾登云近，太液展须饵月扬。
万里奔腾遥学海，朝宗一派景茫茫。

注释：

①刘国表（1840—1904），又名国标，字廷佐、得斋，号汉侯、凤阁。邑庠生，业儒，松阳上安人。

28.清·刘 崑

带水环襟

白鹭寻芳宿浅洲，长堤绿岸赋清流。
晓霞捧日穿陇岗，春雨断桥唤渡头。
雁落江长如环带，虹横潭影似花紬。
逍遥缓步垂纶钓，活泼溪云纵眼收。

注释：

①刘崑（1712—1784），讳增盛，字玉山，号来峰。邑庠生，精岐黄，好青囊术，松阳古市人。

②该诗据松阳《古市刘氏家乘·卷一》著录。“带水环襟”为“旧市十景”之四。

翱翔（叶新波 摄）

29.清·刘上珍

旧市十景诗·带水环襟

闲望城东绿水洲，烟波泛泛赋长流。
潆洄山雾穿城郭，环绕溪云罩渡头。
日落泓渟漂锦带，虬横潭影浪花紬。
飞鸣瀑布滋春草，隔岸红光夕照收。

注释：

①刘上珍（1742—1815），讳复璜，字真儒，号崑山。邑庠生，工诗赋，精岐黄，松阳古市人。

②该诗据松阳《古市刘氏家乘·卷一》著录。“带水环襟”为“旧市十景”之四。

30.清·邵起龙

旧市十景·带水环襟

白鹭寻芳宿浅洲，长堤绿岸赋清流。
晓霞捧日穿陇冈，春雨述桥问渡头。
风动寒波如皱绢，虹横碧潭似花紬。
逍遥缓步垂纶钓，活泼溪流纵眼收。

注释：

①邵起龙，字兰源，清乾隆年间（1736—1795）庠生，婺州人。

31.清·孟廷玮

带水环襟

一叶团圞驾小舟，渟泓依媚俯清流。
盈盈湍激萦衣带，渺渺波澜簇渡头。
雁落长汀随宛转，鱼翻叠浪滚沉浮。
溯洄在我襟怀抱，云敛晴空宿雨收。

注释：

①孟廷玮（1726—1783），字苍佩，号璞斋，清乾隆间（1736—1795）贡生，候选县丞，松阳旧市人。读书善属文，精草隶之法，遇事勇为，才猷练达。修古市文昌阁，与潘某等捐田给寺，朔望收拾字纸。又建造育婴堂，重修文庙，董修邑乘。尤乐於施济，邻人某因贫鬻妻，玮以金遗之，夫妇完聚。侄某贫而孤，代为婚娶，岁周其衣食，义声藉甚。光绪《处州府志·笃行》、民国《松阳县志·笃行》有传。

②该诗据民国《松阳县志·艺文》著录。“带水环襟”为“古市八景”之七。

32.清·刘志远

槎川十景·槎溪清溪

一道溪光映碧波，扁舟往返似抛梭。
村藏茂树云烟合，碓筑长堤鸟雀多。
短棹归来红蓼岸，几篙泛去白沙坡。
数声欸乃轻榣绿，宛若张君渡此河。

注释：

①刘志远，字尚之，清道光年间（1821—1850）松阳小槎人。

②该诗据松阳《槎川刘氏宗谱·卷一》著录。“槎溪清溪”为“槎川十景”第一景，其二“映霞古洞”，其三“文昌高阁”，其四“武侯名祠”，其五“长圩听竹”，其六“小港观鱼”，其七“垂济禅院”，其八“临清讲堂”，其九“独山览胜”，其十“义馆遐观”。

33.清·刘昌邦

小港观鱼

小港闲观彻底清，游鱼出没最光明。
沙堤竹影随波转，柳岸花飞逐浪轻。
翠鬣穿来萍乍破，金鳞跃处雨初晴。
放生碑古苍苔掩，泽畔欹斜老干横。

注释：

①刘昌邦，字杏村，清庠生刘吉庆长子，清道光年间（1821—1850）松阳小槎人。

②该诗据松阳《槎川刘氏宗谱·卷一》著录。“小港观鱼”为“槎川十景”第六景。

34.清·刘德元

佳溪八景

清溪晚渡

一溪寒水涵清浅，两岸炊烟接翠微。
浦外有帆斜见影，行人远带夕阳归。

桃源春涨

桃花时节雨浑浑，涨尽江潭花乱翻。
试遣渔人量旧迹，从前篙眼已无痕。

35.清·吴世涵

大水渡堰头

地险兼新涨，奔腾众派归。
舟穿千石去，水夹万山飞。
堰没灵蛇动，江空度鸟稀。
乱流何处泊，隔岸一灯微。

注释：

①吴世涵（1798—1855），字渊若，又字榕畺，遂昌石练人。少力学，博览群书，就读杭州敷文书院，有声誉。道光二十年（1840）中进士，初任博陵知县，后调云南，历任通海、太和、会泽知县，勤政爱民。58岁奔父丧，乘船急归，中暑而卒。著有《又其次斋诗集》七卷、《宜园笔记》等。光绪《处州府志·文苑》有传。

②该诗据吴世涵《又其次斋诗集·卷二》著录。

钓鱼岭下作

岭树青苍溪水清，仙翁曾此一竿横。
高情不学羊裘客，妄使人间识姓名。

注释：

①该诗据吴世涵《又其次斋诗集·卷二》著录。民国《松阳县志》载：钓鱼岭，在县南十五里。石级千余步，为东南通道。上有茶亭，名曰钓台。嘉庆间，石仓源阙姓建造，拨田施茶，至今称便。其山系吴人魁祖业。路旁大松多株，向为林福元所植。

36.清·沈 昌

夜泊小港口

霭霭暮云愁，溪声万古流。
霜寒枫叶落，月映荻花秋。
夜火明村岸，长风送客舟。
浮沉怀往事，身世一沙鸥。

注释：

①沈昌（1795—1823），讳兆昌，字亦农，号研农、燕天，松阳人，邑廪生。文思敏捷，工诗古，试辄冠群，著有《墨香草堂诗稿》。光绪《处州府志·文苑》、民国《松阳县志·文学》有传。

②该诗据民国《松阳县志·艺文》著录。

青烟泊港口（刘晓飞 摄）

遥望钓鱼岭

忆昔严陵钓，高风不计年。
泉光开鸟道，石色冷松烟。
山回疑无路，舟平似在天。
画眉声欲绝，萧瑟几秋前。

注释：

①该诗据民国《松阳县志·艺文》著录。

钓鱼岭远眺（刘晓飞 摄）

37.清·陈舜咨

净居口

宿雨初收晚，群峰翠色回。
云忙穿树去，水急破滩来。
白酒荒村店，乌鸦古戍台。
一番闲寂意，我欲问蒿莱。

注释：

①陈舜咨，字咨牧、云树，号春堤，永嘉人。嘉庆辛酉（1801）拔贡，著《茶话轩诗集》。

②该诗据《两浙輶轩续录·卷二十一》著录。净居口：今松阳县象溪镇靖居口村。

石马铺

山岚浓欲滴，溪水冷无情。
日暮白云合，幽禽啼雨声。
人家修竹隐，石磴落花轻。
客思同春思，悠然相与清。

注释：

①该诗据《两浙輶轩续录·卷二十一》著录。石马铺：今松阳县象溪镇石马铺村。

38.清·丁汝为

石佛岭广福寺二首

一

卓锡年来凿此山，拈花卧树几时还。
真经说尽无人悟，默坐云头看世间。

二

刹树巢云晓钟冷，岩潭泊月仙梦孤。
行人不识禅机妙，笑向峰头唤渡夫。

注释：

①丁汝为（1793—1879），又名岩庚，字宣侯，号仙邨、判春使者。清同治间监生，松阳城南人。

②该诗据民国《松阳县志·艺文》著录。民国《松阳县志》载：广福寺，在石佛岭，为上府孔道，行人往来憩息之所。

39.清·王梦篆

石佛岭

顽石何圆满，千声作佛呼。
诸天无倚著，端坐俨跏趺。
破寺云根出，轻舆竹杪扶。
山僧煮茗侍，随意拾樵苏。

注释：

①王梦篆（1738—1820），字文沙，号秋雨，又号窥园，浙江遂昌邑城人。清乾隆五十九年（1794）岁贡生，酷好吟咏，晚就师于陆太冲，迭相酬唱，为梁山舟太史所赏识。著有《窥园诗抄》六卷，收录诗词590首。光绪《处州府志·文苑》有传。

②该诗据《窥园诗钞·卷三》著录。

40.清·朱鸿恺

石佛岭

离城数里遥，石佛半空现。
屹立白云中，巍然俯郊甸。
色相本天成，何劳金碧眩。
松杉当袈裟，烟霞供馐膳。
阅历数千载，庄严岂更变。
不藉五丁手，面目真已见。
下视往来人，行险颇兢战。
环溪水千尺，奔流如急箭。
彼岸庶诞登，慈航仗利便。

注释：
①朱鸿恺，字茂仁，号吟陔，桐乡人。清贡生，官丽水训导。
②该诗据《两浙輶轩录·卷三十六》著录。

41.清·范光曦

石佛岭

始信如来自有真，蒲团高坐碧嶙峋。
天回法雨千岩净，山进香花万象春。
岂是点顽初现相，缘知松化即前身。
钵中莫道无甘露，月涌溪流不染尘。

注释：
①范光曦，甬上人。
②该诗据民国《松阳县志·艺文》著录。

42.清·周日灿

石佛岭

滩春日夕撼岩空，两岸云阴映远峰。
花气暗随舆幔改，波纹闲逐睡鸥工。
偶因险迳惊恬目，便借游程逐转蓬。
爱杀柳边鱼艇系，数声芦笛一溪风。

注释：

①周日灿，即墨人，贡生，清顺治六年（1649）任处州同知。光绪《处州府志·职官》有传。

②该诗据顺治《松阳县志·卷一》著录。

千鹭齐飞

43.清·饶庆霖

石佛

盘踞高崖境自幽，一生无虑更无愁。
宛如坐榻常穿膝，谁与谈经使点头。
历尽星霜忘我相，纵来风雨不邀俦。
临溪波险鸥偏稳，对岭钓鱼孰下钩。

注释：

①该诗据民国《松阳县志·艺文》著录。

赤壁夜游[1]

黄公小隐景偏饶，依旧雅名赤壁标。
绝胜江山留月夜，重游诗酒动兰桡。
其人曾否梦孤鹤，有客还能吹洞箫。
韵事坡仙谁续响，岩前云水自迢迢。

注释：

①饶庆霖（1797—1876），原名秀斌，字若汀，松阳城北人。幼聪慧，性孝友。未冠，补弟子员，旋食廪饩，设帐城西徐花园，从游日盛，春风化雨，培植多才。十余年间，歌采藻赋，鹿鸣赓选，捷提南宫者，指不胜屈，如叶维藩、叶文田、潘步贤，尤及门中之佼佼者。生平究心经史，作文尚清真，读书多创解。明鼎云学士美其才华，延为西席。端木太鹤先生，魏荇汀、叶梅生明府，吴榕疆孝廉辈钦其品学，引为知友。自是，文艺益粹，声称藉藉，名溢都门，遂于甲午（1834）北闱，名登贤书，惜六试春官，屡荐不第。晚年，尤究心于先贤语录，褆躬谨饬，不愧一代经师。邑侯汤竹筠，聘课子侄，复请掌教明善书院，主讲几三十年。丙辰（1856），拣选知县，适洪杨余党窜入松境，在籍筹办团勇。及寇去，又办善后各事宜。举凡建复县署，修整祀庙，兴造学舍，纂修邑乘，迁建明善书院，殚精竭虑，日无暇晷。著有《消夏录》五卷，《五经经义附注》二卷，《分类试帖》四卷，《纪述吟草》一卷。寿至八十而终。民国《松阳县志·文学》有传。

②该诗据民国《松阳县志·艺文》著录。“赤壁夜游”为“城西八景”之四。

松川十景·龙溪锦浪

赤溪回抱似龙蟠，锦浪如鳞势欲奔。
万顷田畴资灌溉，桃花开处有仙源。

44.清·周 风

赤岸八景诗

赤溪环带

溪水如环带，长流绕赤居。
众家欣有托，吾亦爱吾庐。

赤溪环带

川流似带绕村居，赤溪春涨绿盈渠。
有人悟得天机畅，度若汪洋乐波余。

仙石长堤

非同苏白两名堤，植柳栽花供客题。
只因灌溉粮田切，石圳长成保庶黎。

注释：

①周风（1815—1884），讳家训，又名樟培，字邠人，号淳斋。清贡生，松阳赤岸人。

45.清·徐赞唐

南州四景

潭守伏狮

赫赫伏狮守碧洲，趁潭临水滚珠毬。
口含隐约昙花发，势急溁洄贝叶浮。
地结南岩到处显，源归北海抱村流。
多多人士欣游赏，印度波罗生放留。

溪抱眠牛

一曲清溪抱枕流，遥看岩石像眠牛。
浴身河畔甚安稳，洗耳江边尚逗留。
头向通衢笼似索，尾形小径挂如钩。
路将牧童神址改，扼守源泉混混投。

注释：

①徐赞唐（1860—1936），讳承孝，又名贤栋，学名赞唐，字尧卿，号鸿南。邑庠生，松阳南州人。

46.清·诸克任

瓯江道中

声声杜宇苦相招，又趁南风上画桡。
雨后晴山浓似黛，滩头急水健于潮。
半生官路羞长铗，一夜乡心逐大刀。
多谢使君珍重意，且判尽醉永今宵。

注释：

①诸克任，字伊人，号虚白，仁和人。乾隆丙辰（1736）举人，官宁波教授。朱彭曰：虚白才识明干，娴于吏治，应铨知县，力辞不赴，以儒官终，盖其恬淡有素云。诗多散失，兹就其家蒐录遗稿，以见一斑。

②该诗据《两浙輶轩录·卷二十二》著录。

47.清·梁步瀛

长圩听竹

凭观野竹绕长堤，一径千霄翠色迷。
逸响时闻深港北，清音独听小楼西。
风吹篆荡声偏细，雨滴琅玕韵更凄。
问訊[illegible]浮红日照，乘凉客喜绿阴齐。

注释：

①梁步瀛，字登之，清道光年间（1821—1850）庠生，丽水宝溪人。

②该诗据松阳《槎川刘氏宗谱·卷一》著录。“长圩听竹”为“槎川十景”第五景。

48.清·潘 昶

古市十景诗·霏溪练白

谁将素练挂长川，逐浪随波独擅娟。
一道常涵明月照，千寻每与白云连。
飘扬疑是西施浣，漾荡浑如织女捐。
应为染人染未得，中流一匹自年年。

注释：

①潘昶（1702—？），讳允耀，字荣若，松阳古市观口人，清庠生。

49.沈 昌

游小桃源

乾坤世外绝尘缘，两岸桃花别洞天。
一带清溪春水阔，渔人无事话秦川。

注释：

①沈 昌（1795—1823），字亦农，廪生，松阳城东人。文思敏捷，工诗古，著有《墨香草堂诗稿》。

50.曾友颜

落泉渠

穿村流水正多情，亦学湘云鼓瑟声。
只为高低岩触突，时时作此不平鸣。

注释：

①曾友颜（1840—1889），字纪煇，号晓鲁，贡生，松阳午岭人。直隶州州判。建言普及松阳乡间育婴堂，并结社联名育婴堂革故鼎新，成效显著，受到知县皮树棠器重。又于太平军兵燹后，投身于建亭祠、立义冢等义举。平生好吟咏，著有《启后集》《苦劳人抒情草》。

51.吴国玟

邮亭远眺

寻芳揽胜到邮亭，嫩柳含烟隔远汀。
极目迢遥千里道，悠悠山绿与山青。

注释：

①吴国玟（1701—1781），字文石，号逸山，贡生，松阳周安人，掌教明善书院十余年，虽家境贫寒而操守清廉耿介，深受历任知县敬重。乾隆三十九年（1774），选授武义县学教谕。终身笃志好学，手不释卷。有诗70余首存世。

松阴溪绿道

52.丁正中

竹溪变迁感怀

九芝山下广良田，更换如轮几度迁。
恃巧难承宗祖业，积金未卜子孙贤。
豪横瞬息今安在，童叟歌谣觉可怜。
八十老人亲极目，应宜守拙乐天然。

注释：

①丁正中（1639—1724），字上卿，号素园，松阳城南人。康熙年间，拨助田亩予赤塔溪桥渡、叶雪庵公祠，响应捐资修文昌阁、明伦堂。雍正间，廪贡，入监肄业，考授山东峄县（今属山东枣庄）县丞，以年老而辞不赴任。以文名声誉著闻，尤工于诗，著有《素园诗集》。

53.杨光格

溪桥避雨

黑云翻墨乍遮山，赖有村桥屋数间。
大雨挟风如注镞，坐看溪水涨前湾。

注释：

①杨光格（1853—1924），字楙荠，廪生，松阳玉岩人。民国时期县议员、参议员。

54.吴邦韶

赤岸村境图

小村水木最清华，柳色青青处士家。

牧笛声残炊影乱，一溪烟雨漾桃花。

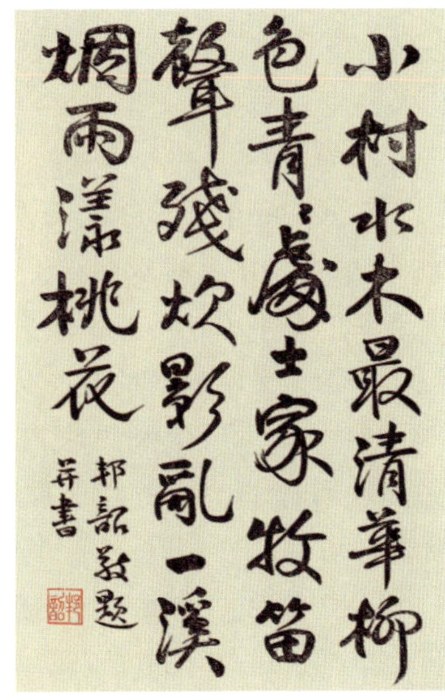

（吴伟民 提供）

注释：

①民国《赤岸村志》卷首，村人吴邦韶作《赤岸村境图》诗歌。

②吴邦韶（1897—1993），官名宣，又名云庵，字扬熏，又字景韶，松阳赤岸人，吴朝冕次子。杭州私立广济医学专门学校毕业。历充浙江第一师军医官援闽副司令部前敌野战病院军医官，旋改浙江第一师师附军医官及杭州大英广济医院医士、兼私立广济医学专门学校教授。民国十五年（1926），应赵舒（缙云人，拥护国共合作的国民党左派，曾营救周恩来）邀赴黄埔军校军医处任卫生科长；十七年，任南京警卫司令部军医处长；二十年，任十八军十一师军医处长；二十四年，任武汉军事委员会行辕秘书；二十五年，任广州行营第四组少将组长（专管医务）；三十四年，任军政部军医署少将副署长，后升国防部军医署中将署长；1950年部队在重庆起义，经整训后分派云南省任卫生防疫站副站长至退休。

55.何修

瓯江月夜放舟

潮随寒月上，舟趁晚风行。

犬吠橹声急，鸡啼帆影明。

天连江水白，梦与岸山清。

晓迎远钟动，霭中是鹿城。

注释：

①何修（1885—1927），又名樟发，字若泉，号梅倩，庠名渊文，松阳西屏人。世居松阳七都上河村，父家秀公，徙居城南，以商业起家，早卒。

56.程东源

欣闻张侯重造白龙堰碑出土

遥闻故乡碑[1]出土，先人伟业世代崇。

惊获拟置古堰终，辗转反侧意不从。

拯救热血夜铸文[2]，飞邮松阳主官公。

“四纵一横”几淤平[3]，何忍架刀白龙中？

注释：

①2003年4月下旬，西屏镇项弄村村民在修建埠头时，挖出一方高1.50米、宽0.80米、厚0.10米的水利碑。其碑额“张侯重造白龙堰记”8字为篆书。其碑文记载着清康熙十七年（1678）松阳知县张景留重修白龙堰一事。

②指《文物保护的喜与忧》和《都江堰与白龙堰》两篇文章。

③“四纵”指松阳城内原有的环城水系4条沟渠（城门头坑、马头坑、钟楼脚坑、古湖坑），“一横”即白龙堰。现今“四纵”仅留古湖坑，其他都已填埋或成暗沟。

④程东源，出生于1938年，松阳县西屏镇人。中国人民解放军总医院、中国人民解放军军医进修学院专家组教授，著名脑神经外科专家。程东源少小离家，对故乡充满着眷念之情。遥闻县城白龙古堰及其渠道将被填埋开发商品房，他连夜撰文，致家乡领导，希望县领导在谋划改造旧城发展经济与保护古县文明的同时，要以长远的眼光，对待千年古城的历史文化遗存。

惊起（刘晓飞 摄）

叁

鸿俦鹤侣

治水人物

建堰筑堤立千秋

1.买住为民筹款修复金梁堰

买住，字从道，家世唐兀氏，广平（今河北省广平县）人。元元统元年（1333）进士出身。曾任保定路安州同知。元（后）至元六年（1340）转任松阳达鲁花赤。同年金梁圳堤被水冲毁，引水渠道两侧堤岸坍塌数十丈，渠道淤塞，无从引水，致沿渠田地苦晒，民不聊生。买住目睹斋坛等地旱情严重，便筹款率众赴金梁堰，且不辞辛苦，身临工地，督促修复金梁堰输水渠道，引水溉田。至正四年（1344）松阳大旱，农民结队祈雨，金梁堰民又获其利。当地群众感念其治水德政，名此堰圳堤岸为“宣公堤”。

两年后，买住秩满离任。县人难忘其治水德政，派人赴郡请准为之立碑。至正六年（1346）正月，处州总管府府判刘基（后为明太祖朱元璋之大臣）闻知松阳邑令买住关心民瘼，锐意治水，有功于地方，亦深为感动，遂撰《邑令买住公去思碑》一文。松阳金梁堰灌区的父老为之勒石志念。其治水功德传至今天，已越680多年，仍在群众口碑之中。

2.周汉杰独资筑建白龙堰

周汉杰，字德间，松阳西屏人，生于元延祐六年（1319），卒于明洪武五年（1372）。据民国《松阳县志》记载，周汉杰幼通经史，长精武略，元季寇乱，率子弟保障子民。明师入括苍，辟公守御处州，元末丙申年（1356），合兵数万，东取瓯海，屡建大功。

周汉杰牵念地方众百姓的农田灌溉，独自捐金并主持修筑白龙堰及其渠道，灌溉东乡（今项弄、白沙等村）良田70余公顷，群众因得其利。

后经钦准立祀，址白龙堰坝北岸渠首航船头，名曰石柱殿（今已圮），奉公神主，以表其治水之德政。

3.周宗邠青龙堰迁址一策，收水之利，绝水之患

周宗邠，号洪庵，江苏毗陵（曾称武进，今江苏常州市郊）人。进士出身。明万历二十二年（1594），任松阳知县。在周宗邠到任前数十年间，百仞堰（即青龙堰）被洪水冲圮未复，致田禾苦晒，民难安生，青壮思念别土。周宗邠到任不久，百姓便纷纷反映水毁堰坝未复之事。周宗邠力任其事，并设法争取国库与民资各半，拟修复堰坝，变水害为水利。时南乡人坚决主张复坝，以利灌溉；而堰旁北乡因地势稍低，春夏间溪流堰坝受障，辄漫衍漂没庐舍，为民之大患。故北乡民人力争不可复坝。因是，两乡交哄不已。

周宗邠亲往实地踏看水脉后，说：堰坏则西北各村庐舍无漂没之患，而南乡田土受晒；堰复，南有灌溉之利，而北舍可虞。较而言之，灌溉利大，漂没之患弥大。于是，决定徙坝基西上数百武（古代6尺为步，半步为武）。新坝址地势稍高，南可决水灌溉，北无漫流漂舍之患，永垂大利，亦杜争端矣。

周侯一策，两利俱全。明屠赤水（屠隆）在《百仞堰记》一文中写道："郡丞宛陵许公赴实地，亲诣相度曰：'韪哉（是呀）周君策，收水之利，绝水之患。'"屠隆另在明万历二十三年在碑额内《重建百仞堰碑记》中不仅记录了重建百仞堰的过程，而且记载了堰坝工程的规模和开、竣工时间："堰袤八十余丈，广四丈，基入土三尺，边设闸以时启闭。工肇于八月八日，竣于明年三月十日。"

万历二十五年（1597）六月，南乡横山村村民、百仞堰之堰长等联名，自费为知县周宗邠勒石纪事颂德，碑额为《周侯治水德碑》。此碑至今犹在。周宗邠在治青龙堰取得的成就，为后世传颂迄今。

周宗邠不仅在治水上，而且在建祠、庙、桥等方面均有不少建树。

4.屠隆撰写《百仞堰记》

屠隆（1543—1605），字长卿，又字纬真，号赤水、鸿苞居士，万历五年（1577）进士，浙江鄞县人，明代文学家、戏曲家，曾任颍上知县、青浦知县、礼部主事、郎中等官职，为官清正。其虽在遂昌、松阳纵情游历、戏曲、诗酒，但仍不忘关心民瘼。明万历二十三年（1595），屠隆和汤显祖一同游历松阳期间，耳闻目睹知县周宗邠，关心民瘼，致力为民办实事，修复百仞堰之事。盛赞周宗邠，亲自登山涉水，调查民情，彻底摸清百仞堰水利水患及数任州县主官对于修复百仞堰久拖不决、两乡民众围绕百仞堰争端不息的原因。感慨松阳知县周宗邠的治水之策和百仞堰工程

之宏伟，并受堰旁诸生父老请托。《百仞堰记》翔实记载了百仞堰在明万历二十二年的迁堰历程，表达了水利工程兴建与否的“利七害三，则兴利；利三害七，则避害；利害相半，与其有利，不若无害”的七三利害法则。同年又为《重建百仞堰记》碑刻撰文，使百仞堰的历史得以传续。此碑今犹在。

5.林大佳循衡利害，复修青龙堰，抗争洪水，倡筑青云塔

林大佳（生卒年不详），字颖凡，广西隆安人。明万历二十五年（1597）中举人。明万历三十六年（1608）知松阳，关心民间疾苦，热心治水，深得民心。

据《处州府志·祥异志》记载，万历三十二年（1604）松阳地震，万历三十三年（1605）至三十七年（1609），松阳连续五年大旱，田禾尽槁，一望萧然。赴松任职对林大佳是一场极大的考验。

林大佳到任后，留心水利，即行调查，问民所便。林大佳遵循，“较城乡之利孰多，则从其多；较何家堰与百仞堰之费孰廉，则从其廉。”最后，“毅然不摇群喙”，决定兴诸周侯之往迹，修复百仞堰，又议设里河闸式，设置渠闸，旱则闭，令东南不病田；涝则启，令西北不病邑，盖两利而全之。林大佳维护了周宗邠之迁堰成果。

李鋕《百仞堰记》称：“林君水利一方，乃仁牧之大端。虽古循吏，何以逊焉。”

林大佳在衙门理政之余，还十分关注地方教育。他“暇则进诸生问业”，对松阳学子们关怀备至。在繁忙的公务间隙，他经常邀约生员们到县衙做客，与他们交流读书的感受和经验，有时还亲自到县儒学巡看训导、教授和生员。

当时，民间有一些关于松阴溪水几经改道后，直入青蒙山横山水口的议论。说的是松阴溪水畅，邑气泻。所以自从元明以来，天灾频仍，文运蹇滞。关于水口的议论，很快就引起林大佳的注意。松邑水口位于县城东南隅青蒙山脚，松阴溪自西北而东南，横贯松古盆地，于青蒙山和横山的夹峙中奔腾而去。按堪舆说，水口出水忌直，水口更忌敞露。露则气泻，财人两亏。为关锁水口，蕴积内气，水口常建寺、塔和廊桥。早在唐宋前，松邑水口上的青蒙山和横山分别建有佛寺。林大佳顺应民意，积极联络地方乡绅百姓，倡议建设高塔以镇风水，并慨然捐俸百金。这几乎是他在松阳任职四年的所有积蓄了。邑人纷纷响应。不久，建成了一座六角七级，高三十一米的高塔。林大佳会同众学子，改青蒙山为青云

山，以山名塔，取意“青云得路”。祈愿松邑年年风调雨顺，学子科科青云得路。这座“青云塔”位于松古盆地东南隅的青蒙山山顶，下临松阴溪，隔溪与横山相望。登塔西眺，整个松阳县城及周围村落、田畴尽收眼底。塔建成以后，松阳县民风蔚然、文运兴起。该塔原为“松阳十景”之一，名“塔溪绿涨”，现在是县级文物保护单位。

《松阳县志》载：“青云塔，为邑治水口之华表，又在县城巽方，主文风青云得路之意，故名青云塔。”《处州府志》记载：“相传形家言松水过直，气泻，宜建塔青蒙山镇之。慨然捐俸百金倡始而塔成，改山名曰青云。”这里说的捐俸百金的知县正是林大佳。

6.张景留开浚七堰，督修力溪堤

张景留，奉天辽阳人。康熙十五年，任松令。勤敏有声。当闽寇蹂躏之后，招抚流移，设立义学，修葺学宫。时值歉岁，力请蠲赋，代偿积逋，允称“德政”。于康熙二十四年升山东沂州知州。

清康熙十七年（1678），知县张景留主持重修白龙堰，百姓感其治水德政，为其刻石，碑额为《张侯重造白龙堰记》。该碑碑额为篆体记，“张侯重造白龙堰记”及“康熙十七年秋”等字尚可辨认，其余碑文已漫漶不可辨。

据康熙十八年（1679）冬立《修复管洲堰碑记》记载：清康熙年间，管洲堰属观口堰子堰之一，堰道闭塞，遇旱无收，田荒粮绝，人逃村庄。知县张景留到任后，巡行阡陌间，问民疾苦。见状怃然曰：“有是哉，是尚可不亟谋水利乎？”乃下令诸父老乡亲开圳道以备旱涝。同时他自己捐俸五十余两，买田开浚圳潭，迁移宅墓，不数月而长功告成。康熙十八年（1679），天旱异常，稻米尽槁，而管洲堰灌区却粮满仓箱。乡民饮水知源，请人篆刻碑记，以记张公德政。该碑还明确记载除管洲堰外，张景留上任来相继开浚了瓜渚、瓜渚子圳、曹圳、通泽、霏溪、白龙等七堰渠。距其到松仅三年之余，就开浚七堰之多，可谓是治水模范。

清康熙二十年（1686）五月，松阳大水。十四都力溪水堜堤防三百余丈水毁。田伤数顷，屋遭几没，老幼惊惶。张景留为修复水堜（堤防），亲赴勘察，并发榜文告示，派资督修。

7.汤景和劝捐筹款汤公堤，秉公凿定放水期

汤景和，号竹筠，云南邓川人，嘉庆辛未（1811）进士。道光六年（1826）选授松阳知县。在任十九载，宽厚爱民，咸颂慈母。如重建学宫、课士训俗、勤农惠商，诸政绩至今犹脍炙人口云，特别是“古者治地，莫重于沟洫，今之堤堰是也”，把堤堰兴筑视为治县之重。

松阳城南济川门外，乾隆、嘉庆年间，河水恒冲入城，城南市墈头下水深齐腰，历损民居。道光十五年（1835），汤景和劝捐筹款，筑堤围之。自此，涨水顺流，县城得免水患，城中人民的生命、财产遂得平安。后人因是以“汤公堤”名之，借以志颂汤公治水之绩。

汤景和在松阳任职期间，一直关心水利。道光十三年（1833）八月，屡次徒步现场，就金梁堰十五、十六、十七都各村分水纠纷进行协调。经磋商，排解纷争，达成协议。嗣后勒之于石，碑额为《奉宪示勒金梁堰碑记》，以垂永久。

道光十四年（1834），松阳县竹溪村民黄宗远、郑三良等上呈诉至浙江巡抚部院，控松阳县河头秀才徐夔等霸截龙石圳圳水。同年六月二十三日、七月二十六日、八月十四日，浙江巡抚部院、布政使、处州府宪分别作出批示，要求县官吏立即查找，核议缘由，抄详来文事由等。

汤景和奉令亲赴市口龙石堰渠道分水处，为河头、大竹溪等村庄的多年水期纠纷，进行实地勘察和历史调查，秉公出具案情缘由和事实，并提出新判决意见。经处州府核议后上报布政使司。布政使司核查后，作出批复，“既据该县汤令勘汛明确，……轮流分水期自昔酌定日期至今，并无偏佑，应请府如县断，悉照旧定水期轮流灌注，饬县给示勒石永远遵循，以利农田而杜争竞。”

据此，汤景和对龙石圳水期纷争一案作出裁定，并发榜示，勒石立碑，以垂永久。

道光二十二年（1842），汤景和又亲勘响石堰，组织督修响石堰石堤，历时三年，至道光二十五年（1845），筑成了长“三百来弓”即长约500米的石堤。

汤景和关注水事，甚得人心。关于其治水的口碑，至今犹在民间传颂中。

管理维续传万年

1.李钟秀开创“飞检”查面积，更正立碑维水权

李钟秀，奉天人，监生。康熙二十七年（1688）任松阳知县。

芳溪堰位于松阴溪支流十三都源（古称芳溪）源口，自宋创建以来（具体年份已无考）。分上下二堰，上堰古立南北二门，北门灌十三都源口、上安等地方田地，南门堰水灌溉下堰十四都、十五都力溪、岗坞、大齐、后肖、高岸、包村、塘头等地方田地。自宋以来，历传古榜圳图，推行力溪、岗坞六日，源口五日、五小坦（指大齐、后肖、高岸、包村、塘头等村统称）三日，共十四日一轮的轮流灌溉。十四日轮灌制的确定依据是该圳开筑之初，源口、岗坞、力溪三庄先民出资共筑，五小坦村民并不在内。是以五小坦田亩虽多，而轮灌之期独少。因有古榜圳图为依据，历无争议。

康熙二十五年（1686）闰四月，大雨数昼夜，廿六日。县城南门水满数尺，身可入城，傍晚民宅被淹，泥墙多坍塌，芳溪堰南头堰门平水石被洪水冲坏，一二堰坝亦圮。存放保管古榜圳图的堰长房屋因洪水漂荡，墙屋俱倒，古榜失坏。虑日后无查，堰长周永良等六位堰董呈状松阳县府。“叩乞宪天敕赐印照，炤旧灌溉，以存后验。”时任县令周名播于同年六月初七日批示准照。

康熙二十七年（1688）二月，源口村民刘世广等告力溪村民周时远等藏匿水期故榜、恃强夺灌等情。李钟秀上任初始，因不了解芳溪堰水期历史，据呈诉描述，斟酌田多水少之情，确失平允。随即亲行踏勘，谆谕乡约练长等，开具各坦实在田亩。为确保所报灌溉面积的真实性，李钟秀于康熙二十七年（1688）四月十一日，专发榜文告示。详细明确了各户、村的统计调查范围、上报程序和县府的复核方法，并明确了虚报面积者承担的处罚措施，在复核面积中开创“不拘时候亲往丈量”的“飞检”模式。

康熙二十七年（1688）六月廿日，李钟秀依据所调查的各村灌溉面积，对芳溪堰自宋以来的十四天轮灌制作出了第一次变更调整判决，十四天一轮不变，而将源口五

日调减为三日，五小坦三日调增为五日，并颁发榜文告示各坦居民，强力推行其水期变更。

芳溪堰水期在李钟秀判定变更后，源口片区先民不服其判定，并上诉处州道府。康熙二十九年（1690）八月，道府批查芳溪二堰乃岗坞、力溪、源口先民创始，水期应遵循历史，不许搀越紊乱。至此，芳溪堰水期轮灌制按照旧制又“循照旧案，总共十四日为一轮，周而复始，勿得违错。”李钟秀为落实道府裁决，又以知县李钟秀立为落款，刻勒芳溪二堰水期碑记，亲立碑石于堰侧，告示合堰各坦居民知悉遵循。

2.郑伟全、曹立身先农后工，创抗旱调度用水原则之先河

郑伟全，龙川人，举人。康熙三十年（1691）任松阳知县。

曹立身，号榆关，山西平定人。由举人于乾隆二十九年（1764）任知县。催科不扰，折狱平情，学宫及县署大堂、育婴堂均筹捐修葺，依次告竣。又修砌石佛岭道路，以便行人。

乾隆三十四年（1769）夏，正值夏天高温干旱季节。十四都力溪（今樟溪村、力溪村）民人周尚德等，联名具词呈诉十四都樟村（今樟溪乡樟村）钟某等人，恃富霸占水利，饵诱力溪村周某等，擅将水期盗卖盗买，并不时偷放圳水，用于新旧水碓七座运转加工，以致圳水出溪，所有田亩收成十室九空。为防止将来再次出现该类事件，要求松阳县府出示规定禁令，杜绝后患，以保民生。

曹立身接案后，开展案情勘察，查阅了松阳县历史档案，确实在康熙三十年（1691）知县郑伟全任内，出现了相同的案情。郑伟全知县对盗卖盗买水期，偷放圳水、破坏农田灌溉者进行“录讯杖责示儆”，在水碓用水和农田灌溉之间作出了“冬季轮转，春夏及秋溉田”的调度原则规定。并出示公告，定规在案，要求各坦遵守执行。

曹立身依据郑伟全知县的判决和调水原则于乾隆三十四年（1769）十二月十六日再次出榜告示：“倘有恃横于越，不遵以田禾需水之时，蓄水私放转碓利己害人者，许令圳首等指名呈赴。本县以凭，严拿重究。各宜凛遵，毋违。”

在保障农业用水和工业用水调度原则上，300多年前的郑伟全、曹立身两位知县所确定和维护的原则和现今国家防汛抗旱指挥部所颁原则完全一致。

3.江思濬善调解息纷争，变更芳溪堰水期

江思濬，号明洲，重庆人。由拔贡生分发浙江。道光元年（1821），署任松阳知县。明断多才，案无留牍。兴利除弊，大治舆情。勤捐城乡社谷数千石，置廒存储，以备荒歉，地方尤沾惠泽。

道光三年（1823）松阳县先洪后旱，芳溪一二堰先毁后修，仍引水灌溉。但旱时，灌区内的五小坦片区因田多水少，为争取更多水期，五小坦民人李石光上控力溪村周增庚霸占芳溪堰水至闽浙总督和浙江布政使。道光三年十二月十九日和二十五日浙江布政使司吴某宪和闽浙总督赵某分别批示，指示松阳知县办理此案。

江思濬奉批办案，全面了解了芳溪堰的建堰历史及十四天轮灌制的确实缘由。详查康熙二十五年至康熙二十九年前任知县李钟秀所历的水期纷争案程。细心听取各方意见后，提出了变十四天一轮为十五天一轮的水期变更方案。新的变更方案为力溪、源口两村水期不变仍为六日和五日，五小坦增加一日，即从原来的三日变四日。

为了让变更方案三方均能接受，江思濬开展了大量的思想说服调解工作。首先，尊重历史，肯定了原十四天轮灌制的合理合法性。“本县抵任，勘讯前情，查该圳开筑之初，系源口、岗坞、力溪三庄先民出资共举，五小坦之民并不在内。是以五小坦田亩虽多，而轮灌之期独少。本县复查，水利有关田禾灌溉，理宜周边。”这一说法从投资所有和历史渊源上维护了力溪、源口村民的利益，又压制了五小坦人过高的水期欲望。其次，面对现实，发扬风格，互相通融，解决纷争。现实是五小坦人确实为田多水少，需要力溪、岗坞、源口三村像先民一样继续施恩酌量通融支持。“开圳之初，五小坦未曾兴力，原不得与出资公筑之三庄（力溪、岗坞、源口）并论。虽其田亩较多，不敷灌溉，自应酌量通融，以副先民施恩之意。”

经过江思濬知县整一年时间有理有据耐心细致的调解。最后力溪、源口、五小坦达成一致意见。同意自宋以来的十四天一轮的水期变更为十五天一轮。道光四年（1824）二月二十一日，江思濬知县颁发告示并照示勒石《奉宪勒石碑》，以垂永久。芳溪堰水期十五天轮灌制，虽在光绪七年（1881）又现纷争，经县府得以维护，直至20世纪80年代杨岭脚水库和十三都电站西源拦水堰建成后才告终结，退出历史舞台。

松阳县水利博物馆（松阳县水利档案方志馆）

肆

观今鉴古

民俗水事

水事活动

1.旱年祈雨

《诗·小雅·甫田》称："以祈甘雨，以介我稷黍。"在生产力水平低下的漫长历史上，人类对水旱灾害的控制能力较低，只能依赖自然，乞求上苍的恩赐，于是，以祈祷形式旨在赢得老天神灵的护佑，以求生存和发展。历经漫长岁月的沉积，祈雨已成境内民俗信仰活动之一，且相沿成俗。

光绪、民国版的《松阳县志·风土·习尚》中写道："松邑半多山田，易致干旱。如逢夏旱，农民辄喜求雨，名曰抽龙，三都尤甚。"对求雨，旧时《松阳县志》还作如下记述：每逢久晴不雨，田禾苦晒。农民便约期会合，乡村丁壮各执器械，且用道士（俗称法师）开道。在求雨场地设祭坛，举行禳灾仪式。丁壮齐集一处，立一竹竿，法师缘叉而上。这时，求雨乡众，便呼天号地，口念善言。与此同时，锣鼓震天，势甚汹汹。亦陋习也。

松阳农村旱年求雨（俗称讨雨），随着星移斗换，已沉积成俗。在以往的社会里，每遇天大旱，境内农民即成群结队，前往认为有神龙或水神栖息的处所，举行祈雨祭典，祈求天降甘霖，以济苍生。

据松阳地方文献记载：城南百仞山麓，原有一庙，早年称太婆庙。后晋天福四年（939）天旱，农民群起求雨。时松阳县令陈时，被乡众簇拥至此求雨，参与祷告仪式。据说，求雨有果。陈时下令改太婆庙为瑞现夫人庙。此庙名沿用至今。

北宋大观年间（1107—1110），松阳县丞李寮随众至四都竹客岭下坑龙潭祈雨。据说也有灵验。事后，李寮主建龙潭龙王庙。

民国《松阳县志·金石·碑文》载有元朝人余伯野撰的碑文《邑令赤盏公方公去思碑》，谈及元大德初，邑令赤盏显忠祈雨的事。其文曰："岁旱，公祷请山桑神祠，矢之曰：'三日不雨则毁庙，雨则葺。'公还，甘泽随澍，岁以大稔。"

看来，此县令对求雨疑信参半，将就为之。

至正四年（1344），久旱，境内农民结群祈雨。

明万历三十五年至三十七年（1607—1609），松阳连年大旱，各地都有农民结队求雨。溪南大批丁壮上六都源求雨。众人立“祈雨异石”以为神灵，乞求神龙行雨。

清乾隆十二年（1747），松阳北乡大旱，赤岸、后塘、择子山一带农民纷纷结队求雨。知县陈朝栋参与其中。

光绪二年（1876）、五年（1879）均大旱。松阳知县朱庆镛两度邀集绅耆，诣城隍庙设醮。县志载：光绪五年夏，大旱，月余不雨。知县朱庆镛邀集绅耆恭诣城隍庙设醮祈求雨泽，并令至石仓源迎定光古佛暨龙神入城祈祷，果得甘霖，叠应。

民国元年（1912）、民国十八年（1929）、二十三年（1934）又遭大旱，农民无奈求雨，冲入县政府，要挟县长出来求雨。

祈雨（刘士伟 摄）

2.行雨双龙

山头村的“行雨双龙”意为双龙取水，行云施雨，有天下太平之意，因其“泽被群黎”而名震一时。

（陈碧鑫 摄）

3.板凳龙

37节板凳龙，相传源于汉代，由“舞龙求雨”的活动演变而来。人们把龙体放在板凳上，并把它连接起来，称之为“板凳龙”。大东坝镇横樟村村民每年正月初六都会重新糊制龙身，挨家挨户走灯祈福，为保来年风调雨顺。

（陈碧鑫 摄）

4.放水灯

放水灯是松阳石仓一带村子的老传统，凡遇社会上有流行病（瘟疫）、村中族姓中有多人生病或祖坟被破坏，则请道士选日子在社公殿或祠堂打醮。每逢过年过节，尤其是正月里，村里的男女老少组成庞大的放水灯队伍，以庙里请出的神像为首，一路敲锣打鼓，浩浩荡荡地来到溪边，将几百盏满含村里人美好愿望的水灯放入河中，祈求神明保佑。

（阙爱华 摄）

（周凌飞 摄）

5.小竹溪排祭

竹溪源小竹溪村，距松阳县城8.8公里，因村里盛产竹子，又有一条小溪穿村而过，故名小竹溪。“排祭”是小竹溪人特有的一种祭祀方式，也称“摆祭”“拜祭”“送灯”。每年从农历正月十五至正月底间择一黄道吉日进行。全村以户为单位，不分贫富，家家都沿着小竹溪河的村道上摆出八仙桌，排成一列，用猪头、糕点、茶酒、绢花等供祭“徐侯大王”。

（朱贤信 摄）

宫殿庙宇

古水利工程造就松阳县“处州粮仓”和“松阳熟，处州足”之历史盛誉。水，为历代松阳人的生存和发展提供润泽。县人在长期的生活实践中，对水有一种特殊的情感。对历史治水人更是尊崇钦佩之至。

这种感情反映在对水利工程的维修、呵护上，也有若干村落，在村口盖起殿堂、庙宇，以供奉历史上治水大王，又为夏禹塑金像，以祈求风调雨顺。大禹治水的故事，众人皆知。大禹治水“八年于外备尝苦辛勤王事，三过其门历尽风霜忘室家”的精神，激励着一代代松阳人。为禹建庙，这充分彰显，大禹精神，已代代传承，绵延至今。

1.禹王宫

始建于明代界首的禹王宫（禹王殿），属松阴溪流域，建筑风格独特。现存的禹王宫门厅为清代重建，禹王宫布局由南至北依次为门厅、头堂、游亭、正堂共四进，面积达1000多平方米。

令人惋惜的是，除门厅外，其余三进已于1996年被一场大火焚为灰烬。门厅前廊宽敞气派，木构雕刻精细，台门两旁置一对石雕抱鼓石，四条檐柱石质方形。石柱四副石刻楹联高度评价大禹治水的丰功伟绩：“寿麓他年传玉简，赤溪今日见黄龙”；“八年于外备尝辛苦勤王事，三过其门历尽风霜忘室家”；“四海清流皆圣泽，一溪赤水亦恩波”；”“庙倚寿山山永奠，门环赤水水咸安”。据记载，禹王宫正堂中央塑大禹神像，戴九旒平天冠，着玄色日月衮袍，背后粉壁上绘有九把黑色斧头含平“九流”艰辛之义。

旧时界首祭禹，都在正月十二至十七日。古亭台阁，狮舞龙腾，鼓乐齐鸣，场面十分热烈。到了正月初八，各户把灯送到禹王庙进行安排陈列。灯的名目繁多，如珠灯、龙灯、花灯、虎灯、马灯宫灯、联匾灯等，密密麻麻，挂满宫中，流光溢彩，热闹非凡。禹王神像座前八张大方桌上，摆满供品，这些都是精工细作的民间艺术，如用鱼翅作茅屋，以玉米作柱础，芝麻作瓦片，麦秆作亭柱，米粉作冬雪，诸如此类，不一而足。如今，界首禹王庙会虽然不存在了，但作为一种民俗风情民间文化现象，它仍留下了深远的历史影响。

（刘晓飞 摄）

四海清流皆聖澤　道光戊子長夏之吉
一溪赤水亦恩波　里人劉秉經敬献
廟倚壽山山永奠　道光戊子長夏之吉
門環赤水水咸安　里人劉公熊敬献
壽麓他年傳玉簡　道光戊子長夏之吉
赤溪今日見黃龍　黄村黃國定敬献
八年於外備嘗辛苦勤王事　道光戊子長夏之吉
三過其門歷盡風霜忘室家　黄村黃國定敬献

（吴伟民 提供）

2.瑞现夫人庙

瑞现夫人庙（刘晓飞 摄）

原名太婆庙，位于百仞山（独山）麓，始建年代无考。光绪版《松阳县志》记载：后晋天福四年（939），松阳县令陈时至此祈雨，昼见白龙，大雨随至。令上其事，改庙额为瑞现夫人庙，更松阳县名为白龙县。

瑞现夫人殿建筑和周围环境风貌保存现状较好，被誉为仙境之地。该殿重修于清乾隆八年，1942年被日本人烧毁，同年重建。2002年再次重修。整幢建筑为木质结构，大门为石门。

公元939年松阳大旱，据《民国松阳往事记载》，县令迷信求雨，陈氏跪拜后，天降下雨，立降甘霖。有闪光现独山顶，若白龙状，众人以为白龙现，为瑞现夫人之子，吴越王闻之封“瑞现夫人”，改松阳县为白龙县。

传说我县的青龙圳、白龙圳为瑞现夫人之子化身而成，该两条堰坝为我县灌溉发挥巨大作用。

传说在五代十国时期，松阴溪旁的独山脚下有位何姓姑娘，因在河边挑水时误食了天上掉落的“龙精”而怀有身孕。未婚先孕惹怒了何家老父，将其赶出了家门。何姑娘饮泪含怨，独自流落到了独山脚下，在一个风雨交加的深夜里生下了一对双胞胎兄弟。这对孪生兄弟刚一出世便会喊“娘亲”，应声便长成了力满全身的小后生。面对诧异的母亲，兄弟据实相告，自己其实是天上神龙投胎，哥哥是白龙所化，弟弟是青龙投生。

瑞现夫人的传说（杜飞 绘）

一年盛夏，松阴溪两岸赤日炎炎，久旱无雨。白龙、青龙兄弟站在独山顶上望见此情此景，唰的一声飞向天际，刹那间，雷声滚滚乌云密布，大雨倾盆而下，焦裂的土地得以滋润，快要枯死的庄稼逐渐复活。善良的何姑娘看到这个情景，为了让松阴溪两岸在之后的年年岁岁都能风调雨顺，黎民百姓永远能够过上丰衣足食的日子，就嘱咐白龙、青龙两兄弟，化作两条水渠。白龙卧于溪北，青龙卧在溪南，后来人们在其上修筑堰坝蓄水调节，于是就有了青龙堰和白龙堰这两条分别灌溉上千亩农田、为松阳黎民百姓带来福祉的古堰。

3.法昌寺

法昌寺，位于松阳县古市镇以南五华里的樟溪乡黄田村下形如五龙的五座山岗下。据清光绪元年（1875）《松阳县志》记载:法昌寺始建于南北朝梁普通年间（520—527年），原名灵岩寺。隋朝大业年间（605—618年）废，复建改名为法昌寺。元朝时又废，明洪武六年(1373)重修。从建寺初始至今已有1485年，是松阳县现存少数几个已逾千年的古刹之一。

法昌寺最负盛名的是“定光老佛”。关于定光老佛民间还有一个神奇的传说:

定光老佛原是财主家的长工，他在财主家当长工三年，起早摸黑吃苦耐劳，但财主婆为人刻薄凶狠，用白芋煮熟当猪油烧菜给他吃，从来没有给他吃过一餐荤菜和腥味，而且责骂不断。他虽然备受虐待和折磨，但从无怨言，还是勤劳肯干，助人为乐，穷苦的农民都愿意和他交朋友。由于他善良又勤劳的品德，感动了如来佛祖，佛祖有意引他上天成佛，于是就托梦给他，要他在上天之前清汤沐浴。沐浴好后，他就乘着一朵祥云升天而去。由于定光老佛的传说来自民间，是农民自己的“佛”，农民就特别的相信他。所以古市镇周围的四乡八村，每逢年成不好，久旱不雨或者稻田里虫害猖獗和稻瘟病发生，农民们就抬着定光老佛到处巡游，祈求定光老佛显灵，灭虫降雨，消灾免祸，降福众生。

农历正月初六是定光老佛的生日，每年到了那天前来朝拜的信徒多达一万余人，真是人山人海，热闹非凡。这意味着人们对善良的一种歌颂，对邪恶的一种鞭挞，对风调雨顺、五谷丰登和美好生活的一种期盼。

4.天后宫

据乾隆版《松阳县志》载，在松阳县城西屏镇白龙圳路，矗立着一座始建于乾隆三十四年（1769）的下天后宫，石质大门上镌刻着一副楹联：沧海汪洋同搢水，舳舻恬静并袍山。此联意在祈求天妃娘娘佑护从事水上运输的船帮和商帮能够一帆风顺、财运亨通。对联工整，气势宏大，透过水波一样漂荡的字迹，仿佛眼底涌来一望无垠的汪洋大海，汹涌的波涛折叠奔腾而来。此联告诉我们，早在数百年前，已有不少在松的商帮或是松阳本地商人走出了内陆，走向了蔚蓝色的大洋深处。

历史上，松阳县城还有一座香火旺盛的上天后宫，这两座天后宫无论是占地面积、建筑规模还是奢华程度都占据县域庙宇之冠。两座同一时代建造的天后宫，一北一南，遥遥相对，西屏呈现出一城双庙的壮观景象。天后宫即妈祖庙，妈祖信仰曾经在松阳盛极一时，过去，每逢农历三月廿三日，两座天后宫都要举行盛大的祭祀仪式，恭恭敬敬地纪念妈祖诞辰。

妈祖是海洋文化最重要的民间信仰，地处浙西南崇山峻岭之间的松阳县，为何会与妈祖文化扯上关系呢？主要源于松阴溪航道，三国时期，松阳至永宁（现温州永嘉县瓯北镇）已经通航，是瓯江流域最早开辟的水运干线。到了唐代，受江西、福建以及省内三衢、婺州等地商业辐射，松阴溪成为浙西南重要的水陆商道。到清康熙二十七年，大批福建西部居民移居松阳境内，不仅带来人口、经济的复苏，也随之带来了妈祖信仰。乾隆十年（1745），闽商请邑令陈朝栋，在城西创建天后宫，为闽商会馆。乾隆三十四年（1769），闽汀商会在临松阴溪的“双积楼之西”，兴建了松阳第二个天后宫——下天后宫，并作为闽汀士商公所。

5.石柱殿

据清顺治、乾隆、光绪版《松阳县志》载称：“白龙堰在县南五里一、二都。灌田二十顷。元末，里人周汉杰鸠工成。乡人感焉，立祠刻石，以表其德。崇祯丙子，为水冲坏。里人欲修故址，不果。”文中所立之祠即为石柱殿。此殿乃邑人为崇尚周汉杰捐资并主持修筑了白龙堰及其渠道，为东乡（今项弄、白沙等村）农田提供灌溉条件及渠道两岸居民洗涤之便的德行，报经钦准，在白龙堰北岸引水渠首航船头修筑此殿，名石柱殿，以旌表周公治水之德。原石柱殿已圮，现有石柱殿为2012年修复。

石柱殿刻楹联四副，长短不一，字径不等。“一片孤云渔入港，数峰残照犊归村。”联长139.5厘米，宽20.5厘米，行书，字径12厘米；“芳草平堤绿，莺花夹岸红。”联长1123厘米，宽17.5厘米，行书，字径12厘米；“一堤花柳，百仞云峰。”联长134厘米，宽21厘米，行书，字径13厘米；“印潭月色清如许，隔岸岚光翠欲流。”联长137厘米，宽165厘米，行书，字径13厘米。

关于石柱殿及其楹联，有不同说法。据吴伟民撰2016年版《松阳金石志》记载，石柱殿内楹联为石柱亭内原楹联，石柱亭原在城南航船头，1963年移至白龙堰头。“一片、数峰”“芳草、莺花”二联，何修书；“百仞、一堤”“印潭、隔岸”二联，书者不详。何修（1885—1927），字若泉，号梅倩，松阳城南人清庠生。民国

（刘晓飞 摄）

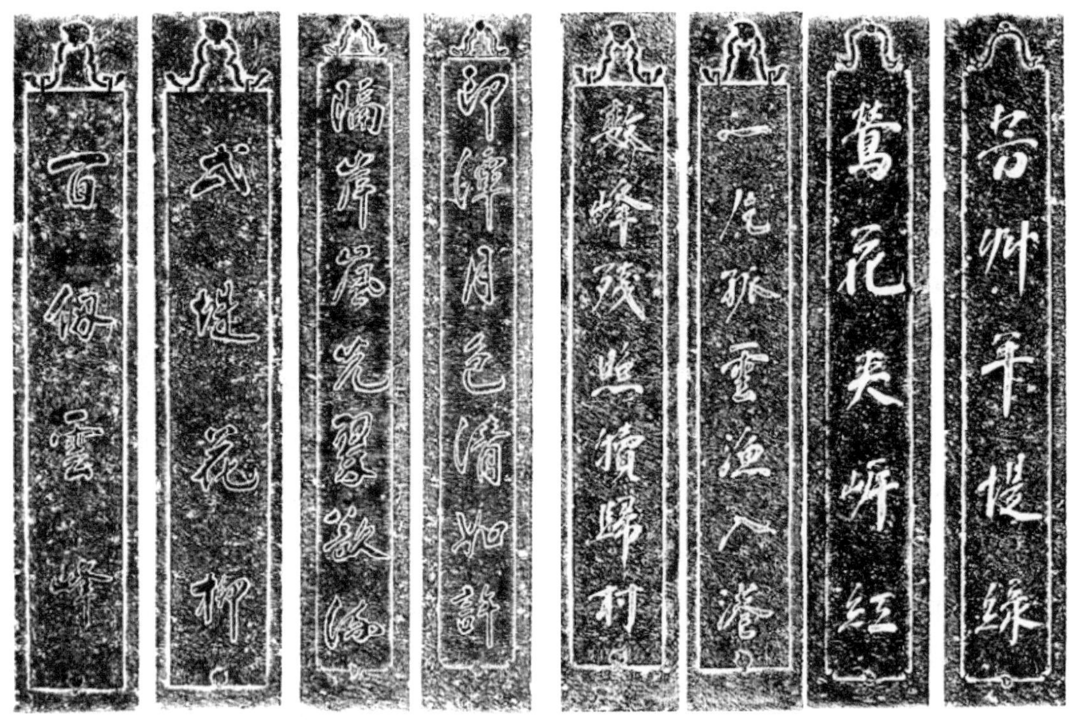

（1912—1949）初筹办尼宗小学，民国十一年（1922）任松阳县教育会会长。工诗文，善书画，境内寺观宗祠楹联匾额多出其手笔。

针对这一问题，笔者进行了考证。1.关于石柱殿与石柱亭的关系：据民国版《松阳县志》记载，全县时有各类凉亭共26座，名录内并无石柱亭，依据石柱亭所处位置，如石柱殿外另有石柱亭，按理该版县志不应漏编。同时，古代以二十五户为一社，设有社殿（亭），以崇祖尚德。因此殿与亭属同一类型的建筑。由此可推，石柱殿与石柱亭乃同一建筑。2.石柱殿的原址与现址问题：据民国版《松阳县志》载称：“在官塘门外白龙堰沿，祀周总管德闾。明初总管奏扦白龙堰，灌溉良田，利益民生。奉旨准建神主殿，拨前后基地四丈八尺，左右三丈六尺。前堰边界，后田界，柏树一株，左右田为界。年久倾圮，仅存石柱基地，民国七年（六年）后裔周文源等醵资修建并记其事。”从该文可见，民国六年（1917）修建的石柱殿长约16米，宽约12米，殿前为白龙堰渠道，殿后及左右均以田为界，殿后有柏树一棵。现石柱殿长约10米，宽约5米，殿前为白龙堰渠道，殿后及左右均以山为界，故现石柱殿址并非原址。经进一步调查，依据民国二十九年（1940）松阳县城厢图可知，原址位于白龙堰进水口后约150米的白龙圳渠岸。图中建筑和民国版《松阳县志》描述的四至界限及柏树一棵均为一致（见松阳城厢图部分截图），现该处仍有建筑，已变为生产用房。1963年冬，白龙堰重建大修，查其设计档案，并无此项内容，或许是民间组织搬迁至现址。

民国二十九年（1940）松阳城厢图中石柱殿位置

3.石柱与楹联的问题：据民国《续建石柱殿落成记》记载：“高昕斋太守于民国纪元，由粤东解组归，偶过其地，见石柱矗矗，询知为公神主殿遗址。”可见原有遗留石柱。现场比对，现殿前四根石柱，中间两根与边上两根其石质和加工技艺均不同。中间两根为土黄色，四角为直角，中间阳刻楹联。边上两根为灰绿色，四角为内凹倒角，中间阴刻楹联。可见中间两柱与边上两柱始建年代不同，或许其中一对为原殿遗留，另一对为民国六年时补建。有关楹联应同为民国六年修建时雕刻，其书者吴伟民撰2016年版《松阳金石志》记载应无误。

石柱殿楹联（毛馨韫 摄）

6.夏禹王庙

夏禹王庙位于板桥村北，始建于清嘉庆年间，民国三十二年（1943）修建，目前庙宇为1980年后重修。庙门为普通住宅式，有行书“夏王庙”门额。庙内三厅两廊中天井，敞厅无门，悬山式屋顶，抬梁式屋架，一如当地常见宗祠格局。正厅居中设神坛立楷书“夏禹王神位”，此牌位及门额字体均取自电脑字库，当为新物。有楹联“克继世以有天下，能治水侠行地中”，年款为“民国岁次癸未年之冬”，即民国三十二年，行书阳刻，书风老健，当为旧物。

板桥村夏王庙外立面

2006年版《松阳县水利志》记载：“千百年间，大禹一直受县人膜拜且敬之如神，香火不断。”夏禹王庙为丽水市“近现代重要史迹及代表性建筑”，松阳县“历史文化建筑”。

夏禹王庙是松阳人民对祈求风调雨顺的美好愿景，和对治水人物的感恩、崇尚之情的体现。

夏王庙内壁画——迎禹治水

7.延庆寺塔

延庆寺塔始宋咸平二年（999）动工兴建，五年（1002）建成，相传塔藏舍利。塔高38.32米，楼阁式砖木结构，六面七级，中空，可登塔顶；斗拱瓦镏作双卷头，山檐舒展平缓，铁质塔刹相轮为卷草图案，曲线流畅；塔壁朱画飞天，依稀可认。额榜“延庆寺塔”为沙孟海先生手书。

延庆寺塔原先位于松阴溪边，传说古代皇帝为了镇住松阴溪溪水而建，该塔见证了松阴溪河道变迁历程。延庆寺塔是江南诸塔中保存最完整的北宋原物，为国家级重点文物保护单位。

8.青云塔

青云塔又称青蒙塔，明万历年间（1573—1620）知县林大佳为治水而捐资兴建，六角七层。这种砖木结构时代特征明显，对研究古代高层建筑技术具有重要参考价值。该塔原为“松阳十景”之一，名“塔溪绿涨”，古塔、古木与山水浑然一体，交相辉映，显得更加古朴雅致，熠熠生辉。现系县级文物保护单位。现有《青蒙塔的由来》传说故事，收录于《松阳县民间故事》一书，详见非物质文化遗产内容。

伍

玄圃积玉

民间传说

瑞现夫人

西屏南郊的松阴溪畔，有座拔地而起的独山，又叫百仞山，悬崖险峰，风景幽美。就在这座山下溪旁，有座不大的古庙，里面供奉着一尊年轻美貌而慈祥的佛像，远近乡民都敬称她为“瑞现夫人”。多少年来，民间一直流传着她蒙冤沦落、献身乡亲的动人故事。

相传很久以前，松阳一带山高林深，地荒人稀。虽然有一条松阴溪纵贯南北，流水潺潺，时而澎湃。但对农田来说，十年却有九旱，农民日子过得很艰难。

离独山不远的溪边，有个小小的山村，村里有个姓周的姑娘，聪明勤劳，性情和善。一天早晨，她到溪边挑水，在溪滩上捡到一个鸟蛋似的物品，晶莹香美，使人垂涎，因为肚饥就吞吃了。意想不到，没过多久，姑娘的肚子渐渐大了起来。她害怕，整天躲在家里流泪。父母惊疑，也常常骂她。明知贞洁，可是有口说不清啊！很快，村里的“土皇帝”族长也知道了。一个又黑又冷的晚上，族长纠集了一伙人突然闯进了她的家门。

族长挥着手杖斥骂：“你这个小娼妇！败坏了我们周家的门风，还有脸蹲在村里！”

姑娘预感到灾难临头，吓得全身颤抖，语无伦次地说：“太公，我心里明白，没有做坏事。是那天早上，我在溪滩上捡吃了一只鸟蛋……”

族长更加狂怒了：“有这等事？那你这娼妇，一定不是人，是害人的妖精，村里更容不了你！”

姑娘瘫跪在地上不住地哀求，父母和一些邻舍也连忙苦苦地求情。

眼泪、磕头，是换不来族长一伙的慈悲的。当晚，姑娘就被残忍的族长一伙拳打脚踢地赶出了村子。她怀着奇耻大辱，拖着受伤的身体，被迫逃进深山老林。

从此，她过着野人般的生活，渴了喝泉水，饿了寻野果，冷了钻草堆，累了钻山洞。可是，她很想念父母，想念村里平时要好的同伴。趁一个夜晚爬上了断岩峭壁的独山。远望着村子里几星昏暗的灯火，她痛哭了，决定不再离开独山，即使饿死，也要死在这离家最近的山上。

后来，她生下一对双胞胎。这两兄弟很奇怪，晚上来母亲身旁求乳、睡觉，没等天亮就离开了。她疑心儿子是怪物。有一次，大儿子亲昵地对她说："妈，说真的，我们不是人，可也不是怪物，是两条小龙。我是白龙，弟弟是青龙。"她又惊又喜。原来她吃的不是什么鸟蛋，而是天上掉下来的"龙精"。她知道龙是吉祥神物，于是心里燃起了希望之火。激动地对他们讲："我错怪你们了。"她指着前面不远的村子，一再嘱咐："那里就是我们的家。虽然族长他们不容我们，可我不忍自弃乡亲。你们长大了，一定要为乡亲做点好事。那我死了，也就心甘了。"

这一天，她正怀着无限的恋念向家乡远眺，忽然发现，她家的破土房被拆毁了，正在建造一幢楼房。"天哪！"她惊叫起来。这一定是老族长干的。他早对这片屋址垂涎三尺，几次上门逼债，扬言要以房子抵押，不正是这个意图吗？"爸妈啊！你们现在在哪里？你们知道女儿还活在人间吗？"旧恨未雪，又添新仇。这怎么能使人忍受呵！

真是人祸天灾，天灾人祸。第二年，又是一个旱情非常严重的灾年。周家姑娘的心都快碎了！近午时分，忽然听见山下传来一阵阵震耳欲聋的呼救声，锣鼓鞭炮声，不时还响起道士粗犷的龙角声。放眼望去，只见一大群乡民在闹神祈雨。她又流下了眼泪。还不懂事的白龙看得兴奋，蓦地昂首，腾跃飞去。风从虎，云从龙。霎时间，天空乌云翻滚，雷电交加，下起了倾盆大雨。雨，拯救了龟裂的田野上的禾苗，挽救了即将枯萎的乡亲们的心。很快，远近乡人奔走相告，欢呼四起："独山有白龙，瑞现了！瑞现了！"（意思是有好预兆了，有好预兆了。）

母子三人也十分高兴，想不到白龙的无意一腾，给唤来一场及时雨。她又想，龙能致雨，也不过解决暂时的干旱，如果能把山下的松阴溪水引进两岸望不到边的农田，不是永远解决家乡缺水的困难吗？她把自己的心事一字一眼地告诉了孩子，兄弟俩不住地点头。哥哥灵机一动，马上腾到隔溪北岸，沿着西屏、项弄、白沙村滚动，随着天崩地裂的响声，转眼化为一条清水长流的"白龙圳"；弟弟想起仇人怒火万丈，当即朝着自己村子的那幢高房子俯冲过去，一声霹雳，作恶多端的族长一家立刻化为灰烬。然后神速回头，绕着独山脚，顺着水南、徐村、澄川、横山一带钻滚，瞬息间变成一条绿水淙淙的"青龙圳"。

她惊住了，兄弟俩的壮举，使她十分自豪，但失去了孩子又觉得非常悲伤。"不，孩子是乡亲的。"当天深夜，她急忙下山，蹚过溪水，摸上了西屏山，立在最高处，张开双臂高声呼唤："孩子啊，妈妈跟你们来了！"纵身一跳，山前原来的一片乱石、荆棘，顷刻变成广阔、平坦而肥沃的土地。

松阴溪两岸变美了，苍山叠翠，稻麦翻浪。松阳变富了，变成了处州府有名的"粮仓"，逐渐流传出"温州靠平阳，处州靠松阳"的民谣。原来只是溪畔的一个小村，迅速发展为一个物阜民丰的集镇，而且镇形恰似美女。这样一来，不但将县名改为"白龙县"，而且把县治也从古市迁到这里。乡民们十分感激，纷纷主动集资，在独山脚下，松阴溪旁，特地为龙母塑像造庙。终年香客不绝，灯烛长明。为人们做了好事的人，人们是永远不会忘记的。

搜集整理人：苏振元

来源：1984年10月中共松阳县委宣传部、松阳县文化局编印的《民间故事选》

白龙显圣

一千多年以前，古老的松阳县出了一件震天动地的大事。

那一年，年成大晒，百姓难得无法。不但田里无水，水井里也吊不到水了。百姓愁，县官也愁。衙门里的人也要喝水呀。

县官姓陈名时，愁得饭也吃不下去，困也困不去。苦思冥想，总是水最要紧。可惜老天不下雨，从哪里去寻水呢？陈时想，我真是枉读诗书，枉做县令了！

睡到半夜，不知怎的，想起了秦始皇。秦始皇登泰山，祈求国泰民安，我怎不可以试一试呢？接着又想，县治北障邵尖山，南耸白峰尖，可惜都有十多里，远了些。近处么？云岩山、西屏山，近是近，山矮些，没威没气势。如果不显灵，还要贻笑天下。再一想，独山挺好，近在眼前。县治南沿松阴溪旁，独起成秀，确实壮观。上有蟾峰阁、太乙殿，有神则灵呀。这山生得巍峨有势，登其巅还可以俯览全境，岂不是松阳的泰山么！愈想愈有理，打定了主意，第二日一早，随即传令，做好准备，朝祭独山！

消息一下就传遍县城，百姓们都想赶去看热闹。老年人还说："好好好，朝祭独山最好，龙母娘娘生龙儿，就是在独山生的。"一传十，十传百，赶去看热闹的人更多了。

讲起也真奇怪，那一天本来是火红的热头，到正午了，祭摆好了，百姓们想来的也都来了，县官也动手朝祭了。号角、鼓乐、火炮，响得十里外也听得见。一闹二闹，真的起了乌云，把日头也遮了。号角、鼓乐、火炮，响得更凶更厉害。再看天空，好像有条白龙翻来滚去。过了一会儿，大雨从天上倒了下来，足足倒了个把时辰。

百姓们高兴，县官陈时更高兴，马上奏本，说是松阳县白龙显圣。国王看了奏本，高兴得跳起，这是好兆头呀！马上传旨，把松阳县改名白龙县，还在独山脚造了一座龙母殿。

讲述者：刘龙佐

记录者：柳笑茵

1975年6月采录于西屏

附记：

松阳县于后晋天福四年（939）至宋咸平二年（999）改名为白龙县，陈时是当年的县令。

龙母娘娘

龙母娘娘生在松阳。

这娘娘原来是水南人，年轻美貌，十分贤惠。娘娘不曾出嫁，那天到溪边洗衣裳，看到水面漂来两粒杏梅大小的东西，像卵一样。娘娘把它捞起，真好看呀。放在石板上，滚来滚去，怕摔破了；放在袋里，又怕不小心压碎了。心里喜欢，就把两个卵含在嘴里。想不到，咕嘟一下，把卵吞到肚里去了。过了些日子，娘娘肚大起。心里怕呀，见不得人呀！爸妈都不高兴了，村里人也讲闲话，气得娘娘没法。

娘娘不对妈说，也不对别人讲，自己逃到独山上面一个岩洞里。过不几天，生了两个儿。

奇怪，这两个儿天天晚上来吃乳，日间却看不见。一个月两个月好讲，三个月四个月还是娘不见儿。娘娘连连叹气。等到晚上两个儿来吃乳的时节，娘娘说："儿呀，我生你两人一场，受了不少气，吃了不少苦，怎不给我见见面呢？"儿说："娘呀，我哥弟二人生得难看，娘看到要吓坏的。"娘说："你二人是我的亲骨肉，吓哪些？就算吓死了也心甘情愿呀！"娘娘这样说，两个儿只好答应，明朝正午见娘一面。

第二日午时三刻，突然天昏地暗，下起了乌风猛雨。只听得哗啦啦一响，半天飞起一条白龙，一条青龙，连连喊："娘，娘！你的儿子来见娘了。"娘娘一见，果然吓昏在地。白龙和青龙急得不知流了几多眼泪。娘娘慢慢醒转来，说："娘高兴！儿是神龙，娘高兴！你哥弟俩人要办好事呀！要及时行雨，要、要把雨水送到田里、田里！大家、大家好活命呀！"说完气绝。白龙和青龙哭得打滚。独山脚下有一条白龙圳和青龙圳，灌溉良田，就是白龙和青龙哭娘时滚出来的。

龙母娘娘升天了，玉皇上帝还送给她半副銮驾哩。

采集者：松阳区文化站集体 叶小娟 吴贞英
整理者：刘龙佐
1978年、1988年采集于松阳、古市一带

附记：

龙母的故事流传很广很多，也很早，松阳几乎人人皆知。《瑞现夫人》和《白龙显圣》是它的变异和延伸，同样流传广远。

青蒙塔的来由

松阳十景之一的青蒙塔，坐落在松阴溪畔的青蒙山上。山脚下，一条蜿蜒的公路直通丽水。

相传，这里有两座山，一座叫青山，一座叫黄山，两山遥遥相对。中间隔着一条奔腾湍急的松阴溪。远望两座山好似一男一女，互相伫立相望。人们传说他们原是一对夫妻，故称雌雄山。一到春天，山上遍地是嫩绿的春草，五彩的杜鹃，青松千株，翠竹万竿，把两座山打扮得五彩缤纷。更有一座宝塔，兀立云天，风景十分迷人。

在很久很久以前，这里还没有建塔的时候，这两座山上荆棘、杂草丛生，一到傍晚，连过路的行人都提心吊胆，山边的百姓，牲畜都得东藏西躲，生怕被两座山吞

没。原来这夫妻山，夜来要相会。当两山移动相会时，便天昏地暗，狂风呼啸，飞沙走石。就在这时，雄山向雌山靠拢，有时雌山也主动靠拢雄山，待两山紧紧地依倚在一起时，便有说不尽的私情话，忘记了百姓的死活，把整条松阴溪水堵住。汹涌的溪水无处可流，只好往上涨，不多时，溪上游两岸在甜睡的人们便被洪水淹没了，哭喊声、救命声交结在一起，一座座房屋接连倒塌，水面上浮起具具尸体，好端端的村庄，顷刻一片凄凉。

待天亮了，雌雄山才依依不舍地离开。这时，被截拦了一夜的溪水却又像猛兽一样，扑向下游，两岸的城镇、村庄又遭了一场大灾，顷刻变成了沙丘。

再说青蒙村一户财主家的两个丫鬟，一个叫春香，一个叫秋香，她俩长年累月，每天很早起来，挑水、扫地。一天，春香挑着水桶来到溪边踏步头，正把水桶放下时，突然看见两山紧靠一起，便高声叫道："秋香，快来看呀！"秋香拿着扫帚赶来，俩人指着雌雄山骂道："真不要脸，太阳都快出来了，还不分开。"顷刻间，雌山含羞地很快离开了。以后，雌山再也不移动了，只有雄山还常向雌山靠去。仍然年年受灾。

这件事一传十，十传百，给一位老道士知道了。老道士是位心地善良，十分同情百姓疾苦的人，立志要征服这雌雄山，为民除害，便带领沿溪两岸的百姓，就地筑起几十个窑，烧了无数青砖，在雄山顶端，筑造了一座十几围宽，几十丈高，雄伟壮观的青蒙塔，像钉子一样钉在雄山顶上。雄山被塔钉住了，不能动弹，再也无法移动去会雌山了！

从此，松阴溪两岸人民过着安居乐业的生活。人们为了纪念这位老道士，在青蒙塔上还刻上了他的名字呢！

搜集人：林建华 陈飞荣 何素静

来源：1984年10月中共松阳县委宣传部、松阳县文化局编印的《民间故事选》

智开京梁圳

松阴溪是瓯江上游的一条支流。在松阴溪畔的松古平原上，有一条人工开掘的京梁圳，引松阴溪水灌溉四千多亩良田，水质甜美，清澈见底，是斋坛乡的一条水利命脉。

京梁圳全长五华里，由牛犊洞潭进水，到毛村大路潭出口，重入松阴溪。牛犊洞潭，深不见底，尽管有时溪中洪水暴涨，白浪滔天，牛犊洞潭还是碧波荡漾。人们不禁要问，那潭中的水是怎样流经斋坛毛村灌溉良田的呢？这里流传着百姓智劈京梁圳的故事。

很早以前，毛村有位老汉，姓毛名世理。他是大宋卫国名将，官封中山侯的毛簪缨之后。前辈弃官隐居，耕种自食，看中了这水不深而长流，地不广而肥沃，山不高而青秀的松阴溪畔，安居落户，已有数代，在种田兄弟中很有威望。

一天，毛老汉头戴一顶青箬笠，身穿蓝粗布短衣，背着锄头，站在田头遥望松阴溪，只见溪水哗哗往南流，不见一滴流到田头。天旱已久，田都晒得裂开了拇指大的裂缝，茂盛的禾苗都干枯了，毛老汉心如火燎，想不出一点办法。

老汉有个孙子名叫大蛟，年正十八，方脸大耳，身长八尺，熊腰虎背，一身紫黑色的结实肌肉，是个血气方刚的后生。只见他跑到老汉身边说：“公公，我们要想办法引溪水灌田，才能抗旱保苗有饭吃呵！”

“我也想多年了，水田高，溪水低，有什么办法？”

“松阴溪上游的水位高过田贩，如果开条圳，不就可以把溪水引进来了吗？”

“小孩子家想得太简单了。上游一定要有一个适宜的地理位置，才能筑坝上水。我曾留心察看过，非从牛犊洞潭的岩蟹石壁归水不可。从那里到毛村有五里多路，要动用很多田地。这些地都归地主所有，不要说开圳，就是掘一锄也难啊！”

“我们不会同受益村庄的农民合伙来筹款买田吗？”“嗯！”老汉觉得是个道理，就请了一些邻村的朋友，商量筹款买圳基的事。朋友们都一致赞成。

由于地广村多，投集的稻谷已有好几万斤。毛老汉请了各村贤能之士，一同到田地最多的财主叶遮天家协商买地。到了叶家门前，只见红漆大门紧闭。叫了半天，管家才探出头来，见是一班穷人，连忙把门关上。弄清楚是来和老爷协商买地之后，才肯进去通报。

叶遮天身着白绸长衫，又矮又胖，既像一段冬瓜，又像一只白鸭，脖子一伸一伸地，手摇麦秆花心扇而来。试探地说："这样的大旱天，你们还有钱买地？我的地不是要让你们买完吗？"

"我们哪有钱买老爷那么多的地！是我们邻近村庄的人筹集起粮食，向老爷买半亩地作圳基的。"

一听说是买田做圳基，叶遮天马上改口："啊呀呀，亏你们想得出呵。这田是我祖宗的产业，我怎么能出卖？再说，我一个财主家还将田卖给你们，岂不叫人笑话！你们还是死了这条心吧。"叶遮天边说边打发他们走，心想：你们这帮穷鬼真是穷开心，让你们开圳引水，富了起来，还有谁给我做奴才！

毛老汉他们在叶遮天家碰了一鼻子灰，到了另几家财主家又是受了一肚子气，回到村里向大伙一讲，乡亲们肺都气炸了："这些黑心肝！就是要把我们活活困死，世世代代替他们卖命。"大家你一言，我一语地吵着。最后还是大蛟出了个主意："对付这班恶财主没有什么道理可讲，也没有什么好协商，我们还是同他们来个明争暗斗，先测好圳道，然后暗地里把狼衣草埋到圳基深处，等明年狼衣腐烂了，我们再去开圳，打起官司来我们不会不赢的。"众人都称赞大蛟的办法好。

第二天，毛大叔和大蛟带领众乡亲们干开了，白天割狼衣，夜里埋入圳基，神不知鬼不觉，日夜苦干了一寒冬，历尽了风霜雨雪，终于把圳基埋好。

第二年，又遇大旱，田里又没有水了。毛大叔和大蛟一起带领村民回到牛犊洞潭岸边去开圳引水。这边村民们一动手，那边叶遮天为首的财主们就告到县衙里。毛大叔和各村的贤能之士很快被叫到县府大堂，县太爷问："你们为什么如此无理，胆敢到人家田里挖圳？"

毛大叔说："这并不是我们胆大，而是他们无理。"

"这话怎讲？"县太爷问。

"禀告县太爷，从牛犊洞潭到毛村大路，本来就有一条水圳，是他们仗势把圳埋了。现在大旱，沿溪千余亩地被晒得禾苗干枯，我们重新把它挖出来引水灌田，这有何罪？"

县太爷问："你们有何证据？"

“水道痕迹！”

叶遮天听了仰天大笑：“你们这班穷鬼，真是穷得发疯了，大白天说梦话，竟敢当着县太爷的面胡说八道，该当何罪！”双方你一言，我一语地争执起来。县太爷一拍惊堂木，大声斥责：“口说无凭，眼见为实。如果不见水圳痕迹，毛世理等人必予重罚！”

“县太爷，要有水圳痕迹呢？”

“开圳引水！”

于是县太爷带着一班衙役到了当地，按毛大叔的指点挖了下去。挖了一段又一段，只见每一段下面都挖出了许多没有烂完的狼衣，像是从山里被冲到水道里之后被埋在地下的一样。县太爷、叶遮天和财主们一个个目瞪口呆。只见毛大叔和众人齐声道：“县太爷，真相已经大白，这里原是水圳，让我们开圳引水吧？”县太爷被弄呆了，叶遮天和众财主也气得说不出话来，只好夹着尾巴败阵回家，气得卧床不起。

村民们胜利了，在县太爷的明令下开圳引水，终于把松阴溪水，汩汩地引进良田。这条圳就是松阳有名的京梁圳。

搜集整理人：毛陈祥

来源：1984年10月中共松阳县委宣传部、松阳县文化局编印的《民间故事选》

松阴溪中的金牛犊

相传很久以前，来往于松阴溪中的船只和竹筏是很多的。这些船只和竹筏经过力溪村边的深潭叶，经常会翻，夺走了不少船民、筏工和往来客商的生命。但是人们总不知道其中的缘故。所以，每当船只、竹筏经过这里的时候，大家都提心吊胆。

一年，有位神仙云游此地，忽见一道金光从潭底直冲九霄。他定睛一看，原来是那水潭深处有一个岩洞，岩洞里住着一头金牛犊。只要金牛犊走出岩洞嬉戏，潭水就会翻滚起来，这时如有船只、竹筏经过，准定出事。神仙当然知道只要把金牛犊引上岸来，不但不会闹事，还能造福于民。于是，他摇身一变，成了一位过往客商，向水潭方向走来。

这神仙一边走着，一边想着。正过力溪村边，看见一位农妇在地里种菜，菜地边长着一丛绿油油的茅干，特别叫人喜欢。神仙一看就有了主意：这正是金牛犊最爱吃的食品。要说神机妙算，简直是非用这东西不可了。想到这里，他赶紧走到农妇身边："婶婶，那丛茅干是你的吗？把它卖给我吧。给你三两银子，行不行？"农妇听得呆了，心想这茅干根本没有用，就像一片荒草，白给人还不要呢，哪能值得三两银？太合算了！于是连忙答应，马上动手，巴不得一口气就能割完，免得客商反悔。割着割着，农妇心里嘀咕起来：这人疯了吗？拿三两银子买这么一堆草？怕是傻子吧！心里这样想，口里就发问："客官，你买茅干做什么用啊？"那神仙原本知道天机不可泄露，因为心中高兴，就脱口而出："现在还不能告诉你。等我事成之后，我还要再谢你一百两纹银呢！"农妇听了当然更高兴了，但在心里嘀咕得更厉害了。心想：我还是留下一把，带回家去问问别人，看看有什么讲究吧。

不大工夫，茅干割完了，那神仙把它搬到水潭边上，还叫来一位撑筏的老翁，把茅干放到筏上，然后把筏撑到水潭中心。那神仙一面口中念念有词，一面不断地把茅干丢向水中。说也奇怪，那茅干本来下水就浮，怎么就都往潭底沉呢？这些别人是不知道的，可神仙自己清楚。过不多久，果然在潭底的岩洞里窜出一条金光闪闪的牛犊，追捕着嫩绿的香味，大口大口地嚼着茅干。吃了一把又一把，真是越吃越香，越嚼越甜哪。那金牛犊边走边吃，边吃边走，不知不觉地已到岸边，眼看就要上岸来了。哪知道就在这个节骨眼，神仙突然发觉茅干已经全部喂完，再看看那金牛犊，仰起头来嚼着最后一口茅干，发觉自己就要被骗，猛一个转身，嗖地一下就直窜水底，再也看不见它的踪影了。

神仙这才想起，是自己泄露了天机，使农妇留下一把茅干。否则，只要金牛犊走上岸来，就能把它制服，叫它老老实实地为民造福了，现在怎么能悔得转来呢？“嘿！”了一声，驾起云头扫兴而去。撑筏老翁见了这番情形，也如梦初醒，连叹：“可惜，可惜！”

不过，从此以后，那金牛犊却一直躲在岩洞里，再也不敢出来造孽。因此过往的船只、竹筏也就平安无事。那水潭也就被人们称作牛犊洞潭而叫开了。至于那农妇留下的一把茅干，也被繁殖起来，至今还是喂牛的好饲料。

口述人：刘猛（80岁）

整理人：杨致良

来源：1984年10月中共松阳县委宣传部、松阳县文化局编印的《民间故事选》

力溪太保

迎太保

照讲，一个县只有一个太保老爷，一个城隍老爷。城隍老爷管千家万户，太保老爷管妖魔鬼怪。松阳县历史久远，县城又搬迁过，所以在古市和西屏各有一个城隍，一个太保。但是力溪村里还有一个太保，全县共拢有三个太保，这是怎么一回事呢？

原来，力溪太保原籍遂昌，他嫌弃遂昌，喜欢松阳，请求玉皇上帝把他改派到松阳。玉皇上帝说："松阳已经有两个太保了，你还是遂昌吧！"遂昌太保不高兴，但也无办法。

这一日，遂昌百姓迎神，把太保老爷扛出来巡城。到了溪边，忽然下起大雨，百姓们都逃开躲雨了。一会儿，山坑水冲来，就像万马奔腾，溪水一下升高好几丈，十分凶猛。太保老爷心想，这是个好机会，绝对不可错过。想着，作起一阵风，就势把自己吹到溪里，随着滔滔洪水，向松阴溪下游流去。

过了金岸，便到界首，进入松阳地界。一出狮仔口，天也阔了，地也阔了。一会儿到了古市，知道古市有个太保，不好停留。过了古市，心想赶紧停下来才好，再下去就要到县城，县城也是有太保。这时，溪边有个村庄叫力溪，百姓们都站在溪边望大水。一个后生叫起："大溪里有个太保老爷！"大家一看，当真！都叫起、跳起。遂昌太保在溪里看到听到，十分高兴，就随水势漂到溪沿，村里人随即把他捞起来。

遂昌那边雨停了，再寻太保，哪里还寻得着？他们沿溪一直寻下去，过了古市，寻到力溪，总算寻着了。遂昌百姓想把太保请回去，雇了十六个人来扛，哪晓得怎么扛也扛不动。原来，是太保自己作怪："宁可县城太保不当，来当这个乡下太保。"十六个人用尽办法也扛不起来，再无办法了。力溪人说："既然太保老爷不愿意回遂昌，就让他留在这里好了。我们给他盖个殿堂，让他安家落户。你们就另外再请一个吧！"

这就是力溪太保的来历。

讲述者：叶朝法

记录者：吴贞英

1987年11月2日采录于力溪

状元摆渡

这件事发生在宋朝。地点就在我们叶村乡。

叶村旁边，有条松阴溪。那时这溪还靠云龙山沿走，中央一片茫茫，有山有水，就是无村。有个姓黄的状元，在这里搭了个茅棚，隐居过日。

这黄状元，空闲无事就游山玩水，还在邻近山岩上面题了好些字：“放生潭”啦、“小赤壁”啦、“小桃源”啦，多啦！

这天，黄状元正在游嬉，看到隔溪村庄许多人到县城去过行，有的挑担过溪，有的还要背人，真是艰难。没法呀！桥没造起，渡没人设，总不能不来去呀！碰到这些场面，黄状元总是上前帮忙。但是也有帮不得的。怎？妇女抱人带东西，你怎帮？就不怕闲语？黄状元为了自己游玩方便，早想置一条小船。如今，他索性办一只渡船，自己来撑。从此，沿溪两岸的妇孺老幼，来往方便多了。大家知道撑这渡船的人姓黄，慢慢地就把这个渡口叫作黄公渡了。

这黄公待人和气亲善，大家都愿意和他住一起。迁来住的人愈来愈多，就成了大村，黄公渡就成了村的名字。

其实，这个黄公的真名叫黄公度，是北宋绍兴年间戊午科的状元。

讲述者：徐永良

记录者：肖素珺

整理者：刘龙佐

1987年10月4日采录于黄公渡

天师渠

在卯山之侧，尝有老叟诣叶法善公门，号泣求救而言曰某东海龙也，上帝敕主八海之宝。有僧逞其幻法于海畔，昼夜禁咒积三十年，其法将验海水如云卷海将涸焉，镇海之宝必为所取。哀告求援，法善公许之，遂以丹符飞往海水如旧，僧即赴海死。明日老叟以奇宝谢法善，公不受，因曰此峰去水甚远，但得一泉即为惠也。当日风雨大作，及晓山侧有泉迸出，经旱不竭大雨不满。

——摘录《叶氏广远宗谱》

點易亭　在卯山上前臨清溪唐元宗爲葉法善撰步虛詞曰清溪道士人不識上天下天鶴一隻洞門深鎖碧窗寒滴露研硃點周易

天師渠　在卯山之側嘗有老叟詣葉法善公門號泣求救而言曰某東海龍也上帝勑主八海之寶有僧逞其幻法於海畔晝夜禁咒積三十年其法將驗海水如雲卷海將涸焉鎮海之寶必爲所取哀告求援法善公許之遂以丹符飛往海水如舊僧卽赴海死明日老叟以奇寶謝法善公不受因曰此峯去水甚遠但得一泉卽爲惠也當日風雨大作及曉山側有泉迸出經旱不竭大雨不滿

浴丹池　在卯山冬夏不涸宋熙豐間忽涸有季伯鎮者得道士也題詩云靈巖何不迸寒泉料得神龍欠着鞭莫道今無煉丹手焉知來者不如前泉隨湧出

試劍石　在卯山上

松阳县水利博物馆（松阳县水利档案方志馆）（刘晓飞 摄）

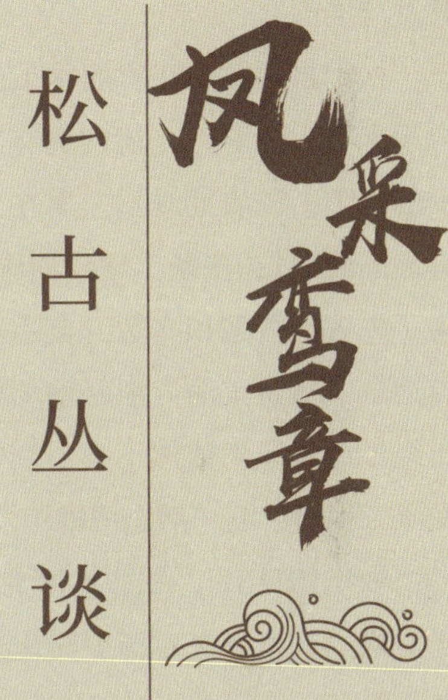

松古丛谈

松古灌区 汲古润今 传承创新

——松阳县委副书记、县长梁海刚在南南城市在线经验交流会上的发言（2022年11月30日）

女士们、先生们：

大家好！非常荣幸能参加此次经验交流会，与大家共同探讨历史文化遗产保护、开发与推广。

松阳县隶属浙江省丽水市，是典型的浙西南山区县，建县1800余年，面积1401平方千米，人口24万，境内拥有175平方千米的全省最大的山间盆地——松古盆地。历史上的松阳，以农业立县。早在先秦时代，松阳先民就在松古大地引水灌田，全境内建有大小堰坝120多条，逐步创建了“历史悠久、体系完备、管理先进”的松古灌区，体现了先人的智慧和辛劳，自古就有“处州大米出松阳”“松阳熟、处州足”的民谣，缔造了“富饶美丽”浙西南“粮仓”。这些水利工程曾经养育过一代又一代松阳人，历经千百年风雨依然不废，到今天仍然发挥着灌溉作用，可以说，松古灌区就是一个灌溉工程遗产的“活态博物馆”。

今年10月6日，松古灌区有幸入选2022年度（第九批）世界灌溉工程遗产名录，既是对松阳一直以来对历史文化遗产保护传承的肯定和鼓励，也是对松阳持之以恒加强文化遗产活化利用的提醒和鞭策。

在城市化、工业化高度发展的今天，松阳与全球各地一样，都面临着历史文化遗产保护与活化利用的双重矛盾和压力，全球各地亟需从更开放、更理性、更复合的角度，探索如何让文化遗产在留住经典底蕴的同时，更好地融入现代文明，焕发时代活力。

近年来，松阳县坚持有效保护和永续利用并重，加强对松古灌区遗产的保护和管理，努力探索活态传承的有效途径，通过对灌溉工程遗产科学维护、管理，保障灌溉工程遗产灌溉、供水、生态等水利功能的可持续发挥。我们的做法是：

第一，坚持保护优先，让历史文化遗产形貌得到最大限度传承。松阳县委、县政府历来高度重视世界灌溉工程遗产保护工作，专门组建了保护和传承古代灌溉遗产文化机构，编纂完成《松阳县水利志》《松古灌区工程遗产保护规划（2022—2035）》，全面建成松古灌区水利工程以及历史形成的榜文、碑刻、石刻、文献等水文化遗产保护名录，“七分益损法、堰董制、圳田制、水权交易、灌溉面积核定”等一批散落民间的古人智慧结晶得以挖掘，建成了全省唯一的县级水利博物馆，作为遗产保护、水文化展示、水情教育传播的重要阵地，让其在现代工程管理中继续展现光彩。

第二，坚持高效利用，让历史文化遗产作用得到最大限度发挥。一直以来，松阳县以灌溉工程遗产可持续利用为目标，通过对古堰、古渠保护性修复、现代化提升，充分挖掘灌溉工程遗产的现代价值。近年来，全县共投入22.6亿元资金，实施了松阴溪流域综合治理、江南江北灌区节水改造等系列水利工程，新建和修复堰坝117座、渠道165公里，新建了近万立方米的黄南水库，启动松古综合水系改造工程，实施“南水北调”，每年引水6000万立方米至松古盆地，让松古灌区水利设施因水的浸润而历久弥新，为松古大地良田的旱涝保收、高产稳产提供坚实保障。

第三，坚持开放创新，让历史文化遗产价值得到最大限度体现。松阳县秉持开放创新姿态，积极探索历史文化遗产活化利用有效途径，赋予历史文化遗产新时代活力。建成集水利博物馆、堰湖公园、景观科普电站于一体的水文化公园，全面展现优质灌溉工程遗产、彰显松阳人善于治水、敢为人先的水利文化精神，赋予灌溉工程遗产丰富的文化内涵。同时深入推进水文旅融合发展，充分利用境内丰富的灌溉工程遗产，开发水文化研学、旅游观光、休闲骑行、马拉松运动、垂钓大赛等全面开放的平台，让松古灌区这一中小流域古代灌溉工程的典范、活着的历史文化遗产，正焕发更大生机。2021年，松古灌区产业带产值已达9000余万元，正在成为一条独具特色的水文化产业经济长廊。

通过松阳这几年的探索实践，我们深刻感受历史文化遗产“既是古老的，又是现代的”深刻内涵，也体会到了历史文化遗产是松阳的，也是中国的，更是世界的。保护好、利用好历史文化遗产，无疑是坚定文化自信、彰显文化力量、助推高质量发展的重要路径。我们也希望，松阳这些年的探索实践，能为全球历史文化遗产保护提供新的视角和解决方案。

女士们，先生们：历史文化遗产不仅生动述说着过去，也深刻影响着当下和未来；不仅属于我们，也属于子孙后代。保护好、传承好历史文化遗产是对历史负责、对人民负责。

我们倡导：要像爱惜自己的生命一样保护好历史文化遗产，坚持古为今用、推陈出新，让宝贵的历史文化更好滋养心灵，绽放新的光彩。也诚挚邀请大家前来松阳考察指导！

谢谢！

古代“河长制”实物文献的宝贵遗存①

——以乾隆十七年芳溪堰告示为中心

鲍宗伟 张涌泉

摘要

河长制是由地方政府主要领导对河湖管理保护负主体责任的一项制度，是国家为解决地方水环境污染问题而进行的制度创新。浙江师范大学中国契约文书博物馆馆藏乾隆十七年芳溪堰告示是古代“河长制”实物文献的宝贵遗存。本文以此告示为中心，搜集整理芳溪堰文书，并为其编目定名，进而考证芳溪堰文书中的“圳长”“堰长”及传世文献中的“渠长”“河长”“湖长”等古代农田水利工程的基层管理者，对“河长制”名称的起源作了较为系统的梳理。

关键词 芳溪堰；水利文书；河长制

河长制是我国近年来实施的一项水资源保护与生态环境治理制度，由省、市、县、乡各级党政主要负责人担任“河长”，负责组织领导相应河湖的管理和保护工作。浙江师范大学中国契约文书博物馆收藏有一件乾隆十七年（1752）松阳县正堂黄槐为十三都下源口等四庄派定水期任命圳长告示的原件（以下简称“乾隆十七年芳溪堰告示”），告示中出现的“圳长”、“堰长”等基层农田水利管理者与当下中国负责河湖治理的“河长”有许多相似之处，为追寻当代“河长”制的起源提供了宝贵的实物文献资料。

一、乾隆十七年芳溪堰告示及其他芳溪堰水利文书

浙江师范大学中国契约文书博物馆是国内外收藏浙江民间文书最多的机构，拥有元明以来契约文书10万多件。2017年，该馆入藏了一件乾隆十七年（1752）松阳县正堂黄槐为十三都下源口等四庄派定水期任命圳长告示原件，长174厘米，高94厘米，幅面巨大，朱批灿然。原件如图所示。

①本文为国家社科基金重大项目“浙江鱼鳞册的搜集、整理、研究与数据库建设”（项目编号：17ZDA187）阶段性成果。

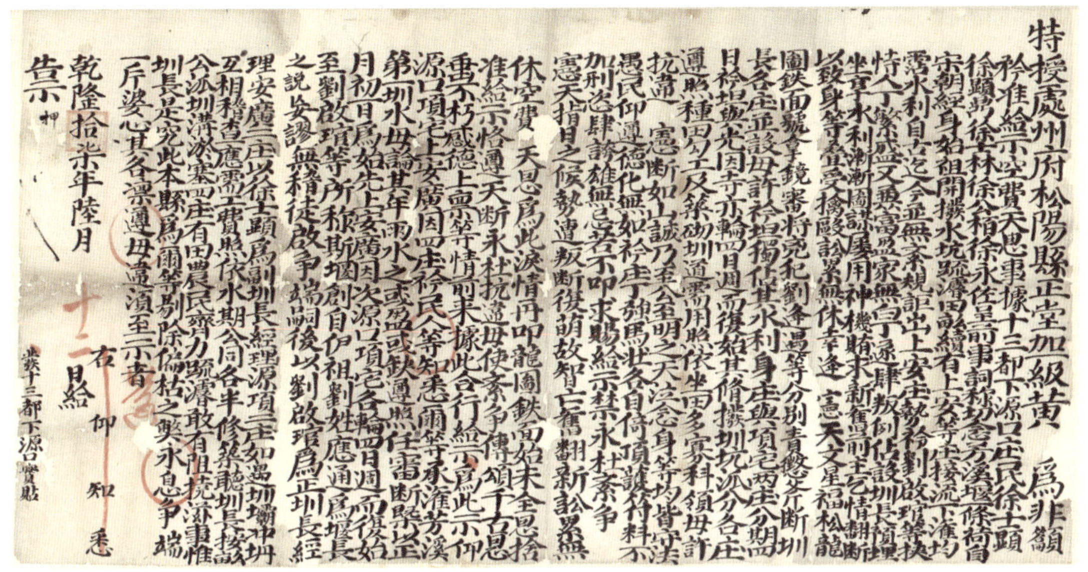

乾隆十七年（1752）松阳县正堂黄槐为十三都下源口等四庄派定水期任命圳长事告示

兹将此告示全文逐录如下：

特授处州府松阳县正堂加一级黄 为非吁矜准给示空费天恩事

据十三都下源口庄民徐士显、徐显鼎、徐士林、徐公柏、徐永佐呈前事，词称："切念芳溪堰一条，荷自宋朝，经身始祖，开拨水坑，疏浚田亩。续有上安等庄，接流下灌，均沾水利。自古迄今，并无紊规。讵出上安庄势衿刘启琯等，挟恃人丁繁盛，又兼富盈，家无白丁，遂肆叛例，占设圳长，预埋坐享水利。渐渐图谋，屡用神机，贿求新旧前主，乞情翻断，以致身等叠受擒殴，讼累无休。幸逢宪天文星福松龙图铁面，号拿镜审，将凶犯刘逢遇等，分别责惩，斧断圳长各庄并设，毋许衿坦独占。其水利，身庄与项宅两庄分期四日，衿坦与光因寺①亦轮四日，周而复始。其修拨圳坑，派分各庄，遵照种田匀工，及筑砌圳道需用，照依坐田多寡科领，毋许抗违。宪断如山，诚乃至公至明之天。泣念身等，均皆守法愚民，仰遵德化。无如衿庄丁强马壮，各自倚顶护符，料不加刑，恣肆夸雄无忌。若不叩求，赐给示禁，永杜紊争，宪天指日之候，势遭叛断，复萌故智，亡旧翻新，讼累无休，空费天恩。为此，泪情再叩龙图铁面，始末全恩，舍准给示。恪遵天断，永杜抗违，毋使紊争。传颂千古，恩垂不朽，感德上禀。"等情前来，据此合行给示。

①光因寺，或作"广因寺"（下文"广因"庄本此），松阳古寺，毁于1942年。今松阳古市镇潘连村尚有名"光阴寺脚"的自然村落。

为此，示仰源口、项宅、上安、广因四庄衿民人等知悉：尔等承灌芳溪第一圳水，毋论其年雨水之或盈或缺，遵照历任审断，概以正月初一日为始，先上安、广因，次源口、项宅，各轮四日，周而复始。至刘启琯等所称斯堰创自伊祖刘姓应通为堰长之说，妄谬无稽，徒启争端。嗣后以刘启琯为正圳长，经理安、广二庄；以徐士显为副圳长，经理源、项二庄。如遇圳坝冲坍，互相稽查，应需工费，照依水期公同各半修筑，听圳长按亩公派。圳沟淤塞，四庄有田农民，齐力疏浚。敢有阻挠滋事，惟圳长是究。此本县为尔等剔除偏枯之弊，永息争端，一片婆心，其各凛遵毋违。须至示者，右仰知悉。

乾隆拾柒年陆月十二日给告示 押 发十三都下源口实贴

据《松阳县志》，上揭告示中的松阳县正堂应是黄槐，乾隆十六年至乾隆二十年（1751-1755）任松阳知县。告示所说的“芳溪堰”，位于瓯江上游，今浙江丽水市松阳县新兴乡下源口村附近，是岗坞、力溪、源口先民于宋朝时完全依靠民间力量创修的小型水利工程。芳溪堰汇聚山溪之水，灌渠共有上下两圳，第一圳水灌溉上安、广因、源口、项宅等庄农田。其灌溉事务，完全自主治理，官府只起到监督与调节作用。告示中刘启琯和徐士显是两个家族及相关村落的代表，他们被双方利户推举出来，争夺芳溪第一圳水的管理权。黄知县的关于正圳长、副圳长任命只是调节纠纷而已。其他如渠堰修筑、圳沟疏浚，所需工费皆由利户自行承担，不需官府另出费用。其水期分派，亦“遵照历任审断”，县府的判决只是对用水惯例进行明确与加强而已。

除上件告示文书外，近年还陆续发现了其他一些有关芳溪堰的水利文书，主要有：

1.明嘉靖九年（1530）八月松阳县十四都芳溪堰首孙旻璋、周庆延、周明理等呈为民情水利乞究照田摆工修筑堰塘事状

2.康熙元年（1662）七月十四都芳溪堰长孙伯士、周佛僧等呈为恳恩水利乞允照田摆工修筑古堰事状

3.康熙二十年（1681）六月松阳县正堂张景留为十四都力溪地方督首周希廪等公派修筑水栋事告示

4.康熙二十五年（1686）六月十四都力溪后肖等堰首周永良、周永焕、周鹿鸣、周应洪呈为古榜圳图失坏恐后无查恳恩赐照以存后验状

5.康熙二十七年（1688）四月松阳县正堂李钟秀为晓喻公报田亩以便分派堰水日

期事告示

6.康熙二十七年（1688）六月松阳县正堂李钟秀为截夺官堰派定水期等事告示

7.康熙二十九年（1690）八月县正堂李钟秀立芳溪二堰水期碑记（档案馆藏拓片）

8.康熙三十五年（1696）四月松阳县力溪地方坦民周时鸣、周鹿鸣、周应洪、吴业孙等呈为抗顽持荒违例截霸柒坦民命无生事状

9.康熙三十五年（1696）五月为芳溪官堰并工修筑按期分水残状

10.乾隆二十五年（1760）二月松阳县正堂吴凤章为遵批议明清册派捐修筑水坝疏通水道事告示

11.乾隆三十四年（1769）十二月松阳县正堂曹立身为芳溪古圳灌溉分水事告示

12.嘉庆五年（1800）十二月松阳县正堂王洪序为不遵派拨赐示飭遵以保粮田事告示

13.道光十三年（1833）十一月松阳县正堂汤景和为按亩派捐拨修芳溪圳工程事的告示

14.光绪二年（1876）九月松阳县正堂储家藻为按亩派捐修筑芳溪圳出示晓喻事告示

15.光绪九年（1883）四月松阳县正堂皮树棠为断定水期出示晓喻勒石永禁以垂久远事告示

16.芳溪堰图残卷（残存第二圳图）

这些文书均收藏在松阳县档案馆，入选第三批《浙江省档案文献遗产名录》，并已汇编为《松阳芳溪堰水利档案》，由浙江大学出版社出版。另外散藏民间的尚有乾隆三十九年（1774）木刻本《芳溪古堰簿》残卷[①]，残存内容如下：

1.乾隆三十九年（1774）刊刻芳溪堰簿序

2.康熙二十九年（1690）八月松阳县正堂李钟秀为吁宪详情赐示永垂久远铁案以杜争端以渥民生事告示

3.康熙二十九年（1690）八月松阳县正堂李钟秀立芳溪二堰水期碑记

4.康熙三十五年（1696）源口地方圳首徐有升、徐有约，力溪地方堰首周应洪、周天如等立芳溪堰约

5.乾隆十七年（1752）松阳县正堂黄槐为十三都下源口等四庄派定水期任命圳长

---

①此刻本为浙师大人文学院李义敏老师所藏。

事告示

6.芳溪堰图残卷（残存第一圳图）

浙师大所藏乾隆十七年芳溪堰告示与松阳县档案馆馆藏芳溪堰水利档案、《芳溪古堰簿》刻本等，内容绝大多数是关于芳溪堰水的分派以及堰塘修筑事的告示与牒状，组成了一个关于芳溪堰水利文书的完整系列。一般而言，大旱之年，水资源短缺，各村为争抢灌溉用水，谎报田亩、截霸水源，群起争斗，县府为处理纠纷，维持秩序，申定水期，发布告示；洪水之年，堰坝冲毁，堰长具状县府以派捐派工修筑堰塘水圳。这批文书自成系统，内容丰富，时间接续，为浙江水利管理制度的研究提供了第一手资料，对于研究明清基层水利管理具有重要意义。

二、芳溪堰文书中的“圳长”与“堰长”

如前面的录文黑体所示，乾隆十七年芳溪堰告示中六次提到“圳长”，其中“圳长”四见，“正圳长”“副圳长”各一见（“以刘启琯为正圳长”“以徐士显为副圳长”），这是“圳长”作为一种基层水利管理职位最早以文书原件形式呈现在世人面前。

“圳”为“甽”或“畎”的后起俗字。《六书故·地理二》：“甽，今作圳，田间沟畎也。”[①]“圳”即沟渠。今北方方言沟渠常用，而“圳”习用于南方方言，分布在浙江、江西、福建、台湾、广东等地。“圳长”即田间沟畎的管理员，属于农田灌溉组织系统中的基层管理者。乾隆本《芳溪古堰簿·康熙三十五年芳溪堰约》：“源口地方圳首徐有升、徐有约，力溪地方堰首周应洪、周天如等立。”“圳首”应即后来的“圳长”。

除芳溪堰水利文书外，其他传世文献中偶尔也可以见到“圳长”的踪迹。如《道光东阳县志》卷四建置志“三源甽”：“相传宋骆将军开设，历代给示，会立甽长一名，甽夫一百余名。每岁夏至日，合众祀甽，报赛骆将军与始事骆三保。”[②]“甽长”即“圳长”。又《咸丰续修台湾府噶玛兰厅志》卷二水利“金大成圳”：“每年佃户按甲贴纳圳长租谷以为修费。”[③]《同治淡水厅志》卷三“六十甲圳”：“灌溉隙仔庄

①〔元〕戴侗：《六书故》，清文渊阁四库全书本，269页。

②〔清〕党金衡纂修：《道光东阳县志》卷四建置志，民国三年东阳商务石印公司石印本，185页。

③〔清〕陈淑均纂：《咸丰续修噶玛兰厅志》卷二水利，清咸丰二年续修刻本，161页。

等田约六十甲故名。年纳水租付圳长为工资修费。”[①]《清史稿·循吏列传 · 曹瑾》：“淡水溪在县东南，由九曲塘穿池以引溪水，筑埤导圳，凡掘圳四万余丈，灌田三万亩，定启闭蓄泄之法，设圳长经理之。”[②]曹瑾道光十七年至二十年（1837—1840）任台湾凤山县知事。

除“圳长”外，乾隆十七年芳溪堰告示中还有“堰长”一职：“刘启琯等所称斯堰创自伊祖，刘姓应通为堰长。”又松阳档案馆《康熙元年七月状》“十四都芳溪堰长孙伯士、周佛僧等呈为恳恩水利乞允照田摆工修筑古堰事”，亦有“堰长”一职。又作“堰首”。乾隆本《芳溪古堰簿·康熙三十五年芳溪堰约》：“源口地方圳首徐有升、徐有约，力溪地方堰首周应洪、周天如等立。”宋乾道五年《重修通济堰规》碑文多漫涣不清，《同治丽水县志》卷三水利“通济渠”条载其文：“堰首者，听田户保充，免其他役，二年而代，巡察堤堰诸所，以时葺治也。”[③]元至顺二年《重修通济堰记》也有“郡守维尝展力修治，而堰首吝以己私，漫不加意”之语。松阳档案馆《明嘉靖九年八月状》有“十四都芳溪堰首孙旻璋、周庆延、周明理等呈为民情水利，乞究照田摆工，修筑堰塘事”，县令批复却作“仰堰长会同该图里老照田均贴工食修筑，毋违，执照”，可见“堰长”“堰首”并无不同。芳溪堰有两圳，源口、项宅、上安、广因四庄承灌第一圳水，下设正副两圳长。“堰长”主管在水源地，“圳长”主管在用水地，“堰长”与“圳长”当是上下层级关系。《咸淳临安志》卷三九山川：“嘉泰三年，令晁百谈任内，嘉德乡盛逸、盛端等争充堰长事。考县远年官印押堰簿自泥黄大堰止，地名张堰，凡作小堰八所，分为八捺，注水入田皆承天目大源之水，上流下接。自元符元年戊寅至嘉泰二年壬戌，凡一百五年，每岁于农务前每捺各推小堰管头三名，八捺共二十四名，同共集田户修作。晁宰遂以自来轮流堰长姓名年载置旁通图，令上五捺田户每充应两年讫，即轮下三捺田户充应一年，并照田亩捺数多寡均差，日后周而复始，且出给断由，付八捺田户，家收一本，永为定规。”[④]“小堰管头”是张堰“堰长”属下“小堰”的主管，其职责当与芳溪堰属下的“圳长”相当。

---

①〔清〕杨浚纂：《同治淡水厅志》卷三建置志，清同治十年刊本，194页。

②〔民国〕赵尔巽纂：《清史稿　列传　循吏》，民国十七年清史馆本,13755页。

③〔清〕彭润章纂修：《同治丽水县志》卷三水利，清同治十三年刊本，264页。

④〔宋〕潜说友纂修：《咸淳临安志》卷三九山川，清光绪九年武林掌故丛编本，1499页。

三、其他“河长制”称谓

因大小规模和功用的不同，古代的水利工程名目繁多。《万历福州府志》卷六舆地志云：“郡之水资以溉田，通潮于江河者，曰溪，曰港，曰浦。潴而大者，曰湖；小者，曰塘，曰池。壅而积，曰陂，曰背，曰堰；防而障，曰堤，曰壩，曰埭。山泉之注，曰坑。引泉而通之，曰沟，曰渠，曰圳。凿石刳木引泉，曰槽。旱涝以时启闭，曰闸。”[①]相应地，除“堰长”“圳长”外，传世文献所见基层水利管理者还有“河长”“湖长”“塘长”“陂长”“堤长”“坝长”“沟长”“渠长”等，皆随事而设，因地赋名。兹按其在文献所见先后试作疏证如下：

渠长

“渠长”，河渠的管理者，始见于唐代。其职能当与“圳长”略同。法国国家图书馆藏敦煌文献P.2507号《开元水部式》：“诸渠长及斗门长，至浇田之时，专知节水多少，其州县每年各差一官检校，长官及都水官司时加巡察。”又：“合壁官旧渠深处量置斗门节水，使得半满，听百姓以次取用，仍量置渠长、斗门长检校。”[②]《新唐书·百官志》：“水部郎中、员外郎各一人，掌津济船舻渠梁堤堰沟洫渔捕运漕碾硙之事。凡坑陷井穴皆有标。京畿有渠长、斗门长。诸州堤堰，刺史县令以时检行，而莅其决。筑有埭，则以下户分牵，禁争利者。”[③]清胡聘之《山右石刻丛编》卷三一《重修明应王殿之碑》：“堤堰设其渠长、沟头、水巡，俾富豪强不敢恣其情，次上中下乃得节其便。”[④]《八旗通志》卷一六六吴达喜：“十二月奏言，木垒一带地广沃，请将招集户民编里，一里分十甲，每里选里长一，每百户选渠长、乡约、保正各一，以资钤束户民。”[⑤]《清经世文编》卷一〇六胡宝瑔《开豫省田沟路沟疏》：“今得官为督率，则通力合作，自属乐从，且各就地出夫，则贫富自均，而就役亦便。又皆令渠长、地保管理，不经胥吏之手，一无扰累，民情实属相安。”[⑥]可见“渠长”一职自唐至清相沿不绝。

---

①〔明〕林爊纂：《万历福州府志》卷六舆地志，明万历二十四年刻本，179页。

②上海古籍出版社、法国国家图书馆编：《法国国家图书馆藏敦煌西域文献》，上海：上海古籍出版社，2001年，第15册第1页。

③〔宋〕欧阳修纂：《新唐书》卷四六百官志，清乾隆武英殿刻本，585页。

④〔清〕胡聘之编：《山右石刻丛编》卷三一《明应王殿碑》，清光绪二十七年刻本，2983页。

⑤〔清〕官修：《八旗通志》卷一六六人物志，清文渊阁四库全书本，11152页。

⑥〔清〕贺长龄编：《清经世文编》卷一〇六工政，清光绪十二年思补楼重校本，10243页。

堤 长

“堤长”，堤坝的管理者，始见于晚唐五代。《册府元龟·河渠》：“晋高祖天福二年九月判详定院梁文矩奏以前汴州阳武县主簿左墀进策十七条可行者有四，其一请于黄河夹岸防秋水暴涨，差上户充堤长，一年一替，委本县令十日一巡。如怯弱处，不早处治、旋令修补，致临时渝决，有害秋苗，既既失王租，俱为堕事。堤长刺史县令勒停。[①]敕曰：修葺河岸，深护田农，每岁差堤长检巡，深为济要。逐旬遣县令看行，稍恐烦劳。堤长可差，县令宜止。”[②]清储大文《存砚楼二集》卷二五《伯兄素田行略》：“府君莅任，严饬十八坊堤长、堤甲率烟户防汛，无敢懈。”[③]清鄂尔泰《授时通考》卷十二田制下《刘殿衡条陈疏》：“臣采访舆情，酌定一法，嗣后遇有修筑堤塍，于兴工之时，令地方官将堤身所压之田及两边取土之地俱为丈明亩数，确立界址，着令堤长、甲长秉公估定价值，查明本垸内众姓享利之田若干亩，挖压之田若干亩，算明均摊补偿，交给被挖被压本主另置田产耕种，则无强行挖压之弊，而穷民得免偏累向隅之苦矣。”[④]次例“堤甲”当系“堤长”之下的属员。

湖 长

“湖长”，湖泊的管理者，始见于元代。元张铉纂修《至大金陵新志》卷五下江湖“绛岩湖”条：“如有人于五尺水则内盗耕一亩一角，推勘得实，其犯条人断遣，令众十日［放］。[⑤]本管湖长不能觉察，亦并施行。”[⑥]《永乐大典》卷二二六一“绛岩湖”条：“如水过则即仰湖长吊闸减放，不得辄令湖水失其元则。……其湖埂从西石湫并子埂及东斗门大埂上，两岸栽培杨木，仰湖长逐日管押守宿人户看管，不得许令斫伐并牛羊践踏。”[⑦]《乾隆福州府志》卷七方乐里“宾间湖”引明蒋以忠《重浚宾间湖堰记》：“堰之上，复建庙三楹，亭一楹，崇祀仓曹夫妇，报恩也；每岁春秋二祭，展恩也；祭之日，四里人佥来罗拜，誓戒庙下，申约也；易置湖长二名，涵干三

---

①此句不通，疑有讹误。

②〔宋〕王钦若编：《册府元龟》卷四九七邦计部一五河渠二，明刻初印本，23433页。

③〔清〕储大文：《存砚楼二集》卷二五家传，清乾隆京江张氏刻十九年储球孙等补修本，1478页。

④〔清〕鄂尔泰编：《授时通考》卷一二田制下，清武英殿聚珍版丛书本，465页。

⑤据《永乐大典》卷二二六一补。本卷存越南河内远东学院，此据鼎秀数据库影印图像改。

⑥〔元〕张铉纂修：《至大金陵新志》卷五江湖，清文渊阁四库全书本，1117页。

⑦〔明〕解缙编：《永乐大典》卷二二六一湖，本卷存越南河内远东学院，据鼎秀数据库影印图像录文。

名，塘之长六十名，示守也。”[①]按：湖长主管一湖之水利，管辖范围大，手下人员众多，塘长、涵干、斗门长等皆其下属。

塘 长

“塘长”，蓄水灌溉用的水塘的管理者。《大明会典》卷一九八工部十八运道三：“宝应县子婴沟等浅铺九，浅官九员。旧老人、塘长各九名。”[②]《正德松江府志》卷六徭役：“今制以里长、老人主一里之事，如宋之里正、耆长，以粮长督一区赋税，以塘长修理田围疏决河道，其余杂役并于均徭点差。”[③]《皇明经世文编》卷二四五徐阶《复翁见海抚院》：“仆又记得苏松诸郡县原设有水利官及塘长等役。今若欲大疏浚，诚不易能。若只令水利官、塘长督率百姓，各即其田之四围疏浚支河，使宽深足以蓄水，而取河中之土，筑其圩岸而高之，使足以御水。”[④]明张国维《吴中水利全书》卷二二《陈仁锡围田议》：“故今之治田，当以治岸为先也。所可恨者，业主坐享田中之利而至于修筑之费茫然不加之意，反使区图塘长小民为之。夫塘长之役不过廿亩之家充之，其家计几何？而况水利衙官需其常例，衙门书皂索其酒赀，所费已不能堪。若之何而能办此役也。”[⑤]《万历江都县志》卷七提封志：“□雷塘之东北曰小新塘……成化间设塘长、塘夫,属上塘。”[⑥]按《乾隆彭山县志》卷三沟洫志“堰塘”：“壅有源之水，引而注之，分流接派，曰堰；聚无源之水，潴而蓄之，挹彼注兹，曰塘。皆以人力补天工，润彼嘉谷也。”[⑦]“堰”与“塘”的差别在于有源无源，但用于灌溉的功能是一样的。“堰长”与“塘长”同属于农田灌溉组织系统中的基层管理者。塘长主管一里之水利，与里长（浅官）、老人、粮长等并列，成为乡村行政机构的一员，可见塘长在乡村的重要地位。但是水利官及塘长有时不设。

陂 长

“陂长”，坝堰的管理者。《永乐大典》卷二二七一湖“高视湖”下引《南丰志》：“在县北一十五里，湖面阔半里余，众流所积，冬夏不竭，旧名聚水湖。熙宁

---

①〔清〕鲁曾煜纂修：《乾隆福州府志》卷七水利，清乾隆十九年刊本，606页。

②〔明〕申时行编：《大明会典》卷一九八工部一八运道三夫役，明万历内府刻本，10010页。

③〔明〕顾清纂修：《正德松江府志》卷六徭役，明正德七年刊本，142页。

④〔明〕陈子龙辑：《明经世文编》卷二四五《徐文贞公集》，明崇祯平露堂刻本，10410页。

⑤〔明〕张国维编：《吴中水利全书》卷二十二议，清文渊阁四库全书本，3347页。

⑥〔明〕张宁修、陆君弼纂：《万历江都县志》江都志七提封志，明万历刻本，292页。

⑦〔清〕张凤翥纂修：《乾隆彭山县志》卷三沟洫志，清乾隆二十二年刻本，217页。

四年，付陂长龚承金等灌溉高视庄官田，因此得名。”[①]《正德琼台志》卷七水利“岩塘陂”条：“岩塘陂在县东南四十五里……其塘隶官陂，堤官立产户陂甲三十二名以备岁收，陂长一名督之。”[②]《弘治八闽通志》卷二四食货“濠塘泄”：“按旧志，陂无岁收财谷，即其地而分为塘者十有一，为段者十。职塘者曰塘长，职段者曰委段。分莅其地，陂长实兼董之。所溉田以种计者万余顷，而外埭之田不与焉。凡佃田种至硕者出夫，二三五斗者半之。堤岸之有补叠，水泄之有开塞，沟洫之有浚治，塘长、委段各帅其二。故凡陂塘之吏必择占产之高、有田于其间者充之。”[③]按《淮南子·说林训》：“十顷之陂可以灌四十顷，而一顷之陂可以灌四顷，大小之衰然。”高诱注：“畜水曰陂。”[④]上文《万历福州府志》所谓“壅而积，曰陂，曰背，曰堰。防而障，曰堤，曰坝，曰埭”，可知“陂”“堰”皆蓄水的堤坝，“陂长”与“堰长”含义近同。《汉书·地理志》九江郡“户十五万五十二，口七十八万五百二十五”下颜师古注：“有陂官、湖官。”[⑤]“陂长”即“陂官”。

坝长

“坝长”，堤坝的管理者。与“堤长”含义近同。《雍正云南通志》卷二九之七陈金《海口记》：“又于河之两崖环筑旱坝十有五座，以栏树两山水冲流壅塞河道之患，各设坝长一，坝夫十，守之。”[⑥]《清经世文编》卷一一五工政二一朱云锦《田渠说》：“当事者如慨然以斯事为己任，无难檄下郡邑，饬将境内有无川泽，及建渠引灌系用何水，与某郡县连接，某渠灌田若干顷亩，坝长、闸头若何分日用水，并治内有无古堰堪以兴复，有无源泉可以挹注，绘图详说。”[⑦]

河长

“河长”，河道的管理者。《雍正乐安县志》卷二〇载雍正九年（1731）八月乐

---

①〔明〕解缙编：《永乐大典》卷二二七一湖，本卷存中国国家图书馆，据鼎秀数据库影印图像录文。

②〔明〕唐胄修：《正德琼台志》卷七水利，明正德刻本，306–307页。

③〔明〕陈道修、黄促昭编：《弘治八闽通志》卷二四食货，明弘治刻本，1027–1028页。

④〔汉〕刘安撰，高诱注：《淮南鸿烈解》卷一七说林训，四部丛刊景钞北宋本，511页。

⑤〔汉〕班固撰：《汉书》卷二八上地理志第八上，清乾隆武英殿刻本，2498页。

⑥〔清〕鄂尔泰纂修：《雍正云南通志》卷二九之七记，清文渊阁四库全书本，4499页。

⑦〔清〕贺长龄辑：《清经世文编》卷一一五工政二一各省水利二，清光绪十二年思补楼重校本，11041页。

安知县李方膺《重开小清河详》："其各县之残缺小口，劝谕附近居民，沿途就近修筑。再循河两岸，一切水草蒿蓼蒲苇，以及跨河木桥多树桩柱，土桥束堤，雁翅横陇，零星计算，皆为河患。另置官渡，设立河长，分段管押，地方官不时查察。"① 按：此"河长"掌管一段河岸，且接受地方官不时检查，也属于基层水利管理者。

沟 长

"沟长"，沟渠的管理者。与"渠长""圳长"含义近同。《乾隆彭山县志》卷三沟洫志载"乾隆二十二年二月奉藩宪周转奉督宪开批本司会同建南道呈详查得彭山县禀报修理通济堰善后事宜一案"："应请饬令新彭眉三州县将现在修堰情形、派定用水时日、并每年修护及应派民夫工费各事宜条分缕晰，详议酌定，各于堰所刊立石碑，俾小民咸知遵守。仍遴选诚实谙练之堰长、沟长董理其事。"②《嘉庆四川通志》卷二三舆地志载资州仁寿县古佛堰："三县各设堰长一人，耑驻堰头，防秋水之泛涨，随时修筑保护，而经费亦俾专掌之。堰长责之沟长，沟长责之水户，按亩完纳，核实报销。"③按《说文·水部》："沟，水渎，广四尺深四尺。"《周礼·考工记·匠人》："九夫为井，井间广四尺深四尺谓之沟。"④上引《福州府志》"引泉而通之，曰沟，曰渠，曰圳"，析言之，沟、渠、圳所指不同，浑言则无别。

埤 长

"埤长"，堤堰的管理者。清陈盛韶《问俗录》卷六鹿港厅载"埤长"条："台地宜稻，溉稻之水皆由东北内山出，四通八达，可流五六十里至于海嵎。大者谓溪，小者谓圳。水堤谓埤。水所绝谓水尾，水所发谓埤头。总其事谓埤长，分其事谓圳长。道达沟涂，修利堤防，是其专责。埤长有二：在水源者，必内山粤人强梁者当之，乃能沿溪一带呼应俱灵，不致溃决；在中坎者，地势高昂，水停不流，筑埤分水，必以田园广阔之业户、圳沟多经其地者当之。埤长收水租，圳长取辛劳，谷均出自佃人。故台湾不畏水旱。而需水之时，多争水之讼。惟在官留心民瘼，尽力沟洫，急为诣勘讯结，毋使延搁成灾，则因民所利而利之道也。"⑤按上文《万历福州府志》所谓"壅而积，曰陂，

①〔清〕李方膺纂修《雍正乐安县志》卷二〇艺文志，清雍正十一年刻本，451—452页。
②〔清〕张凤翥纂修：《乾隆彭山县志》卷三沟洫志，清乾隆二十二年刻本，217页。
③〔清〕常明修、杨芳灿纂：《嘉庆四川通志》卷二三舆地志，清嘉庆二十一年木刻本，4479页。
④〔汉〕郑玄注：《周礼》卷一二冬官考工记，四部丛刊明翻宋岳氏本，899页。
⑤〔清〕陈盛韶《问俗录》卷六鹿港厅，清道光刻本，182—183页。

曰背，曰堰；防而障，曰堤，曰壩，曰埭”，其中“背”字不通，乾隆十九年刊本《福州府志》引此文校改作“坝”[①]，亦不确。“坝”与下文“壩”在堤堰义上是异体字，且“背”与“坝”字形与字音差别较大。“背”当为“埤”的同音假借字，或者记音字。《广韵·纸韵》：“庳，下也。或作埤。又音卑。”埤又音卑。“背”与“卑”纽同韵近，读音近同。故上揭《万历福州府志》“背”当校改作“埤”。壅而积曰埤，又“水堤谓埤”“筑埤分水”，可知“埤”即堤、堰、陂、坝之类，故“埤长”与堰长、堤长、陂长、坝长相当，皆为堤坝之属的管理者。

四、结 语

以芳溪堰为代表的中国明清时期基层灌溉工程的管理主要是通过利户推选或者轮选管理者来组织实现的，带有自发和自治的性质，官方只是居间协调，起监督和裁判的作用。芳溪堰水利文书及其他传世文献中所见的河长、湖长、塘长、陂长、埤长、堰长、堤长、坝长、沟长、渠长、圳长等等，作为基层灌溉自主治理的主体，他们的职责主要是保护水利设施、维护日常用水秩序、修筑堰坝、疏浚圳沟、收取水租、摊派工费等等，对于堰坝的工程管理和用水管理都负有直接责任，在我国古代农业生产中发挥了重要作用。我国当代的“河长制”肇始于浙江，推衍于江苏，原本也是典型的地方性水利治理举措，但后来由国家下文全国推行，由省、市、县、乡各级党政主要负责人担任“河长”，负责组织领导相应河湖的管理和保护工作，从而上升为一项国家主导实施的水资源保护与生态环境治理制度。这是习近平为核心的党中央为解决地方水环境污染问题而进行的制度创新，对美丽山川的建设具有十分重要的意义。虽然古今“河长”制的职责与功能都有很大不同，但是我们的先贤在水利管理制度方面的探索与实践，为当今河湖的治理提供了宝贵的借鉴，是当代河长制产生的历史原因。芳溪堰水利文书作为古代河长制实物文献的唯一遗存，是我们的先贤留给我们的宝贵财富，更是有着不可估量的文物价值和文献价值，值得我们珍视和深入研究。

（本文发表于《浙江学刊》2018年6期）

鲍宗伟，浙江师范大学出土文献与汉字研究中心博士研究生，讲师。
张涌泉，浙江大学文科资深教授。

---

①〔清〕鲁曾煜编：《乾隆福州府志》卷七水利，清乾隆十九年刊本，551页。

基于价值特色认知的松阴溪水系古堰文化研究

李晨晖

摘 要：瓯江流域松阴溪水系现存古堰多达数十座，这些古堰是古代水利设施遗存的代表，充分体现了先民的治水智慧。从古堰工程的建设、灌区管理及民俗文化等角度深入挖掘松阴溪水系古堰群的水文化价值特色，并在此基础上对古堰文化的保护与利用提出相关对策和建议。

关键词：古堰；水文化；价值特色；松阴溪水系

1 问题的提出

松阳县位于浙西南山区，建县于东汉建安四年（199年），距今已有1800余年，是丽水市建置最早的县。历史上松阳一直是瓯江流域主要的粮食产区。自古以来，为应对频繁发生的洪旱灾害，松阳先民不辞辛劳，因地治水，严令管水，在松阴溪修建了众多古堰及圳渠，保证农业生产灌溉用水，方便居民生活，极大地促进了社会经济的发展。同时，伴随大批古堰遗留下了丰富、珍贵的碑刻、榜文、文选等水文化遗产（物）。本文试图从松阴溪流域特别是 松古盆地的古堰工程及其衍生的水文化遗产（物）进行探究，旨在努力挖掘古堰渠建设和管理所形成的水文化价值特色，力求全面、系统地还原和揭示瓯江流域的古代灌区水工程建设和管理文化。并据此对当代松阴溪古堰与水文化的传承保护，和在推进美丽河湖建设、全域旅游经济发展中的开发利用提出粗浅的对策和建议。

2 松阴溪古堰概况

2.1 松阴溪流域概况

松阴溪为瓯江流域一级支流，发源于遂昌县，流域总面积1995 km^2，干流全长109.4 km，流经遂昌、松阳、莲都三县（区）。松阴溪自松遂2县交接地界首开始，河床展开，形成冲积盆地，构成面积达175.46km^2的松古平原。整个盆地地势开阔、平坦，拥有肥田沃土超万顷。横贯盆地中部的松阴溪，河段长34.1km，最宽处达300m，有浅滩30多处。松阴溪流域聚集了瓯江流域三大灌区中的松古盆地和碧湖盆地灌区（三大灌区还包括缙云壶镇灌区）。而莲都区（古称括苍县）为隋开皇八年

（588年）从松阳东乡析出设县，始修于南朝梁的通济堰，于1963年5月才划入莲都区。故松阳县的古堰与水文化可充分代表瓯江流域的古堰与水文化特色。

近年来，松阴溪美丽河湖建设成绩斐然。现今，松阴溪碧波荡漾，两岸绿树婆娑，婉约如画，2013 年已成功创建成国家水利风景区，2018 年被评为 4年级旅游风景区和全国长江经济带最美河流。

2.2 古堰群概况

松阳建县于东汉建安四年（199年），时属永嘉郡，为瓯江流域最早建县的传统农业县。自古以来，松阳人民精于农耕，有“处州大米出松阳”“松阳熟、处州足”的美誉。先人勤于治水的历史源远流长，特别是在广阔的松古盆地和碧湖盆地，先人们为了保证农业生产稳定，十分重视修水利除水害，在松阴溪主流及各支流中依势筑堰建渠，分片开圳引水。通济堰创建于南朝梁天监四年（505年），五代十国时期记有白龙堰，北宋时期记有青龙堰、芳溪堰等，至明末清初已基本形成以松阴溪主支流为水源，堰堤密布、圳渠交错的水系网络，用以农业灌溉，防御洪水。这些古堰成为松阳先民最重要的灌溉水源工程，延绵造福于后代，至今仍发挥着灌溉、防洪、洗涤、观光等多方面的作用。本文所研究古堰群以松阳县松古盆地内松阴溪主流青龙堰、白龙堰、石门圳、金梁堰和支流芳溪堰、神坛堰等6座古堰为主。各堰分布位置见图1，基本情况见表1。

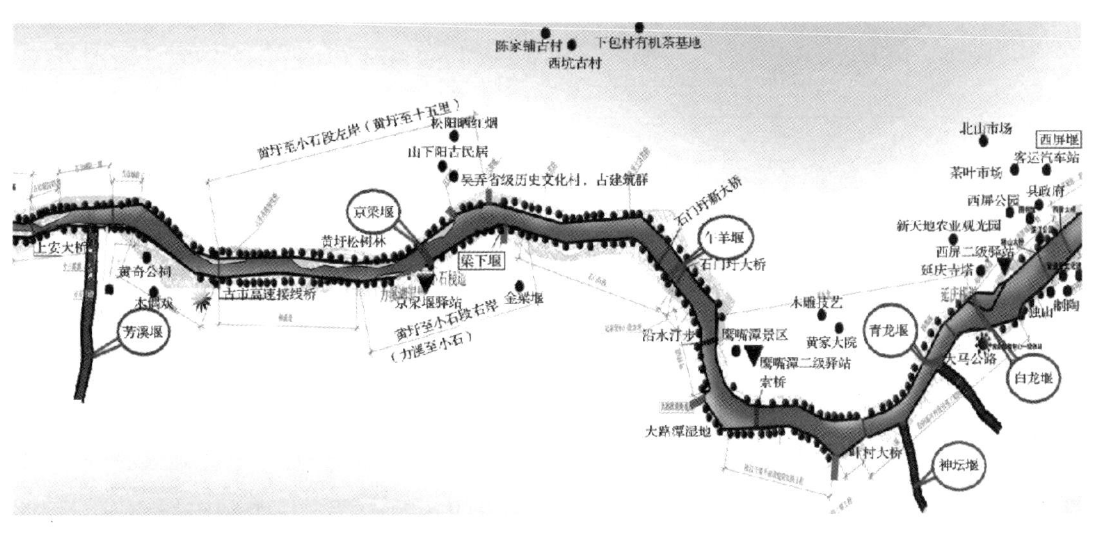

图 1 松阴溪松古盆地主要古堰分布图

表 1　松阴溪松古盆地主要古堰基本情况表

河道	古堰名称		修建时间	堰址	现堰坝概况	现工程效益
	现名	又名				
松阴溪干流	青龙堰	百仞堰/何家堰	始建无考，最早在北宋庆历年间（1041—1048年）已有修建记载	原址在县南三里十九都，百仞山（今独山）脚附近，明万历二十二年（1594年）冬迁至百仞山山麓西上0.4 km，与竹溪源水交汇处	2007年重修为混泥土重力堰和连拱堰。堰高5.53 m，长300余米。渠道设计进水流量为1.5 m^3/s。干渠由西向东全长7.0 km	灌溉西屏、水南2个街道共8个村，灌溉面积185.6 hm^2，并供村民洗涤、村环境用水
	白龙堰	无	五代十国之后乾祐年间（948—950年）	松阴溪西屏街道航船头河段中，距上游青龙堰约500 m，去县城五里一二都	2008年重修为混凝土砌石堰，堰高5.50 m，堰长165.00 m，干渠长4.5 km	灌溉西屏街道项弄、白沙村农田共87.0 hm^2；为2 300多名村民提供生活、消防用水。当前正在被打造为县城景观渠
	金梁堰	宣公堤/京梁堰	始建无考，现最早有记载为元（后）至元六年（1340年）	斋坛乡小石村北，松阴溪上，去县西二十里十五都	该堰在松阴溪干流上无坝取水，其进水口建在牛犊洞潭南缘，充分利用松阴溪的河道深潭条件和水脉，自然平稳地引水	干渠总长4.5 km，灌斋坛乡8个村，农田213.0 hm^2，并供居民洗涤、村环境用水

续表 1

河道	古堰名称		修建时间	堰址	现堰坝概况	现工程效益
	现名	又名				
松阴溪干流	午羊堰	石门圳	始建无考最早有记载为清道光二十七年（1847年）	望松街道石门村附近松阴溪上	2010年重建为混凝土砌卵石堰。堰高5.5 m，堰长约250.00 m，干渠长2.5 km	灌溉西屏、望松街道4个村100.0 hm^2农田，并供村民洗涤、村环境用水
支流	芳溪堰	上曹堰	始建无考，北宋即已存在	去县西三十里十四都	芳溪堰分芳溪头堰和二堰，头堰堰长58 m，干渠2.5 km。二堰在头堰下游约90 m处，堰长70.00 m，干渠长9.5 km。堰体均为块石硬壳坝	灌溉新兴镇、樟溪乡共604.0 hm^2农田（一堰113.3 hm^2；二堰481.0 hm^2），并供2乡镇沿渠各村洗涤、村环境用水
	神坛堰	坛头堰/龙陂堰/田圳	始建无考最早记载为清同治三年（1864年）	叶村乡松山村东坞源上	堰坝长35.00 m，宽7.50 m，高1.30 m，引水渠总长1.8 km	灌溉叶村乡叶村、松山、河头等村农田133.0 hm^2，并供村民洗涤、村环境用水

3 古堰水文化遗产（物）调查与收集

近年来，松阳县水利局及吴伟民先生编著的《松阳金石志》收集了一批松阴溪古堰的榜文、碑刻（志）、摩崖石刻、文选等资料。有明天顺元年（1457年）至清光绪九年（1883年）的榜文17份，发现并验证元、明、清时期碑刻15方，摩崖石刻2处，记载古堰文选8篇，加上各堰遗址图片等资料，形成了较为丰富、宝贵、自成系统的松阴溪古堰水文化遗产（物），为研究古代瓯江流域乃至浙江古代水利工程建设与管理的水文化提供了较为完整、连续的第一手实物资料。各堰现存的水文化遗产（物）见表2。

表 2　松阴溪松古盆地主要古堰群现存水文化遗产（物）情况表

堰名	文选	碑刻 / 碑志	摩崖石刻	榜文 / 判决	建筑	人物传略
青龙堰		①明万历二十三年（1595 年）屠隆《重建百仞堰记》；②明万历二十五年（1597 年）《周侯治水德碑》和《百仞堰记双港渡记》；③明万历三十六年（1608 年），李鋕《 白仞堰记》	光绪三十四年（1908 年）独山摩崖，《重修何家堰题刻》		青龙堰及遗址	周宗邠；林大佳
白龙堰	（民国）周文翔《续建石柱殿落成记》	康熙十七年（1678 年）《张侯重造白龙堰记》			白龙堰及遗址；石柱殿	厗汉杰
午羊堰		清光绪二十八年（1902 年）《石门圳碑志》			午羊堰及遗址	
金梁堰		①元至正六年（1346 年）刘基《邑令买住公去思碑》；②清道光十三年（1833 年）《奉宪示勒金梁堰碑记》；③光绪十二年（1886 年）《重修京梁圳碑》		明天顺元年（1457 年）四月，处州府为解决金梁堰水事纠纷发放榜文	金梁堰及遗址；牛犊洞潭	买住
芳溪堰		①清康熙二十九年（1690 年）《芳溪二堰水期碑记》；②清道光四年（1824 年）《芳溪堰奉宪勒石碑》		明嘉靖九年（1530 年）至清光绪九年（1883 年）353 年间，历代县府有关芳溪堰水事的榜文等 22 件，合称《芳溪堰档案》	芳溪堰及遗址	

4 古堰的水文化价值特色研究

松阴溪松古盆地悠久的古堰建筑历史，现存丰富的古堰水文化遗产（物），真实的还原了松阳先民兴修古堰的技术发展历程、建设管理机制和科学的治水哲学思想，再现了松阳人民高超的治水智慧、先进的管理理念和丰富的水事活动。水文化研究内容主要包括：水制度文化、水工程文化、水利景观文化、水利科技文化、水利风俗、水文学与水艺术、水利人物等几个方面。本节将重点从古堰工程建设文化、管理制度文化以及水利人物这几个方面入手，挖掘松阴溪古堰的水文化价值特色。

4.1 古堰工程建设的水文化价值特色研究

4.1.1 古堰工程建设的技术发展历程

松阳先民早在1500年（南朝梁）以前，就在松阴溪主流上兴建堰坝，取水灌溉。初为木、竹等卵石坝，至宋、明期年间已推行干砌巨石筑堰技术，干砌石堰至今仍在传承。同时，松阳先民在近千年前，就充分利用河道地势高的深潭，实施无坝取水。有的在取水口设置河闸，以利旱涝控制。主要堰坝技术发展历程见表3。

从松阳县现有的松阴溪松古盆地古堰水文化遗产（物）研究发现，松阳先民早在500 年前，就已经形成了较为健全的古堰工程建设主体、筹资投劳、用地处理等工程建设机制。

表 3　松阴溪古堰筑堰技术发展历程表

堰名	兴（修）年代	原始堰型	干砌石堰年代	备注
通济堰	南朝梁天鉴四年（505 年）	木筱结构	南宋开禧元年（1205 年）	堰址在堰头村，原属松阳县，1963 年行政区划变更，划归莲都区管辖
青龙堰	兴建年代不详，现最早有记载为北宋庆历年间（1041 — 1048 年）	竹笼卵石坝	明万历二十二年（1594 年）记载设置河闸，明万历二十六年（1598 年）改为干砌石堰	1963 年跨支流涵改为浆砌石涵，2007 年前尚有 1/2 堰体为干砌石堰，堰坡比 1:10，2007 年 5 月，堰体改为混凝土连拱坝和重力坝
金梁堰	兴建年代不详，现最早有记载为元（后）至元六年（1340 年）	无坝取水	—	无坝取水一直到 2011 年，2011 年在下游新建一混凝土重力坝，以抬高水位
白龙堰	五代十国之后汉乾祐年间（948 — 950 年）	原为无坝取水，元末丙申年（1356 年）冬改竹笼卵石坝	明万历十六年（1588 年）	1963 年改为浆砌块石坝，现今堰体为 2008 年重修
午羊堰	兴建年代不详，现最早有记载为清道光二十七年（1847 年）			2010 年修复改建为混凝土砌卵石硬壳堰
芳溪堰	兴建年代不详，现最早有记载为北宋		明嘉靖九年（1530 年）	嘉靖九年榜文记载

4.1.2.1 工程建设主体

因受到行政区域、工程规模、技术难度等因素制约，松阴溪主流古堰工程建设推行的是行政首长负责制，以时任处州知府、松阳知县等府县负责人主持实施为主。《邑令买住公去思碑》记载了元（后）至元六年（1340年），时任知县买住主持修复金梁堰的史实；明万历二十三年 （1595年）屠隆《重建百仞堰记》（碑额）描述了时任知 县周宗邠主持迁址重建百仞堰（今青龙堰）一事。从其碑文可知，其建设程序为知县周宗邠初定方案，并会同州府 同知（“同知”，官职，是知府的佐官）许国忠共谋议定， 报处州知府任可容批准，再由周宗邠组织实施。明万历 二十六年（1598年）处州知府任可容又组织对百仞堰改竹笼卵石堰为块石筑砌堰。

支流小型堰坝建设推行的是堰长为首的业主负责制。芳溪堰遗存榜文16件中有9件记载还原了松阳先民历次修建芳溪堰的过程，时间跨度从明嘉靖九年（1530年）到清光绪二年（1876年）近350年。榜文内容证实了：①修堰前由堰董事会堰长等制定筹资计划、修建方案；②上报松阳知县审查；③知县批示，由堰长（或圳长、地保）负责执行。如嘉靖九年榜文县宪批复：“仰堰长会同该图里，克照田均贴工食修筑，毋违。执照。”可见，堰董会承担项目的筹资及组织建设等职能，其负责人为堰长。该职能来源于时任政府的批准，和现今项目管理的业主机构的成立审批及职能相似。综上记载可以理解为，500年前松阳先民的修堰建设机制即为“项目业主负责制”。

4.1.2.2 工程筹资投劳机制

从现有的碑刻、文献等记载看，古堰兴建资金来源有公帑（即政府投资）、劝捐

（民间捐资）、摊派集资、派工投劳等形式。自元代开始近700年，松阴溪干流青龙堰等古堰建设投资以当时政府与民间共同筹资为主，支流芳溪堰等以民间按亩、按灌溉日期或按户口壮丁等派资、派工为主。特别是芳溪堰因灌溉面积大，涉及乡村多，当时县政府对该堰筹资工作十分重视，其修建派工派资不仅由当时政府发榜文告示筹资，而且时任松阳县政府还加强了对筹资派工等情况的监督。如：清乾隆二十五年（1760年）榜文记载对筹资派工财务管理明确要求："秉公酌议，作如何上中下费工，富户捐资多寡之处，逐一开造清册呈验，以凭核夺等"。主要堰坝修建事件及筹资情况见表4。

表 4　松阴溪主要古堰修建筹资机制表

堰名	公帑	劝捐筹资	灌区投资投劳	记载实物（遗物）
青龙堰	50%		合占 50%	李鋕《百仞堰记》记载知县周宗邠于明万历三十二年（1604 年）出公帑与民力各半，筑成古堰
白龙堰		周汉杰捐资		民国《续石柱殿落成记》记载，元至正十六年（1356 年），周汉杰捐资建白龙圳
	100%			①明万历二十六年（1588 年），改块石堰，知县廖性之主持；②清康熙十七年（1678 年）重修，知县张景留主持
金梁堰	100%			民国《松阳县志》记载：元（后）至元六年（1340 年），达鲁花赤（知县）买住复筑
芳溪堰		富户捐资	照田亩数出财、工、本	①明嘉靖九年（1530 年）榜文，（照田摆工修筑堰塘事）；②清康熙元年（1662 年）榜文，（照田摆工修筑古堰事）；③清康熙二十五年（1686 年）榜文；④清嘉庆五年（1800 年）榜文；⑤清道光十三年（1833 年）榜文；⑥清光绪二年（1876 年）榜文
			依灌水日期、受益村各自雇工筑砌	清康熙三十一年（1692 年）榜文
			照户口强壮人丁均派点工	清乾隆二十五年（1760 年）榜文

4.1.2.3 工程用地处理

古堰圳工程，其主干渠长不下5.0 km，跨不同乡村，且上游堰坝、干渠所用土地权属为非灌区受益村。那么松阳先民对其建设用地该如何解决，《石门圳碑志》的发现还原了松阳先民在建堰圳时的用地处理方案。石门圳碑见图2。

图 2 石门圳碑图

石门圳碑分刻二石，一为碑志，二为契约。在望松街道石门村发现时已被用作为水井井口石。碑中记载清道光二十七年（1847 年）和光绪二十三年（1897 年）石门圳（午羊堰）下游黄公渡村向堰址石门村通借圳基引水灌田之事。碑中原文段落为"……但下洋一圳坝被水冲，无从取水，因向石门通借圳基，接引石门圳之水，以灌溉田园。至光绪丁酉年……因请亲友，再向石门通借圳基。然字传久远，恐其有失，因勒石铭碑，不致湮没无传云。”石碑的发现，真实还原了松阳先民在借地建圳（堰）用地上的处理方案，体现了上下游村庄诚恳通情、团结友好的治水情怀。

4.1.3 古堰工程建设体现的治水哲学

松阳先人在长期的治水实践中，不断探索、勇于创新。现存古堰工程可体现出先人的治水智慧与精神。明万历二十三年（1595 年）屠赤水《百仞堰记》和明万历二十五 年（1597 年）《周侯治水德碑》碑刻记载的青龙堰迁址事件，真实反映和体现了松阳先民兴利避害、科学严谨的治水哲学思想。

青龙堰旧址在今独山（古称百仞山）附近，宋庆历年 间（1041—1048 年）前兴建，引水灌田万亩。旧址于明万历二十二年（1594年）遭水毁。堰南乡人坚决主张复坝，以利灌溉，而堰北乡人因地势稍低，春夏间溪流堰坝受障导致水患，力争不可复坝。两乡人矛盾导致青龙堰旧址久不能复，田禾苦晒，民难安生。知县周宗邠上任后设法争取国库与民资各半，拟修复堰坝，变水害为水利。其亲自前去勘察地形，权衡利弊，坚持将被洪水冲毁的百仞堰（即青龙堰）堰址上移数百米，新坝址地势稍高，南可决水灌溉，北无漫流漂舍之患。明屠赤水《百仞堰记》将周宗邠趋利避害迁移青龙堰址的治水哲学思想总结为“成功难哉！在权利害，利七害三，则兴利；利三害七，则避害；利害相半，与其有利，不若无害。今灌田之利十，而漂舍之害又倍十，利必不可兴，而害尤不可不避，将奈之何？周侯一策而两利俱全，何其计划善，而功伐盛也。”水利工程兴利避害的“七三”之分是对松阳先民治水哲学和理念的高度总结。“七三”之说对现今的水利工程选址、立项等建设论证工作仍具有现实的借鉴意义。

此外，明万历三十六年（1608年），时任知县林大佳留心水利，以民生为本，在青龙堰上设置河闸，“旱则闭，涝则启”，在松阳县境内开创了在堰坝设立闸门，启闭限制水量的先河，充分体现了人水和谐的治水哲学。

4.2 古堰工程管理的水文化价值特色研究

4.2.1 堰董负责制的管理机制

千年以来，松阳堰坝工程的管理机制推行为堰长（首）董事会负责制，堰长（首）由受益村民众推举，并成立董事会，堰董由各受益村民众代表组成，一般为7～8人，其职责主要是负责堰渠工程的维修养护；日常用水秩序的维持；摊派民工、收取水费等维养经费的筹集。董事会是古堰渠工程管理的直接责任机构，负责人多以“堰首”或“堰 长”相称居多，乾隆十七年（1752年）芳溪堰告示中出现了“圳长”。“堰首”“堰长”“圳长”等为古代农田水利工程的基层管理者，与现代“河长制”

的管理制度相近。各堰有记载的堰董会概况见表5。

表 5 松阴溪主要古堰最早有记载的堰长（首）董事会表

堰名	堰长（首）董事会成立年份	所记载的水利文化遗物
青龙堰	明万历二十五年（1597 年）	碑刻，《周侯治水德碑》（节录）“堰长吴朝仪、吴子翼、吴伯良、吴伯养、吴一元、吴有口”
白龙堰	清康熙十七年（1678 年）	碑刻，《张侯重造白龙堰记》
金梁堰	元（后）至元六年（1340 年）	碑刻，《邑令买住公去思碑》（元至正六年）
芳溪堰	明嘉靖九年（1530 年）	榜文，“十四都芳溪堰首孙旻璋、周庆延、周明理等，呈为民情水利乞究照田摆工修筑堰塘事”
	乾隆十七年（1752 年）	告示，松阳县正堂黄槐为十三都下源口等四庄派定水期任命圳长事告示

松阴溪古堰管理以分年度按亩均派水费和推行“圳田制”的长效管理为主要机制。“圳田制”有实物考证出现在明清时期，据明万历二十五年（1597 年）《百仞堰记双港渡记》碑文记载：吴翔等 18 人跋圳田 25 片，年圳田租达 76 石。此外，据清嘉庆十年（1805 年）立的神坛圳《田圳碑志》（见图3）碑刻记载“……今共买圳田陆亩，存积筑砌修圳，以备工食之资，以使久远之图……”，该记载表明神坛堰实行的是购买圳田，存积田租，用于堰渠维修等支出，使该堰有长久稳定的收入作保障。

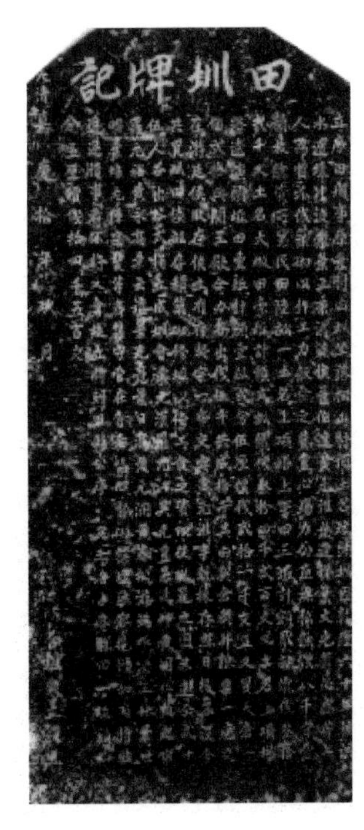

图 3 神坛堰《田圳碑志》图

康熙二十七年（1688 年）四月十日榜文（见图 4），松阳县正堂李为晓谕公报田亩，以便分派堰水日期事。载明了当时对灌区管理的下列事项：①为分派灌水日期，县令要求各坦（支渠）核报灌溉面积。②先由灌区各户详细列报名下所种田亩实数，对自种或租种都要详细列明，再由本坦（支渠）有威望的人造册汇总，乡长里老共同核查后再送县里。③县里派出办事公正的人2名，到各家田边插立四至木片，上写田主、佃户名下亩数，然后由知县亲自去丈量。④如某坦（支渠）田亩数以少报多，查出或被人控告，除重责三十板外，还将谎报的田亩入官。⑤限三日内造册汇总上报，各自要慎重，不要违背。

由此可见，松阳先民、县府对灌区灌溉面积核实之重视，措施步骤之详细到位，对谎报者处置之严厉，对工作进度要求之高。灌区管理之核心就是核实准确的灌溉面积，并按面积制定分水方案。300余年前的松阳先民、县府工作之踏实，依然是现今水利工程管理者的学习榜样。

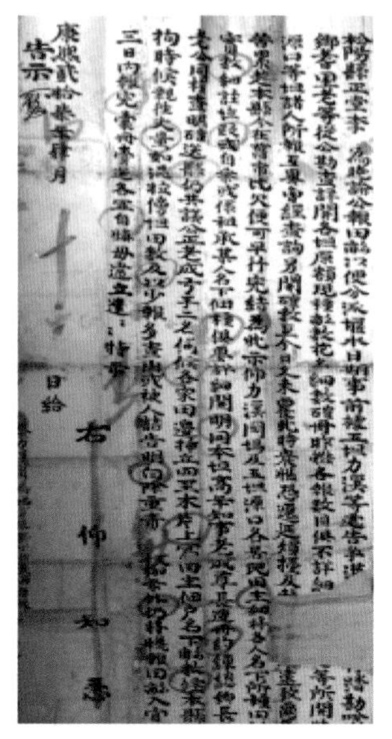

图4 康熙二十七年四月榜文原件图

4.2.4 灌区水量配置的管理机制

松阳县古堰灌区在水量配置管理上以各受益村按日轮灌为主。青龙堰，明万历二十五年（1597年）碑刻记载："圳次递年，何、徐、程、吴四坦，按田分为□□，□□分该水三日半，何坦七日，徐坦三日半，程坦三日半，吴坦三日半。依次轮流，周而复始，毋得混乱，此为定规。"现已发现的碑刻5方、榜文4篇均反映按日期分配水量。清同治三年（1864年）神坛堰碑志，则是以堰口尺寸宽窄来进行水量分配。

各堰分水方案一旦确定，均以当时松阳县政府批准给予勒石或发榜文，以垂永久。芳溪堰从清康熙二十七年（1688年）六月到光绪九年（1883年）四月的榜文，近200年其分水轮灌日期一直未变，而且从榜文内容上可推断该分水方案自宋以来历代传承而来。虽各年代均有蛮横不遵守之人，但经时任松阳知县裁决仍照旧执行。这也是松阳古堰有关分水的碑刻、榜文较多，且一直保存至今的缘由，其实质价值是灌区先民的分水契约。

图5 康熙二十五年榜文原件图

4.2.5 工程档案的管理机制

芳溪堰，清康熙二十五年（1686年）六月初七日榜文（见图5）："呈状人周永良、周永焕、周鹿鸣、周应洪，呈为恳恩赐照，以存后验事：缘身坦自宋朝设有十三都芳溪源口第贰堰灌溉，身拾肆都力溪、后肖、驮齐等处田地百余顷，原遗有古榜圳图，因今年洪水飘荡，墙屋俱倒，古榜失坏。设不恳照，虑恐日后无查，叩乞宪天敕赐印照，炤旧灌溉，以存后验。合坦顶祝上呈。（知县批示：）准照。”

该榜文反映的是芳溪二堰自宋朝保留下来的古榜圳图，在1686年因洪水飘荡，墙屋倒塌，致使古圳图损坏，堰管人员担心如不重新印制，怕日后无查，请求县府批准给予印制，依照旧有的灌溉（制度），以保存作为验证。这也是松阴溪水文化遗产中唯一一件反映工程档案管理事件的文物，但仅此足以见证：其一，失坏的古圳图为宋朝传承，松阳先民自宋朝开始就一直对水利工程档案管理十分重视；其二，古圳图损坏重印需报请时任知县批准，可见对原有档案的管理是十分严谨和慎重的。

4.2.6 水事纷争的处置机制

由于水源工程的缺乏，松阳先民争夺有限的灌溉水源问题尤为突出，并时常对簿公堂。为此，遗留下有关水事纠纷处置的榜文、碑刻等诸多水文化遗产，部分水事纠纷案例见表6。

表6　松阴溪古堰水文化遗产（物）记载部分水事纠纷案例表

堰名	水利纠纷事件	处置结果	所记载的水文化遗物
金梁堰	明天顺元年（1457年）杨世显等聚众强抄汴石，并将汴田开凿深阔，夺占水利	处州府松阳县知县裁决：“务依泒定轮流分水次日期，均承水利。敢有故违之人，定罚花银贰佰公用，及依律问罪不恕”	明天顺元年四月处州府松阳县为水利事榜文
	道光十三年（1833年）八月，斋坦村与东村、毛村争水案	松阳县知县裁决：“查斋坛庄毛飞熊等，所争金梁圳之水毫无确据。东村、毛村遵照旧榜，按田亩派定日期，交递时刻，周而复始。准给勒石，以垂永久”	碑刻，《奉宪示勒金梁堰碑记》
石门圳	光绪十三年（1897年）陈攀柱率黄公渡谋占圳基案	松阳知县断结：“各归各圳，毋得谋占等情。而黄公渡悔之莫及，窃思□□下洋圳更无从起水，因请亲友，再向石门通借圳基。罚彩灯壹堂，自认前非”	碑刻，《石门圳碑志》
芳溪堰	清康熙二十七年（1688年）刘世广告周时远等霸占水期故榜，恃强夺灌，持械打伤等情	松阳县正堂裁决：“据册派定水期轮值分灌，违者定行重责、枷示”	芳溪堰清康熙二十七年（1688年）榜文
	力溪地方坦民周时鸣等呈为违例霸灌农田	县正堂武裁决：“仰捕衙，即日减从亲行踏勘，查照往例，按期分水，仍令各坦并工修筑，以资灌溉。如有截霸紊乱，坐视等奸，立即重处”	芳溪堰清康熙三十五年（1696年）榜文
	清乾隆三十四年（1769年）樟村庄钟某等，恃富霸占水利，擅将水期盗卖盗买，灌溉之水用于水碓	县正堂裁决：“照从前派定水次日期，田禾需水之时，水碓不与田争水，对利己害人者，凭严拿重究”	清乾隆三十四年（1769年）榜文

从现有的芳溪堰等6份榜文，金梁堰等6方碑刻反映的早期松阳先民争夺灌溉水期水权纠纷及处置记载看：一是水事纠纷处置主体为时任县政府，均由知县裁定；二是处置原则为沿袭历史传承性，均以维持历史传承的分水为据的裁决方案；三是处置均带有强制性，石门圳碑志还体现出教育性；四是处置决定档案永久可查性，颁布榜文或准给勒石（碑志），以垂永久可查。

4.3 古堰人民对治水功德人物的崇尚所形成的水文化价值特色研究

自古以来，对有功于治水的人物，他们的事迹和精神无不为百姓称道和敬仰。松阳人民通过民间故事流传、文献记载，或刻碑纪念、命名留念，以及建殿立庙等多种形式，对治水有功人物进行颂扬，歌颂其治水精神和治水功绩。

4.3.1 为民筹款治水的知县买住

买住，字从道，家世唐兀氏，广平（今河北省广平县）人。进士出身。曾任保定路安州同知。元元统二年（1334年）转任松阳达鲁花赤（蒙古语，官名，意为握实权者，与知县同义）。元（后）至元六年（1340 年），买住目睹斋坛等地旱情严重，便筹款率众“（修）复金梁堰以溉民田，民受其利”。当地百姓感谢其治水德政，取名此堰坝为“宣公堤”。

6年后，买住期满离任。至正六年（1346 年）正月，处州总管府府判刘基（后为明太祖朱元璋之大臣）闻知松阳邑令买住关心民瘼，锐意治水，有功于地方，亦深为感动，遂撰《邑令买住公去思碑》一文。文中说当地百姓称赞“公（即买住）为政以爱民为先，以廉洁为本”。金梁堰灌区的百姓为之勒石志念。反映了松阳先人对为民治水清官的崇敬和感恩之情。

4.3.2 捐资鸠工筑堰的先贤周汉杰

周汉杰（1319 — 1372 年），字德间，松阳人，生于元延祐六年（1319 年），卒于明洪武五年（1372 年）。据民国 《松阳县志》记载： 白龙堰，在县南五里一二都，灌田二十 顷。元末里人周汉杰捐资并鸠工筑成。西屏街道《周氏宗 谱·山图》记载“公（即周汉杰）轸念兆民，捐金独拨白 龙堰，溉东乡（今项弄，白沙等村）良田千亩，人享其利。 钦准立祠，名曰石柱殿，奉公神主，以表其德。”展现了松阳先人乐于慷慨捐资治水的崇高善举。而石柱殿则是对热 心治水人物美好功德的最高褒奖。

4.3.3 开科学治水先河的周宗邠

图6 周侯治水德碑图

周宗邠，号洪庵，江苏毗陵（曾称武进，今江苏常州市郊）人。进士出身。明万历二十二年（1594 年），任松阳知县。在任时，将被洪水冲毁的百仞堰（即青龙堰）堰址上移数百米，重修堰坝，消除了水患。明万历二十三年（1595年），屠赤水（浙江鄞县人，明万历五年（1577年）进士。明代戏曲家、文学家，与遂昌知县汤显祖、松阳知县周宗邠友善，堪称知己）为表周宗邠治水之德绩，撰写了《百仞堰记》，此文体现了周宗邠深入实际，尊重自然，兴利弊害的科学治水精神。万历二十五年（1597年）六月，南乡横山村村民、百仞堰之堰长等联名，自费为知县周宗邠勒石纪事颂德，碑额为《周侯治水德碑》（见图6）。此碑至今犹在，周宗邠在治青龙堰取得的成就，为后世传颂迄今。

4.3.4 注重实效、勇于创新的治水神人林大佳

明万历三十六年（1608年），百仞堰被洪水冲毁，南乡（今水南片）和城民（县城西屏）百姓就该堰修复发生争执。知县林大佳通过深入调查，坚持以工程效益为原则，修复了百仞堰。明李鋕（浙江缙云人，进士，官至刑部尚书）《百仞堰记》记载："幸晋兴林侯，下车问民所便，留心水利，适南民上控。郡尊吴公，轸恤民隐，下檄勘议。林侯遂毅然不摇群喙。惟较乡城之利熟多，则从其多。较何家堰与百仞堰之费孰廉，则从其廉。南民愿履亩科银而不费公，则从其便。又议如里河闸式，旱则闭，令南东不病田；涝则启，令西北不病邑。盖两利而俱全之"。人水和谐是古堰工程的精髓，以民为本是水利工程的基石。林大佳在修复百仞堰中不拘泥于传统思想，勇于创新，使得荒原变沃野，为民众带来了千秋之功，深得民心。

此外，松古盆地洪灾泛滥，民受其害，有形家言："松水过直气泄，宜建塔于青蒙山，以镇之"。知县林大佳慨然捐俸百金，首倡筑塔，后人在塔旁建祠祀之（祠庙今已毁），以纪念林侯大公无私、一心为民的治水之功。其建塔镇水，减少洪灾虽无科学依据，但其为民减灾，与洪水抗争之精神可嘉。

林大佳对水利工程修复勇于深入实际调查，以民为本，注重工程效益，讲求节省资金，并通过设置河闸，最大限度发挥古堰工程抗旱排涝的作用。现今水利工程设计建设以及干部工作作风应不断延续林大佳务实高效的治水态度，着力实现水资源优化配置和灌区用水均衡受益的目标。

5 古堰水文化的挖掘保护与开发利用

收集、研究松阴溪古堰水文化的价值特色，不仅是为了还原松阳先民的治水历程，展示先民治水智慧，更重要的是通过对水文化遗产的挖掘，为松阴溪古堰及水文化创造一个焕发新活力的未来。当前，松阳县正在实施松阴溪干流综合治理工程、松阴溪绿道工程及全面提升松阴溪国家级水利风景区、4A级景区的工作。将松阴溪古堰水文化的价值特色融入以上工程建设之中，着力创建一道道历史悠久、底蕴深厚、富有地方特色的水文化带，其整体效应将远远大于古堰个体之和。让松阴溪的自然生态与文化气息相容，共同散发松阴溪流域的独特魅力。

5.1 深入挖掘松阴溪古堰水文化，进一步充实水利博物馆

水利博物馆是水文化遗产保存记忆的重要载体，为古堰水文化的传承与展示提供

了良好的平台。初步建成的松阳县水利博物馆位于县城附近松阴溪南岸，古堰群及其水文化已是其展出的重要部分。但现有展出内容较简浅，仅局限于古堰及其发展历程的简单介绍。展出内容更应从瓯江流域水文化典型代表的高度出发，深挖古代松阳先人的治水哲学、并对此进行整理分类、提升其精华后进行展示。为此本文建议：

（1）在古堰建设水文化类中重点挖掘、展示：①青龙堰，周宗邠迁址与屠隆的“七三”治水哲学；②石门圳（午羊堰），“通借圳基，建渠引水”的土地处置智慧；③芳溪堰，修建堰坝时以堰长（首）负责制的古代业主负责制。

（2）在古堰管理水文化类中重点挖掘、展示：①堰长（首）董事会管理制；②“圳田制”的长效管护机制；③灌区水量分配文化；④芳溪堰灌溉面积统报与核实制度；⑤芳溪堰古圳图等档案管理资料；⑥灌区水事纠纷处置文化。

（3）在治水人物事件类上，重点挖掘、展示：①金梁堰修建与买住的治水功绩及刘基与《邑令买住公去思碑》关系；②青龙堰屡修与周宗邠、林大佳、任可容的治水功绩及屠隆、项应祥等人物与《百仞堰记》《周侯治水德碑》的关系；③白龙堰、周汉杰与石柱殿三者的关系，以及廖性之、张景留重建白龙堰的功绩等。

5.2 扎实推进松阴溪古堰现场水文化展示工程

水文化弘扬是灌区水生态文明建设的灵魂 。松阴溪主流古堰金梁堰、午羊堰、青龙堰、白龙堰，均位于松阴溪国家级水利风景区和 4A 级景区中心，由两岸堤防及绿道串联成一体，堰坝虽已修复，但尚无水文化展示利用工程。目前，正在实施的松阴溪干流综合治理工程已将水文化纳入建设内容。为此建议：①在各堰坝及沿堤修建古堰水文化展览亭廊，以宣传橱窗等形式，向游人介绍各堰的发展历程、治水人物、事件、工程灌溉效益等；②将各堰已收集的碑文、摩崖石刻的拓片、榜文仿真品、文选等原文加以注解逐一展出，让游人能真实感受先民们的治水场景；③选取松阴溪有关的水事民俗、楹联诗词等文学作品，进一步丰富展出内容；④除宣传亭廊橱窗外，对重要的治水事件、人物可采用浮雕、小品等艺术展示形式，增加展示的趣味性，达到生动和形象的效果。

5.3 以申遗和文物定级为平台，进一步提升松阴溪古堰的水文化遗产（物）保护等级

水文化遗产是水利风景区得天独厚的优势资源，对水利风景区水文化遗产的科学保护和合理利用是促进水文化遗产可持续发展的根本途径。本文结合实际，对松阴溪古堰水文化遗产的保护提出以下建议：①松阴溪松古盆地古堰工程代表了近千年来瓯江流域的古代灌区水文化，工程或工程遗址一直未变，灌区内能体现古人可持续性灌

溉智慧的遗产（物）丰富，故建议相关部门可将松阴溪松古盆地内的古堰集中打包或分项开展世界灌溉工程遗产申报评选，以此得到更高层次和水准的保护，其功能也能得到更大程度的发挥和展示；②在松阴溪水文化遗产（物）中，已发现和验证元、明、清时期的碑刻 15 方，特别是已发现的 17 份榜文历时 426年，自明天顺元年（1457年）至光绪九年（1883年），包含并真实还原了松阳先民对古堰及灌区管理的水量配置、灌溉面积统报核实、堰圳水毁修复、古圳图档案管理、水事纠纷处置等近乎所有古堰水事管理事项，确属十分珍贵的水文化遗产。目前17份榜文有 16份珍藏在松阳县档案馆，1 份保存在民间，15方碑刻中有 6方已集中到松阳水利博物馆，有 6方碑散落在民间，还有 3方碑已佚（不知去向）。为此建议：对尚在民间未集中保存的6方碑刻进一步筹资收集进入松阳水利博物馆；对已收集的榜文、碑刻等水文化遗产（物）进行文物定级、升级工作，以提高保护的等级和力度；进一步做好松古盆地古堰水文化遗产的搜寻、挖掘工作，不断丰富完善水文化遗产。

（本文发表于《浙江水利科技》2020年1期，浙江省水利厅科技项目（RC1863）；2019年浙江同济科技职业学院基本科研业务费科研项目研究成果。）

李晨晖（1993－），女，硕士，浙江同济科技职业学院讲师，主要从事水文化价值特色、互联网金融等研究。

松古灌区：中小流域古代灌溉工程的典范

李潮胜 高灵

位于浙江省松阳县，起源于秦汉、发展于南北朝唐宋、成熟于明清的松古灌区，是中小流域古代灌溉工程的典范。松古灌区为什么可以入选世界灌溉工程遗产呢？其主要特色在灌区起源早、灌溉体系完备、历史信息来源真实、工程技术先进、建管体系健全等方面。

一、灌区起源早

《史记·东瓯列传》记载，公元前138年，东瓯举国北迁，水路经松阳古市驻扎。因条件优越，部分军民留下开垦耕作，古市成为东瓯国北迁的重要补给基地。近2100年的松阳农业灌溉史由此开篇。

二、灌溉体系完备

在松古灌区，金梁堰、青龙堰、白龙堰、杨六郎塘、风水塘、刘家塘、天师渠、官塘井、兰雪井、青龙圳、白龙圳等千年来不同时期修建的引水、蓄水、提水等水利工程，构筑了“堰塘井渠合理布置、引蓄灌排有序组织”的长藤结瓜式灌溉网络，建立了雨季蓄水灌溉排涝，旱季山塘井泉补水，大旱不竭、晴雨兼顾，配合轮灌制管理，有序组织引蓄灌排，形成了符合现代水利工程理论多级灌溉系统。这些古水利工程至今依旧气象万千，活力四射，像一座拥有强劲生命力的活态水利博物馆陈列在江南大地上。

三、历史信息来源真实

松古灌区及其骨干工程的历史证据主要为《叶氏广远宗谱》《浙江分县志》《松阳县志》《周氏宗谱》等地方文献及自古遗存下来的从明天顺元年至光绪九年的榜文18篇、古圳图1张、明清时期的碑刻14方、摩崖2处、文选8篇等实物证据。

四、工程技术先进

松阳先民早在千年前，就在松阴溪上采取无坝引水和有坝引水取水灌溉。

无坝引水如金梁堰，《重修京梁圳碑》记载：“溯圳之所始，在元，则由七都象鼻潭入水；至明洪武间改而下之，则由轭儿洞潭入水。”

青龙堰、白龙堰、芳溪堰等为有坝引水，其筑坝技术初为竹笼卵石堰，先民将毛竹分瓤剖成几缕，根部或末梢连着，编成空笼，再以溪中卵石填入笼中，构成完整的筑坝构件，用于筑坝、围堰、护岸、护坡；干流堰坝到明万历年间改为干砌石坝并设巨闸，支流在北宋时期改为砌石。

竹笼卵石堰坝

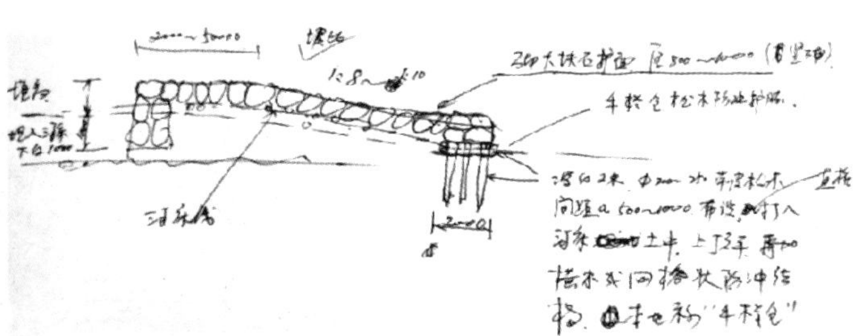

干砌石堰结构图

五、建管体系健全

数百年来，松古灌区先民以榜文、碑刻、文选等形式，翔实记录了“七三”立项、“民办公助”“借地建圳”等建设机制，以及“汴石分水”“定期轮灌”“圳田制”“堰董制、圳董制”“水权管理”等创造性的灌区管理机制。

《百仞堰记》记载了明代周宗邠用“七三”法选择堰址，解决县城南北两岸旱涝纠纷，是历史上第一次用定量分析方法，对水利工程项目的建设开展可行性研究；建设资金筹措的“民办公助”方式；还有破解建设用地难题的“借地建圳”。

金梁堰进水口的“牛窦潭”有一巨石，形似潜在水中的“牛背”。先民观察“牛背”入水深浅，利用平水原理，预测旱涝，调度水务，是古代瓯江流域开展水文观测的最早实证。

明清代榜文、碑刻中记录，先民根据不同村落的用水需求，用标准尺寸的“汴石”进行分水，规范引水渠道长宽深浅，合理分配水量，巧妙解决了持续百年的取水纠纷。在水资源分配制度上，开创性实行“定期轮灌”，规范了用水秩序；还记录了落实长效管理经费的“圳田制”；实现集体领导的“堰董、圳董”制；涵盖许可、变更、交易和保障的水权管理机制；对灌溉面积精准核算的“民报官核”制。

从治水、管水到用水，松古灌区的建管机制科学完善。

白龙堰

讲述：周怀桐　　整理：黄春爱

松阳有青龙堰，也有白龙堰。白龙堰是谁修的呢，就是元朝时城东周汉杰鸠资建造的。

周汉杰是城东周氏的五世孙，其一世祖是安徽绩溪县人，曾官居浙东制置司，因避乱住到松阳。族谱中说，他通经史，精武略，被辟举守御地方之任，曾被朝廷派去守御处州，东取瓯城。后来朝廷就赐给他“三省总管”的直匾，这块匾曾经挂在周氏祠堂的门头。

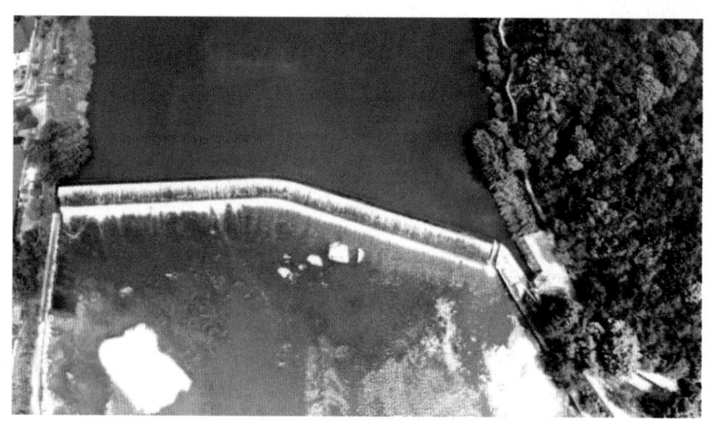

白龙堰堰坝（叶高兴摄于2018年）

周汉杰为什么要修白龙堰呢？那时候，松阳的老百姓大多是种田为主的，农民最关心的是收成，影响收成的关键是水利。大溪虽然贯穿整个松古平原，但那时的水利并不发达，即使大溪边的良田也经常发生干旱，要灌溉松古平原上的十万亩农田必须借助于人工引水工程，这就需要拦河筑坝开渠，使溪水流入渠道灌溉农田，满足人畜用水需求。

按道理，大型的公益事业都应由官方主持，民间集资集劳，但是由官方来做，有些事情是耽搁不起的，特别是水利工程。一般来说通村的桥、渡，村庄的道路，往往都由乡绅倡捐，或是哪个大户人家独资承揽。周汉杰算是城东的大户，所以他决定自掏腰包做这项引水工程。

周汉杰筑堰的技术是民间较为流行的“竹笼卵石坝”。竹子成本较低，卵石遍溪皆是。筑堰的时间要选在枯水季节，劳工一般都是青壮年。他们将毛竹背到大溪边，修篾师傅将毛竹剖成八片，首尾却保持完整，再用另剖的篾条编进剖成八片的毛竹中，形成一个中空的竹笼，一个个有序地堆在河床上，再把河卵石一块块塞进竹笼中，形成“竹笼卵石坝”。还有一些人则在岸上开渠，渠开到哪，水才能流到哪。估计做了几个月，一百多米的堰坝终于做好，堰渠也挖好了。这条渠道由西往东，穿过航船头的那片阔叶林，流经县城人口密集的南门，干渠在南门一带特别宽，主要是为了方便干渠两边的人家洗衣洗菜。出南门，干渠最后伸向项弄、白沙村，整个干渠有九里长，可使沿途两三千亩的农田得到灌溉。

周汉杰给它取名“白龙堰”，正好是与松阳传说中的“青龙”“白龙”相呼应。

老百姓在白龙堰的堰首航船头，修建了一座石柱殿，纪念鸠资筑堰、造福百姓的周汉杰。

竹笼填石（叶祖青摄于1977年）

卵石坝最大的缺点是漏水严重，流入渠道的水量没有想象的多，而且易被洪水冲坍。

1588年，白龙堰改为巨石干砌。但巨石干砌坝也不能杜绝漏水弊端，使得干渠引水量有限，每逢汛期，堰坝易毁。

1636年，白龙堰被大水冲坏。正值崇祯年间，明朝行将就木，无数民生工程无暇顾及，这些小型水利更不足以引起官方的关注。

1678年，到了康熙年间。朝廷对于民生事业逐渐重视起来，尤其在以农为本的社会中，涉及民生的水利事业慢慢恢复生机。白龙堰坝在知县张景留的主持下得以重修。2003年，项弄村村民程土旺在修建埠头的时候，挖到一块石碑，这块碑叫《张侯重造白龙堰记》，碑上写着“康熙十有七年重修白龙堰”。

从古至今，每一项公益事业都需有人倡导，有人牵头，有人组织实施，还需要资金的保障。水利工程也有民间的管理机构，实行堰长负责制，相当于现在的“河长”，且管理条规清晰，职权及保障措施完善。1741年，程圣鼎、王者佐、潘维光、程发寿等一干乡人捐资立会，成立白龙堰专门的管理班子，由各受益村选派代表组成“堰董”。每年夏初，“堰董”率领田户进行疏筑，所需经费由会资承担，并保持常年如此。

乾隆年间，洪水频繁，白龙堰堰坝再次被冲毁。堰长负责制也渐渐流于形式。白龙堰的渠道也因疏于修理而失去功用，渐渐导致白沙、项弄两村沃壤之区沦为瘠土。

清道光年间，知县汤景和一到任上就问民疾苦。南门的百姓就向他提出，白龙堰的修复已经刻不容缓了。汤知县就带了一帮人一起去踏勘，摆在他面前的是，修复工程非常浩大，而自有资金却非常有限，汤知县迟迟下不了修建的决心。

这个时候，城东望族蔡姓贡生省非挺身而出，自告奋勇劝捐筹资。待资金到位，动工建设，这项修复工程持续数年才终于竣工，南门一带农田用水再次得以恢复。

纪念周汉杰的石柱殿（程建中摄于2018年）

修复白龙堰所需费用较大，资金缺口皆由蔡贡生出资，此事在蔡贡生的族谱中有所记载。与四百年前的周汉杰一样，蔡贡生也是个热心公益的富户。在雅溪村有一旧桥名曰“五尺桥”，蔡省非拨田三亩，作为渡夫工资。民国《松阳县志·尚义》载，其“生平慷慨有大志，每遇地方要，公必为首董。……厥后，兴筑城南河堤，慨捐二千余金，工始告竣，洵为百年之利云。”

白龙堰从建造开始，经过一次次大大小小的修复，得以保持灌溉一方，但这些民间的小型水利工程或多或少受资金制约。解放初期，省政府拨出资金补助白龙堰及干渠整修加固，引水量得以增加。20世纪60年代，县里对白龙堰进行修建，改为浆砌块石滚水坝，排沙闸在堰坝右端，兼作筏道。90年代，县里筹措资金，部分堰渠完成混凝土衬砌渠，以提高通水能力。1991年10月，时任省长沈祖伦视察白龙堰，评价白龙堰“是集灌溉、生活、消防、调节于一体的名堰”。近年，松阳县对白龙堰进行修复整治，致力打造松阴溪国家水利风景区。北侧新建了延庆栈道，修复了石柱殿。

松阳是农耕为主的县，它在水利工程方面留下了很多遗迹。民国《松阳县志》记载：全境有大小古堰坝120多条。现境内仍有溉田千亩以上的堰坝14条，溉田百亩以上的108条，更有小型堰坝百余处。

从古至今，曾经有过不少地方因分水不匀而导致的争斗乃至械斗，历代州府、知县也曾为民间水利纠纷发过不少告示和批文，现在还有一些清代遗留下来的碑刻及榜文原件。这些文书和碑刻，都是松阳水利发展历程的重要物证。这些建造、修复堰坝的人，也值得大家尊重。

还有很多老一辈的人，都对白龙堰有深刻的印象，比如干旱的时候会取白龙堰的水抗旱，北门的妇女也会拿衣服到白龙堰洗涤。南门发生火灾，老百姓也是取白龙堰的水去救火。所以，松阳人，尤其城东人，对白龙堰的感情是相当深的。十几年前，由于城市的发展，政府曾经作出要填埋部分白龙堰的决定，城东的老百姓知道这个情况后，通过各种渠道阻止这个决定，后来北京同乡会的负责人程东源先生和吴振芳教授知道这个情况后，写信给县五大班子，要求保护这条历史名堰。这件事情虽然过去十几年了，但我还是记忆犹新，因为经过大家的努力，白龙堰至今还在发挥着作用。

修复后的白龙堰桃花源段
（程建中摄于2018年）

周怀桐，1934年生，曾任松阳县职业技术学校校长。
黄春爱，松阳县发改局干部。

白龙堰往事

程东源

我和我爱人何一琴分别于1959年、1960年毕业于松阳一中高中部。大学毕业后我们一直在北京工作，但家乡的一草一木一直都萦绕于怀。

修复后的白龙堰堰坝（程建中摄于2018年）

白龙堰为元代先人周汉杰开凿，对其智勇我们心怀钦佩。我家住西屏太平坊，全家十五六口人，洗涮主要靠白龙堰。小时候，替妈妈提装满衣服的竹篮于家和白龙堰之间来回奔跑；东门外，我家有十几亩田和一块菜地，就得益于堰水的浇灌；读小学时，北门叶家发生火灾，救火车是两人摇压的，水全靠肩挑、手抬。当时，我是送水大军中的一个小队员。救火的水全来自取之不尽、用之不竭的白龙堰！白龙堰在我心中留下了难以磨灭的印象。

2002年6月16日，我们收到东阳籍原松阳一中退休老师吕家荣的来信，信中谈及松阳的历史名堰白龙堰将被填埋之事，希望我们站出来说说话，助其一臂之力。吕老师还随信寄来了他写的两篇有关松阳文物保护的论文：《发挥环境优势，使松阳山水更加秀丽》《整治白龙堰要加速》。字里行间充满了对第二故乡的热爱，对即将逝去的古水利工程——白龙堰的忧愁和无奈！一个外乡人，视松阳的文物古迹为生命，为了保护白龙堰使出了浑身解数，四处奔走呼号……

读着老师的信，我们为之感动。回想儿时，我和我爱人的经历，对白龙堰的认知和钟爱与吕老师不谋而合。

我以书信和电话很快告诉了吕老师：为了保护白龙堰，我们会做到千方百计，并请吕老师转告与他一起为保白龙堰而废寝忘食，不辞劳苦的同事们一定不能着急，要多讲道理、讲历史、讲河流穿城的优点、意义，还要强调文物古迹不可再生！

其后，我连续接到来自家乡吕家荣、周怀桐、潘思馨、王连富老师等的许多电话，还收到许多信件、材料：2002年6月15日潘思馨、毛培林等16人《关于要求救救白龙堰——给浙江省委、省政府的报告》，2002年6月17日吕家荣《关于白龙堰保留住的重要意义——给张厅长的报告》，2002年6月18日吕家荣《请求保留白龙堰——给丽水市楼阳生书记的报告》，2002年7月2日西屏镇项弄村全体村民代表共38人签名盖章的《填闭白龙堰的决定是一起违法事件，必须纠正——给松阳县委、县政府的信》

这些来电、信件、资料显示了乡亲们保白龙堰的强烈愿望。

我以电话和走访两种方式，将白龙堰的历史、功能、造福百姓的实例原原本本地提供出来，向水利专家、文物专家以及国家建设部的仇保兴部长等请教。他们的回答出奇地相似："难得，尽量保护。"

为了让在北京的松阳老乡了解家乡的这一情况，我以电话方式告知。接着联系了人民大学的吴增芳教授、北京农业大学的黄宗洲教授、北京松阳同乡会会长严凤水，我将吕老师等要求保护白龙堰的愿望向他们通报后，得到了他们的热情支持。

其后，我写了《浙江松阳文物保护的喜与忧》《都江堰与白龙堰》。2003年7月9日，《松阳报》刊出了我写的《浙江松阳文物保护的喜与忧》和吴增芳教授写的《读5月3日重修白龙堰纪念碑出土有感》。两篇文章刊出后，松阳一批保护白龙堰人士如获至宝，奔走相告。他们说："找到了方向，见到了光明！"

2003年8月8日，我给松阳县五大班子领导写了第一封公开信。我在文中恳请家乡领导尊重历史、顺应民意、放眼未来、保留白龙堰。2003年8月21日，收到县委、县政府的回信。信中说，白龙堰已成了松阳的龙须沟，尤其中下游臭气熏天，影响人居环境，村民对白龙堰疏于清淤，拦水坝，堰坝相继坍塌，堰内堵塞越来越严重。项弄、白沙村民改从古湖坑引水，并新建了三个电灌站用于满足现存农田的灌溉，白龙堰原有的灌溉功能至此已基本丧失。全文罗列了白龙堰没落的现状，至于白龙堰的历史似乎人家想都没想。我想松阳人谁都知道古湖坑是典型的蓑衣坑，雨季流水、晴天干旱，能用于灌溉项弄、白沙村的农田？一个水资源丰富居全国前列的地域居然也用起电灌溉？

看完县领导给我的回信，我于2003年9月6日给县五大班子发了第二封公开信。指出：松阳能进入省历史文化名城的行列凝聚了各位领导、广大百姓的心血，对于珍贵的文化遗产要引起高度重视，我们的责任只有千方百计保护、修缮，才能代代相传，使我们的民族文化不断繁衍发展。白龙堰和青龙堰是历史文化名城中珍贵的历史文化遗产，绝对不能毁在我们这代人的手里！同时指出，这并非个人之见，而是广大松阳百姓、有识之士、知识界强烈的请求和心愿。

第二封信发出后一直没有得到回音。紧接着，我们利用开同乡会的时机进行了文物保护重要性的宣传。2000年后的一段相当长的时间，县领导经常逢年过节派人来看望我们，介绍家乡的情况，来的人多为县的副职或机关领导。每次会议前我都先与严会长联系，请求给我点时间好念念“白龙堰的历史、功能、保护”这个经。不管效果如何，能让参会者加深点印象、得到点强化也好。从2003年9月12日至2003年9月30日，共召开了三次关于白龙堰的专题会议。它们分别是：松阳籍专家座谈会、松阳乡友座谈会和关于保护松阳历史文化名城座谈会。每次会议都有纪要并发往县委、县政府或以座谈会名义致信县五大班子的领导。

这些活动，对县里是个提醒，对百姓是个支持。这之后仍没得到有关部门的回复，却收到更多来自民间的来电、来信。有时一天要接五六次电话，有的还是告急电话，我也不断给乡亲们回复。

其间，我还收到许多文件资料或资料复印件：

2003年7月6日化名“群文保”致国家文物局的《是县领导的面子重要还是历史文物重要》；2003年10月27日至2004年1月5日吕家荣、潘思馨、陈金女、周振良、詹跃华、潘学时、叶准法等向县委、县政府及其有关部门八次上访或文访记录；2004年1月6日白龙堰水管会、西屏部分干部群众《疏浚白龙堰的建言与要求》；2004年1月27日笔名“痴古老朽”《致杨局长信》；2004年9月13日吕家荣《关于白龙堰整治的建议》，并附信一封……

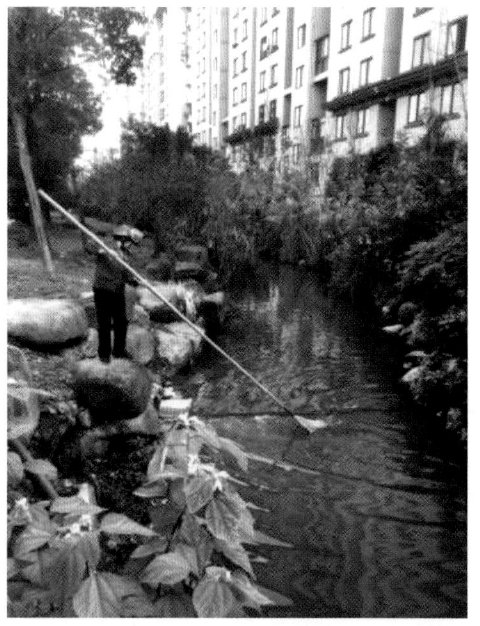

整治后桃花源段白龙堰（程建中摄于2018年）

这些寄给我的信、材料，其中有的是寄给某机关，某领导的复印件，我都逐字逐句拜读了。综合起来几个字：“爱”，爱故乡、爱文物。“求”，不管是写给谁的信或者报告都是请求帮助保住白龙堰！

在乡亲们精神鼓舞下，尽管县里没有回音，我还是主动给松阳县委、县政府多次电话联系，将我收集到的情况，百姓的要求告诉他们，恳请领导们认真考虑百姓的请求和建议：保留白龙堰。每次与家乡父母官联系、打电话都能说说心里话，也是有收获的。

但也会碰点钉子，双方嗓门越来越高。我甚至下了狠话："请你转告有关部门，你们要填掉白龙堰的话，我就回去借用你们填白龙堰的工具将白龙堰重新挖出来！"

从吕家荣老师、周怀桐老师处获知，2004年下半年起，政府有关部门填埋白龙堰的劲头不大了，很长时间没有得到填还是不填的消息。

2005年初，我应邀参加丽水市委在北京召开的丽水籍乡贤迎新春联谊会。大会开始不久，松阳县委书记突然出现在我眼前，来给我敬酒了。我赶紧起立，向书记行军礼！书记说："就你呗！不让填白龙堰，我就不填了。"我说："书记啊！你没有说完全，不是我一个人不让填，是松阳人民对白龙堰难以割舍啊！"书记听完我的话，似有感同身受，他深情地点点头，我们热情地握了握手。会中，我请人帮我查到书记的桌位，向这位领导回敬。以我个人、全家以及家乡全体文保积极分子的名义向书记为我们的家乡松阳建设作出的重大贡献，表示敬意和衷心地感谢！

整治后桃花源段白龙堰（程建中摄于2018年）

趁大会间隙，我电告吕家荣老师、周怀桐老师等家乡的文保积极分子。他们获知后，个个如释重负、欢欣鼓舞！吕老师说想放鞭炮，我说要稳。请大家好好配合协助政府做好工作。给吴教授、黄教授、严会长三位老同志及时作了汇报。吴教授说："这个时代干点事真难！看来没有'坚持''毅力'办不成事。"黄教授连连说："成了，总算成了，下一步要看县里如何操作了。"严会长说："老祖宗的遗产不保，保什么啊？东源你能咬牙坚持，做对了！"

联谊会后回家的路上感到了几年来从未有过的轻松。一进家门，我爱人何一琴已经把来自家乡的陈年老酒温好放在桌上了。我们举杯为白龙堰的留存、为先人遗产在我们这一代不至于毁灭而干杯！

过了一段时间，松阳那边好消息不断传来：松阳县着手规划白龙堰保护与整治；半年后，《白龙堰保护与整治方案》通过评审；再过半年，松阳县水利局开始修复被洪水冲毁的白龙堰堰坝和入水口；2008年白龙堰水系疏浚、修复整治全面开展；纪念周汉杰的石柱殿修葺一新，白龙堰纳入松阴溪4A级水利风景区规划建设……

治水县令周宗邠

纪江明

周宗邠是明万历年间松阳第八任知县。

民国《松阳县志·政绩》有传，但县志的记载只有寥寥数语，且惜墨如金。笔者近日遍阅志载、碑刻、谱记及有关文献资料，对周宗邠的出身、在松阳的任职时间和官绩略作考证和梳理，以期钩沉史实，还原历史真相。

出身

明吏科都给事中、遂昌人项应祥（1554—1614），在明万历二十八年（1600）撰《周侯重建潘义桥碑》时，称周宗邠“以诗名家举于乡”，也就是在省试里中举。吏科负责官员升迁、调补和登记进士、举人。由此看来，周宗邠是举人入仕无疑。但是，明代是中国科举制度发展的鼎盛期，三年一科，平均每科取进士二百七十多人。僧多粥少，举人要想当官，必须要有一定的“背景”。明万历二十五年（1597），原湖广按察使司副使，整饬苏松常镇兵备、温州人王叔杲撰《周邑侯修建城隍庙碑记》曰，“曩余监司吴门，与今长松令周侯为世通家好”。王叔杲官拜正四品，与其世家通好，周宗邠家族在江苏武进应该非富即贵。这一点，在项应祥于明万历二十五年撰写的《周侯治水德碑》里得到了佐证，“侯讳宗邠，别号洪庵，毗陵之世望云”。至于周宗邠因何到松阳赴任，在邑人毛复（1556—1609）于明万历二十

百仞堰双港渡碑周侯治水德碑

五年撰写的《凌霄台置田碑》里，写得很明确，“以德政举荐”。

任期

周宗邠具体哪一年到任，县志没有确切记载。但从王叔杲撰的《周邑侯修建城隍庙碑记》里，可以看出端倪。“我周侯甫下车，时当积瘵之后”。当时松阳民生凋敝，连邑人心目中保障一方的城隍老爷的庇身之所都“庙圮芜秽”。周宗邠带领县衙一干人在城隍庙宣誓就职时，“默誓于神曰：愿与神共济此方，以免今日之颓。”当时坊间要求修建城隍庙的呼声很高，“民甚欲新之”，但百废待兴，“侯惜民力，休养二年所”。两年后，周宗邠捐俸修庙，人们云集响应，“不数阅月而庙貌鼎新，宏敞瑰丽于旧”，“庙修于丙申年之八月，竣丁酉年六月”。明万历丙申年即1596年，由此推断，周宗邠上任时间当在明万历二十二年（1594）。

周宗邠何时离任，县志也没有确切记载。明代中后期，知县调动频繁，大致三年一任。根据项应祥的《周侯重建潘义桥碑》记载，“岁至万历庚子九月，邑侯周公还自浙闱经其处”。万历庚子年为公元1600年，周宗邠从浙江省府杭州回松阳，经过古市镇，被潘姓族人拦轿告状。以此推断，周宗邠至少在松阳任期六年。

这一点在汤显祖的《答周松阳》一诗中可以得到佐证。汤显祖于明万历二十一年（1593）任遂昌知县，他与周宗邠可谓戏曲“票友”。汤显祖是戏曲大家，但他对周宗邠的琴艺十分推崇，“明府最善琴理”。

汤显祖到松阳，周宗邠在县衙焚香弹奏，汤显祖诗词酬唱，往往通宵达旦，“长松冉冉月纷纷，夜半留琴奏水云”。明万历二十六年（1598），汤显祖“因病乞长假而去”，回到江西临川老家。病假三年后的1601年，“辛丑外计，追论议黜之……竟削籍”，削籍就是罢官。

宦绩

周宗邠上任伊始，“设法催科而缓急当、片言折狱而仁明著、训乡保甲以武、课诸儒生以文”。短短几年，松阳境内“时和岁成，民安盗息”。与民休息后，周宗邠开始“修废振颓”“一时咸举，士民德之”。除上文提到的修建城隍庙外，还有以下事迹。

迁筑百仞堰（现青龙堰）。百仞堰建于宋以前，截松阴溪水，引水至横山，溉水南片万亩良田。明正德年间（1506—1521）堰坝被洪水冲溃，“溪南一带，尽为赤

百仞堰入口处（季丽萍摄于2018年）

土”，“乡氓累告两台，蕲修复故堰”。但至周宗邠上任，七十余年时间过去了，毫无结果。原因有二：一是修堰耗费巨大，二是堰东南和堰东北的乡民对修堰争执不下，修堰，东南田亩得以灌溉，但东北在春夏雨季因堰障水涨淹没房屋。周宗邠不回避，敢担当，“而公遂力任其事”，他一边发仓赈贷，宽济助民，一边向州、省报告，申请经费，“持论益坚”；同时，到现场查勘，探究乡民争执的缘由，寻找两全其美的办法。“徙堰基西上数百武，地形稍高，故岸堤崇广。南可决水灌田，北不漫流漂舍，永垂大利，杜争端矣！”勘定堰基后，周宗邠及时向处州府汇报。府丞许国忠亲自到场视察，大加赞赏，“韪哉！周君策。收水之利，绝水之患，虽使白公、郑国持筹，无以易也。”获公帑止争执后，百仞堰迁址重建工程迅速上马并完工。明万历二十五年（1597）六月，水南吴氏众人立“周侯治水德碑”。明代文学家、戏曲家屠隆到松阳游玩，周宗邠在独山脚宴请他。屠隆见到“长堰蜿坛，中为巨闸，启闭以时”，感慨周宗邠“洵宏伟之功，千百世之利也”，欣然作《百仞堰记》。

兴建雪庵祠。叶希贤（生卒年未详），号雪庵，又名云，松阳人。明洪武年间举贤良，任监察御史。建文四年（1402）六月，“靖难”兵起，希贤抵蜀，隐姓埋名，削发为僧，号雪庵和尚。万历初年，有圣旨恤录，以表彰其孤忠大节。明万历十五年（1587），邑人毛复搜集整理雪庵事迹，向省、府、县呈请建祠，但案牍往返，悬而未决，至明万

百仞堰（季丽萍摄于2018年）

历二十五年四月才建成，“初议改旧楼为祠，知县周公仍重新创之，为楹三十有二”。雪庵祠落成后，周宗邠赋诗《咏叶雪庵》：“自古孤忠难独立，千年隐恨有谁收。身随龙去谁知死，心到亡时尚未休。南国暮云愁欲结，汉江秋水咽还流。青天何处寻遗迹，白石峰前月满楼。”

重修西屏山庙。西屏山是松阳十景之凌霄岚翠的所在地，宋时建有真元道院，据传，有个叫祖谦的道士曾住于此，苏东坡赠之以诗：“道人晓出西屏山，来施点茶三昧手。”明万历辛卯（1591），里人周继宗捐资建庙，“于是而游览者益众”，后毁于火。“邑侯周公下车视事且修之”，并拨田六亩作为庙产。庙落成时，府丞许国忠受邀莅松。他登上西屏山，俯视屋舍栉比的县城，远眺堰流汤汤的百仞，极目阡陌纵横的松古平原，感受周宗邠治下的松阳政通人和、物阜民康，挥笔写下《西屏山》一诗：“层台千尺欲凌霄，秋日登临兴转豪。城郭晓烟窗外尽，风岚夕照望中娇。松阳花似河阳好，宓子琴看周子调。盛会满拌今日醉，西屏山月不须邀。”

重建潘义桥。明洪武二十九年（1396），古市潘祐新捐资跋谷三百硕，鼎建古市松阴溪大桥，岁加修葺，人称“潘义桥”。至万历间，“病之久矣”。万历二十八年（1600）九月，潘氏裔孙潘文佑、潘文贤、潘文荣、潘朝初、潘朝贵等人，“以桥兴废备情，遮道状于周侯”，周宗邠下轿察看，满脸愧疚说，这是我的责任，是我的事。随即捐出五十两俸金，重新建造。潘氏深受感动，纷纷捐钱捐物。不到一个月，“拖碧练于洪涛，驾长虹于巨川”。

纪江明，1969年6月出生，毕业于温州师范学院中文系。曾在《青年文学》《萌芽》发表中短篇小说，浙江省作协会员。

林大佳与青云塔

纪江明

青云塔远景（阙献荣摄于2018年）

一个人造就了一座塔，如今300多年过去了，塔依旧与清风白云作伴，而斯人的身影却被岁月的纷尘遮覆在历史的深处。

青云塔位于松古盆地东南隅的青蒙山山顶，下临松阴溪，隔溪与横山相望。登塔西眺，整个松阳县城及周围村落、田畴尽收眼底。

关于青云塔的由来，松阳民间几百年来口口相传着这样一个故事：青蒙山与横山系雌雄巨鼋转世，每年中秋月出时分，即合拢媾和，直至五更鸡鸣分开。两山合拢，致使松阴溪水暴涨，漫漶县城。为锁镇双鼋，县人遂造塔其上。

而《松阳县志》和《处州府志》的记载，却告诉了我们建青云塔的真实原因。县志载：“青云塔，为邑治水口之华表，又在县城巽方，主文风青云得路之意，故名青云塔。”府志的记载则较为详细直白：“相传形家言松水过直，气泻，宜建塔青蒙山镇之。慨然捐俸百金倡始而塔成，改山名曰青云。”

这个慷慨捐出俸禄，倡议建塔的人是明万历间松阳县令林大佳。

明万历朝（1573—1620）共48年，根据府志记载，明万历年间松阳先后有22任知县。林大佳是第12任。林是四川龙安人，举人出身。入仕后即出任松阳知县，在任期间丁忧离职，后任广东昌化知县，政绩突出，迁珉府审理，又晋巡按。入《浙江通志·名宦》。

林大佳千里迢迢来到松阳是在万历三十六年（1608）左右。林大佳来得不是时候。根据《处州府志·祥异志》记载，万历三十二年（1604）松阳以持地震，万历三十三年（1605）至三十七年（1609），松阳连续五年大旱。当林大佳风尘仆仆进入传说中的沃土肥畴的松古盆地时，看到的却是松阴溪河床朝天干涸裸露，溪两岸广袤的田畴满目枯槁，就连头顶上飞过的鸟的鸣叫，也干渴得喑哑失声。

“林侯下车，问民所便，留心水利。”林大佳走马上任做的第一件事是修筑青龙堰。青龙堰建于宋以前，在百仞山（今独山）脚截松阴溪水至横山，灌溉溪东南万亩良田，代有修葺。明万历三十六年夏，连日大雨，溪水猛涨，堰坝断裂为二。这一年，溪东南万亩粮田几近绝收。秋冬，林大佳召集受益各方，克期纠工修堰，并在堰坝上设闸，旱则闭，涝则启，“从此荒原为沃野，虚粮为实征。涸鳞仰沫，千家举火”。时至今日，青龙堰仍为松阳重要水利设施，溉田2000余亩。

大旱之年，林大佳首要工作是兴修水利，抗旱保粮，安定民生。但林大佳“暇则进诸生问业”。十年寒窗无人问，一举成名天下知。由举人而入仕的林大佳对松阳学子们关怀备至。在繁忙的公务间隙，经常邀约悬梁苦读的生员们到县衙做客，间或亦至县学微服出巡。其时，坊间对松邑水口的存疑已甚嚣尘上，说松阴溪水几经改道，自元以降，直入青蒙山横山水口。水畅，邑气泻。故元明以来，天灾频仍，文运蹇滞。

关于水口的议论，林大佳早有耳闻。此前隆庆年间知县杨维新曾“慨松邑文运久厄，士多寒涩”。松邑水口位于县城东南隅青蒙山脚，松阴溪自西北而东南，横贯松古盆地，于青蒙山和横山的夹峙中奔腾而去。按堪舆说，水口出水忌直，水口更忌敞露。否则，气泻，财人两亏。为关锁水口，蕴积内气，水口常建寺、塔和廊桥。

早在唐宋前，松邑水口上的青蒙山和横山分别建有佛寺。青蒙山上为玉泉寺，建于南北朝梁时（521—551），唐诗人武元衡写有《玉泉寺与润上人望秋山怀张少尹》：“山寒天降霜，烟月共苍苍。况此绿岩晚，尚余丹桂芳。禅心殊众乐，人世满秋光。莫怪频回首，孤云思帝乡。“横山上山顶为降福寺，山脚为明觉寺，唐诗人戴叔伦写有《题横山寺》：“偶入横山寺，溪深路更幽。露涵松翠滴，风涌浪花浮。老衲供茶碗，斜阳送客舟。自缘归思促，不得更迟留。”

这三座佛寺雄踞水口，回望松古万家灯火，晨钟暮鼓响彻了几百年，终于消失在宋元递嬗之际。当林大佳在学子们的引路下，登上青蒙山时，昔日的玉泉寺早已灰飞烟灭，踪影全无，对面横山上也已是荒草萋萋。林大佳驻足西眺，但见冬日苍缈的天宇下，群山环拱的松古大地坦荡如砥，阡陌纵横，村落白墙黑瓦，星罗棋布。松阴溪流过县城后，直插青蒙山脚。见此情形，饱览群书的林大佳顿觉坊间传形家“松水过直，气泻”所言不虚：自唐出处州第一位进士，仅宋一朝三百余年，松邑就出了八十一位进士。而自元至今（明万历三十九年），亦已三百余年矣，松邑仅出九位进士，最近的一位进士于明嘉靖二十九年（1550）及第，距今已近一甲子了。而回溯元代至今，松邑人耕读依旧勤勉，奈何文脉阻厄如此？

青蒙山踏勘回来后，不断有在水口造塔的请吁递到林大佳的案头。虽心有牵挂，林大佳却总是犹豫难断。连年旱灾，县衙日常公帑支出都捉襟见肘，现今旱情虽解，但民生犹艰。

踌躇间，到了明万历四十年（1612）。开春后，居住在县城西的沈氏族人续修宗谱，延请林大佳作谱序。沈氏是松阳的名门望族。林大佳欣然答应。他在《栝松沈氏宗谱·序》里这样写道：“栝松城西沈氏宗族，本聃季公后，得姓受氏远矣。嘉议大夫东六作教于松，爱白龙山水秀丽，秩满遂居于此。其子晦，登宋宣和甲辰状元。六世孙旼，登宋宝祐丙辰进士。八世孙佺，登咸淳辛未榜眼。科甲蝉联，炳耀史乘。”

写到这里，林大佳突然停住了笔。他盯着“科甲蝉联，炳耀史乘”八个字，沉吟良久，心中豁然开朗。

林大佳倡议建塔，并慨然捐俸百金。这几乎是他在松阳任职四年的所有积蓄了。邑人纷纷响应。未久，塔成，六角七级，高三十一米。林大佳会同众学子，改青蒙山为青云山，以山名塔。祈愿松邑年年风调雨顺，学子科科青云得路。

青云塔建成不久，林大佳接到了母亲去世的消息。根据朝廷规制，必须离职回家，守孝三年。

在一个晓露凝霜的清晨，林大佳悄悄地走了。这个时候，青龙堰的渠水在汩汩地淌流；这个时候，青云塔在曙光熹微中默默守望着松古盆地；这个时候，松阳县城鳞次栉比的屋舍里，千家万户还沉睡在静谧祥和的梦乡中。

芳溪堰：传承治水精神 融合水旅文化

现在播出《跟着档案去旅行》，档案记载历史，承载中华文脉，走进档案，寻找浙江精神背后的文化故事。浙江省档案馆、浙江新闻频道联合推出《跟着档案去旅行》。

【主持人】

乡村振兴，爱上乡村。各位好，欢迎收看《跟着档案去旅行》，我是主持人胡桦，本节目是由省档案馆共同协办，今天要带大家去松阳走一走。位于浙西南的松古盆地，农耕文化灿烂，水利建设历史悠久，留下了许多千秋堰渠。南朝萧梁天监年间，詹、南二司马以松阴溪为水源，创建通济堰，距今已有1500年的历史，随后铸就了青龙堰等大小水利工程，这些古堰坝将涓涓溪水引入了万顷田园，滋润着这方水土，也创造了处州粮仓的辉煌。其中的芳溪堰就是著名的一条古堰坝，接下来就让我们一起翻开芳溪堰的档案，去听听那些年发生的治水故事。

【旁白】

在松阳县档案馆珍藏着一批特殊的档案，里面收集了从明嘉靖九年到清光绪九年这353年间，历代县府关于芳溪堰水事的榜文和判决等22件原件。这些公告和批示详细记载了当时人们如何组织合力修堰，轮流分水灌溉和处理纠纷案件等过程。

【松阳县档案馆保管利用科科长潘燕萍】

松阳芳溪堰水利档案，主要包括当时境内的水利水系图一张、碑文一张、当时县令处理的一些告示。这个是清光绪七年留下的水利水系图（《芳溪堰水利水系图》），分为一堰跟二堰，一堰是往新兴镇那边乡镇的，二堰是往樟溪这边乡镇的。这张图绘制芳溪二堰的水脉走向。

【旁白】

带着岁月印痕的告示，字迹依然清晰可见。翻阅着这些尘封的档案，细细去聆听档案背后讲述的故事，思绪也似乎被带回当年的时光。松阳自古有着处州粮仓的美名，千年之前，松古平原上曾是一派男耕女织、丰衣足食的农耕之图，而堰渠则是当地农耕文化的重要组成部分。据松阳县志记载，明成化二十三年，松阳就有堰坝42条，芳溪堰便是其中一条古堰坝。

【松阳县档案馆方志科科长李伟春】

芳溪二堰现在历史有记载，就是从宋朝开始修建了。这条是二堰，一堰的时候是半条来分的，堰门相对大一点，二堰堰门比一堰要小一点，主要是灌溉。生活上主要是用于水碓，就是拿来碾米磨小麦。樟溪属于松古盆地的腹地，一直以来水源紧俏，所以说它的下游各个村庄，对分水的协议都是比较精细的。

【旁白】

民国版的《松阳县志》中，我们找到了续修芳溪堰记的相关记载，芳溪堰的详细记载可追溯到明洪武年间，两条堰同饮十三都源芳溪坑水，自西北向东流，经樟溪乡的后肖、大徐、力溪等村至阙家村注入松阴溪，全长6000米，灌溉农田4000亩。眼前这份就是康熙二十七年（1688）县令就芳溪堰灌溉区内田数重新登记的告示，高130厘米，宽162厘米，是现存档案中面积最大的一幅告示。

【松阳县档案馆方志科科长李伟春】

各个村庄争水流的事件频繁发生，当地解决不了之后就控告到官府，官府来做一个相对公正的裁定，二堰的分水期周期一般是14天，灌溉的方式是下源村、力溪村先是用6天6夜，接下来是源口5天5夜。剩下的叫五小坦，村庄都比较小，就用3天3夜。

【旁白】

松阳建县于东汉建安四年，中部的松古盆地为浙西南最大的山间盆地。虽然水资源总量丰富，但降水时空、年季、季节分布不匀，使得松阳自古以来洪涝干旱频发。碧水悠悠纵横经纬，这方水土的千年农耕文化史贯穿始终的是可歌可泣的治水史。在位于松阳县城横山区块的水利博物馆，至今珍藏着许多水利的碑刻，历史的烙印，珍贵的记忆就凝聚在这一块块的石刻之上。

【松阳县河湖水库管理中心副主任高灵】

现在展示在这里的这些碑刻，都是我们松阳1800多年遗留下来的一些水利遗产，这些碑刻主要是从明万历年间到清朝时期的，这400多年间的一些碑刻。奉宪勒石碑它是芳溪堰的，后面那块双面碑是我们这个博物馆年代最久远的一块碑，它是明万历年间的。我们看到的这一边，它展示的是百仞堰纪、双港渡纪，它讲的是我们堰坝管理的一个长效机制——堰首制，我们从芳溪堰的碑刻上可以看出来，这一块碑刻主要讲的是堰董事长管理的方案。

【旁白】

知县躬亲治水，堰董主管事宜，从芳溪堰水利档案历代知县告示内容中，我们见证了古人对于水利工程监管的聪明智慧。堰长制为追寻当代河长制的起源提供了宝贵的实物文献资料。一脉传承，一千八百多年的光阴赋予了这片土地独有的精气神，而历经千年，松阳的母亲河松阴溪依然奔腾不止，用活水源泉滋润着两岸的土地。古时的旧坝和堰渠如今有不少已消失在岁月的侵蚀中，但留存下来的依然默默奉献着。

【松阳县松阴溪景区讲解员张毅辉】

现在我们来到的这个地方就是石门圩的廊桥，这边也是松溪景区的一个公路驿站，在我左手边桥下有一座古堰坝，这座堰坝叫作午羊堰，始建于明朝。这条堰坝现在承担着周边4个行政村落的生产生活的用水。松阴溪上目前还有像青龙堰、白龙堰，也是承担着非常重要的农田灌溉的作用。

【旁白】

松阴溪俗称大溪，从西北到东南斜贯松阳全境，骑行于滨溪绿道或漫步于步行道，会惊艳自然的恩赐。无论是溪水潺潺的支流古堰，又或是鸟语花香的风情河道，如今这姣好的模样都凝结了一代代松阳人治水的心血和付出，才使得松阴溪流经之处，两岸山峦叠翠，造成了松古盆地千百年来这独特的山光水色。

【松阳县文化旅游发展投资集团副总经理杨彬】

以我们这个松古平原的农耕文化、水文化为文化底蕴，整合了沿线的旅游资源，打造集农业观光农耕体验、滨水休闲、生态科普等功能于一体的江南农耕文化活态公园，总面积约4.33平方公里，其中水域面积有1.52平方公里。因为我们这个是开放式景区，每年的游客量在50万人次以上。依托我们现在已建成的这些精品点位，带动了周边老百姓的增收致富。

【旁白】

以水为魂，因水而兴。这些年来，松阴溪的新变化带动和造就了沿岸村庄欣欣向荣的振兴模样，兴村红糖工坊再现了古法红糖文化，古村民宿开发，让神秘山林里藏匿的耕读世家焕发新生，一派养生休闲的新生活画卷徐徐展开。这里的人们积极传承着先辈们治水的精神，探索着如何导入特色产业，激活乡村原动力。眼前这家力溪连环化体验馆，就是力溪村里最新引进的特色业态项目。

【力溪连环画乡村艺术馆负责人邵彦山】

最近策划了一批松阳历史名人系列的连环画，因为连环画它是比较大众化的一个读物。去年是以百位艺术家进驻乡村而设立连环画乡村艺术馆，我们为乡村的振兴尽些微薄之力。

【旁白】

留住乡愁，延续文脉。作为浙江历史文化名城，这些年来这方水土沉睡的旅游资源在不断被唤醒。今天的松阴溪和千百年来一样，依旧滋养着当地人的生活，也美好着世界各地旅游者的休闲时光。如今的松阳已经是全国品质旅游目的地，松阳正朝着绿水青山就是金山银山的发展道路大步迈进。

【主持人】

无论是大禹治水还是都江堰修建，无论是大水坝还是小小的芳溪堰，在古邑松阳农业发展史中，延续千年的治水史是一篇可歌可泣的华丽篇章，而千百年来不变的是代代相传的治水精神和文化。

（2020年10月浙江新闻频道《跟着档案去旅行》播出）

松阴溪航运

讲述：杨松彬 整理：何山川

松阴溪（叶高兴摄于2018年）

松阴溪由西北向东南穿越松阳全境。这条发源于遂昌县垵口乡的河流，在丽水市大港头汇入发源于百山祖的龙泉溪。它全长115.5公里，在松阳县内干流长60.5公里，流域面积1303平方公里，滋润了松阳93%的土地。

松阴溪河道开阔，河槽平缓，平常水面均宽80米，漫水期宽达200米。常年可通航，上游河段枯水期，竹筏也可通至遂昌县的金岸和渡船头。支流小港船筏经大东坝镇的汶水口，可达外大阴，并延伸到黄南甚至排居口村。可以这样说，作为工业文明之前重要的内陆水运交通动脉，浙江省第二大河瓯江之于丽水、温州是类似于农耕时代的高铁，作为瓯江重要组成部分的松阴溪，之于松阳也有着同样的意义，事实上，松阴溪航运也正是这样，以自己强大的生机与活力书写着一页页伟大的历史篇章。

西汉建元三年（前138）七月，东瓯国被闽越国攻打，告急于西汉朝廷，汉武帝发兵救援，后东瓯王带着四万余部众，乘竹筏木排从温州经瓯江上溯，过丽水，沿松阴溪，到达古市一带上岸，转经衢州等地北迁至庐江郡（即今安徽舒城一带）。元鼎六年（前111），被汉武帝打败的闽越国，其部众也同样从温州起步，沿同样的线路北迁，在这一过程中，松阴溪水运再一次发挥了重大的作用。

唐宋时期，伴随着造船和航海技术的发展，海上丝绸之路也进入鼎盛时期。那时候，在八百里瓯江上来来往往着无数舴艋船，把龙泉青瓷、松阳茶叶等一船一船沿松阴溪运往瓯江的入海口温州，经温州再转运东南亚各国。

原松阳航运站楼（叶高兴摄于2018年）

康熙二十二年（1683），大清平定台湾，海禁解除，温州港迅速繁荣，瓯江航运随之日益繁忙。松阴溪航运因此也迅速崛起。这个时期是瓯江航运掀起的又一个高峰。

瓯江航运迎来历史上最繁荣时期当属抗战时期。那时，沪杭甬沦陷，浙赣线瘫痪，主要陆路交通被破坏，丽水成了抗战大后方，众多省级机关、团体、学校、工厂、商企和杭嘉湖地区逃难的人们云集丽水。为保障浙江后方的供给，当时国民政府选择瓯江作为新的交通路线，瓯江航运于是风生水起，迅速发展和繁荣起来。在丽水的浙江铁工厂生产的武器、弹药通过瓯江用舴艋船运往全省，甚至全国的抗战前线。温州港的物资通过瓯江上行至松阳，转运至衢州等地和江西、重庆、四川等外省市。时任浙江省省长的黄绍竑后来回忆道：当时的瓯江，最多时有4000多艘各种船只，不间断地运送各类军需战备物资。

松阳码头位于南门溪滩路，是瓯江上的四大码头之一。民国二十六年至三十一年（1937—1942）前后，南门松阴溪上千船筏穿梭于江面，纤夫吆喝不断，帆樯蚁聚于独山潭、青田码道、外溪滩一带，里三层，外三层，里里外外又三层，十分壮观。大型的大岀船也人拖肩拉穿越浅滩，经常从瓯江下游各地来松阳。当时还专门成立松阳竹筏运输队，入册队员达252人。这种景象，当地一些经历过那段历史的老人记忆犹新。随着民国三十四年（1945）抗战胜利，浙赣铁路修复通车，省政府、省参议会，省农业改进所等50多个党政军机构、社会团体、学校、企业从西屏、古市陆续回迁，遂昌商货弃水从陆，人员物资流向才发生了转变。

松阴溪上早期的水运工具为竹筏、木排、独木舟等。魏晋之后多的是舴艋船，直至20世纪80年代都是松阴溪的主要水运工具。舴艋船又称小木船或麻雀船，头尾尖，舱肚大。以松木制作底板，杉木制漂板，船梁、马腿（肋）用硬木。舴艋船吃水浅，转向灵，适宜多礁多湾深浅相间的溪流航行。以木桨、竹篙、风帆为推力。浅水用篙，深水用桨，顺风扬帆。上滩时船工要下水拔船或拉纤相结合。

松阴溪航运也有客运。晚清、民国时期，松阳人外出求学、经商、公务以及外地来松人员也多数选择水路乘船出入松阳。民国二十七年（1938），杭州人章达庵办有经营客运的松丽龙快船公司。民国二十九年（1940）前后松阳人叶某办理松丽快船客运，有五舱舴艋船6艘，每艘载客10—12人。民国三十四年（1945）客票价，松阳至丽水下行360元，丽水至松阳上行390元。据松阳县交通志的记载，1960年松阳的货运量为13099吨；1963年客运量达99270人。

对松阴溪航道的管理维护，历史上也不乏急公好义之士。象溪村的高良仁（1850—1937）就是典型人物之一。松阴溪常有触船伤人事故，他多次出资雇工，将松阳至丽水数百里航道礁石全部凿去。年过古稀，还亲自督工于溪中。他热心地方公益，深得乡里赞颂。民国八年（1919）国民政府大总统赠“急公好义”匾额，并授紫绶银章。

松阴溪上（叶祖青摄于1972年）

20世纪60年代中期以后，松阳的航运开始衰败。80年代随着公路运输的兴起和电站的建设，瓯江水路被切断，航运公司纷纷破产解散，工人或转岗或失业。松阳船厂也于1984年停办。次年松阴溪航运业务全部终结。松阴溪航运完成了她的历史使命，退出了历史舞台。

杨松彬，1944年生，曾任松阳县航管站站长。

何山川，原名谢雪钧，1971年出生。中华诗词学会会员、浙江省作家协会会员、浙江省诗词与楹联协会会员。著有诗集《我住在一条大河边》。作品发表在《诗刊》《十月》《星星》《扬子江诗刊》《诗歌月刊》《诗选刊》《西湖》《青年作家》《文学港》等。作品曾获丽水市文学创作大赛金奖等，入选多个年度诗歌选集。

松阳天后宫与“妈祖文化”

王香花

松阳古邑，曾建有两处“天后宫”。一处位于城北天后宫弄，一处位于城南下埠头，都建于清乾隆年间，建造年代仅隔二十年，其距不足二公里，为便于区别，人谓城北天后宫为“上天后宫”，城南天后宫为“下天后宫”。

旧时松阳为浙西南粮食主产区，有“松阳熟，处州足”之说，经济发达，商贸繁荣。南门码头帆樯如林，岸边楼房耸立，石阶层叠。松阳经济繁荣招来八方客商，福建、江西、台州、金华、兰溪、温州、青田客商均在松阳建有会馆。尤其是发了财的福建商人们在县城的南北端建造两座构造精美的天后宫，既是闽商聚会的场所，又是奉祀天后妈祖的庙宇。每年农历三月廿三日，妈祖诞辰日在天后宫举行祭祀，鼓乐喧天热闹非凡。南北天后宫均建有戏台，规模颇为壮观。天后诞辰要请戏班演戏，娱神娱己，祈求神祇护佑，以求生意兴隆通四海，财源茂盛达三江。

松阳城北天后宫建于清乾隆十五年（1750），规模轩宇，金碧辉煌，极其壮丽，为邑中祠庙之冠，大殿之右有曲廊、书室，阶下以石筑池，环植柳树，风和日丽，日暖之时，碧枝参差，锦鳞游跃，为邑之十景“柳池鱼跃”。凭轩流览，爽人心目。宫内供奉圣母天后，供人朝拜。民国中期天后宫辟为松阳毓秀小学校舍，1991年，因实验小学扩建，正殿被移建在延庆寺塔后院内。

说起北天后宫，就不能不提到其始建及修缮的一段曲折历史。邑人许士周撰文说：“北天后宫，始于乾隆初年。余氏先祖士元，会同闽乡劝捐放息日积月累致获巨金。乾隆十一年，士元子廷举兄弟五人倡首建造竟遭讼祸。盖未有天后宫，先有清皇宫。皇宫之后樟树参天，实工程之阻碍，因砍之压及皇宫计，将万岁牌移置于东琳禅院。藉清皇宫之旧址，作天后宫之头门。胆大于天其信有之，萧氏素不相能，遂成拆毁皇宫之巨案。余氏固诸生褫革下狱，廷举之四弟廷凤奔走杭垣为捐。

现任知县薛楷升任金华府，闽人陈朝栋捐为松阳知县，傅大权捐为查案委员。转移万岁牌在天后神座之上，会衔详报以修理皇宫为辞宣告无罪。祸虽幸免而已一败涂地矣。嗣由许氏先祖元麒、万青父子继续捐钱五百贯，与诸闽商劝募凡入。越月宫宇告成，此乾隆十五年也。迨光绪五年，戏台后不戒于火。十一年闽人范祖义来宰是邑，睹栋宇之凋残，慨会馆之衰弱，特召余凤林广为劝募，而自捐俸百金，旧规恢复。余凤林逐年收益悉饱私囊，任彼雨折风摧置厥不闻不问。民国四年，吴君春阳、杨君景邦接管。民国七年，公推士周为会馆会长，叶君桐知为修理总理，公同妥议整顿法及管理法。民国十年三月，重申前议，四月与总理赴石仓捐缘，六月择吉起工。未久，总理被选为省议员，一切事宜委之于士周。时有协理、助理、董事、乡董等共襄是举，十一月告成。十五日开光。”

下天后宫，建于乾隆三十四年（1769），闽汀商贾在西屏镇城南“双积楼”又建“天后宫”。民国十三年（1924）重建，粉饰华美，逾于畴昔。建筑坐北朝南，面阔三间，进深三进，回廊式木构建筑，青砖门墙，台门顶部饰以堆塑浮雕。正门石质门框刻楹联：“沧海汪洋同揢水，舳舻恬静并袍山。”前厅明间设戏台，雕刻精美华丽，飞檐翘角，脊饰走兽。20世纪40年代后期，因兵马频繁驻扎，此地逐渐破败，五六十年代改为储备粮仓。因年久失修，下天后宫的正殿、后寝、西厢已毁，原建筑仅存门厅戏台和东首厢房，损坏严重。当地民众始终崇敬妈祖，仍然借助各种形式进行朝拜。近几年，松阳有识之士奔走呼吁修复“下天后宫”，多方筹措经费重塑妈祖神像祀之，以祈风调雨顺，国泰民安。2009年重新复建下天后宫正殿，并于2010年1月妈祖像开光，同时举办“首届乡村民俗文化交流会”，在天后宫演出松阳高腔乡村越剧、民间婺剧、民间太极拳、民间农民手工艺术表演、妈祖巡安、白龙舞街、民间炼火等民间文艺演出活动。此后，下天后宫成了松阳民间开展文艺活动的重要场所，松阳高腔剧团、婺剧团、乡村民俗文化交流会等经常在此演出，免费对老百姓开放，成为当地老百姓休闲的好去处。2011年确定为县级文物保护点。

明清以来，在沿海地区，广为修建天后宫，妈祖庙。福建人对她感情特别深厚，称之为“妈祖”“林姑婆”。无论是漂洋过海还是背井离乡的人都祈祷她的荫庇。福建籍人从东南沿海至浙西南边陲松阳为官或经商，水土、气候、语言等不适应，风俗习惯各异。身处异地，思乡之情，同乡之谊，使得大家需要聚在一起互相帮助，于是建起同乡会馆。最受福建人崇敬的天后成为会馆中供祀的主神，八口宫成为福建会馆的代称，兼具会馆和天后宫的功能，是福建商人在此聚会议事和祈祷场所，正殿和小殿两旁的厢房，便是招待客人住宿的房间。天后既为渔船商船护航，又是能祛灾赐福，赐予人间福、禄、寿、喜，普济众生，求福求子的使者，法力无边，有求必应。天后宫历来香火很盛，特别是每年农历三月二十三日，娘娘诞辰的时候，这里都举行“庙会”，表演高跷、龙灯、旱船、狮子舞等等。百戏云集，万人空巷，热闹非凡。

天后宫是松阳历史上一项重要的文化遗存，其兴建和承续印证了闽人自清初以降陆续迁居松阳，带来闽地客家文化在松阳落地生根发展历程。是研究人口迁移、民间信仰和文化传播的实物例证，负载着民间信仰和文化传播的实物例证，负载着一些重要历史事件发生的信息。在清初，耿精忠发动三藩之乱，1674年，耿部攻陷松阳县城，至1676年被清军平定。“三藩之乱”，松阳被陷三载，极受战火之苦，城部虽存而郊外或为贼据或筑壕堑作战场，居民更是颠沛流离，出现了“自闽至处州，惟见百里无人，十里无烟”的惨状，战乱和灾荒致使松阳全境人口锐减。1680年，康熙帝为收复台湾，采取封疆迁界的军事手段，福建成为战争前线，许多百姓为躲避战乱，背井离乡，部分福建先民逃离本土来到邻近松阳一带。清康熙二十七年（1688），时任处州知府刘廷现招徕汀州府长汀、上杭、宁化、武平等县贫民迁移松阳等县垦荒定居。于是漳州、汀州客商到松阳以开靛行，拓荒耕种植靛为生（“靛青弄”之名便由此而来）。为此，福建客家移民如“两广填四川”般开始了填松阳的历程。现在松阳小港、石仓源、樟溪乡、象溪镇、裕溪乡、清源垄等地为福建客家聚居地。松阳的阙姓、林姓、许姓、傅姓、邱姓、曹姓、华姓、李姓、黄姓、罗姓、畲民等姓氏的多数族众都是清初从福建迁到松阳的。福建人历来信奉天后，称她为妈祖，就是把天后当成自己的祖先。他们的足迹所到之处，生存之地就有妈祖文化的存在，就能见到祀奉妈祖庙宇和妈祖的神像。妈祖文化得以广泛传播，不仅深深植入闽地移民中间，也深深植入松阳本土民众心中。

天后宫的存在，也是历史上松阴溪瓯江水运发达的见证。松阴溪是瓯江上游主要支流，源出遂昌县垵口乡，流经松阳县，在莲都区大港头入瓯江中游大溪，全长114公里，河宽约100米。木帆船上可达遂昌县渡船头，下直抵浙东南商埠温州，松阴溪沿岸有许多著名埠头，自丽水堰头埠头始，沿途有裕溪埠头、小槎埠头、靖居口埠头、水车埠头、踏步头、西屏码头、叶村埠头、石门圩埠头、黄埠头、筏铺（古市埠）、赤岸埠头、大石埠头、界首埠头，至遂昌渡船头。“康乾盛世”期间，商贸勃兴，瓯江水运畅通，福建、温州等地漕运人员、商人沿水路上溯至青田、丽水、松阳、遂昌等地，青田的林姓、留姓筏工、渔民陆续移居松阳，沿溪两岸村落安家落户，繁衍生息，如青田码道、靖居口、裕溪、小槎埠头、温州寮（今新兴镇横溪）等，这些入境移民，大多是从事水运及捕鱼业的。瓯江密布的水系河网与不可预知的水患使松阳民众开始逐渐接受并信奉起妈祖这一外来的神祇，妈祖文化逐渐被松阳民众接受，天后宫随之也渐渐失去了原先的闽籍身份认同。闽地客家文化和松阳本土文化的融合，天后宫成了松阳民众心目中神圣殿堂，而成了一切皆祀的通行庙宇。

松阳自东汉建安四年（199）设县开始，至今已历1800多年，其悠久的历史如松阴溪之水绵延不绝。历史上，松阴溪两岸，遍布着众多古建筑、传统民居、码头、埠头等。如今时代变迁，松阴溪航道早已失却了往日作为黄金水道的优势，那些曾经熙熙攘攘的古码头也静寂下来，在暮色中诉说着昨日辉煌。像城里兄弟进士牌坊、汤兰公所、瓯青公所、兰雪井、延庆寺塔、朝天门等众多古建名胜一样，沿海过来的天后宫，也渐渐融为古城的一部分，甚至成了一种有代表性的建筑物。

王香花，松阳县档案馆（党史和地方志研究室）原党史科科长。

千帆过尽松阴溪

鲁晓敏

历史上，地处浙西南的松阳县城坐落着两座天后宫——上天后宫和下天后宫。两座天后宫均建于清乾隆年间，无论是占地面积、建筑规模还是奢华程度都占据县域庙宇之冠。天后宫即妈祖庙，地处浙西南崇山峻岭之间的松阳县，为何会与海神妈祖扯上关系呢？而在松阳县城，曾经矗立着四座码头，其中一座名叫温州码头。温州港是中国“海上丝绸之路”的重要起点，松阳的温州码头有何离奇的身世？它与“海上丝绸之路”又有何千丝万缕的联系？

松阴溪，为山城接通了出海口

下天后宫大门石柱上镌刻着一副楹联——沧海汪洋同摺水，舳舻恬静并袍山。此联意在祈求天妃娘娘佑护从事水上运输的船帮和商帮能够一帆风顺、财运亨通。透过水波一样飘荡的字迹，仿佛眼底涌来一望无垠的汪洋大海，汹涌的波涛折叠奔腾而来。这14个字隐晦地告诉我们，早在数百年前，已有不少在松的商帮或是松阳本地商人走出了内陆，走向了蔚蓝色的大洋深处。

过去，妈祖信仰曾经在松阳盛极一时，香火非常旺盛。每逢农历三月廿三日，两座天后宫都要举行盛大的祭祀仪式，恭恭敬敬地纪念妈祖诞辰。妈祖是海洋文化最重要的民间信仰，而松阳是内陆一个典型的农耕山区县份，为什么会出现祭祀妈祖的习俗？

这一切，要从流经下天后宫前的松阴溪说起。

松阴溪，古名松川，又名松溪、松阳溪，源于遂昌垵口乡，从界首村流入松阳，从莲都保定村汇入瓯江，它是瓯江上游最长的支流，全长约109.4公里。当它进入松阳时，松阴溪挣脱了群山的束缚，河床展开，最宽处达300余米，流淌出了一条宽阔的航运河道。

早在三国时期，松阳至永宁（永嘉县瓯北镇）已经通航，这是瓯江流域最早开辟的水运干线。到了唐代，受江西、福建以及省内三衢、婺州等地的商业辐射，松阴溪成为浙西南重要的水陆商道。明成化年间，仅从松阳转运到温州乐清广丰仓的大米就达7150石。在航运最发达的清中期至民国初期，松阳一地拥有千艘帆船，数量冠绝瓯江沿岸各县。

这源自松阳得天独厚的地理位置。翻开地图，我们不难发现，松阳地处浙江两大流域——瓯江和钱塘江交界的水上门户：两大流域在地理上最接近的地点是松阳界首和龙游溪口，两者之间直线距离不足50公里。明天启六年（1626），明代著名的刻书家唐锦池在《士商用书》中记录了一条从处州到衢州的陆路：遂昌县城—大马埠村—官溪村—北界村—灵山。这条陆路基本上沿着一条叫“官溪”的溪流进入龙游县。来自瓯江的货船在松阳界首村靠岸，通过人力运输到达遂昌，再沿着官溪两岸的驿道抵达龙游溪口，再经水运可达钱塘江沿岸的各个集镇码头。历史上，这条交通要道输出瓯江流域大量的矿产、瓷器、烟叶、茶叶、靛青等物资，也转运了大批来自钱塘江流域出产的粮食、布匹、药材等货物，形成了一条沟通两大流域的经济走廊。

一张绘制于1877年的《温州府城图》更加全面地标注出了瓯江通航线路——西通西溪、青田县、处州府东北、兰溪、杭州、省西江山、浦城。虽然没有标注松阳，但是明眼人一看就知道这条水道就是沿着“瓯江—松阴溪—钱塘江水系”抵达杭州、浙西江山县、福建浦城。其实，古时候这里还存在一条通往江西的路线。今天的温州龙湾自宋代以来就是江南著名的大盐场，当时龙湾盐场属于永嘉县管辖，故称永嘉场。从永嘉场运往江西的优质盐经过从松阳，到达龙游再到江西玉山县。其他物资也是循着这条线路进入江西，进入信江，通往长江流域。以松阳为枢纽，钱塘江流域、信江流域和瓯江流域的贸易网逐渐铺开，松阴溪将内陆与海洋顺畅地扭结在一起，牵挽起浙东、浙西南的山海大观，勾画出一幅绮丽而磅礴的山水画卷。

作为那个黄金时代的佐证，在县城西屏镇的南门，曾坐拥着四座水运码头，按照船帮的名称分别称为“松阳码头”“温州码头”“青田码头”“沙埠码头”，四座码头上每天挤挤挨挨地泊满了帆船，樯橹形成了一道绵延的堤坝。这些帆船将产自松阳的粮食、茶叶、药材、竹木、柴炭、桐油、油茶、烟叶等货物运到温州，再将温州的食盐、海货、水产以及来自日本、欧洲的各种南货和洋货转运至松阳。

家住松阳县城白龙圳路43号96岁的沙木用老人，年过耄耋，身手矫健，思维清晰，着实让人称奇。沙木用祖上是青田人，沙木用从小跟着父亲撑船，逐渐成为松阴溪上声名响亮的船老大，1959年成立松阳航运站，他担任第一任站长。一提起水上生活，他就有种难以掩饰的激动，很快打开了话匣子：“从西屏到温州，丰水期的时候，一早出发，晚上即可以抵达。枯水期的时候，需两天时间；从温州到西屏逆水行舟，则需要七天时间。一路激流险滩，暗礁密布，有时遇到台风等恶劣天气时会有生命危险，不少船工就死在这条水路上。”

沙木用及他的祖辈驾驶的是木制的舴艋帆船，中间大，两头尖，上盖箬篷，船头立桅杆，杆上挂白帆，顺风则以风为动力扬帆前行，水浅时用竹篙撑船，水深时用船桨划船。在水流湍急的瓯江上，充满了劫难与变数，每一次航行都充满了风险与挑战。这种恶劣的水上环境养就了船工们特有的锐猛刚劲、坚韧尚气之风。我们可以想象年轻时候的沙木用，娴熟地驾驶着舴艋舟在风口浪尖上穿梭疾行，如同一个优秀的骑手驾驭着一匹奔腾的野马，是何等惊心动魄！

沙木用说，每次货船远航前，商贩、船老大、船工都会到天后宫拜娘娘，求娘娘保佑人货平安。在科学并不发达的古代，我们有足够理由想象那些商贩、船老大、船工在潜意识中深埋着对水的恐惧和对自然的敬畏。他们设香案，摆祭品，三叩九拜，拈香祷告，以精神的信仰来抵御来自瓯江水道上不可预知的挑战，以精神的力量来排遣内心的巨大压力，以虔诚的寄托扫清心理上的阴霾。一些老船工至今还保持着一些禁忌，比如吃鱼的时候不能翻身，不能翻过来搁碗，甚至不说翻字。

一条300多里的繁忙水道打开了通往大海的通途，让松阳摆脱了内陆县份的身份，这仅仅是开端。事实上，像沙木用这样驾驶舴艋舟的船工，只是瓯江流域的第一棒接力手。到了清中期以后，来自松阳的货物经舴艋帆船运送到温州，再转装海船，一道道接力，从温州转运到福建或广州，或者直接出海运往各国。

沙木用的祖辈们通过这条水道逆流而上，将来自异域的舶来品带回松阳。早在清咸丰年间，县城太平坊已经有了专卖洋货的店铺；同治到光绪年间，火柴、煤油、窗玻璃等洋货逐渐走向农村，乡绅家中摆放自鸣钟、镜子等洋货已经成为时髦；1897年，耶稣教会在西屏创办了博爱医院，西医传入松阳；1905年，山下阳人张礼由从日本带回了照相机；此后，界首人刘德怀从日本带回了自行车、留声机和缝纫机……

随着通商开放，外国商人、传教士沿松阴溪而上，深入到了松阳。工业革命对大山深处的松阳民众产生了深远的影响，出洋留学、兴办学堂、创办女校、移风易俗，社会风气日开。西风东渐后，善于吐故纳新的松阳人在县城、古市甚至许多偏远的山区纷纷建起了中西合璧的民居和教堂。

一条名不见经传的松阴溪，将松阳和世界紧密衔接起来。一声嘹亮的吆喝在松阴溪上响起，随着船工奋力地将竹篙插向水底，松阴溪上的水波层层荡漾开去，涌向瓯江口，涌向太平洋。在船工深邃的眸子里，水色越来越深，由清变绿，由绿变蓝……

松阳烟叶，续写瓯江外贸辉煌史

宋元时期，龙泉青瓷成为“海上丝绸之路”上最主要的输出物品。遥望当时，瓯江上游窑牌林立，烟火相望，江上运瓷船只往来如织……一艘艘满载青瓷的船只从瓯江上游扬帆起航，到达温州港，转装海船，到达亚非欧各国。今天，土耳其伊斯坦布尔的奥斯曼帝国皇宫收藏有1350余件龙泉青瓷，大都是元代和明早期的产品，见证了古代“一带一路”龙泉瓷器出口的辉煌历史。

著名历史学家、地理学家陈桥驿教授有过这样的评述：“从中国东南沿海各港口起，循海道一直到印度洋沿岸的波斯湾、阿拉伯海、红海和东非沿岸，都有龙泉青瓷的踪迹，这条漫长的陶瓷之路，实际上就是中国陶瓷特别是龙泉青瓷所开拓出来的。”

龙泉青瓷都产自龙泉吗？事实上，当下已发现的500多口龙泉窑系的古窑址，的确大部分地处龙泉，但也有部分散落在龙泉周边各县境内。在松阴溪沿岸的界首、择子山、小石等地还残存着为数众多的古窑址和碎瓷堆积层，它们这些窑口大部分烧造青瓷，与龙泉青瓷烧造工艺一致，因此也属于龙泉青瓷。更重要的是，龙泉县于唐乾元二年（759）析自松阳县南乡，两地有着割舍不清的文化渊源。那么，松阳究竟有多少座龙泉窑古窑址？谁也无法准确计数，它们如同一条条潜伏在松阴溪边的苍龙，在涛声中沉沉地酣睡着。1983年，西屏镇出土了一件南宋凤耳瓶，造型简洁洗练，线条流畅舒缓，它虽在地下埋了近千年仍然釉色鲜亮，碧青如玉，宛如一江流动的春水，透着优雅、华丽、温润的气质。这件堪称国宝级的龙泉青瓷究竟是从龙泉转运而来，还是产自松阴溪边这些古老的窑口之中？这个谜团不知什么时候才能揭晓。

元人汪大渊所著《岛夷志略》中记载了当时南洋贸易物资中有“处州瓷”“处瓷”“青处瓷”等，他所指的青瓷包括处州辖区内各县市所烧造的青瓷。毋庸置疑，在漂洋过海的这些瓷器中，一定会有部分产自松阳。可以这么说，松阳早在唐宋时期就已在“海上丝绸之路”上崭露头角，松阴溪成为这条以青瓷为主要运输物件的“海上丝绸之路”的起始点之一。

明代大部分时间笼罩在海禁的铁幕之下，海外贸易几乎禁绝，瓯江连接世界的纽带被骤然剪断，导致龙泉瓷器的出口一落千丈，最终走向凋敝。随着“三藩之乱”的平定、海禁政策的松弛以及“康乾盛世”的到来，大批福建人进入了瓯江流域经商或定居，瓯江对外贸易迎来了复苏。烟叶种植技术随着福建省安溪、永定移民传入松阳，技术不断改良，得到了发扬光大，称为“松阳晒红烟”。康熙末年，松阳烟叶种植和对外贸易已经初具规模。西屏、古市都有“烟行弄”，烟农将所产烟叶汇集于此交易，早期的烟叶市场已见雏形。乾隆二十二年（1757），清廷颁发禁令，瓯江再次关上了对外贸易的大门，烟商为谋生计，被迫铤而走险，烟叶走私屡禁不绝。第一次鸦片战争后，海禁壁垒被打破，瓯江流域贸易开始蒸蒸日上，咸丰年间，松阳烟叶已经远销南洋一带。到了1877年，清朝在温州设立了瓯海关，这是一个分水岭，瓯江航运也重现了宋元时代的辉煌。

松阳地图的形状如同一张叶子，松阴溪如同一根叶茎，此时，这张来自陆地的叶子通过瓯江、松阴溪源源不断地汲取了海洋的养分，逐渐舒展开来，变得葱茏苍翠，变得活力四射。

19世纪是一个糟透了的时代，朝廷腐败，列强入侵，太平天国战乱，一系列的变故将江南经济推向深渊，中国遭逢千古未有之变局。松阳虽然遭受了巨大的冲击，但是烟叶种植贸易并没有萎缩，反而大幅增长。松阳烟叶分内销和外销两种，国内市场为制造烟丝之用，国外市场用之于鼻烟嚼烟及制造卷烟。当时松阳约六分之一人口种植烟叶，加上围绕烟叶贸易和农副产品贸易的人口更是不可计数。种烟、晒烟、制烟等多项技术领先国内水平。占据了天时、地利、人和的松阳经济迎来了一次大飞跃的机会。每至秋季，上海、杭州等地的烟商接踵而至，一大捆一大捆分了等级的晒红烟从县城南门码头和古市码头一船船经温州出口至南洋。此外，茶叶、蚕茧、土纸、桐油等大宗物品也被作为商品收购，销往苏门答腊（今印度尼西亚）、槟城（今马来西亚）、新加坡及日本。

清咸丰以后，松阳烟行、烟店如雨后春笋般地林立，本地人开设的如罗萃泰、徐裕昌、同兴和、金达三、恒兴等烟行，外地烟商开设的如郭隆兴烟行、临天栈烟行、临海同泰烟店、泰裕昌烟店、天台陆财利烟店、临海泰隆商号、广州匡记烟家、大兴行等，日本的“三井烟行”，时人称“洋行”。开张于清咸丰年间的“罗萃泰烟行”是松阳县内颇负盛名的烟行，1915年，“罗萃泰烟行”将精心培育的烟叶选送巴拿马万国博览会参展，荣获奖章一枚，这次史无前例的获奖让松阳烟叶声名远播到大洋彼岸。

松阳本地“兼事烟商，家业渐振”者，因参与烟叶贸易而“称富乡里”者比比皆是。有的烟行在初创时资本不足五万，七八年后即发展到数十万元巨资，终因开烟行而成富户。其中具有代表性的烟商是望松黄氏家族，经过黄中和、黄绍桂和黄秋光祖孙三代的苦心经营，成为浙西南著名的烟商世家，他们斥巨资建起了占地一万多平方米的黄家大院，构造繁缛，精雕细镂，极尽奢华，堪称瓯江流域第一豪宅。黄家不忘自己的身份，在成千上万件的精美的木雕中居然隐藏着一个翘脚抽烟的老汉，这个精明的烟商是不是为自己做了一个广告呢？如果说这只是一个小插曲，那么，这座庞大的建筑中很多与大海或者是水相连的地方，就让你不得不慨叹主人超凡的想象力——大院三合土夯制的地面拌入了大量的海盐，随之而来的效果梅雨天时防潮，冬天却能保暖。走在斑驳的地面上，我似乎能够闻到来自大海的腥咸气息；环绕"集成堂"天井的回廊设计成船篷顶，让人如同置身于航船之中，似乎听到了波涛阵阵……这些细节有意无意提醒着我——这座大院的主人，他们的烟草生意与海洋息息相关。

黄家的暴富只是松阳烟业荣盛的缩影。全盛时期的松阳烟叶或许用数据说话最具有信服力：光绪三十二年（1906），松阳烟叶出口22147担，价值达24.3万余海关两（《松阳烟草志》），约为25.5万两白银。而到了宣统三年（1911），松阳烟叶有122000担直接或经厦门销往台湾（《瓯海关十年报告：1902—1911年》）。

清末的一两银子相当于今天的多少人民币呢？如果以通行的米价折算，现在1斤普通大米大致在2到3元人民币之间，那么，清末的一两银子大致值现在的300元人民币左右。清末大米的种植成本、运输成本远高于今天，产出量远低于今天，况且当时一两白银的购买力要远大于今天。可以这么说，一两白银在清末时大约值今日300到500元人民币。1911年，仅销往台湾的松阳烟叶就值今天4亿到6亿元人民币！这是一个多么令人咋舌的数字！

温州瓯海关开关以来，我们从有限的记载中可以查阅，从瓯海关出口最大宗的货物是茶叶，主要来自哪几个县？准确的外销目的地是哪里？这些并无详尽记载。与茶叶外销的语焉不详相反，松阳烟叶外销数量、价值则有确凿记载，最远销售地为马来半岛南端的新加坡。一个叫叶长昶的松阳烟商，足迹曾远涉南洋一带，作为一生之中最值得夸耀的荣光，他将这段踏平万里海波的行迹刻写在墓志铭上。叶长昶的传奇故事我们已经无处可寻，但正是有了这些"海上丝路"的民间英雄，经过纵横捭阖，才将远在内陆的松阳与世界紧紧地扭结在了一起。新加坡远非极限，松阳烟叶日后远涉重洋，到达了科威特、埃及、马里、德国、美国、古巴等国家。

站在今天的角度，我们可以清晰地看到瓯江流域经济发展和重心转移的趋势，龙泉青瓷没落后，地域优势和烟叶贸易使得松阳经济蓬勃发展，瓯江上游经济重心由龙泉转移至松阳。瓯江上游的商贸主航道转向了松阴溪之后，松阳迎来了海洋时代。从松阳到温州，温州到日本，温州到福建到东南亚，建立起一条飘荡着烟草香味的“海上丝绸之路”。

古城西屏，繁华年代的历史足印

松阴溪翻滚的浪花一把将松阳推向了广袤的海洋，既有大陆文明的哺育，又有海域文明的滋养，使得松阳变得营养均衡，如同一个体格健壮的男子，四肢发达而冰雪聪慧。松阳村镇在商业贸易的带动下稳步发展，松阳一跃成为瓯江流域经济最发达的县域之一。

不过，以烟叶为代表的商业贸易只是松阳经济繁荣的原因之一。松古盆地土地肥沃、气候温暖湿润、水资源充足，优越的自然条件造就了瓯江流域发达的农耕文明，在明清时期臻于鼎盛，“松阳熟，处州足”已成为传颂已久的民谣。除了传统的水稻耕作之外，清中期以后的松阳是一个由经济植物、农副产品和商业主导的农商文明时代。富裕之后，松阳人的生活逐渐走向物质精致化，士绅、商人们建造了许多华堂大屋。即使到了今天，上千座精雕细镂的私宅依旧散落在上百座古村中。

有一个比喻，把处州府比喻成一件衣服，那么松阳是这件衣服的口袋，似乎这个区域的财富大都藏于松阳。但是，随着公路运输的发展，松阴溪于1985年断航，这条活跃了千年的黄金水道陷入了一片沉寂，界首、赤岸、古市、西屏、雅溪口、南州、象溪、靖居口等商业性的集镇村落彻底告别了作为水运码头的历史身份，重重叠叠的潮水退却了，它们成了一艘艘停靠在历史长河边的航船。盛极必衰，既合理，也是必然。1986年，松阳被定为全国七大晒烟出口基地之一。20世纪90年代中后期，松阳烟叶步入萧条，这张代表松阳的金名片被茶叶取代，也是符合历史的大势。但是，我们沿着松阴溪进入曾经的商埠西屏镇，依旧可以重拾过往的记忆。

有着1200多年历史的西屏镇，是一座由松阴溪船帮托举出来的商埠。西屏虽远不及温州壮丽，但也是当时瓯江上最重要的港口之一，作为一处商贸中心和物流集散地，盐、粮食、茶叶、烟叶、布匹、瓷器、铁器等物资在这里交易了千年，为西屏镇积累下了浓郁的商贾文化。尚存的打铁铺、草药店、南货店、刻碑店、裁缝店、制秤店、理发店、旅舍以及染坊、布行、烟行、当铺等遗址见证了那段繁盛的历史。如果把“海上丝绸之路”看作是中国连接世界的纽带，那么温州一定是这条纽带上重要的桥头堡之一，西屏则成为温州的重要支点。

西屏古建筑之繁密、规模之恢宏、老街的长度在浙江省都极其罕见。随着商业的逐步繁荣，城市建设也随之跟进，规划了四纵一横的水系，拓展了丁字街，宅第、商铺、会馆、宗祠、社亭、骑楼、牌坊、塔、庙、城门、祭坛、堰渠、廊桥、石桥、码头等建筑种类繁多，建筑模式丰富，时间跨度非常大，从北宋到元明清民国都有，松阳县城不管是面积、繁华程度都大大超越了处州其他县域，成为浙江省最具代表性之一的古县城。

清乾隆年间以来，周边各省及省内各府商贩涌入松阳经商。他们以籍贯或者行业结成商会，每个商会建有一座会馆。乾隆十四年（1749），福建商人在城北建起了上天后宫，兼做福建会馆；乾隆三十四年（1769），福建汀州商人在城南建起了下天后宫，兼做汀州会馆；清嘉庆十四年(1809)，汤溪、兰溪籍布业染坊商人在中弄兴建起了汤兰公所；青田商人、船夫于清末先后在县城和古市兴建了瓯青公所；临海、天台商人于清末在北直街兴建了临天栈；江西客商建起万寿宫兼作江西会馆；药商建起了药王庙兼作行业会馆……

作为参照，1891年时的温州城仅有福建、江西、宁波、台州四家会馆，松阳会馆数量居然远超温州，当然不是说松阳商业的发育程度可与温州媲美，至少充分体现了西屏作为一个浙西南经济重镇的格局与气度。

走进一条叫中弄的小巷，汤兰公所高大的门楼猝不及防地撞进视线中。门楼两侧镶嵌着工整的水磨砖，朱漆的大门紧闭，一对威严的抱鼓石已经静默了两百余年，还要继续静默下去。门楼上的砖雕在过去的岁月中失去了棱角，或是在“文革”中破坏得面目全非，这座八字门楼在巍峨的气象中隐藏着岁月的累累伤痕。

汤兰公所建于清嘉庆十四年(1809)，是当年汤溪、兰溪籍布业染坊商人在松阳集资兴建的会馆，汤兰公所是松阳最豪华、面积最大、保存最完整的一座会馆，也是浙江现存最大的一座会馆，总面积达到了1100多平方米。它在一片低矮的古宅中显得相当突兀，有着森然的气象。我拍打着门环，过了一会儿，开出一条门缝，挤出一张白皙的脸，疑惑地盯着我看。我顺着她的目光闪进大门，门厅，中殿，大殿，东西两侧厢房，一座回廊式建筑清晰地呈现出来。巨大的抬梁、穿斗混合式构架让公所显得气派辉煌，雕梁画栋，五颜六色的油漆将建筑装扮得富丽堂皇。抚摸着粗大的柱子，轻易就能找到时间的入口。可以想象当年商贾云集的场面，人声鼎沸，布匹交易，银票往来，“噼里啪啦”的算盘声在大殿上响起。

旧日的风花雪月已经不在，如今的汤兰公所非常寂静，难得有一两个游人入内驻足。新粉饰的华丽装饰使得建筑簇新，朱红的油漆仿佛在寂静中蠢蠢欲动，建筑物强大的震慑力在这里一览无余，一个人站在偌大的大殿上，被一种穿透身体的力量疾驰而过，让人震撼不已。

来到古镇最南端，跟着沙木用老人穿过白龙圳路，此刻，他的目光渐渐清亮了起来，一一历数着曾经的堤坝、码头、水道、道路的具体位置。我们来到位于溪滩路19号的“瓯青公所”，这是一座外观相当素雅的两层临街木构建筑，除了二楼清一色的罗马柱栏杆之外，它与周边的店面没有什么区别。他告诉我：“这里是青田同乡进行聚会、商议大事、调解矛盾的地方。以前在大堂的神龛上还供奉着天妃娘娘和关公像，青田籍的撑船师傅每次出航除了去下天后宫祭祀，也要到这里烧香拜佛，保佑出行平安、逢凶化吉。”

事实上，挂在排门上的一块牌子亮明了“瓯青公所”的另一个身份——反清组织“双龙会”的会址。当时的会员以船民、纤夫、小商贩和贫苦农民居多，据说达2万之众，遍及处州十县。在会长王金宝的带领下，这些踏浪而行的船工一次次在此聚会，他们一次次的低语汇合成一条激越的暗流，酝酿着推翻清朝的起义。1904年9月，王金宝准备发动浙东起义，事败后，在丽水小西门外的瓯江边英勇就义。今天的瓯青公所已经空无一人，当年熙熙攘攘的场景无处可寻，船工们掀起的浪潮悄然退尽，如同一道风平浪静的港湾。老宅中曾经发生过无数的故事如今已无人知晓，那些似是而非的往事被时间和空间彻底填平了。

就在松阴溪边，保留着一条叫“青田码道”的街区，居民大都是当年来自青田、温州等地的船工后代。“青田码道”还散落着民国时期的“水路转运行”“永源烟行”以及建于20世纪60年代的造船厂、航运站库房、航管站，在毗邻的白龙圳路，下天后宫、统捐局、码头、商号、米行、仓库、作坊、南明桥等建筑敞露眼前，这些古色古韵的建筑至今大多保存完整，它们无异于历史的拼图，还原了巅峰期的西屏航运格局。

何为松先生在《风雨南明桥》一文中写道：我县出口的稻米、烟叶、山货均从此桥经过下船发运，而外来的洋货、南货、海鲜亦在此卸船上岸。因此这南明桥周边才是最繁忙的货物集散码头。又因白龙堰的太平桥只有五条石条构筑而成，成了一个交通上的瓶颈，所以宽阔的南明桥及周边一带，自然呈现出埠夫云集、车马熙攘、人声喧杂，犹如“清明上河图”般的热闹情景，实不愧为当年松阳的交通枢纽，货物的集散中心……

夕阳西下，循着松阴溪水道望去，粼粼的溪面泛着细碎的金光，首尾相接的船队早已无影无踪，沙木用们的号子声已成历史的绝响。很少有人想到，那空荡荡的水面下，竟然连接着“海上丝绸之路”。只是，我们在回望历史的瞬间，已然如同天后宫门前楹联上所表达的意境——高潮过后，恬静如初……

2016.5于松阳

参考文献：

1.《松阳县志》编纂委员会编：《松阳县志》，浙江人民出版社1996年版。

2.《松阳烟草志》编纂委员会编：《松阳烟草志》，浙江人民出版社1993年版。

3.《松阳县水利志》编纂委员会编：《松阳县水利志》，浙江人民出版社2006年版。

4.马学强、周怡、胡端：《八百里瓯江》，商务印书馆2016年版。

5.赵肖为译编：《近代温州社会经济发展概况》，上海三联书店2014年版。

鲁晓敏，中国作家协会会员，浙江省散文学会副会长，丽水市作协主席，《中国国家地理》杂志特约撰稿人。长期致力于传统村落、乡土建筑、廊桥文化的研究及保护工作，出版有《廊桥笔记》《江南之盛》等散文集。

水碓 水车

讲述：程其福 叶金增 整理：程建中

程其福讲述：水碓是古代劳动人民利用水力舂米、磨面的大型器械，人们也把水碓作坊简称为水碓。据记载，我国从汉代就发明了水碓，浙南山区在唐代就有了滚筒式水碓。1949年后由于生产力水平不发达，松阳老百姓仍然利用水碓舂米、磨面，一直沿用到20世纪60年代。我父亲程发荣是松阳城东甘露堂水碓的股东，母亲在我五岁那年就去世了，所以从小我就跟着父亲，在碓房里长大，对水碓记忆尤为深刻。

水碓外景（杨致良摄于1990年）

我家在县城西屏七村，城东有一条古湖坑，水源来自三都源内山坑。在城东，引古湖坑水建有三座水碓，松阳一中前两座叫蛤蟆垄水碓和碗口水碓；西屏至项弄之间的甘露堂桥西侧一座，叫甘露堂水碓。甘露堂水碓始建于何时，现无法查到明确资料。听父亲说，水碓早年间就有了，日本投降后，我父亲和詹成明、潘寿明等人合股从他人手中转让过来。水碓共分五股，其中我父亲占二股，按股轮值管理，费用按股分摊，收益凭股分成。五天一行，每行我家轮值两天。

水碓主要由月轮、擂杆、碓杆（碓头）、石臼、石磨、谷砻六大部件构成，配套的还有米床、罗绢、风柜等，月轮是水碓的动力装置。它是竖立架着的，直径约两米，用松木做成，轮上装有50多片木页板。擂杆是水碓的传动轴，长七八米，直径粗40多厘米，是一条头尾差不多粗细的笔直的大松木。擂杆两头各套一只钢铁铸成的铁圈，悬空架在两个大石墩的凹槽上。擂杆一端穿过月轮中心，相互固定。另一端装有一个（有谷砻的则安装两个）硬木制的齿轮（实为钉在擂杆上的硬木楔），它们带动石磨和谷砻下面的齿轮，人称“盘龙”。上面安装两爿直径一米多大的石磨，这是磨面粉、米粉的工具。石磨不用时，只要卸下石磨齿轮上的几根木齿即可。谷砻是砻谷的（先把谷去壳，然后用碓头把米擦白）。谷砻也有上下两爿，直径50多厘米，高1米左右，由竹篾和红泥做成，它的转动同石磨的原理是一样的。当然也有直接把稻谷放到石臼中舂的。碓杆、碓头、石臼是一组利用杠杆原理舂米的工具。碓杆是一条三米多长的木杠，中间固定为支点。碓杆的一端装一块上方下圆的石头即碓头，碓头与碓杆基本垂直，呈“7”字形。地上一字排开装上七个大石臼，七个碓头分别对准它们。擂杆上均匀交错地装有七块两寸多厚的榫头，榫头对准碓杆另一端。甘露堂水碓，从上游500多米的杉溪桥下筑“陂”，将古湖坑水引入一条狭长的水碓坑。打开水闸，水进水槽，利用落差，使湍急的坑水冲击月轮木页，推动月轮不断旋转。轴心擂杆也随月轮旋转而转动，擂杆上的七块榫头依次先后拨动七条碓杠，碓头便交错起落，上下不停地捶捣石臼中的稻谷，从而使稻谷脱壳，然后经过过筛、过扇等几道工序，分出糠和米。同时擂杆转动齿轮，带动石磨盘磨面粉。

水碓碓头石臼（杨致良摄于1990年）

由于我父亲和一班股东服务周到、收费公道，当年甘露堂水碓生意十分红火。顾客除了本村下马街、东阁街的村民外，项弄、竹篷头等村的农民也会前来加工。有个外村的粉干师傅，特地租下水碓附近的佛堂作为粉干作坊。粉干原料米粉则长期委托水碓加工。每当“谷出”“麦收”后，碓房便日夜不歇，“轰轰”地响个不停。舂米、磨面的人多，则须按次序排队。人们把箩筐排好队，先去干活，算好时间过来加工。父亲忙得没时间烧饭，粉干师傅看我可怜，经常抓一把蒸熟的粉干团给我充饥。记得我七岁那年，临近春节，我父亲在碓房生病晕倒了，被磨面的农民看见送到医院医治。我在碓房从上午守到晚上，父亲还没有回来，一天只吃过一个粉干团。碓房里黑咕隆咚，北风呼啦啦地吹，肚子也饿得咕咕叫。我想象着同龄伙伴们依偎在父母温暖的怀抱，自己却母丧父病，饥寒交迫，孤苦伶仃，禁不住泪流满面。粉干师傅带我到作坊，给我烧了满满一碗粉干，还在他家的暖被窝里美美地睡了一觉……

如今，水碓早已被电动碾米机、磨粉机所替代，留下的只是古老的水碓坑以及人们无尽的记忆。

叶金增讲述：我家在西屏七村，村里的农田上到建村下到项弄，有上千亩，但大部分水源不足。每当夏季来临，或多或少会遇到旱情。水车便是祖辈抗旱必备的生产工具之一，“车水”自然成了祖辈们一件避免不了的劳动内容。所谓“车水”，就是把地势较低处的水，利用水车把它提升输送到地势较高处的农田，用于灌溉农作物。

我家老房子的阁楼上，至今还保存着当年的水车，不过早已残缺不全、破烂不堪了。水车由两大部件构成，一个称“车头”，另一个称“车箱”。“车头”形状远看像一张高靠椅子，但比高靠椅子要大得多。其“椅框”边高约1.8米，宽约1.6米。“椅座”高约60厘米，宽度与“椅框”宽度相同。“车头”是“车水”时的动力装置。在“高靠椅子”的“椅座”处架上一个转轴，转轴中间装上一固定大木齿轮，转轴两旁交错地装上八只形如大“馒头”的木制“踏脚”。八只大木“馒头”供两人上架脚踩动。“车头”高处的一根横条，则为车水者手身所倚靠，保持人体平衡。

龙骨水车（松阳县档案馆提供）

“车箱”长五六米，三边皆用木板封成。木板高度与宽度都在30厘米左右，这实际上是个可移动的“水槽”。“车箱”的一端安装有一个小木齿轮。另外用百把个小木栓把百把张小页木板片连接起来，俗称“蜈蚣链”。“蜈蚣链”长10余米，构成“蜈蚣链”的是小木页片。这条“蜈蚣链”既是输水带，又是连接“车头”和“车厢”的关键纽带，只要把“车头”的大齿轮与“车箱”底端的小木齿轮连在一起，一台水车就成了。

每到抗旱时节，农民先在干旱农田附近寻好水源（如河道、水坑、池塘），将水车运到岸边，把“车头”稳稳地立在岸上，让“水箱”带小齿轮的一端没入水中，另一头靠岸，接入“车头”转轴中间，链上“蜈蚣链”，水车就可以工作了。

相对来说，“车水”应该是一种比较轻松的农活，跟人们平时步行走路差不多，但比步行走路要吃力些。高低水位落差小，“车水”比较轻松。高低水位落差大，“车水”就比较吃力了。落差大除比较吃力些外，同时还要求脚踩“馒头”速度要快些，不然容易漏水，“车水”效果会很差。“车水”的两个人，脚踩“馒头”步伐要整齐，才能既省力又不会踩空。我刚开始学“车水”时，就因为与同伴步调不一致，一脚踩空摔了下来，摔得鼻青脸肿。

“车水”也是一种非常单调的劳动，唯一的好处便是两人可以互相聊天。小时候我参加“车水”，最喜欢与同生产队的程樟明一起聊天。樟明叔是个老农民，虽然文化不高，但见多识广，肚子里故事很多，我经常缠着他给我讲“天话”。他讲的《三国演义》《水浒传》《天宝图》，让人听得津津有味，干活也不觉得疲劳。记得有一次，上初中那年夏天，我和樟明叔在“车水”时聊天，樟明叔说：“你现在读初中了，初中生在过去可称作‘秀才’。我出个上联，请你这个‘秀才’来对对下联怎么样？”其上联是：“风扇扇风，扇动风出，扇停风止。”我一边“车水”，一边在想，几乎想了整整半天还是对不上下联，结果还是樟明叔告诉我下联：“水车车水，车转水来，车停水止。”

正因为“车水”十分单调无聊，有极少数“车水”者会边“车水”边打瞌睡，结果不小心从“车头”上掉下来。有一次，同村的东犬叔公中午喝了几碗老酒来“车水”，刚开始没事，踩着踩着酒劲上来了，不知是睡着了还是腿软打滑了，“扑通”一声从水车上摔了下来，摔得头破血流，门牙也掉了两颗。幸亏及时送医，才没有大碍。

水车主要用于夏季抗旱，也有在冬季使用的。每逢过年，或遇上红白喜事，人们会“车”干池塘里的水抓鱼或挖塘泥作肥料等。在夏季“车水”劳动中，因为天气炎热，一般“车水”者会制作一顶临时遮阴棚。这遮阴棚十分简单，用一支长三米左右的竹竿架起两支两米长的小木条，固定成十字架，再从家中取出被单或被面，四个角固定在十字架上，仿佛是一把特大的遮阳伞。一到干旱季节，松古盆地零零星星布上水车，这些遮阴棚犹如一片片颜色斑斓的花蝴蝶，装扮着夏日的田野，显得格外美丽。

随着时代发展，科技进步，抽水机的广泛运用，水车“车水”抗旱保苗，早已成为历史。现在城镇乡村，水车已难觅踪迹。但我们的祖先在发展生产过程中，发明创造了各种各样的生产工具，足以证明我们祖先的聪明才智和伟大创造。

程其福，1945年生，松阳县西屏街道七村农民。

叶金增，1938年生，松阳县西屏街道七村农民。

程建中，松阳县政协四级调研员，曾主编《松阳通讯》《松阳非遗集萃》《同舟共济》《松阳知青》《古城记忆》等书籍。

松阳晒烟

毛培林

清康熙三十年（1691）荷月，福建安溪烟农张聚英从龙泉溪圩迁居六都麓洋庄。久享盛誉的松阳六都烟，即发端于此。乾隆五十二年（1787），福建永定廖廷兴，从乌连（今红连村）移居西乡十四都（今樟溪乡）大徐庄，重操福建祖业，引种烟叶。樟溪烟从此发展，几与六都烟齐名。

烟叶与人高（叶祖青提供）

不久，安溪乡（今新兴乡）的温州寮（今横溪）、徐郑，樟溪乡的兰家、馒头山等村庄，都纷纷仿效引种烟叶，形成了一个影响海内外的烟叶种植大产业。据1990年的统计，全县有11个乡镇230余村，盛年高达二万余亩，年产烟叶三四万担，人民获利颇丰，地方财政亦因烟增收。

烟叶走向世界

松阳气候温和，土壤肥沃，易于烟叶生长。松阳所产名晒烟为松阳一绝。叶片大，厚薄适中，色泽鲜黄，内含极多的胶质及芳香气味，劲大，余味舒适，灰色灰白，素受嗜者欢迎。松阳烟除畅销国内江苏、上海、广州等地市场外，还大批走向世界。据上海烟草进出口公司的调查资料，几内亚年购松阳烟204.02吨，黎巴嫩184.288吨，埃及211.778吨上下，中国的香港、澳门、台湾，年购量最多年份，也在70吨上下。其余小国家也在三五吨。

清咸丰时，曾销至苏门答腊岛。宣统元年（1909），经中国瓯海海关核准，日本人干脆在松阳古市一带设点收购松阳烟叶。是年，日本三井洋行，就采购松阳烟叶6000余担，经温州港出口。据瓯海海关的统计，清光绪三十一、三十二年，经温州海关出口的松阳烟叶，达26984担，价值32.37万余两。

晒烟（叶祖青提供）

鼎盛时期，全县有烟丝店20余家，他们用刀具或木工刨将烟叶切成或刨成烟丝销售。迨至50年代中期，松阳烟丝厂成立，该厂引进电动切丝机，产量激增。其产品有特松、超松、顶松、红松、提松等，产品远销福建江苏、上海及省内各地市县城乡。

松阳还有雪茄烟厂，盛时有厂10余家，从业人员540多人，其产品远销四川、江苏、江西。但好景不长，酷似一现的昙花。时至1948年冬，10余家雪茄烟厂，因滞销、亏本，相继歇业。

松阳烟叶全身是宝。据省农改所化验表明，松阳烟的叶脉、烟茎（俗称烟骨头）含“烟精”特多，烟叶亦因烟精含量高而名贵。其茎脉、烟茎之干粉末可提取“硫酸烟精”制成植物杀虫粉或液剂，均属上等农药，且无副作用。

1940年，松阳烟叶曾生产雪茄烟之商标（叶祖青提供）

有档案证实：中华人民共和国成立之后，中共和人民政府重视农业生产，浙江义乌、萧山、兰溪、金华等地人民政府，以公函形式，求购松阳烟茎，以满足水稻治螟灭蛾之需。1951年，衢州专员公署专员周化南亲自签发公函：“今衢州支公司向松阳采购烟茎30万斤，确系供农民治螟之用。”1952年，江苏苏南人民政府行政公署致函松阳：“我区为减轻螟虫危害水稻，特函请贵县社代购烟茎2000斤。”是年10月，30余万斤烟茎销往浙江义乌、兰溪、衢州、金华等市县。

据省农改所调查，每担（100斤）烟叶，可取烟茎10斤，约占烟叶重量的十分之一。若年产烟叶20000担，则烟茎就有2000担。这烟叶的副产品，亦有巨额收益。

一块烟商墓志

1992年春，全国仅见的一块专记烟叶贸易的墓志，在松阳县叶村乡松山村被发现。该墓碑上的铭文，叙述西屏烟商叶长昶，在战乱时期，拓开烟叶销路，全县烟农蒙获其利的事情。铭文由地方官员撰写，更属鲜见。

北京中国烟草专卖局（公司）主办的《中国烟草》杂志（1992年第10期）载文

予以披露此事，此墓志又于前年被上海烟草博物馆收藏。

叶长昶，西屏人，生于清道光三十年（1850），卒于民国二十四年（1935）。同治二年（1863），叶长昶13岁时，因战事失学，后随人习商，经营烟叶。同治十二年（1873），战事初息。外界时局尚动荡不定，交通阻塞，商品滞销，致松阳烟叶无人营销，长期堆积，愁煞了广大烟农、烟商。其时，正处盛年的烟商叶长昶，敢冒商业风险，独资收购烟叶，将大批烟叶远销他乡，直至宁波、嘉兴、上海。船来舶往，水陆转运，日夜兼程，艰辛备尝。在烟叶市场不景气的情况下，数度将松阳烟叶及时收购，适时远销他乡。

刨烟丝（叶祖青摄于2004年）

民国以来，叶长昶依然致力于烟叶购销，远销南洋群岛（今称马来群岛）一带，为松阳烟叶走向世界打开了一扇南大门。

叶长昶故世时，时龙泉代理县长叶伟奕有感于此，特为叶长昶撰写墓志铭，铭文曰：“今世界不景气，百物壅滞，吾烟大受其影响。设无远见之商，其关系岂不大哉！君适以是时，长运他乡，拓开销路，故亟为表其迹，以昭后人，并鉴来者。”

逆境中谋发展

民国二十七年（1938）1月，浙江省农业改进所在松阳成立后，当年便组建了古市烟草繁殖场，试种县内各种传统烟叶品种。经过两次试种，各品种的平均亩产量为蒲扇叶272.53斤，尖刀叶245.77斤，小叶种245.76斤，牛舌尖266.48斤。农改所将此试验情况公布于广大烟农，并写成文章刊于该所机关刊物《浙江农业》，旨在推广。松阳烟农据此取舍品种，一直持续到后来新品种的产生。

对于松阳烟叶的育苗、移栽、中耕等传统种植方法以及用肥、病虫害防治诸环节，农改所古市繁殖场也逐项试验，加以总结推广，让烟农择优从之。所内搞植保工作的吴昌济先生（1949年后曾任浙江农大植保所所长）常与烟草繁殖场员工，临场观察烟叶切根虫（俗称地蚕）晨昏活动情况，探索其规律，总结防治方法，并推广应用。对于烟叶的蚜虫，所内植保人员用砒霜铅拌玉米撒于芽间以灭杀，优于烟农传统的用手捉杀或以油粘之的旧法，效果显著又省功夫，烟农受益匪浅。

鉴于松阳晒红烟不适于作卷烟的主原料，为开拓、发展烟叶生产，农改所为松阳烟农出谋划策，首倡引种美国阜城烟叶（烤烟）。农改所烟草繁殖场征地率先试种，收获之后，即派员去外地学习制作雪茄烟。后微量试制试销，销路顺畅。于是，农改所又率先建成浙东雪茄烟厂，产品称“明牌”。年余间，县内群起效法，雪茄烟厂踵继诞生，雪茄烟制造业悄然崛起。时舆论称农改所是松阳烟草业的开拓者、促进者。据1941年松阳商业统计，县内有雪茄烟厂11家，还有雪茄烟手制户，从业人员800多。当地因是从业人员激增，国税亦多一源，于当时敌后的国计民生大有裨益。

省农改所拥有一批富有奉献精神的农业科技专家。所长莫定森，法国留学生，1949年后曾任农业部粮食司副司长，在被错划右派期间，仍孜孜以求于农业科技；副所长郭颂铭、叶奇峰均为归国留学生；下属各部门负责人，大多是学有专长的知识分子。他们和实验场的员工，在漫天烽火中，领着时有时欠的薄薪，无辞炎夏寒冬，在田间地头潜心于各自的项目、课题，还潜心调研，编印《浙江农业》《农林通讯》等刊物。单是对松阳烟叶谋求发展，他们就编撰了《松阳烟叶之研究》《松阳县之烟叶》《改进松阳烟叶刍议》《松阳的烟茎》《从松阳烟草的栽培到雪茄烟的制造》《制造雪茄试验报告》等论文近10万字。可谓字字句句都是爱国爱松阳的丹心所在。

浙江省农业改进所从1938年1月在松阳成立，到1945年部分人员迁回杭州，直至解放初，全部迁回省城，其间，为松阳烟草谋发展，做出了令松阳后人难以忘却的历史贡献。

烟叶增收富民

晒烟对松阳的历史贡献，地方文献及家谱均有记载。从引进和广为种植及随后兴起的烟叶贸易、加工业，为地方财政扩大了一大税源，增加了税收。在晚清至民国时期，烟叶一宗一直是县财政收入的砥柱。

据考，民国三十四年（1945），预算货物税中的烟叶一宗，收入2326.5万元，占全县货物税总收入4088万元的57%。民国37年1至4月，全境征收货物税为10746.85万元，其中烟叶税8721.48万元、烟丝税105.27万元，合计8826.75万元，占货物税总收入约82.13%。其他还有烟筋（俗称烟骨头）都提供不少税收。中华人民共和国成立之后的1950年，烟税6.6万元。1951年，征烟税25.18万元。1952年，征烟税37.38万元。分别占年工商收入总额的30%、41.66%和45.53%。外加烟叶、烟丝等的商业环节上所提供的综合效益，这些得益于繁荣市场，活跃地方经济，给全县人带来实惠。以上数字，见证着松阳烟叶，在县人经济生活中所占地位的轻重。

据地方文献及重点产烟区的家谱记载，因种植和买卖烟叶成了殷实人家者不在少数。

民国时松阳派往台湾传授种烟术罗水宝的长子罗根才（1921年生）与三儿子罗根发（1930年生）（叶祖青摄于2009年）

清康熙时麓洋人张起云，“因力田之暇，兼事烟商，家业渐振，遂娶妻岗后王氏”。张少渠，清道光时人，“以所积烟叶数十担，售洋数百元”。张重恩，道光时人，“因家业渐衰，不得已弃儒就贾，经营烟叶，十有余年，往来兰溪、衢州间，每出必获利以归”。张礼能，清同治年间人，“迫于生计，间或经营烟叶，亿则屡中，后获利颇丰”。樟溪乡大徐村的廖正海，清乾隆时人，“壮年为烟客，皓首乐田园”。廖正楷，清嘉庆时人，“身为烟客，近在金华、兰溪等地。远遍松江、上海各方，生意直通”。廖登睿，清道光时人，“长时农业兼之烟叶，闽省各省通商之茂盛，渐入盈余致富，广置田园数十亩”“采办本地烟叶，贩卖沪用，获利颇丰，积年累月，竟得置买良田，新造广厦，殷然一小康人家，乡里欣羡之”。廖登澄，道光时人，“幼习经史，弃儒耕耘，守父业，贩卖烟叶，致富丰盈”。

樟溪馒头山《李氏宗谱》载：李廷治，清咸丰时人，“于烟业场中，每每获利颇丰，其子李起居，接做烟叶生意……”。樟溪蓝家《蓝氏宗谱》载称：蓝宁方，道光时人，“壮年作烟客宁波，烟商生意，白璧呈祥，多置田地”。

古市罗萃泰烟行，行主罗可萃，早年为小商贩，家境并不富裕，涉足烟叶贸易后，资金渐丰。成为一地商业巨头，饮誉一方。

西屏郭隆兴烟行，行主郭载阳，仙居人氏，初为布业兼雏鸡小贩，属肩挑贸易类，后为烟行老板，克勤克俭，艰辛经营数十载，资金渐丰，终成松阳城北朱门之一。

警察下田铲烟

松阳晒烟之路，也是一路风雨，极不平坦的。除却市场呆滞、自然灾害等因素，致烟叶生产的盛衰起落，还有诸多的人为因素。

民国三十二年（1943），浙江省政府、县战时物产调整处在松阳开征烟田注册费，实行名为“寓禁于征”政策，强行向烟农收费，旨在压缩种烟面积。三十三年4月，政府明文限制种植不必要作物，将烟叶列为不必要种植的作物。政府布告公示失效，便指派政警、乡保长、甲长等，组成铲烟队，下田铲烟，强制烟农改种其他作物。

政府的暴力手段，导致松阳烟叶面积骤减，农民怨声载道，背后骂娘。民国三十三年（1944），全县烟田面积骤减至1502亩，为有史以来最少年份。民国三十七年（1948），松阳县政府以“法币改为金圆（券），本县税课收入不敷支付公款人员待遇”为由，决定“按当时市价，每担烟叶加收30元的烟叶特产税”。

烟民怨声鼎沸。樟溪乡、古市镇、仑原乡（今岗寺东北）、安石乡（今新兴）、万寿乡（今赤寿）等主要产烟区的农会常务理事，联名以“烟类一项系属应征国税范围，地方政府不得再行重征，所拟收烟叶特产税，当属变相附加，不无重复之嫌”为由，上告浙江省财政厅，将民国松阳县政府推上被告席。不久，时浙江省财政厅下文饬令松阳县政府停征烟叶特产税。

种烟及销售是多事的行业，烟叶之路风霜雨雪，难免坎坷。

民国十八年（1929），松阳烟叶获西湖博览会优等奖。几十年后的1984年3月，松阳县被中国烟草总公司列为全国七个名晒烟出口生产基地县之一。

进入21世纪以来，由于各种种植业之间的激烈竞争，烟叶受到冲击。近几年来，全县年种烟叶面积不上500亩。尽管县烟草局（公司）积极采取补贴、奖励等经济手段，也仍然难以改变今不如昔的衰落局面。随着人民的生活水平普遍提高，烟民抽土烟丝的少了，改吸香烟的人相对增多。

如今，科学的饮食观逐渐被世人认同、接受，这对松阳烟的发展，势必产生一定的负面影响。

但烟草用途广泛，叶、脉、茎可提取生物碱、苹果酸、柠檬酸，可用来制治疗贫血的药，亦可制果糖，制微酸的饮料；其茎和根的碎屑可制农业杀虫剂，还可用于提取制造晒印蓝图感光剂。这条现代高科技之路，能不能走，如何走，可能要待后人论证摸索了。

毛培林（1932—2017），籍出浙江省江山清漾毛氏，1954年毕业于浙江省立衢州师范学校。主编《松阳县烟草志》《松阳县水利志》《松阳县畲族志》《松阳县城乡建设志》《松阳县林业志》等13部地方志书。参与编纂《松阳县志》、松阳党史等地方史志著作。

耕读文化——节选车震亚主编《古邑松阳》

“重农桑以足衣食，尚节俭以惜财用。隆学校以端士习，点异端以崇正学。”在松阳古邑长达1800多年的历史中，这句话是对老百姓生活的一个真实写照，松阳黎庶民风纯朴，家风优良，好读诗书，礼仪治家。千百年来，勤耕苦读，耕读传家，成了古邑人们的传家之道。

这传家之道从界首村的刘氏宗谱、象溪村的高氏宗谱和杨家堂村的宋氏宗谱家训中即可见眉目。刘氏宗谱中的宗规族风中指出：“重视学习，勤劳务业。”“德泽未斩，风韵尚存”“学士登魁首，荣华万载香”。象溪村高氏家训中提出：“农桑，衣食之必资，上可以供父母，下可以养妻子，所以奉生之本也。苟不勤力耕种，必致荒芜田园。凡我族人切不可偷安懒惰，以致终身饥寒”;三都乡杨家堂村宋姓于清康熙初迁此。宋氏将传统的勤耕苦读、孝悌睦邻为主题的家训诗画题于宅中粉白的内照墙上，其中提道:“刈茅结庐，凿井而饮，以稼以畲，以蓄其家”，“迨至孙辈，几十年间，创业建舍，传茅庐，食粗粮，艰辛备至”。至家声渐隆，殷富者迭出，于是“念村中子弟，幼小失学，则延师设教，传训子孙”，“开地方蒙馆，提倡教化，以教育儿孙”。

在刘氏、高氏和宋氏宗谱中，从记载于上流传于世的众多族人生平中，也可见证松阳古邑庶民的耕读传家之风。《刘氏宗谱》载，明、清两代刘姓获举人、贡生、廪生达82人。杨家堂村宋企庠耕读传家，通懂经史，致力振兴地方教育，授知县张纲闻颁布的“流泽桑梓”匾额一块。宋企祁将祖遗学租提拔赞助办学，主事学堂有成，也授“仕启文明”一块匾额。宋昌几存心正直，秉性敦厚，笃嗜经史，勤读勤耕。民国三十四年（1945）毕业于浙江大学，民国三十七年（1948）考入浙江大学化学工程研究所攻读硕士。毕业后从事改良铁路用水水质研究，曾出席新中国全国先进生产者代表大会。自清道光以降，杨家堂有国学生、秀才、庠生20多人。

早期松阳种植的庄稼品种较为单一，水田内基本都种植单季稻，旱地则种植小麦、大豆等五谷杂粮及水果、茶叶、桑叶等。到明清时期，村庄内种植的经济作物开始增多，田里种烟叶，山上种植上油茶树、桐籽树，地坎上大多种了茶叶，地里则种植芝麻等作物。

耕种是松阳的根本，商贸则促进了松阳的繁荣。松阳是鱼米之乡，民众有担柴卖米、典当衣裤让孩子念书的传统。孩童也大多能够恪守祖宗遗训，接受到诗书礼仪之教。千百余年间，松阳文人学士迭出，进士、举人、贡生、监生、庠生等等，其中有入朝为官的，也有隐居不仕的。

读书礼仪之教让众多的松阳庶民心存仁义，以德为善，书香不断，奕业重光。

松阳人引以为自豪的，是贯穿古今的治水业绩和由此积淀厚重的水文化。治理水害、兴修水利，兴县富民，历来是松阳先民孜孜以求的目标。

松阴溪由襟溪纳濂溪后，过资口进入松古盆地，合松阴溪南北两岸的30多条支流，呈脉络状分布，灌溉南北两岸万顷肥美的田园，恩泽苍生，滋润着一代代松阳人。

松阳县水利工程建设的基本格局形成于南北朝和五代十国期间，成效巨大。梁天监四年（505），时松阳县为现丽水地区的政治经济文化中心。梁天监中，詹、南两司马率众在东瓯国北迁途中为生产补给留下的古堰头引水遗址建成通济堰。通济堰激松阴溪水四十里，叠石筑防，置堰闸四十九所，立水则，上中下灌溉有序，溉田二十万亩，民食其利。可想而知，南朝时的松阳县财政经济实力是相当雄厚的，它为瓯江上游区域的开发奠定了良好的基础。宋、元、明、清修筑治理的松阴溪、芳溪堰、百仞堰、金梁堰等，历千年治水史，水文化积淀厚重，内涵极为丰富。其人水和谐的理念折射出松阳先民的智慧，惠及百世。

古时的松阴溪，竹木筏排，舟楫驳往，帆影点点，为松阳带来商旅的繁华。唐朝末年，洪水冲毁县治旧市，唐贞元年间（785—805年）郡刺史有张增请于朝廷将县治迁移紫荆村（今西屏镇）。这一历史的教训，使历代县治都高度重视水利建设，由此累积丰富的治水经验，终于悟出人水和谐的理念。如旧时的紫荆村规划，就依托地势，设置四纵一横的沟渠河道穿城而过。又有望松乡阳塔村的先民，把两泓山涧水引入村庄，环巷绕弄，穿过堂前，村人涮洗可足不出户，人水相亲。打造古邑文明。

千百年来的治水史，遗存不少灿烂的物质文物，其中涉水的榜文有：明天顺元年

（1457）渝众通晓，康熙元年（1662）知县批示等十帧。水利碑刻有：宋范成大《范石湖书通济堰碑》、元刘基《邑令买住公去思碑》、明万历年间（1573—1620）《周侯治水德碑》等二十四碑。水利文选有：明屠赤水《百仞堰记》、民国高自碑《附说松阳县水系》等。题刻有庄门源龙峰摩崖题刻、独山摩崖题刻、高堰摩崖题刻、象溪山摩崖题刻等九处。

祈求风调雨顺庙宇有通济寺、水神庙、禹王庙、平水大王庙、石柱殿、龙神庙、上林侯祠、夏王庙等。文人骚客以水兴咏，或诗或词，或对子，或楹联，或对课，寄情山水。松阳县地名也折射出松阴溪乃古航道之雅韵，如港口村、黄埠头村、洋坑埠头村、青田码道、南门埠头、赤埠、黄公渡、宣公堤、汤公堤、筏铺村。胜水地名有雅溪、象溪、裕溪白沙、阳溪、竹溪等。可谓各从其志其思其形胜。治水名人有詹、南两司马，周汉杰，周宗邻，林大佳，汤景和，高良仁等等。

车震亚，1938年6月生，祖籍四川省成都市。历任遂昌县副县长、松阳县副县长、松阳县政协主席。曾出版自传《破壁飞腾》、散文集《见证录》《老车游记》。

千年古堰的前世今生

毛培林

民国《松阳县志》记称，全境有大小古堰坝120多条。其中，溉田千亩以上者14条，余为溉田百亩上下的小型堰坝。

这些古堰坝及其输水渠道，滋润了千余年松阳文明的发展，打造了“松阳乃处州粮仓”和“松阳熟，处州足”的历史辉煌，而今，它依然发挥着大小不一的持续作用，惠泽芸芸苍生。

在悠远的农耕文化史上，素以无坝引水入渠，实行自流灌溉为特征的京梁堰水利工程，坐落于松古盆地的腹地斋坛和樟溪乡间。它灌溉着斋坛乡6个村庄，4000亩水田、3500余亩沙滩地及1200余亩低丘缓坡上的作物，还有人畜用水等等。可谓一方水土养育一方人。京梁灌区人民的生存与繁华，决然离不开京梁水的浸润与滋养。

京梁堰是松阳境内唯一以无坝引水为特征的水工程，是灌溉面积最广的名古堰，为县内传统治水文化的一颗璀璨明珠，它是前代松阳人和历代热心民生事业的治水先驱，智慧和劳绩的遗存。殊不知是地方文献编撰者的疏误，抑或是别的什么缘因，致京梁堰始建于何朝何代，都未见记载。后人对此深为遗憾。唯一可供后人稽考的是，元至正六年（1346）正月，时任处州路总管府府判的刘基（1311—1375），因受京梁灌区父老金文俊等人之委托，撰写《邑令买住公去思碑》，歌颂当时松阳县令买住公修复京梁堰的治水功绩，赞扬他的治水善政，关心民瘼，锐意治水，有功于地方百姓。

碑文之大意是：元至正四年（1344），松阳大旱，京梁堰引水渠道，两侧堤岸坍塌数十丈，渠道淤塞。致沿渠田地苦晒，民难聊生。

买住，字从道，家世唐兀氏，世居广平县（今河北省广平县），进士出身，知爱民之方。其时，他正在松阳县令任上。买住深知为政做官，须爱民为先，关心民生。于是设法筹款，不辞劳苦，多次身临工地，督促修复京梁堰输水渠道，以灌民田。于是，民获其利。他调离松邑之后，当地人民感念其治水德政，誉称此堤为“宣公堤”。

据清光绪十二年（1886）立的《重修京梁堰碑》记述："溯堰之所，始在元，初则由七都象鼻潭入水。至明洪武间改而下之，则由扼儿洞潭进水。故奉部照有旧额京梁堰第一港之词。"

俗话说，三十年河东，三十年河西。这是大自然使然。松阳境内的治水先驱，根据当时的河道地形、河滩变迁及水流态势，而择定进水处所。元代或元前，京梁堰的进水口，初设在七象鼻潭西侧。至明代洪武年间，因水流冲击，砂石运动，致进水口位置与水流态势，产生落差，进水量逐年减少。于是，治水先贤们将进水口下移数十米，改设在扼儿洞潭西侧，进水量遂增，流速加快。灌区人民因是受益匪浅。

光绪十二年立的碑刻，碑文还提及京梁堰引水渠道的堤岸及进水处，在元代时，是沿用树干，内充填块石筑成。年代久远，树木霉烂，以致渐次坍塌。光绪年间，构筑材料改木为石，以块石砌筑，因是鲜有坍塌等变故发生。

岁月变迁。自明至清初，越四百余年，松阳地方文献上，一直未见此无坝引水，自流灌溉的水利工程，有什么意外变故，或什么不测风云的记载。

京梁堰灌区覆盖面广，其主要干渠就有三条，还有若干沟沟渠渠，呈叶脉状，纵横交织，形成灌溉网络。自进水口始，由北而南，至棺材峡折而又向西南。经下桐村、道堂口，转入斋坛、大路、毛村、官田，流至叶村附近，注入松阴溪。渠长6000余米；二自棺材峡分水，由北向南，过东圩蓬村，直往天路村入松阴溪，渠长4000米许；三在大花地村西分水；由北向南经小石、浮桥头、湾口，达大路村南注入松阴溪，长4500余米。

古时，这三条干渠叉口，在分水制度及放水时间之多寡，均有严格规定。但由于水源少，田地众多。特别是，每逢旱年，水利纠纷迭出，严重时常常发生械斗。据民国《松阳县志》记载，清道光十三年（1833）四五月间，松阳暴雨之后即不见点雨，延至七八月，旱象严重。地处京梁堰输水渠末流的毛村、大路等东部村庄，因分水的水流大小及放水时间的短长，发生争执，动起棍锄，以致成讼。时松阳知县汤景和，数次顶着炎日，徒步赶至末流各村分水现场，观察地势、水情，寻找缓解纷争之策。最后，根据各村田地多寡，水路长短，达成分水协议，并主持立《京梁堰碑记》于各村分水口，以垂久远，俾于有所遵循。此碑至今犹存大路村会堂。

清光绪十年（1884）秋，京梁堰输水渠之驳岸，倾塌数十丈，渠道淤塞，渠首石涵也圮，致溪水不入渠。时松阳知县朱庆镛主持，改木为石，砌成石堤，则"庶几久

不敝塌”。（见光绪十二年立的《重修京梁堰碑》碑文）

古县松阳，历朝历代的松阳县官中，能关心民瘼，热心治水的明智官员，地方文献屡有记载。他们的治水业绩深受百姓的称颂，名垂青史。

一劳永逸的农田水利工程，史上鲜有。沧海变桑田，桑田又沦为沧海，大自然的规律就是如此。

民国三十八年（1949）四月，松阴溪上游及两岸的集雨面积内，暴雨成灾。松阴溪及其主要支流上的古水利工程，均受不同程度的毁坏。是年10月1日，中华人民共和国成立，次年1月，中共松阳县委即主持召开全县农村工作会议，将兴修水利提到议事日程上，号召、组织农民修复古水利工程。是年，浙江省人民政府补助松阳县15500公斤大米及部分资金，以维修京梁堰等水利工程。泰芝乡（今斋坛乡）人民政府派员驻村，临场督修沿渠驳岸，部分渠段驳岸，再度加固砌石护坡，直至水路畅通。并协助各受益村落，推出人选，建立京梁灌区管委会，健全旱年分水规章制度，减少纷争。

20世纪90年代初，县人民政府又组织力量拓宽京梁堰主渠道，重修驳岸，贯通渠道，让渠水浩荡通过。

近些年来，松阴溪上下河床因采砂挖石，加上洪水冲刷，河床下沉，另因上游电站蓄水，早期水源不足，水位因是下降，致溪水水位与渠床高度产生落差，进水量明显锐减，每遇旱季，大溪河床仅存细流。2004年夏，灌区小石村村民，为引溪水灌田，不得已，采用古代的挡水方法，用竹笼充填卵石，有序堆积成坝，提高上游水位，引水入渠，以缓解旱季燃眉之急。

近年来，每遇枯水季节，京梁堰灌区的水情严峻程度，更是凸显无遗。2004年和2005年，京梁人只得效仿前人的做法，以毛竹篓充填卵石，权作挡水构件，以提高上游水位，达到引水入渠，自流灌溉。如此古老的做法，等同亮起一盏治水红灯。京梁灌区担负着6个村近万亩田地的灌溉和人畜用水之大任，以竹篓充填卵石挡水，无异于杯水车薪。

京梁灌区人，面对现状，有人感到无奈，有人漠然视之，可有更多的人主张治水，但又感到力不从心。小石村位居堰首，村民面对严峻的水情，各种议论都有，莫衷一是。新上任不久的村民主任周仙云，她性格内向，不善言辞，却早将“水”字装在胸中。她向村两委会成员谈了筑坝之事，村干部基本达成共识。隔日，又向村民征询意见。最后，村两委决定将筑坝引水之事，向各级领导反映，争取县领导的扶持。

小石村经济开发办主任，表示愿意竭力资助。若要贷款的话，愿作保，信誓旦旦。

2008年10月9日，县委书记林健东由村干部和村民带领，下到京梁堰进水口，察看河床水位和地情、水脉。认为现在的河床和水脉，应当因地因时制宜，改无坝引水为筑坝引水比较实在，比较稳妥。林健东认为，不能像前人一样对待治水，再也不能头痛医头，脚痛医脚了。我们应当标本兼治，筑坝是良策。

稍后，县水利局局长也临场察看，择定坝址。这桩涉及6个村的公共事业，维系着沿渠千余顷田地能否获得有效地灌溉滋养，是事关改善民生，改善生态的大事，事关灌区农民增收的大事，终于神速上马。

2009年5月，笔者前去京梁堰，面对横卧在松阴溪上新筑成的京梁大坝，气势雄阔。据县水利局总工程师王增亮告知：京梁大坝全长190米，面宽5.5米，坝基深6米。前后7个月就拿下来了，乃各级领导和京梁人、水利人合力倾情打造所致。如此速度，实令世人惊喜。

唐宋时期松阴溪古市段水情河道变迁探研

叶世钧

浙江省松阳县创建于公元199年，原县治在旧市（今古市）。松阳县的母亲河——松阴溪，自西北向东南纵贯松古盆地。旧市地处松阴溪上游，赤寿村之下、五木村之上。松阴溪古市段古代水情河道，史无记载。

据民国叶葆彝所撰《古市志》载：“故老相传此溪（松阴溪）曾由上方经古市之背（北面）出五木象鼻嘴而去。此等变迁唐欤？宋欤？元明欤？记载无征。但今市后田畈，有上后塘，下后塘，下溪垅等土名，顾名思义殊可征信也。松阳土音，后与河同，后塘即河荡之转，想见积水成荡，积砂成田之变迁。”文章提出了松阴溪曾处旧市之背，而且还说松阴溪经由上方入，象鼻嘴出。这不由引起我极大的兴趣。

民国版《松阳县志》卷十二艺文《旧市城隍庙记》载：“查昔为州县时，市后旷野名后姜园，市杪空墟为金弄街，迄今废止罫分，其古城隍庙在金弄街。今有田三亩，土名城隍庙殿基者其证也。此城隍庙之始基也。自城处乱于隍，厥庙移附城门口，此城隍庙之一迁也。今又多历年所，庙前溪水冲齧，假设闳闃坠波，浩劫浴浪，神或恫而人心奚安？于是请诸邑侯汤慕缘移建清溪小祇园上。此城隍庙之再迁也。”文章说旧市城隍庙最先就建在市后旷野后姜园之金弄街，有庙基田三亩为证，曾经繁华一时的金弄街为什么会“废止罫分”？缘于旧市之背的后姜园，直接受到了松阴溪洪水的威胁，身处其中的古城隍庙自然也难逃消失的命运了。之后该庙移至位于城头街城门口之北首近百米处，其庙基现为古市粮管所，其位置乃处旧市之北首。文称“庙前溪水冲齧，闳闃坠波，浩劫浴浪”，这也印证了城隍庙前，当时确是松阴溪，且溪水颇为凶险，其位置确系处旧市的北面。

民国版《松阳县志》卷一舆地山川载：高自卑文章《附说松阳溪流之变迁》“松阳水利，惟大溪（松阴溪）方面为最长……古市以下，昔向北经五木、岗下、上河、十五里折南，由浮桥头而出黄公渡；今则向南经力溪折北，由石门而至黄公渡。说明古市以下松阴溪古河道经历了两次变迁，而且明确指出，这种变迁的走向是“昔向北”这与“此溪曾由上方经古市之背”说法相吻合。

据毛培林先生在《话说田园松阳古今事》文中载：唐贞元间，时当政者鉴于屡遭水患，古市镇之西北边缘，因洪水侵蚀，河岸逐年坍塌。民宅随之塌成河滩。卅郡刺史经请于朝，遂将县治迁至紫荆村（今西屏镇）。

依据历史资料，我走访了多位八九十岁的老人，据他们祖辈口口相传及他们幼时的见闻，老人说：大溪确系从上方入、象鼻嘴出，而且上、下后塘畈，挖下去都是砂石料。通过反复多次实地勘查现场，勾画出了旧市北首松阴溪古河道路线图。旧市段松阴溪古河道应以唐贞元间为界来分析。唐贞元之前的古河道似应是：遂昌→界首村南→大石村北→狮子口村南→（折南）赤寿村南→（折北）经上方村头（梧桐源出水口）上30余米处入口→黄枝连村南→旧市北面（上河塘→拳头山村→下河塘）→下连畈村→下五木村→岗下村南（象鼻嘴）→上河村东南首（航埠头）航埠头当时仅是上河村的一个码头→十五里村上首→（折南）浮桥头（金梁）。

史载：松阳县治原设旌义乡旧市，因屡遭水患，于唐贞元间（785—805）将县治迁至紫荆村（今西屏）。那个时候的旧市为什么会“屡遭水患”呢？首先从旧市的地理环境看，西北高，东南低，溪流处于旧市之背，水往低处流，城区自然处于洪峰所向。其次从旧市周边的水系看，西北有松阴溪、梧桐源、黄坑口溪坑；东北有庄门源，南面有十三都源经筏铺、旧市直达力溪的溪坑。从流量上看，西北面的松阴溪干流，不仅有遂昌方向的巨大流量，而且进入松阳境内旧市以上还先后捺入了内里源、赤溪源、匣坑源、十二都源等水量，到了旧市北面又有梧桐源、黄坑口溪坑，下首还有庄门源之水量的注入，丰水季节，其暴发的洪水量，那可真是汹涌澎湃，横冲直撞。诚如《旧市城隍庙记》所述：“庙前溪水冲齧，闳阓坠波、浩劫浴浪。”而旧市南面仅有十三都源一条窄小的溪坑流经筏铺、观口埠。此等水情河道状况，那时的旧市能不“屡遭水患”吗？

县治从旧市搬迁后，官府必定要对旧市实施一系列的防汛治理。加固堤坝、疏浚，那可是屡修屡溃。虽然那时的社会生产力低下，但古代先民的智慧不可低估。根据旧市的地理环境和周边水系，结合旧市的防汛抗洪实践，我们的老祖宗终于悟出了一条行之有效的分流方法。就是在上方村松阴溪古河道入口处上首，开挖一条连接旧市南面十三都源溪坑的分流渠道，以减少旧市北面这段松阴溪的流量；同时在象鼻嘴出口处折南开挖渠道直达力溪，注入十三都源溪坑道，以加大水流落差，增大水流速度。新开挖的这些渠道，当初相对狭窄，类似于溪坑道，但开挖引流后，屡经洪水冲刷，渠道势必逐趋开阔，逐渐成为松阴溪主干河道。松阴溪的改道过程也印证了其从上方进、象鼻嘴出的说法。旧市城北的洪水压力是减轻了，但旧市城南的洪水威胁却陡增了，后来又逐步采取了三条措施：一是继续开挖加宽疏浚古市南首的溪坑道；二是加固城区南首的松阴溪堤防；三是结合灌溉的需要，在下源口建芳溪一堰和二堰，分流十三都源注入筏铺、旧市的流量。同时还在旧市上游赤寿村下二里许的松阴溪拦水筑坝，建通泽堰（旧名川陈堰），通过大墩下入水，横过樟溪、梧桐溪，经正念寺后而入上、下后塘畈，以解城区北面因松阴溪改道而产生的农田灌溉之需。上述防汛抗洪的各项工程的具体施工时间概无史料可稽，只能从事理过程、逻辑推理进行分析判断。改道工程从唐贞元间县治搬迁后开始到五代时期，断断续续经历了一百余年。松阴溪改道工程完成时段大约在唐末五代初吧。旧市段的松阴溪河道完成了分流改道后，其河道路线图应表述为：赤寿→旧市→力溪→（折北）石门。至此旧市城区的水患才得以彻底解决。可谓是人力和自然长期的交互作用，造就了“天遂人愿”，河道变迁的奇迹；我们再一次为古代先民的才智和伟业惊叹不已。

2022年3月15日

河道探秘

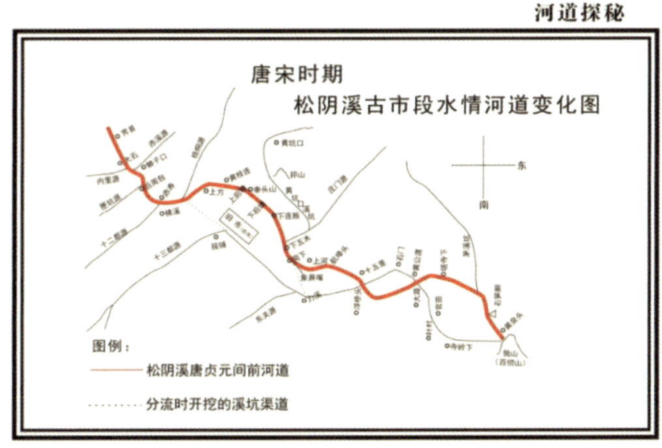

河道探秘

唐代以前松阴溪河道示意图

制图：叶世均

叶世钧，原松阳县水利局党组书记。

古代松阳城南大溪水情河道变迁探秘

叶世钧

浙西南松阳县的母亲河——松阴溪自西北向东南纵贯松古盆地。沧海桑田，山河巨变。古代由于堤坝基本未筑，洪水一来，波涛汹涌，横冲直撞，极不安澜；招致河道屡屡变迁，致后人不识山河真面目。

松阳县治自唐贞元戊辰年（788）因古市屡遭水患址迁紫荆村（即今西屏镇）已逾一千二百三十年了。古代紫荆村成为县城之后，其南门大溪河道又是怎么个状况呢？

宋人王安国[①]于北宋熙宁四年（1071）撰《治平禅寺记》，文称："治平寺（址今之图书馆）距城西一里，矗然见于山林之间，而溪落之前。出入瓯闽者由之取道。而祷祠观游者无时不集，实为一邑宾客之辏。"一幅唐宋时期松阳城南闹市和溪流地貌在我们眼前徐徐展开；人来人往装运佛经的繁忙以及拜佛香客的熙攘景象；停靠在寺前码头正欲扬帆起航的商船在脑海中依稀可见。治平寺前正好是停泊商船的理想港湾，所以才会有"出入瓯闽者由之取道，成为一邑宾客之辏"的描述。想不到古代西屏山之阳竟然是一片水乡泽国。

据清代丁汝为[②]先生所撰《南济里瓛湖志》载："今县城脉从竹客口来，自北而南，左朱山（今金山）右子山（今子山垄）两护之外，溪水东绕百仞山（今独山）之对岸山，逶迤至下马街、东城门一带，高崖地势戛然而止。崖下如千金园、绿野亭、荷田、瓛湖及鹦鹉冢外古时不知何景？然掘地尺余便是砂砾，非可居之场所。彼时，溪水不循唐宋古道，傍西曲流，围照地方。"又载："青蒙至港口两岸山山环抱，关

①王安国（1028—1074），字平甫，临川（今江西抚州）人，乃北宋宰相王安石之弟。熙宁元年（1068）赐进士及第，除西京国子监教授、授崇文院校书，改著作佐郎、秘阁校理。安国器识磊落，文思敏捷。《治平禅寺记》系王安国应好友时任国子监直讲的遂昌龚原之约而撰写。

②丁汝为（1793—1879），又名岩庚，字宣侯，号仙村，松阳城南人。清同治监生，判春使者。

锁十里水门，千古不易。而城外溪水忽东忽西，莫之能御。”丁文描绘了清同治时期一幅南门大溪水情河道变化图。他似乎告诉我们：一是治平寺前之溪水从百仞山对岸逶迤而来；二是城南溪水从治平寺前开阔溪面流经市勘头、下马街、东城门高崖地带又分两路：一路循高崖蜿蜒而出城东，经三溪桥边沿景冈山脚下直达回龙桥（位于白沙村脚），注水于横山青蒙之间，谓之北港；另一路再“傍西曲流”，经崖下之千金园、绿野亭、荷田、骥湖及鹦鹉冢东折至竹蓬头再分南北两股，一股注入北港，一股注入南港（即现今松阴溪项弄白沙村段河道）直达横山青蒙之间的开阔溪面。这两港溪流相夹所形成的冲击圩，当年称其为中央圩，也就是现今之项弄村和白沙村。三是青蒙踏步头之间以下河段仍一咽喉水道，丁先生称它“关锁十里水门”。我理解：青蒙以上包括横山寺前；竹逢头以下南北两港河道；治平寺前至瓦窑头以北的广阔溪面，皆为这一咽喉水道所关锁的“十里水门”。文称“此皆唐宋时期水势也”。丁文是一个清代学者对南门大溪水情河道的回顾和分析，它和王安国文所提及的河道变迁是吻合的。其实丁先生回顾和分析所依据的又岂止这些。他所处清代同治年间，肯定还留存不少古代城南水情河道变迁的历史遗迹和相关的历史资料；只可惜如今大多已灰飞烟灭了。但令人欣慰的是丁汝为先生终在《骥湖志》中撰文把这一山河巨变之概略传承了下来。

城南大溪水情河道变迁始于何时？虽无从查考，但治平寺原为一所普通院，后曾于唐咸通十二年（871）改名护国寺，宋治平元年（1064）又改名治平寺。说明治平寺前之溪水在公元1064年前就已存在了。

而治平寺前之溪水止于何时呢？似乎从一些历史遗存的蛛丝马迹中尚能查测一二。《项弄村何氏宗谱》载：始迁祖万二公（何辉）官任元朝统领，于大德元年（1297）奉旨往各州县采取花鸟进宫，见松阳百仞山下溪水之中央圩（今项弄白沙村）地沃水环、地势平坦，遂卜筑居焉。城南丁姓始迁祖至爱公，于元泰定间（1324—1327）自四都金山门迁城南骥湖定居。据《松阳县志》载：位于城南黄泉头的白

独山对岸子山垄进水处

龙堰，始建于元至正十年（1350），引松阴溪干流水，灌溉农田一千三百一十亩。上述资料提示：一何姓始迁祖迁居中央圩时，“地沃水环”之说表明当时的中央圩可能乃处于南北港溪水的夹击之中。二是元泰定年间丁姓始迁祖迁居瀇湖。说明那个时候瀇湖所处的崖下低洼一带溪水已然退去，地理水情已适合人居住。但值得关注的是丁姓距何姓之迁居时间相隔仅三十年后，竹蓬头以下再分南北两股的溪水业已彻底退去。而三十年前中央圩之北港水虽未彻底退去，但似应理解为亦在消退之中。三是城南大片土地的灌溉之需，才会有公元1350年白龙堰的兴建。综上分析：治平寺前之溪水大约止于大德元年（1297）元朝初期。

治平寺前溪水从何而来？丁文说：“由百仞山对岸逶迤而至。”现今之百仞山前大溪水位明显比治平寺前低很多，百仞山对岸亦比大溪水位高，水向低处流，亘古不变之理。怎能“逶迤而至”？我们不妨将视线转往城南溪流以西的古河道。据民国高自卑在《附说松阳溪流之变迁》文中云：“松阳溪流古市以下，昔向北经五木岗下，上河十五里折南，由浮桥头而出黄公渡，迤北经小赤壁、塔寺下、石笋脚湾出黄泉头。又如南门泮祠昔为瀇湖，市墈头昔为赤塔埠，今则人烟稠密，已成街市。”《松阳县志》载：小赤壁，在县西五里上方山之侧。其山横若列眉，峭如削壁，前临大溪，岩带赤色。旁有石龟，下有龙舌。宋状元黄公度曾隐居于此，刻“小赤壁”三字于岩壁。其下有“放生潭”三字。宋状元沈晦建炎间（1127—1130）出守处州，遂家于上方山。

沈晦诗云：“山森萧萧阴欲雨，溪云冉冉夜风多。松洲万叠千寻碧，都在先生醉眼中”。石笋山，位于县西二里，双峰对峙，古磴千寻，下临大溪。故该段古为溪流自无疑义。那么溪水东绕百仞山对岸之前，独山以下的古河道在哪里？未见史料说及，但可以确定地说古代独山以下河道绝非今河道。古代溪流自黄泉头以一斜角直冲独山潭，其流向应是向南稍偏东，也就是说溪水只能是傍独山流经瓦窑头村南首，沿塘寮山边、水南村南首山边，直冲澄川、徐川（程徐村）南首的乌龟头折东流向横山青蒙之间。昔日舟船直冲乌龟头时，船工须奋力用竹篙触抵乌龟头，方能顺利折东流向，否则舟船势必撞向乌龟头岩壁。长年累月，乌龟头岩壁上就有了深陷的竹篙头印。据长者说：现今除了乌龟头岩壁上的竹篙头印外，其岩背上尚留系舟船缆绳而凿的揽洞。可以断言这就是独山以下松阳溪古河道。

我实地踏勘了昔日古河道全程，访问了当地一些老人，依据相关资料，绘制了城南古代水情河道变迁示意图。如图所示。

古代溪流先是由浮桥头而出黄公渡，迤北经上方山之小赤壁、塔寺下、石笋脚，

汇合茅溪坑之水至黄泉头，以一斜角直冲百仞山脚之独山潭。溪水中夹带大量的沙石泥土在独山潭下首逐渐淤积成巨大的冲积圩，阻断了独山以下早先的古河道，因而抬高了独山潭溪流水位，逼迫溪流向百仞山对岸折转子山垄逶迤而至治平寺前。好一个“逶迤而至”，我恍然大悟，原来治平寺前之溪水经此而来。石笋脚、黄泉头之溪水大约以四十五度角直冲独山潭，是形成该潭下首冲击圩的根本原因，经历千百年的沧桑巨变，终于阻断了独山以下古河道。显然造成这种河道变迁有两个先决条件：一是上游溪水自浮桥头直冲入黄公渡；二是黄泉头大溪水以一斜角直冲独山潭。据高自卑在《变迁》文中又云：“松阳溪古市以下……昔由浮桥头而出黄公渡，而后则向南经力溪折北，由石门而至黄公渡。”现今我们看到石门至黄公渡之溪流长驱直入大路、官田而至叶村、寺岭下直冲独山潭。上首溪流河道如此一改，上述两个先决条件已然消失。溪水已不从黄公渡进水了；自然溪水也不会从黄泉头直出独山潭了。

汹涌的溪流从叶村直冲独山潭下首的冲击圩，竟然冲出了现今南门的大溪河道并衔接至项弄白沙南首之南港河道，直达青蒙横山。而百仞山对岸子山垄亦不再进水，城南低洼地带从此不再是水乡了。至20世纪50年代，南门至瓦窑头之间乃残留了部分冲击圩（时称中央滩），且还住着几户人家，开了几家店铺。1955年6月，一场特大洪水竟一夜之间把中央滩和十余民宅店铺夷为溪滩。大自然的鬼斧神工把昔日古河道烟灭于无形，留下人们无尽的困惑和遐想。

长期以来，一代代松阳人和水旱灾害进行了顽强不屈的斗争。建水库、修堰坝，实施小流域治理，尤其是建成了松阴溪干流两岸标准化堤防60.5千米；千百年来横冲直撞的松阴溪洪水终于安澜。在田园松阳的建设进程中，水利部门正在创建松阴溪四A级景区，一幅美丽的松阴溪景观图正在世人面前徐徐展开。

松阳县的碑刻天地

毛培林

一、神奇的传说藏着深深的碑情

清雍正版《处州府志》记称："李邕为处州刺史，法善求李邕为其祖父叶有道作碑传。文成，邕梦为书，未竟，钟鸣而觉，至丁字下，留数点而止即离去。"后叶法善持墨本往谢。邕惊曰："始以为梦，乃真耶？"据清梁同书《定风碑墨拓记》："文成，法善复请书之，北海（李邕字）未之许也。真人（即叶法善）乃摄北海魂，曰：'非大笔书之，不足以传久远。'"唐开元五年（717）三月七日，叶真人坐坛，去符召北海魂至。叶法善作法，役使邕书，而邕尚不自知。此事颇怪诞。北海神魂恍惚，遂为之书。故时人称此为"摄魂碑"，又称"丁丁碑"。新旧《唐书》《太平广记》亦持此说。

以上史书所记，有无水分或失分寸之处？然所记之事却是曾经发生过的事。据松阳境内各版本《叶氏宗谱》所记此事，与处州域内各地，尤其在松阳境内，多有雷同。已流传了1300余年的此类传说，与史书所记此事，其精髓也大致相同。

由于岁月悠长及各种天然和社会因素，原碑已不知所终。据清梁同书《定风碑墨拓记》透露，约于大同年间某夜，因暴风雨忽起，木伐瓦飞。至黎明视之，碑已不知去向。近人考得《叶有道神道碑》现在桃源镇塘口村（一称陶村）村东福平山上的延福寺内，至今犹尚屹立着。据考，全塘口宣阳观（今属武义县宣平），乃叶法善外婆家。此碑系叶法善外婆家之后代为纪念外孙之仙道及德行所立。一说此碑刻，也并非原物也，真伪一时莫辨。

2006年腊月，松阳各界人士叶根全等，前政协副主席王陈亮先生在县党政的支持下，发起重刻《叶有道碑》。1300年之后的今天，松阳发起新刻《叶有道碑》，县人不惜耗资费神，委行家具资，远程从温州泰顺购来泰顺青石，打制成碑身高198厘米、宽88厘米、厚15厘米的巨型碑石，碑的正面，刻唐著名书法家，括州刺史李邕撰并书的《唐故叶有道先生神道碑并序》全文于其上。

当今松阳人，对地方立碑的风习依然有着一种难以名状的不舍的深情。

据县人拓碑行家吴伟民先生，于2015年9月的不完全统计，松阳境内现存具有艺术价值和史料参考价值的各种碑碣、摩崖等等，尚有350多种（块），其中汉晋8种、唐代7种、宋代39种、元代11种、明代54种、清代158种、民国71种。（近当代尚缺数字）据近年各种松阳地方史志记载:公元1955年元月，石仓乡开路委员会立了《石仓乡公路碑记》，尤登骞书。立碑至今已越60余年，该碑依然矗立在石仓的公路一桥头旁。20世纪70年代后期，县博物馆馆长叶坚红先生，委人前往荒山野岭，将散落在各处的名人墓碑、墓志、墓铭，集聚在延庆寺庭院内，嵌在南墙上，名为历史碑廊，长30余米，逐一嵌在墙面，供人观展，益于探讨地方史事，利于查考文脉，以存久远。

据悉，20世纪80年代初，旧城改造，曲径更新，众民户对立碑热情有加，竞相捐资立碑。粗计，在县城立有为慈善事业热心捐款者的“芳名碑”共20多通（块），立于县城各曲巷之口或尾。

2004年，县水利局编修《松阳县水利志》，专门设了“水利碑刻”一节，将能寻觅到的历史水利碑刻，一一辑录在志书中，以存史、资政、育人之用。

留芳名于后代，乃松阳山乡人之传统偏好。

二、千古一碑

清雍正版《处州府志·金石》、民国版《松阳县志·金石》（卷十三）记称:唐玄宗御制《叶尊师碑铭并序》，新旧《唐书》《太平广记》亦记有此事。

据载:唐玄宗皇帝为他尊称为“帝师”的叶法善，亲自撰写《叶尊师碑铭并序》。时在唐开元二十七年（739）二月二十六日。玄宗撰毕，即命太子题额。四月，玄宗又命法善的入室弟子尹愔前往西京（今西安）景龙观宣敕御碑。

叶法善对国家的尽忠至诚，他的政治眼光、人品、孝行及其淡泊名利等方面的高贵品质，深受唐玄宗的尊重，并拜叶法善为“帝师”。

史载，唐开元八年（720）六月三日甲申日中时分，叶法善在长安（今西安）仙逝。享寿虚龄105岁。六月四日，玄宗即颁《赠叶法善越州都督》，追赠叶法善为“越州都督”。六月十六日，奉敕制《真人貌像》。七月，玄宗命其侄叶仲容扶叶法善灵柩回括苍。

对叶法善的后事，唐玄宗一一照应。尤值得后人称道的是：叶法善仙逝已越十九年的开元二十七年（739），唐玄宗怀念师情复萌，于是年二月二十日，亲撰《叶尊师碑文并序》，并令太子题写碑额。

在叶法善仙逝十九个春秋之后，玄宗仍在追念叶尊师，并御书碑文并序，为历代史家所景仰，史称“千古一碑”。

三、“去思碑”

1999年版《辞海》“去思碑”词条称：“去思碑，亦称德政碑，碑志之一种。旧时官吏秩满离任时（或走后），地方士绅或百姓为颂扬其‘德政’，请人著文勒碑，表示今后留念及感恩之意。”据民国版《松阳县志·金石》记载，县人对曾在松阳县令任上，关心民瘼，切实为民办过实事的地方官吏，当他们离任回老家之后，士民怀念他们，集资购石，又请人撰碑文，刻之于石，以资久远之怀念。粗计尚有“去思碑”10余通（块）。《邑令赤盏公去思碑》《方公去思碑》《邑令买住公去思碑》《邑令石公平去思碑》《邑令魏良弼去思碑》《周邑侯去思碑》《邑令支公德政碑》《邑令钱世昌去思碑》《周侯治水德碑》《张侯重造白龙堰碑》等等。

据《邑令买住公去思碑》碑文记称：“松阳民金文俊，致其父老之言，赴郡请曰：‘邑长买住公，治吾邑六年，有善政，今秩满而去矣。吾民不能忘，愿得文以记。’”

“伯温辞不获，则询治状。金曰：公为政以爱民为先，以廉洁为本。其始至也，复京梁堰以灌民田，民受其利，歌之曰：闵闵汙莱，我畲我菑。……美哉邑长之政固善矣，若父老不忘其善，能致其去后之思，亦善也。”（见刘基撰的《碑文》）

买住，字从道，家世唐兀氏，广平（今河北省广平县）人，进士出身。曾任保定路安州同知。元元统二年（1334）转任松阳县达鲁花赤（蒙古语，官名，意为握实权者，与知县同义）。在松阳任职期间，某年，买住目睹斋坛等地，旱情严重，便筹款率众修复京梁堰，引水溉田，民获其利。当地群众念其治水德政，派人赴郡请准为其之碑。至正六年（1346）正月，买住秩满已离任回乡。松阳民金文俊等受众之托赴丽，找到刘基先生，陈述邑令买住公在松关心民瘼，锐意治水，造福民人，有功于地方之事实。刘基闻知情由之后，深受感动，遂举笔撰写《邑令买住公去思碑》。京梁堰灌区父老，集资为已离任的县令勒石纪念，松阳百姓对关心民瘼、为民操办过实事的离任官员，怀有一种感佩交并的意念，人民不忘恩情，勒石立碑以垂久远的怀念。

明万历二十二年（1594），江苏毗陵（今江苏常州市郊）人周宗邠，进士出身。他在松阳任知县期间的某年，城南百仞堰（即青龙堰）被洪水冲圮未复有年，致田禾苦晒，民难安生，青壮思念别土。邑令周宗邠到任不久，闻百姓纷纷反映水毁堰坝未复之事。周宗邠力任其事，并设法争取郡府国库扶持与民集资各半，决定修复堰坝，变水害为水利。

万历二十四年（1596）冬，周宗邠冒严寒沿溪踏看水脉后，作出徙坝基西上百武（古代6尺为步，半步为武）。新坝址西移后，因新坝址地势稍高，进水量倍增，流速加快，因是，南可决水灌溉，北无漫流漂舍之患，各灌区均永垂大利，又杜争端。沿渠民众交口称颂周邑令治水之壮举。

万历二十五年（1597）六月，南乡（今水南街道）横山村村民及百仞堰之堰长等17人，联名自费购石刻碑纪事颂德，碑额为《周侯治水德碑》。刻石纪事距今已越400多年。此碑仍被庋藏在横山村吴氏宗祠门口。2003年，县博物馆领导与村委商洽后，将此碑运至博物馆庭院内收藏，妥加保护。古人说，碑情、人情、人理归一也。重视保护历史上有研究价值的碑刻，乃古县松阳人金石文化传统的续衍。

松阳县城隍庙北庑殿的两侧内墙和文庙的东墙上，而今尚有数通（块）明清时代的纪念性碑刻，牢牢嵌在墙上，供一代代县人观展，为研究县情留下实物凭证。

松阳人对碑刻的钟情，堪为深厚。境内各乡村的庙宇、村口，至今还立着的历史碑刻尚为数不少。明清时期的禁赌碑、禁渔碑、禁伐碑、指路碑、采摘油茶籽前后的禁止上山拾荒碑（存象溪镇南州村），还有筑路、造桥、造凉亭等慈善事业捐款者的“芳名碑”，尚有数百块立在各村落四处。

四、新著《唐叶法善家族三碑考》《松阳县金石志》

当代松阳人对待历史碑刻，仍然有一种难言的偏好，碑刻的内容有弘扬祖德，张扬慈善事业，为德政留名，也有纪事的，等等。碑刻文化在县人心中，存有化不开的传统情结。

时至2008年，有松阳人李丹其人，退休前系丽水师专松阳校区副教授、前县政协副主席王陈亮二人，联手主编了《唐叶法善家族三碑考》，内容为详细介绍叶有道碑、叶慧明碑、叶尊师碑的渊源，阐述其研究价值。全书180千字，浙江杭州西泠印社出版社出版。

2015年10月，县书法家吴伟民先生，历时三年，新编著成《松阳金石志》。该书收集了散落在境内的摩墓石刻，钟铭砖款及各类碑刻凡350多种（块），时间跨度自东汉至今1800余年。令人振奋。金石文字是中国最古老的文化传媒，也是中华民族独创的文献载体之一。

编著者吴先生积近十年之功，跋山涉水，穿行在境内城乡各地，荒山野岭无所不至，残碑断碣，拼拼接接，组合成块，拓下碑文，又逐字辨识，稽查典籍，分门别类，终成大作，块块字字都藏着深厚感情。

松阳境内的金石，刻制精美，内容丰富，堪称处州松阳的一份至为珍贵的历史文化遗产，是资政、治史参考文献之一，对研究地方历史文化，具有很高的艺术价值和史料价值。

现代松阳人的碑情之深，由此可窥全貌。

五、全国仅有的一块墓志铭

中国烟草专卖局（公司）主办的杂志《中国烟草》，于1992年第10期，以显著版面载文，宣扬松阳县发现一块记载为打开地方烟叶销路有功的烟行老板的商绩的墓志铭。编者称此碑为全国仅显的墓志铭。1998年，上海烟草博物馆闻讯，专程前来松阳叶村乡松山村，高价购去收藏。

该墓主叶长昶，西屏人，南门烟行老板。生于清道光三十年（1850），卒于民国二十四年（1935），享寿86。据墓志铭介绍：叶长昶13岁时，因战乱失学，后随人习商，经营烟叶。同治十二年（1873），战事初息，外界时局尚动荡不安，交通不畅，松阳烟叶呆滞，以致松阳烟叶无人经销，烟农所产的烟叶长期堆积在家，愁煞了全县各产区的广大烟农和烟商。其时，正处盛年的烟行老板叶长昶，敢冒商业风险，独资收购烟叶，后将大批烟叶长运他乡，运至宁波、嘉兴、上海。船来驳往，水陆兼运，日夜兼程，艰辛备至，无辞劳累。在战乱之中，烟叶市场不景气的情况下，数度将松阳烟叶及时收购，及时长运他乡异地，打开并扩大了销路，烟农蒙获其利。

民国以降，叶长昶仍然致力于烟叶购销，甚至长运至南洋群岛（今马来群岛）一带销售，为松阳烟叶走向世界打开了一扇出口大门。烟农闻讯，称颂不已。

时龙泉代理县长，松阳籍人叶伟奕有感于此事，在叶长昶去世时，特为叶长昶撰写署名墓志铭，铭文特指：“今世界不景气，百物壅滞，吾邑烟叶大受时势影响，设无远见之商，其关系岂不大哉。君适以是时，长远他乡，拓开销路，故特为表其绩，以昭后人，并鉴来者。”

一块记录极其平凡的，从事烟叶运销的死者的业绩的碑，时至80年后的今天，竟成了珍宝。

六、松阳的拓碑人

十年前的2005年7月11日的《新松阳·凌霄台》副刊，发了一篇叶世钧等人采写的报道，题为《拓碑人》，详细介绍了吴伟民先生笃于拓碑的苦与乐。

松阳属浙江古县之一，古碑刻甚多，石刻楹联、匾额、水利碑、墓志铭、岩壁崖刻等金石文化，甚为丰富，碑刻或石柱上的书法，典雅、流派、风格各异。将碑或柱上的文字及各色花纹拓成片，收集整理影印成册，既具文史和鉴赏价值，又可供进修书法。

据说，吴伟民的拓碑，并未正式拜过师，也未师从过行家，仅凭他自己的悟性和肯吃苦的精神，在拓碑实践中，边拓边琢磨书上的拓碑知识，逐步掌握了摩拓、椎拓、干拓、湿拓等技法，终于从拓平面碑，发展到能拓浮雕。

据吴伟民说，有朋友劝他说，你搞拓碑这行当，有何出息。要自己掏钱，买炭黑、买宣纸等工具和材料，还要赔上工夫，图什么呢。对此，小吴只是笑笑，面对友人的“好意”，他未置言辞。但他心里是有一本账的，他是有所图的。他认为集书法之大成，俾于进修书法，亦可为故土收集历史文化遗存，起到保护一方文物之功。一知情人说，有一次，他去叶村摩拓清嘉庆十年立的《田堰碑记》。此碑藏在破庙深处。庙内幽暗阴湿，枯枝败叶等植物的霉变气味，氤氲缭绕，蛛网密布。小吴背负装满皮槌、清水、鬃刷、排笔、炭精块、宣纸等物的行囊，一面撩掉蛛网，一面躬身作匍匐状往前钻。几小时后，待吴伟民捧着拓片出来时，已是满头大汗，一身尘埃。可成功的喜悦，怎么也按捺不住。

城南独山北侧岩壁上，有一处光绪年间的摩崖题刻，内容是复筑何家堰石堤募款情况，及相关灌区分水的日期等。那摩崖题刻镌在离地7至8米高的峭壁上。

他只好搬来两架木梯，结扎连接，并请来年近古稀的父亲及妻子帮忙。那摩崖题刻，宽2.5米，竖向2米许。小吴扶梯而上。为把宣纸从左到右展平、铺好、粘上，手被荆棘刺出道道血痕，手也被岩石蹭破了皮，他无暇顾及。在崖壁上椎拓，真够苦辛和劳累的。但一旦摩拓成功，自然也是喜上眉梢，其乐融融，敬业者之情趣自在其中。

拓碑，有苦、有乐。特别是，拓碑多在荒郊野岭，或仆地、或登高操作。在野外拓碑，挨饿忍渴，也是司空见惯的事。一个年轻人，情笃于拓碑事业，令世人不解。吴伟民先生曾对人说:历史碑刻不制成拓片或拓本，摄影洵难达到效果的。一语道破了拓片之功，堪为行家之话语。他，无愧于拓碑的后起之秀。

唐宋时期的松阳科学技术之水利科技

叶坚红 叶世钧整理

历史上的松阳，以农业立县。松阳优越的地理环境、适宜的气候条件造就了发达的农耕经济。水利灌溉是农业发展的基础支撑，自古以来，松阳先民在创造治水文化和治水、用水的智慧，兴建了大批古堰圳。在松阴溪流域的大小溪流中依势筑坝建渠，让坝横卧溪中，借以抬高堰坝上游水位，以引水自流灌溉农田，是整个瓯江流域古堰坝数量最多、创建年代最久远、灌溉面积最大的一个县份。其中，通济堰、百仞堰、白龙堰、金梁堰、芳溪堰、观口堰、众济堰、上洋堰、沙坡堰、响石堰、下洋堰、梁下堰等历史名堰，至今仍然发挥着灌溉作用。

松阳先民自汉代开始，因地治水，通过分片“开圳引水”，逐步形成以松阴溪主支流为水源，堰堤密布、圳渠交错的灌溉网络。灌区工程体系在明清时期臻于完善，据《松阳县志》载：至明末清初，境通济堰内有古堰120处，灌溉的古塘、古井百余处，至今仍在滋润着松阴溪两岸16.6万亩良田。2022年10月6日，松阳县的松古灌区水利工程入选世界灌溉工程遗产名录。

一、古代水利工程杰作——通济堰

松阳是古代浙西南地区筑就堰坝最早最多的县，南朝梁天监年间（502—519），詹、南二司马率松阳人民修筑了浙江省最大的水利工程——通济堰。通济堰建于南朝萧梁天监四年（505），位于今莲都区碧湖镇堰头村边（1963年前属松阳县管辖），是松阳古代水利工程的杰作，距今已有1500年历史。2001年，通济堰被国务院公布为全国重点文物保护单位。2014年入选世界灌溉工程遗产名录。

通济堰水利工程是由拱形拦水大坝、进水闸、石函、渠道、大小概闸、湖塘等组成，是浙江省最古老的大型水利工程。通济堰渠道呈竹枝状分布，由干渠、支渠及毛渠3部分组成，主、支渠上有大小闸概72处，进行分水调节，使渠水能自动流入农田。此外，还有龙子殿概、木栖花概、下概头概、金丝概、河东概、丰产概等多处闸概进行分水和调节水流量。为了便于蓄水和排灌，各支毛渠利用闸概拦蓄多余的渠水，还配以众多的湖、塘、水泊与支毛渠相通，其中给洪塘为最，前人评赞通济堰“规划至善，灌溉至广”。充分体现出古代松阳人民的聪明才智，通济堰对研究我国古代水利科技具有重要历史价值。

一是科学的大坝选址。大坝建在松阴溪与瓯江汇合处上方，横截松阴溪引水入渠。在洪水期，大坝受到瓯江回流的自然顶托作用，从而减弱了坝上洪水对大坝的压力，大大增强大坝的抗洪能力；在此筑坝因势利导拦水入渠，可使渠水由高向低自流灌溉整个碧湖平原。

二是世界上最早的拱形坝体。从力学原理来看，拱坝能将坝体中心的负荷分移到两端，加固两端的基础保证坝体的稳固，减少坝体单位面积的压力，提高堰坝的负力性能。

三是石函立交排水原理的成功应用。北宋政和元年（1111），距拱形大坝500米堰渠上建石函，将泉坑水从引水桥上引出，使坑水与渠水各不相扰，避免泉坑水夹带大量砂石淤塞渠道。史载“石函成后五十年无工役之忧”。石函是我国水利工程史上最早的立交排水工程，在水利史上具有重要的科学价值。

四是铁水灌缝和松木填基技术。至今仍保存完好的通济堰石砌拱坝石是南宋开禧元年（1205）重修的。重建的大坝用千株大松木作为坝基，松木在水中不易腐烂，把炼成的铁水铸到石坝缝内。

五是科学的排沙功能。大坝北端设有净宽2米两孔、深至坝底的排沙门，上游大水冲下来的沙石，利用排沙门的急流，自动排到大坝下面。大坝北端还设了一座净宽5米的过船闸，此闸除供过往船只通行之外，也起着排泄沙石的作用。

六是巧妙的闸概分流。通济堰水渠由72座闸概进行分水调节。闸概的分水调节是非常科学奇巧的，主要闸概处都分出左中右3条支毛渠，由木概枋来调节水流。让坝横卧溪中，借以抬高堰坝上游水位，以引溪水自流灌溉。

七是科学规划植树护渠。在主渠道的岸边种植了几十棵香樟，如今历经千年以上的古樟群依然捍护着堤岸，可见当时人们对保护通济堰的重视。

二、唐宋时期修建的堰坝

要说松古盆地的古堰坝，还要联系到松阴溪古河道水情的变迁。根据叶世钧先生考证：古市段的松阴溪古河道变迁以唐贞元间（785—805），县治因水患而搬迁为界，这以前的松阴溪在“旧市之背”（在古市北面）；这之后的松阴溪在古市南面，即今之河道。这种变迁过程经历了漫长的几百年，直至唐末，五代初始完成。在这期间，也带来了古市地区古堰坝的修筑和村落的变化。因此，现在松阴溪干流的形成，是缘于古市段唐贞元间后的松阴溪改道。

松阴溪上游旧市城区南面，在古代原来只有一条新处源，松阴溪改道后，为了缓解旧市城区南面的洪水压力，约唐朝中后期，松阳先民就在新处源的源口村修筑了芳溪堰（一堰、二堰），这样既缓解了洪水压力，又解决了今新兴乡和樟溪乡9000亩农田的灌溉。

松阴溪改道旧市城区的南面后，旧市下段松阴溪以北的大片农田缺水灌溉。清初，先民就在松阴溪干流的观口潭处拦水筑坝，取名观口堰，又名瓜渚堰，灌溉今上、下五木、黄圩、岗下、上河、航埠头农田4000亩。

金梁堰，堰址在斋坛乡小石村大花地北松阴溪干流左侧。为松阳境内唯一无坝堰，故又名京梁圳。顺治《松阳县志》云：在县西二十里十五都。灌田六十顷。元至元六年（1340），堰圮，经达鲁花赤（县令）买住乘时以筑，民获其利，因明“宣公堤”（买住，字宣），今仍旧名。因此，亦可推断金梁堰兴建于元代前。金梁堰初由象鼻潭进水，后改由轭儿洞潭进水。灌溉斋坛乡小石、桐村、金梁、大路等村农田6000亩良田。

青龙堰，据叶世钧先生分析考证：唐代以前松阴溪干流从航船头以一斜角冲向百仞山潭，傍山沿瓦窑头西南首至塘寮山北首山脚，经水南、程徐南面山脚、过乌龟头折东流向横山青蒙之间后。因百仞山潭下首大量砂石泥土的淤积，而堵塞了这段古河道，造成水南片区大批农田缺水灌溉，先民在独山之上方、寺岭下村边与竹溪源水交汇处的松阴溪河床上修筑拦河大坝，取名百仞堰（后毁，何家人集资修复称何家堰，后官府出资赎回改称青龙堰）。关于青龙堰的始建年代，虽无记载，但史书上却留有“毁于北宋庆历年间”的文字记载。

青龙堰的始建年代可能是唐代，青龙堰灌溉水南方向共8个村的农田。清顺治《松阳县志》载：“百仞堰，去县南三里，十九都。灌田一十七顷五十亩（1750）。邑之南有山，岿然干霄、名‘百仞’者，其下有大溪，筑堰障水，亦因山而名‘百仞’，自南而东，枕九芝乡（叶村）之耆德门，循移风乡（西屏、水南）之徐川（徐村）、澄川（程村），迄黉山（横山）下，溉田数十顷，盖吾邑巨浸也，所从来远矣。”

由于百仞山下段古河道的堵塞，导致松阴溪从百仞山对面子山垄冲出，这才有了唐宋时期西屏山南首山脚的溪流，以至市墈头以下一片汪洋，并逐渐在下游淤积成中央圩（今项弄、白沙村）。直到南宋末期至元朝初期，西屏山南首的溪流才得以终止。随后何姓先民迁居中央圩，丁姓先民迁居城南𪊟湖定居后，城南大片土地得以开发。为解灌溉之需，元末丙申年（1356）冬里人周汉杰鸠工修筑白龙堰，灌溉西屏、项弄、白沙农田千亩，为沿岸居民提供生活洗涤和消防用水。

宋代之后，先民在松阴溪干流、支流修筑堰坝，自西至东灌溉1000亩农田以上的堰坝还有：

响石堰，清顺治版《松阳县志》已有记载，始建无考。堰址在赤寿乡大石村桥下的松阴溪干流河床。灌溉农田2000亩。

新兴堰，又名墈头水圳，清顺治版《松阳县志》已有记载，始建无考。堰址在新兴乡上源口村顶谢村源支流河床。灌溉上源口、外孟、泉庄、杨村头等村农田2500亩。

梁下堰，又称石门圩堰，创建于清朝，民国版《松阳县志》已有记载，始建无考。堰址在石门圩上村顶松阴溪干流河床。灌溉农田1500亩。

石门堰，清道光年间已有记载，始建无考。堰址在松阴溪干流石门圩大桥的上首。灌溉望松、西屏两地4个村农田1500亩。

神坛堰，又称坛头堰、田圳，清乾隆三十五年（1770）已有记载，始建无考。堰址在叶村乡松山村顶松阴溪支流东坞源河床。灌溉松山、叶村农田2000亩。

龙石堰，又称龙石陂堰，清顺治版《松阳县志》已有记载，始建无考。堰址在水南街道市口村顶松阴溪支流竹溪源河床。堰水分东西两向，东向灌溉竹溪方面农田，西向灌溉市口、河头、包安山等村农田，共灌溉农田4000亩。

济众堰支流竹溪源堰，清顺治版《松阳县志》已有记载，始建无考。堰址在竹溪村顶竹溪源河床。灌溉西屏、叶村农田4400亩。

梓溪堰，清顺治版《松阳县志》已有记载，始建无考。堰址在西屏街道竹客口下村边松阴溪支流四都源河床。灌溉西屏农田1100亩。

朴子堰，清顺治版《松阳县志》已有记载，始建无考。堰址在竹客口下村边松阴溪支流四都源河床。灌溉西屏、望松农田1500亩。

三、竹笼卵石坝技术

在科学技术并不发达的古代，想要在湍急的水流中打造堰坝的地基是一件十分困难的事情。先民最初采用干砌巨石的方法筑堰坝，一旦遇到洪水，石头很容易被水流冲散。经过深思熟虑以后，先民改用竹子包裹石头的办法，即编制一个个竹笼，然后在竹笼里面装满石头，再将竹笼沉放到水底，这样就算水流再大也不会轻易被冲走了。

松阳的竹笼卵石筑坝技术始于汉代，其原理就是把竹子剖成三四指宽的竹篾条后，编制成一个个长长的竹笼，竹笼卵石坝长度有数尺到数丈不等。砌堰时根据设计要求摆放好竹笼（可平放亦可竖放），竹笼内充填卵石，有序堆积成坝。竹笼坝多为半透水结构，受水压力容易分散，故能避免大的破坏，即使遭到一定破坏，也易于修复，这种竹笼卵石坝在当时来说，算是先进了。松阳盛产毛竹，卵石就地取材。中华人民共和国成立后，百废待兴，人民政府对古堰坝进行维修和改造，大多改为块石干砌坝或水泥浆砌块石坝，少数以铁水或桐油石灰浇筑而成。

四、人力灌溉工具

松阳先民在长期的治水中得到启发，修筑堰坝引水灌溉农田，开垦圩田科学规划开沟挖渠，引水灌溉农田，圩内沟渠四通八达，以备灌、排水之用；修筑堤防治洪水保农田；旱则开闸引溪水之利，潦则闭拒溪水之害；高地、低地之间实行分级控制，使高地不受旱，低地不患涝；山区梯田多，遇峭壁均要靠凿木或毛竹过水，遇有落差地段，要把坑水引到农田，松阳先民很早就运用了虹吸原理引水，即用竹筒制作虹吸管把峻岭阻隔的泉水引下山，将泉水引入田间及房前屋后，当地人称“过山龙”，以满足山民的生活生产之需，使无水的地方均得到灌溉之利。目前，我们还能看到部分山区村民的生活用水是用竹片将清澈的泉水引入房前屋后，人们称之为“原生态的自来水”。

唐代，松阳先民推广使用木制水车、竹制龙骨戽水斗等人力灌溉工具。戽水斗是利用湍急的水流转动车轮，使装在车轮上的水筒，自动戽水，提上岸来进行灌溉。

戽斗是用粗绳缚于木桶或笆斗的两边，两人对立各执一绳，把低处水戽入高处田间。汲筒是用打通竹节之粗大竹竿，相互连接，随地势高下，用木石支架，跨越涧谷，引水入田。古时松阳先民使用木制水车、竹制戽水斗灌溉在文献均有记载。其最明显的一个特点就是：它的全身几乎无处不是木头制造。车身、车架、踏板，甚至包括汲水的车水桶，全部采用木头，就能把低处水戽入高处田间，足见古代松阳先民的创造性、先进性、应用性和制作水车木工技艺的精湛。用水车车水操作简便、实用，直到20世纪60—70年代，人们仍旧用人工脚踏的木制水车给农田灌溉。人工脚踏方式戽水的水车有二轮和四轮2种。二轮水车是由左边一人、右边一人，步伐一致，同时踩动踏板，循环往复。四轮水车则由4个人一起使劲。二轮水车的车身、车水桶比四轮水车要简短一些，也小一些，普遍适用于地势相对平坦一些的田岸。四轮水车则比较适用于地势相对较高、较陡峭的堤岸，稻田与池塘的水面之间的相差较高、较远。总之，都是利用水扇的原理使水车转动，把水由低处提到高处。

五、科学管理

松阳创始水利科技历史久远，与之同时也诞生了科学的水利管理机构与管理体制，并建立一套切合当时生产力水平的管理办法，因而保存至今的古代水利工程历经千百年风雨，仍一直使用至当代。

根据《叶氏广远宗谱》《浙江分县志》《松阳县志》《周氏宗谱》等地方文献记载，以及自古遗存下来有关松阳水利管理方面的实物资料有40余处，其中有明代天顺元年至光绪九年的榜文18篇、古堰图1张、明清时期的碑刻14方、摩崖2处、文选8篇等，这些实物资料历史信息来源翔实。

松阳的水利工程管理始于宋代，宋乾道五年（1169）制定的《通济堰规》共19条，对堰首、堰匠、甲头等管理人员的制作，职责、报酬，对堰工、堰夫的权利、义务都作了明确的规定。这一管理制定，在通济堰灌区一直沿用600余年，直到清嘉庆十八年（1813）才新定通济堰《新规八条》。宋时，关于通济堰的筑堰、修渠管理按500秧为一工，每年要调派修堰民工3000多工。元代至民国实行“堰董”负责制。明清时期，境内一些灌溉面积较大的堰坝分别制定乡规民约，对修堰、护坝、征收水费等皆有详细规定。清乾隆六年（1741），邑人程圣鼎等捐资立会，把会费作为白龙堰维修的主要资金，每年夏初率受益农户进行工程岁修。民国时期，修堰经费按田亩收取。

千百年来松阳古堰工程的管理机制推行堰长（首）董事会负责制。元至元六年（1340），斋坛金梁堰设董事会，专管该堰之放水、分水、修堰等事宜。现存的明代水利管理榜文《金梁堰碑记》中记述关于堰坝的放水、分水和整修堰渠等事宜。明嘉靖四年（1525），芳溪堰受益户推举堰长，负责管理堰坝及水务。清乾隆六年（1741），白龙堰设立水利会，以会费收入作白龙堰维修的主要资金。独山的岩壁上至今犹留清光绪年间青龙堰堰董所立的《堰规》。是年，凡灌溉面积较大的堰坝，诸如青龙堰、白龙堰、芳溪堰、观口堰等均设立“堰董”，由堰长负责管理堰坝，按受益田亩收取堰渠维修经费，亦可以工代资。

堰长（堰首）由受益村民众推举，堰董由各受益村民代表组成，一般为5—7人，其主要职责研究决定堰渠工程的维修养护、用水秩序、民工摊派、水费收取等的管理问题以及商讨水事纠纷的应对之策。如百仞堰的《周侯治水德碑》、白龙堰的《张侯重造白龙堰记》碑刻都曾出现过“堰长”称呼；芳溪堰明嘉靖九年的榜文和乾隆十七年的告示也出现过“堰首”“堰长”之类的称呼，他们都是古代农田水利工程的管理者，这与现代“河长制”的管理制度类同。

松阴溪古堰的养护费用除了以分年度按田亩均派水费外，还推行“堰田制”的长效管养机制。据明万历二十五年（1597）《百仞偃记双港渡记》碑文载：“吴翔等18人跋堰田25片，年圳田租达76石。”又据清嘉庆十年（1805）立的神坛堰《田堰碑志》碑刻记载：“……今共买堰田陆亩，存积筑砌修堰，以备工食之资，以使久远之图……”表明神坛堰实行的是“堰田制”，购买圳田，存积田租，用于堰渠维修等支出，使该堰有长久稳定收入以作维修保障。

从有关水事纠纷处置的榜文、碑刻等获知，境内凡水利工程较大的一般都由知县主持制定并发布规章，所出现的水事纠纷亦由知县主持按规调处，处置原则以维持历史传承的分水依据为裁决意见，并带有强制性，处置方式以颁布榜文或勒石（碑志）的形式，显示了永久可查性。

（《新松阳》2022年11月22日3版）

叶坚红，原松阳县博物馆馆长。

松阴溪治理

讲述：邵宗仁　整理：王人勤

松阴溪治理工程是遂（昌）松（阳）[①]有史以来规模最大、投资投工最多、治理面积最宽、任务最艰巨的河道综合治理工程，也是一项两岸民众期盼已久的，造福松阳人民子孙后代的富民安民的民心工程。对此，松阴溪沿岸百姓有口皆碑，盛赞共产党为人民办了一件实实在在的大好事。

我于1977年初调到遂昌县任县委书记。因“工业学大庆”，在黑龙江、北京、杭州开会四个多月，直到当年5月才到遂昌上任。对松阴溪治理工程建设我分如下几点叙述：

治理松阴溪的重要性

松阴溪是瓯江上游的主要河流，松阳县境内主流长度60.5千米，其中，界首村至踏步头村的松古平原河段约34千米。因河道弯曲，河床变迁，历史上洪灾频发，对沿溪村庄百姓生命财产威胁很大。据记载：1955年6月，境内连续暴雨，山洪暴发，松阴溪水猛涨，洪水冲毁堤坝，全县15个乡41个村受灾，倒塌、损坏房屋3300多间，伤亡18人，毁坏农田数万亩。1975年8月，4号台风肆虐，古市镇内漫水0.7米深，各地农田、公路、桥梁、房屋、水利工程等被严重冲毁，死亡12人，损失惨重。

历史上也曾多次治理，如清道光十五年（1835）知县汤景和劝捐募款在县城内筑堤防洪，后人称“汤公堤”；民国三年（1914）与民国九年分别在古市下街、城头溪边修筑保安堤。以上防洪工程都只是局部、某段的修筑。

1958年11月21日，国务院批准撤销松阳县，原辖境域并入遂昌县。1982年1月30日，复置松阳县。

1949年后，党和人民政府非常重视河道治理。1950年初，政府拨出专款和大米，支持松阴溪两岸人民修建五里亭、南门防护堤、黄圩埬、五亩埬等防洪设施；1952年黄圩村外溪坝被省政府列为重点急需抢修工程。至1956年，省、地先后六次给黄圩村拨筑坝专款1.66万元、大米一万公斤，由于修建工程缺乏总体规划，标准低、质量差，洪水到来，大堤坍塌、水患依然严重。

时任县委书记邵宗仁率县委常委在工地研讨方案（县水利局提供，摄于1977年）

精心制订治理松阴溪的规划

1976年，遂昌县委、县革委会（当时遂昌县和松阳县是合并为一个县的，直到1982年才分为两个县）根据毛泽东主席“水利是农业的命脉”的教导和广大干部群众治河的迫切要求，在全国“农业学大寨”运动号召下，作出了彻底治理松阴溪的重要决定。1976年1月成立了松阴溪治理工程规划组，做好施工前的准备工作。规划组抽调各公社水利员组成一只规划勘测队，由技术员、水利干部徐登前、卢致平等带领赴松阴溪实地勘测、规划。他们不辞艰辛劳苦，踏遍松阴溪所有地段，多次考察，反复研究分析论证，然后分段、分片、分畈、分河床绘制了图纸百余份，完成了松阴溪测绘1：200地形图测量与新河道走向定线任务，提出了治理河道、建设沿溪大坝的初步蓝图，制订了《松阴溪治理工程初步设计及说明书》。

根据规划，松阴溪治理工程分两期进行。第一期从三川公社资口村到水南公社踏步头村，由旧河道的34.1千米缩短到新道的26.9千米；第二期向上延伸至成屏二级水库河段，向下延伸至靖居区王田圩河段。第一期工程的地段属松古平原，规划要求：通过治理，确保沿溪两岸九个公社和西屏、古市两镇10多万人民的生命财产安全；提高10多万亩农田的抗旱抗洪能力；溪滩还田，增加耕地2.4万亩。沿溪两岸砌筑防洪坝59.84千米，疏通河道29.92千米，整修圳坝11条。建控制闸20处、涵洞60处。防洪大坝要求平均高6米、顶宽6米，采用干砌块石挡土墙护坡，坝内填充鹅卵石及一定比例砂石，顶面用0.4米—0.5米块石压面。总工程量1057万立方米，总投工777万工，总造价1178万元。该规划上报后获得浙江省政府正式批准。

干群一心决胜大会战

我到遂昌县上任后，详细看了治理松阴溪规划并实地进行考察，认为小打小闹是不行的，必须组织强有力的力量、采取强有力的措施，才能完成如此艰巨而宏伟的任务。我在县委常委会上提出了“五带”的要求，即带头学习、带头劳动、带头蹲点、带头负责一条线、带动一片。

松溪阴治理（县水利局提供，叶祖青摄于1977年）

对松阴溪建设，采取以下措施：

（1）组建强有力的班子。为加强领导，县委抽调各部委、办、局和各区工作表现过硬的干部队伍，成立了阵容强大的松阴溪河道综合治理总指挥部。由分管农业的县委副书记林彬任总指挥，成员有县革委会生产指挥组副组长郑久宜、计委主任徐国锡等24人。指挥部下设政治、施工、后勤三大处和办公室。县“农业学大寨”工作队50多人由农村抽回，全部参加指挥部工作。县农水局派出水利技术干部负责施工技术工作。1977年9月15日，县工程指挥部迁至古市横街老邮电支局房屋办公。

根据县委常委分工，我为了及时了解掌握松阴溪工程建设情况，更好地加快松阴溪建设进度，决定以松阴溪工程重点区域松阳区（遂昌松阳没分县前松阳是遂昌县的一个区）作为蹲点单位，这就使得松阴溪工程成为全县的水利工程中的重中之重了！

县委号召全县干部、群众要用治理淮河那样的决心治理好松阴溪，提出“治好松阴溪，造福子孙后代”的口号，让群众认识到治理松阴溪不仅关系到眼前的利益，而且关系到为子孙后代造福的伟大深远的历史意义。

（2）组织专业队。9月7日县革委会发出《关于抽调常年民工的通知（急件）》：“……决定抽调常年民工3000名，建立一支治理松阴溪的技术骨干队伍，也是我县第一支农田基本建设专业队伍。”对专业队伍要求：①多抽调技工，开岩、砌石，凿工、篾工、铁工、木工、机修工、电工等，要以抽青壮年为主，年龄男18—45岁、女18—35岁，要挑选家庭出身好，思想、政治、劳动表现好，身体条件好的人投入改天换地战斗。②推荐专业队员要像解放初期动员参军那样，发动群众，分配任务，自愿报名，大队党支部审查，公社党委批准。出发前，公社要召开欢送大会，敲锣打鼓放鞭炮，营造“一人上工地，全村全家光荣”的政治氛围。③专业队员报酬：县发给每人每月生活补贴费12元，其中10.5元为伙食费，1.5元为医疗费，劳动工分回队由大队记，参加生产队分配，口粮年平均不得少于700斤原粮。④专业队按军事化编制，每百人为一连，营、连、排长由区委和公社党委任命。

（3）召开誓师大会。9月20日，工程指挥部在古市镇召开万人誓师大会。我在大会上作了动员报告，各区、社专业队纷纷表态，营造了生龙活虎上工地上战场的气氛。接着进行分工，专业队安排九个连800多名专业人员赴25个采石场放炮开岩采石，其他分到各工段负责垒石砌坝，普通民工由松阴溪两岸区社分段包干。开工后，岩场钻眼放炮采石，运送岩石以汽车、大中型拖拉机为主，指挥部自购汽车六辆、大中型拖拉机五台。

以上车辆根本承担不了工地运输任务，所以县委决定由分管工业的县委常委兼县工办主任叶樟旺负责统一抽调各企事业单位汽车、大中型拖拉机130多辆（台），用于石料运输。指挥部按运价标准支付运费。

秋收冬种后，县委又抽调松、古二区比较固定的劳动力一万五千人参加施工大会战，进一步掀起治水运动高潮。每人带着簸箕、锄头、扁担等劳动工具在溪中挖沙清圩、肩挑背扛运送砂石上岸筑堤坝。最多时每天达三万人上工地，沿溪两岸工地上人来人往，红旗飘扬，炮声隆隆，车轮滚滚，呈现一派气吞山河人定胜天的大好景象。

治理河道以黄圩到石门圩5.3千米为试点段。完成试点任务以后，以松阳、古市两区专业队员为主力，从石门圩向西屏方向拉开，古市方向全线拉开。不久，工程指挥部调整机构，分别再设立松阳区、古市区前线指挥所和施工组。为了提高工效、加快进度，工地实行“五定一奖”科学管理的制度，即定人员、定任务、定质量、定报酬、定材料成本，超额奖励、节约归己。该制度取得了很大的实效。

（4）干部带头劳动发挥关键作用。村看村户看户，群众看干部，林彬基本常住松阴溪工地办公，处理工程建设过程中出现的各种各样的困难和问题。我在松阴溪关键区段松阳区蹲点，这不但有利于和林彬及时研究松阴溪各种问题，而且可以经常到松阴溪工地参加劳动，据《县委常委劳动手册》当时记载我一年中参加劳动有180次，其中有一半是在松阴溪工地上。其他县委常委也经常到松阴溪工地参加劳动，极大地鼓舞了群众的干劲。同时县委还抽调大批机关干部下乡，同群众同吃同住同劳动、参加大会战。干部带头参加劳动、以身作则，与群众一起挖沙运石筑堤坝，身教重于言教，领导干部参加劳动成了激发群众干劲的原动力，大伙都能以参加松阴溪建设而感到无上光荣。

特别值得一提的是1977年冬与1978年春，工程总指挥部为了抢时间，赶进度，提出“汛前完成试点段任务，过一个革命化春节”的口号，发动民工连续作战。我和县委常委及指挥部全体成员在工地过年，除夕与大年初一至初四（1978年2月6—10日），发动上万民工大会战。县、区、公社各级领导都坚持在工地过大年，发扬了“革命加拼命”的精神。为了愉快地在工地过好春节，县委邀请县婺剧团连续数日在工地演出，专业队和当地劳工分期分批观看。群众反映“白天大干，工地过年，晚上看戏，大家满意”，这样工地成了劳动与娱乐相结合的场所，取得了良好的效果。工程仅开工1年，已筑好防洪坝15.5千米，修筑简易公路58千米、防洪闸6座，整修堰坝12条，投工215万工，完成工程量162.26万立方米。第一期工程（经常严重受灾的关键河段）基本完工。

治理松阴溪清基现场（县水利局提供，摄于1977年）

1978年10月，我调离遂昌，任丽水地区行署专员。但我仍心挂松阴溪工程，经常到工地指导。此后，遂昌、松阳县委按照原来的规划和部署，坚持不懈治理松阴溪。至1985年初，松阴溪治理工程第一期胜利竣工。

数字里面看精神

松阴溪的建设在资金紧张、工具落后的情况下，完全是靠遂昌、松阳两县劳动人民的双手创造了奇迹：

（1）据统计第一期治理工程累计投工535.38万工，直接投资400万元，完成工程量728.25万立方米，兴建防洪大坝48.36千米，为计划工程里程的80.82%；清疏河道河床24.30千米，建成防洪闸六座，整修堰坝12条，修筑施工公路40条，总里程109千米。

（2）治理松阴溪的干部、群众，干中学、学中干，越干越会干，越干越想干。在实施松阴溪干流治理后，干部群众有了实际经验，接着对28条主要支流进行河道分段治理，全长达94.47千米，其中工程量较大的有东坞源、竹溪源、庄门源、六都源和四都源五条。经过十多年的长期艰苦努力，至1992年止，全县共建成干、支流防洪堤坝158.47千米（包括支流），其中重要堤坝64千米（包括松阴溪大坝59.84千米、支流大坝4.16千米）。

松阴溪河道综合治理工程的完工，极大地提高了松古平原的安全防洪系数和抗旱能力，扩大了耕地面积，改善了生产条件。它是遂昌、松阳两县县委、县政府集体领导的结果，凝聚了广大干部、群众的心血和汗水，是广大人民群众用智慧和汗水浇铸的一座丰碑，其丰功伟绩将为世代人们所赞颂。

邵宗仁（1935—2017），时任遂昌县委书记。
王人勤，松阳县委党史研究室退休干部。

求 雨

潘肇序

癸未大旱，属百年罕见，田地龟裂，作物枯干，人畜饮水困难。让人不由得想起旧时“道士求雨”的场面来。那是绝望的人们的无奈之举——祈求神明。

大凡我们这一辈年逾古稀的老人，都亲眼看见过这样的热闹而悲壮的场面。

那是20世纪三四十年代之交。有一天，在中午放学的路上，忽然听说今天许多农民要进城讨雨，道士“翻龙旋”，很好看的。果然，不久就听到远处锣声阵阵，其中还夹杂着阵阵器乐声。队伍很快就靠近了，孩子们兴奋地大叫：“来了！来了！”只见前面抬着菩萨，青年农民个个手持长竹木棍之类，一副英武的样子；几个道士头包红布，神气活现。队伍在县学坛耐性桥（旧时县府门前小广场）站定，围成圈子。那天刚好是市日，观众挤得水泄不通，身子贴着身子。这时火炮噼噼啪啪，锣声震天动地。高潮出现了——道士翻龙旋，一个接一个筋斗翻到粗而高的竹梢头，在那里吹着龙角（号角），接连拼命大喊“皇天”赐雨，哀声动人心魄。有时还高唱禀告旱情的调子，什么“泥鳅晒得像铁钉……晒得像……”，凄楚动情。小孩子觉得又好看又好听，殊不知其中蕴含着大人多少心酸痛苦和焦急无奈啊！

在讨雨的仪式上，似乎尚有几条不成文的规矩，比如要求县太爷必须亲自到场助威，代表全县人民祈求天公慨送甘霖；又如，在场的观众不管烈日多猛，也不许戴箬帽、撑雨伞。对违者，立即将其遮阳避雨的东西捣碎，以示严肃和诚心；有时还要求所有在场的人就地跪下，祈神明降雨。悲壮的场景，渴雨的心情，令人震撼，催人泪下。

社会发展了。比之求神讨雨，如今的人工降雨、增雨可以说是大大的进步了。

（原载2003年10月13日《松阳报·古县回眸》）

潘肇序，原松阳一中高级教师。

文化旅游视野下世界灌溉工程遗产 松古灌区共富途径研究

李晨晖

摘 要

从水利灌溉工程遗产与旅游互适角度探索世界灌溉工程遗产松古灌区价值创新的优化路径，在乡村振兴背景下进行水旅、农旅多产业融合发展，促进区域经济发展和提升世界灌溉工程遗产影响力，实现灌区群众共富目标。当前松古灌区文旅开发存在旅游资源零散化，文旅有效融合度不高，特色文旅项目和整体规划缺乏，有效推进机制有待完善等问题。建议从统筹协调编制灌区遗产与旅游融合规划，深化灌区遗产文化资源的挖掘整合，创建特色文旅精品项目，协调构建促进灌区文旅融合发展机制等路径入手，有效激活遗产价值，开拓灌区乡村共富途径。

关键词：世界灌溉工程遗产；文旅融合发展；共同富裕

浙江省松阳县建县距今已有1800多年，是丽水市的“母县”。位于松阳县的松古灌区是浙江省瓯江流域最大的盆地灌区，具有悠久的农耕文明，特别是松古灌区的水文化遗产十分丰富。2022年10月,松古灌区成功列入世界灌溉工程遗产（第九批）名录，被称为中小流域古代灌溉工程的典范。松古灌区申遗成功，不仅对灌区灌溉工程遗产的挖掘保护提出了更高的要求，而且也为其开发利用构建了良好的平台。为充分发挥世界灌溉工程遗产的价值，开拓灌区乡村致富途径，开展松古灌区文旅融合价值研究，达到以旅兴文、以旅兴业、以旅惠民，实现灌区群众共富的目的，其意义重大。

1 松古灌区文旅开发的资源禀赋

千百年来，松阳先民在松阴溪主支流上兴建水利工程,所建古堰、坎、塘、堤等多达千余座，创造了“松阳熟、处州足”的辉煌历史。历史赋予了松古灌区丰富的资源禀赋，现存可用于文旅开发的资源主要为水文化遗产资源、农耕文化资源、生态环境资源、现有景区及教育基地资源。松古灌区主要文旅开发资源分布情况见图1。

1.1 水文化遗产资源

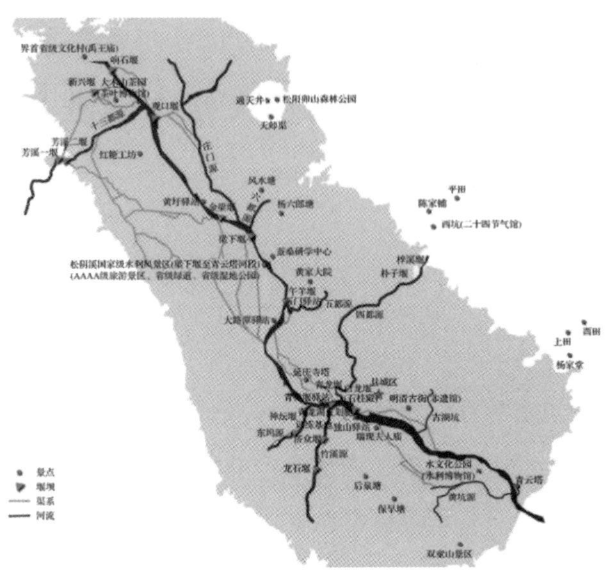

图 1松古灌区主要文旅开发资源分布

延续至今的灌溉工程遗产是生态水利工程的经典范例。松古灌区灌溉工程遗产包括堰、塘、井、渠、堤等各种水利工程。民国版《松阳县志》中记载松阳县有古堰120余座、古塘14座、古井1180多眼，其中灌溉工程遗产体系中以古堰圳及其碑刻文献遗产为主。古堰圳工程在松阴溪干支流上，至今仍保留有青龙堰、白龙堰、午羊堰、金梁堰、芳溪堰等15座，灌溉面积达千亩以上，建于清代之前的古堰圳，堰圳工程景观可观、可游、可赏。实物文献遗产主要包括元至正六年（1346年）至民国二十八年（1939年）跨越近600年的实物文献遗产榜文19份，碑刻20方，摩崖石刻5处，古文选12篇，诗词53首，民间传说9篇，古圳图1张。通过对榜文、碑刻等历史遗物的文化挖掘，从治水建设上，展现了松阳先民筑堰引水、建堤抗洪、兴塘造地的治水历程、治水技术及治水精神。从灌溉管理上，再现了松古灌区先人推行“堰（圳）董制”“圳田制”“汴石制”“轮灌制”和明清时期已形成的较为健全的水权管理机制。

此外，在松古灌区千年的治水历史中，涌现出许多为国为民的治水人物，修建了诸多治水庙宇。

治水人物包括为民筹款治水的达鲁花赤买住、捐资筑堰的先贤周汉杰、青龙堰迁址的周宗郊、勇于创新的治水人林大佳等等。在漫长的治水过程中，县人对治水英雄尊崇钦佩之至，便在灌区境内若干村落村口盖起殿堂、庙宇，用以供奉历史上的治水英雄，并为夏禹塑造了金像。现存共有17座禹王庙及龙王庙、龙殿、龙神庙、白龙瑞现夫人庙、石柱殿等庙堂。大量的历史遗存使得松古灌区成为特色鲜明的灌溉工程遗产“活态博物馆”，多样化的灌溉工程遗产承载着古人的治水智慧，具有千百年历史的古迹是历史文化、水文化教育的重要载体。

1.2 农耕文化资源

松古灌区距今已有近2000多年的灌溉历史。松阳于东汉建安四年（199年）建县，农耕文化积淀深厚，松古灌区孕育了特有的农耕文化。①古村落：县内共有国家级传统村落78个。风格各异的传统村落是中国农耕文明形态的载体，依托各传统村落，古老悠久的乡土文化得以传承。每个古村落都具有地域性、唯一性，不可复制和再生，体现了松古灌区人居聚落价值。②明清古街：明清古街长1900m，具有深厚历史文化价值，是展现松阳农耕文明的古建筑群，也是浙江省最长的县城老街。③黄家大院：始建于清同治年间，占地6460平方米，是一座总建筑面积3798m^{2}的古民居。④水事民俗：灌区内水事民俗、节庆美食活动丰富，包括祈雨、祭祈以及舞板龙灯、山边马灯、放水灯、打樟溪拳、赛龙舟等。这些绵延千百年的民俗，多与农事、水事、节庆活动相关，构成了松古灌区的乡土文化、耕读文化。春节、端午、分龙节及中秋等节日、节庆均有独特的民俗活动与传统美食。⑤农耕展示馆：近年来，松阳县政府为展示松阳丰富的农耕文化做了大量的工作，兴建了红糖工坊、蚕桑博物馆、契约博物馆、茶叶博物馆、松香博物馆、二十四节气馆、豆腐工坊、油茶工坊等一大批展示乡村农耕文化的窗口。

1.3 生态环境资源

松阴溪松古灌区段河道开阔，沿岸山峦叠翠，美不胜收，植被覆盖率高，自然生态环境优美，是最具生、态价值特色的观光河段。沿堤绿道种植大量的树木、花草、中草药，河道内有各种水生植物、水生动物，堤外农田中茶叶、香菇、蓝莓、水稻、小麦、油菜花等种植业发达。松阴溪流域野生动物资源品质优异，鱼、鸟种类繁多，包括有“水上国宝”之称的国家一级重点保护动物中华秋沙鸭、具有“环保鸟”美誉的国家二级保护动物白鹭。河道内各种生物群形成了一个和谐有机的生物景观体系。

1.4 现有景区及教育基地资源

1.4.1 景区资源

灌区内现有AAAA级景区3处，分别是松阴溪景区（也是国家级水利风景区）、大木山景区、双童山景区。松阴溪景区位于松古灌区中部梁下堰至青云塔河段，大部处于县城段，总长14.5km，规划范围12.05平方千米。两岸良田万顷，河中古堰群聚，文化瑰宝如繁星闪烁。村庄沿岸集聚，农耕文化底蕴深厚，民风民俗风情浓郁。景区内包含水文、地文、生物、天象、工程、文化六大景观，资源丰富，随处都是可观、可游、可赏的流动山水画卷。大木山茶园位于松古灌区西南部，是中国著名的茶园之一，以其连片的茶园和优美的自然风光而闻名。景区核心范围占地约2km^2，是松阳生态茶园的典。双童山景区是融合自然风光、历史文化、现代娱乐设施的综合旅游景区，位于松阳县城南2km处。景区内山势壮观、自然资源丰富、生态环境优美、旅游项目多样，同时还融合了道教文化、民间传说等元素，为游客提供了丰富的文化体验。

1.4.2 松阴溪绿道

松阴溪绿道上通遂昌，下达莲都并向支流延伸组网，全长近120km。县城段松阴溪河道长约15km，两岸近30km的绿道，不仅绿廊优美，自然文化景观节点多，还兴建有独山、青龙堰、石门、大路潭等驿站、防洪避风港码头、船闸、各类结构形式的桥梁、古堰群等工程建筑。沿堤两岸还建有水文化展览馆、航运博物馆、蚕桑博物馆、皮划艇训练中心、河头青龙湖土灶、露营基地等7处文化景观建筑。

1.4.3 水文化公园

水文化公园占地0.35km^2，包含水利博物馆、堰湖公园、白沙湖科普电站、堤防堰闸等，总建筑面积4530m^2，电站装机1260kW。水利博物馆主展厅分为“千年古县依水而生”“堰塘星布 筑坝成方”“管理有道 把脉江河 ”“阡陌纵横 连通四方 ”“全民兴水 福泽后世”“敬水爱水 人水共荣”和 “节水优先 法治护水”7 个展厅。利用声、光、电、数 码、信 息、艺术加工、多媒体和网络等多种手段，通过历史资料、 漫游欣赏、雕塑等方式展示松阳千百年的治水历史变迁和治水智慧与精神，宣传科普节约用水和涉水法制。堰湖公园利用松阴溪等周边水体营造总体水环境，游客通过参观电站、堰、闸、堤防等水利建筑，能够直观地学习水利工程科学知识。水文化公园作为省级水情教育基地，是开展水利工程实地科普和弘扬研究水利文化、传承水利精神的重要场所。

2 松古灌区文旅资源开发困境

2.1 文旅资源丰富但整合不足

松古灌区现有文旅资源丰富，为文旅项目的开发奠定了坚实的基础，然而与其他世界遗产相比，灌溉工程遗产的实用功能已经弱化，逐渐脱离群众生活，各类资源也并未得到系统的梳理和针对性的挖掘，空间分布上也较为零散。传统旅游开发灌溉遗产的模式普遍存在价值偏离、浅层结合、文化消亡等问题，要系统开发灌区文旅资源，在资源分类、整合与利用上还需做大量工作，对水文化遗产还应作深入的价值研究。

2.2文旅项目和旅游线路缺乏本土特色

水利遗产多数属于工程设施类，以功能和安全为建筑前提，旅游开发精细化程度低。松古灌区农耕文化、水文化等资源虽然丰富，但大部分的资源都未经包装，缺乏观赏性、趣味性，特别是世界灌溉工程遗产古堰、榜文、碑刻、文选、诗歌、水事民俗等。如何深度挖掘灌溉工程遗产所蕴含的文化价值，与教育基础知识、现代各种旅游模式相融合，利用现有条件提高各类资源的观赏性、趣味性、互动性是个难点。此外，松古灌区内景区开发仍处于起步阶段，众多旅游资源具有开发潜力，但缺乏龙头景区及特色文旅品牌建设。灌区文旅发展需要挖掘特色文化符号，建设“文化灌区”，设计旅行路线需要打造特色文旅品牌，做好世界灌溉工程遗产的文章，正确定位景区发展路线，培育具有吸引力的世界灌溉遗产研学项目知识产权（IP）以及具有特色竞争力的主推景点。

2.3 项目推进机制有待健全

松古灌区文旅项目的开发缺乏整体的规划和有效统一的推进机制。松阴溪县城河段是松古灌区文旅项目开发的主场。在管理上，建成的景点、场所以政府和国资企业管理为主。水文化公园、水博物馆由松阳县水利局主管，对外免费开放；松阴溪景区由松阳县乡村振兴服务集团有限公司管理，主要景点驿站已外包民间经营；中的水域和堤岸又被划入松阴溪湿地，现由松阳县自然资和规划局管理，以保护为主。在规划上，没有统一合理的文旅规划。在项目开发上因缺乏规划而无法供地，出现了有投资商而无法落地的局面。同时，已开发利用项目也在碎片化、模糊化、资源浪费的问题，而且各部门之间缺乏协同合作，出现了保护湿地、水域与文旅项目开发利用和经营维护互相对立而无法破解的局面。在投入上，灌区文旅项目的资金来源以水利、文体旅广局等政府投入为主，投资开发主体较为单一，开发和运营投入中社会资本引入不多，没有形成多元化的投资监管体制，开发进程缓慢，缺乏竞争性强的项目。

3 松古灌区文旅资源开发利用优化路径

3.1 统筹协调编制灌区文旅融合规划制定保护办法

进一步修编完善《松古灌区世界灌溉工程遗产保护传承利用规划》，组织编制《松古灌区世界灌溉工程遗产与旅游融合规划》十分必要。灌区文旅融合项目是传承和利用其文化遗产的主要平台，通过编制《松古灌区世界灌溉工程遗产与旅游融合规划》，充分挖掘梳理，解读遗产价值，提炼文化基因符号，让藏在榜文、碑刻等文献书本和博物馆里的水文化，以农耕文化赋能转化为旅游产业，谱写到松古大地上；进一步梳理协调景区、湿地、水域等相关管理法规、规则,通过合理定 位调整松阴溪各河段功能，科学确定景区等开发利用性项目和湿地等保护限制性项目的范围，采取行政、工程等措施，协调景区开发与湿地、水域环境保护等矛盾；调查分析区域文旅市场现状和发展趋势，合理确定松古灌区文旅融合发展定位、开发模式和主推项目。同时,要进行遗产保护法规制度的制定与实施，出台《松古灌区世界灌溉工程遗产保护实施办法》等，确保开发和保护工作同步推进。

3.2优化灌区遗产文化资源，创建特色文旅精品项目

3.2.1 资源整合分类

松古灌区文旅资源可按五大类进行整合分类，分别是水利科普类、自然生态类、文化遗产类、民俗体验类、健康运动类,以便后续具体文旅项目开发以及旅游线路的规划。松古灌区文化遗产旅游资源分类见表1。

3.2.2 特色文旅精品项目开发

依据松古灌区现有的文化、自然旅游资源，建议做深做精农耕民 俗体验游、魅力

表 1 松古灌区文化遗产旅游资源分类类

类别	对应的松古灌区研学旅游资源和景区场所
水利科普类	水文化公园科普景观电站、堰 湖公园、古堰群、河道堤防水闸 、船闸 、渠系、山 塘、井、桥等水利工程。
自然生态类	松阴溪湿地及绿道；中草药基地、秋沙鸭保护基地、瓯江流域生态水利研究基地野外观测站；大木山茶园、双童山景区
文化遗产类	松古灌区现存古堰遗址、碑刻、榜文、摩崖石刻 、诗歌、文选等，松阳水利博物馆、松阳博物馆及蚕桑 、茶叶、航运等各类专项博物馆及红糖工坊等专项工坊。
民俗体验类	松古灌区及周边乡镇古村落、古民居、明清古街；禹王殿、平水大王庙、妈祖庙等庙宇；龙灯、水灯、马灯、狮子灯、摆祭、祈雨、分龙节等民俗活动；各节庆美食活动；青龙湖土灶。
健康运动类	松阴溪河道、沿溪绿道等；独山驿站、青龙湖皮划艇训练基地、垂钓、骑行、青龙湖露营流宿；非物质文化遗产樟村拳。

松阳古堰游、研学亲子游等精品项目。

（1）深挖灌区农耕文化资源，创建松阳农耕民俗体验园

丰富的农耕文明，民俗文化应融入旅游产业的发展之中，通过搭建与参与者互动的平台，让游人体验民俗文化，才能让文化记忆被感受、消化与传承。松阳古街历史悠久，文化底蕴深厚，是活着的“清明上河图”，集古建筑、非物质文化遗产、商业街、小吃街于一体，但目前主要以观赏购物为主，缺乏体验性项目。其他民俗活动大多分布在全县各村，在时间上又在一年的不同时节，游人很难凑巧碰上体验的机会，因此可以将民俗体验场所选在松阴溪景区独山驿站、双龙体育运动旅游休闲中心、非遗馆等景点及古村落、各类博物馆等地方,集中创建松阳民俗文化体验园。体验活动包括传统节日美食和灯俗文化。①传统节日美食：春节、端午节、中秋节等，松阳均具有本地的美食、节庆活动，可利用青龙湖土灶开展节庆美食自制体验+活动，如端午节包粽子+采端午茶+皮划艇。

② 灯俗文化体验：为祈祷来年风调雨顺，松古先人在春节等节日，开展了舞龙灯、狮子灯、马灯、放水灯、拜祭、祈福等各种民俗活动。

（2）丰富灌区文化内涵和旅游模式，创建魅力松阳古堰游

松阴溪古堰密集,各有千秋，可观可赏，水文化资源十分丰富。古堰间河湖相连,自然文化景观节点较多，两岸绿廊、田园风光优美,是度假休闲的绝佳之地。近年来，由于文化挖掘不深，展示模式单一，加之划入湿地公园后，开发建设受限等诸多因素，对游人缺乏吸引力。深挖松古古堰群文化，建立相应的数字化模型，采用虚拟现实（VR）实景等技术，从陆上、水上、白天、夜晚、工程实体与水文化等诸方面,全方位提升松阴溪古堰游的品位,打造具有松古灌区特色辨识度的文化场景新知识产权（IP）。深挖项目可从松古古堰“+研学”“+体育”“+夜游”“+水上项目”等融合体验性、趣味性元素，推动松古水文化和旅游消费提质，创建松阴溪古堰游精品旅游线。

（3）深挖灌区文化遗产、水利科普资源，创建松阳特色研学亲子游

研学游是传承弘扬文化遗产、文旅与研学深度融合的产物。松古灌区研学课程的开发应在深挖现有灌区文化遗产资源价值的基础上，突出益智性、体验性、趣味性，注重松古灌区独具松阳特色的农耕文明。重点从水利研学、水文化研学、自然研学、运动研学等主题入手，分别从水利科技知识、农耕生态环境、文化民俗遗产、运动摄影健康等多角度进行课程的开发设计，按照1周左右时间的夏（冬）令营和1~2d的周末营（亲子假日游）进行课程组合。

（4）统筹整合灌区各景区资源与松阳全域旅游资源，开拓精品文化旅游线

松古灌区内有3家AAAA级景区以及明清古街、多家博物馆，灌区周边有最具特色的松阳古村落及AAA级景区七沐山、AAAA级景区箬寮等资源，松古灌区的文旅项目应统筹整合到全县旅游大局。建议以5~7d松阳疗养游和研学游为主导，谋划精品旅游线路。松阳农耕游主要受众对象为疗养游职工、休闲旅游团队，游览线路景点为松阴溪古堰（含水利博物馆、延庆寺塔）+松阳古街+黄家大院+大木山景区（含茶叶博物馆）+红糖工坊（季节性）+松阳古村落（含界首、杨家堂、酉田、上田、西坑、陈家铺、平田等）+双童山景区。松阳研学营（游）主要受众对象以中小学生，大学生和亲子游为主，以开设夏（冬）令营（游）为开发模式，研学课程+游玩。包括“松古灌区水利研学游”“松古灌区水文化研学游”“松古灌区自然研学游”“松古灌区运动研学游”等线路，并根据天气、季节、节气等不同提供多样化的研学旅游线路以供选择，尽可能避免外部因素对研学旅行体验的影响，达到四季全时皆可游的理想状态。松阳田园风光游主要针对休闲、疗养游，游览线路景点为松阴溪景区（AAAA级）+大木山景区（AAAA级）+双童山景区（AAAA级）+箬寮景区（AAAA级）+七沐山景区（AAA级）。

3.3 协调构建促进灌区文旅融合发展机制

3.3.1 协调理顺各行业对松阴溪河道功能的需求

松阴溪干流河道位于灌区中部，依据松阳县城规划图，上游石门圩大桥至松古灌区尾部青云塔河段总长约12.5km，其中超过10km以上河段在县城范围。该河段是松古灌区古堰群等核心遗产的集聚区，也是松阴溪国家级水利风景区（2013年创建，2018年升级为AAAA级景区）的主要景点分布和核心运营区段,是松阴溪绿道最美核心地段。过多年的建设，各项旅游基础设施逐步完善，旅游产业正逐步形成。2017年该河段又被划入省级湿地公园，随之孪生的生态红线的划入，不可避免地出现了景区运营开发与湿地保护、生态红线限制管理上的对立制约因素。政府应统筹协调，科学合理优先确定县城河段开发利用功能，组织相关部门论证在人口集聚、各类建设活动密布的县城区河段定位湿地保护区的科学合理性和实效性，如有必要，应及时依据《浙江省湿地保护条例》进行湿地范围调整，以解除生态红线等制约因素。

3.3.2 整合多方力量开展遗产文化价值研究

松古灌区灌溉工程遗产十分丰富，现水利等部门对古代先人在水利技术、管理等方面价值做了大量的研究挖掘并做了一些展示项目。但要更好地利用旅游平台来传承

其文化精髓，将遗产文物资源转化为旅游资源惠及松阳人民，尚需整合松阳县水利局、文化和广电旅游体育局、农业农村局、档案馆、自然资源和规划局等多方力量，与松阳的农耕文明和全域旅游融为一体，建设一条集旅游、休闲、研学、运动、文化等产业为一体的经济长廊。

3.3.3 构建多元化运营和文旅发展体系

依据规划对投资较大的项目除政府、国企投资外，可以引入民营资本进行开发建设和运营,对投资小的项目如研学课程开发，可以先由政府有关部门与项目工程融合，结合水情教育、水文化建设、科普宣传等项目资金开发，再向国有、民营的旅行社等机构招标运营。文旅产业要得到发展，做好市场营销十分关键。“千年农耕松阳游”一定要打破“守株待兔式”的自然增长型营销模式，依据松阳农耕游、松阳研学营游、阳风光游等精品旅游线路，由县文化和广电旅游体育局牵头，县工会、水利局、教育局等部门协助，以运营旅游公司为主体构建上海、杭州、宁波及周边市县的职工疗养游学生夏（冬）游营、居民休闲游等各类客源渠道。同时和上下游周边县市旅游行业人员机构结盟，互推互联组合开发旅游线路，吸引客源，扩大市场渠道。还应加文市场运营人才队伍建设。文旅、水利、农业等部门应协调组织承担起松古灌区农耕文明水文化与旅游融合项目的人才培训工作，组织各旅游公司导游、营销人员和其他相关人员定期开展各博物馆讲解员培训、研学课程导师培训、民俗文化培训等人才培养工作。鼓励国有企业率先引入高层次有实操经验的旅游营销专业人才和运营管理人员，提升经营队伍素质。

4 结语

松古灌区世界灌溉工程遗产作为农业灌溉水利遗产，是融合了聚落属性、文化属性、生态属性、社会属性、经济属性的优质旅游资源。文旅融合发展既可作为世界灌溉工程遗产动态保护与适应性管理的重要手段,有效盘活遗产价值，弘扬灌区千年水利精神，又可打造水旅金字招牌，开拓灌区乡村共富途径，带动松阳全域旅游产业、推动水经济产业转型升级。在灌区文旅融合发展规划基础上明确灌区文旅发展的精准定位、开发模式及精品游线，构建多元化运营机制与发展体系，带动区域经济发展,实现农文旅、水文旅融合，乡村群众共富，展现千年灌区新风采。

（本文发表于《浙江水利水电学院学报》2024年第5期，2023—2024年度浙江省文化和旅游厅科研与创作项目(2023KYZ008)研究成果。）

文旅融合视域下松古灌区研学资源开发路径研究

李晨晖

摘 要

文旅融合背景之下，世界灌溉工程遗产松古灌区研学旅行开发可盘活灌溉遗产资源价值，扩大灌区文化影响力，助力打造松古灌区文旅IP，有利于松阳特色的农耕游脱颖而出。充分挖掘灌溉工程遗产的文化价值，对遗产资源进行深度整合，拟开发“对话松古灌区”研学旅行系列课程，并根据不同的气候、节日、假期推出个性化旅游线。构建保障机制、搭建数字化研学平台、培养优秀研学导师团队，让游客在游中学、学中思，充分感受千年灌区灌溉工程遗产的独特魅力。

关键词 世界灌溉工程遗产；松古灌区；研学旅游开发

引言

近年来，研学旅游之风盛行，研学游成为文化与旅行融合发展的重要形式，“读万卷书、行万里路”也成为素质化教育的一大抓手。研学旅游成为文旅融合的重要载体，充分体现“教育+文化+旅游”的发展路径。以文化为内涵的研学游体验独特，教育价值突出，特别在旅游市场提振复苏形势下，全国各地研学旅行正在接过文旅行业复苏的第一棒。2024年1月，中共中央办公厅、国务院办公厅印发《关于实施中华优秀传统文化传承发展工程的意见》，要求全国各地“大力发展文化旅游，充分利用历史文化资源优势，规划设计推出一批专题研学旅游线路，引导游客在文化旅游中感知中华文化”。

2022年，浙江省松阳县松古灌区被列入世界灌溉工程遗产（第九批）名录中，千百年的农耕文明发展为松阳留下了数量众多、分布广泛、类型丰富的灌溉工程遗产。自申遗以来，松阳县委县政府高度重视松古灌区的遗产保护和利用工作，松古灌区内文旅资源颇丰，除了堰、圳、井、塘、堤等工程遗产之外，还涌现出大量榜文、碑刻、文选、诗词等物质文化遗产和水事民俗、治水智慧等非物质文化遗产，依托灌区文化遗产资源开展研学旅游可让游人感受千年灌区农耕文明，是发挥遗产文化教育功能的有效途径[1]。

1　松古灌区研学旅行资源开发意义

1.1　盘活灌溉工程遗产资源价值

申遗成功让松古灌区知名度大幅提升，千百年的灌溉工程遗产进一步走进人们的视野中，为灌区资源的开发利用提供了更为广阔的平台。对松古灌区内可用于研学旅行开发的资源进行整理归类，充分挖掘其研学价值，设计系统性的研学课程，并对灌区研学资源开发提出优化路径，可有效盘活灌溉工程遗产资源价值，让更多游客通过研学感受千年灌区的治水智慧。

1.2　提高松古灌区文化影响力

利用松古灌区丰富的旅游开发资源开展研学旅游，可以带领学生穿梭于堰、塘、井、渠、桥等各类灌溉工程遗产之中，感受古人的治水智慧与治水精神；可以带领学生体验板龙灯、山边马灯、禹王庙内祭拜治水英雄等绵延千百年的民俗活动，感受古人对水的崇敬之情以及对治水英雄的敬仰爱戴。可以带领学生行走于水利风景区、农田、古村落中，感受几千年的农耕文化与自然风情。丰富多彩的研学旅游打破传统学科的单一性，让学生多感官体验千年灌区的历史文化、生态文明与民俗风情。通过研学旅游等实践活动获得旅游体验，在形成灌溉工程遗产文化认同感的同时增加灌区曝光率，为灌区引流从而提高知名度，同时扩大松古灌区文化影响力，提升群众的文化认同感。

1.3　打造灌区文旅金字招牌

松古灌区所在地松阳县具有75个保存完好的国家级传统村落，浓郁的江南农耕文明让松阳获得“江南最后秘境”的美誉，古村落成为松阳旅游的特色招牌，独具特色的农耕文化体验收获了大量的游客市场，松阳县的旅游业已经有了一定的基础以及知名度。在打造全域旅游的背景下，依托世界灌溉工程遗产松古灌区开展的研学旅游可成为松阳旅游的又一金字招牌，独特的研学体验助力“松古灌区”这一IP的“出圈”，同时有利于松阳文旅、水旅从众多县域旅游中脱颖而出，开辟新的旅游发展赛道，实现水、文、农旅的高度融合。

2 松古灌区研学资源开发难点

2.1　灌溉工程遗产价值挖掘研究面单一

松古灌区申遗期间，对灌溉工程遗产的梳理、挖掘与研究主要定位在灌溉工程所处年代的技术先 进性及其给当地民众所带来的社会、经济、生态等价值。研究面在学科上是单一的，在时间上主要关注的是历史。灌溉工程遗产资源研学开发，其主要内涵要求必须多学科融合，在明确各学科独立性、特殊性的前提下，如何找到共通之处，将分离的各学科相融，是研学课程设计中的难点。所以，要开发世界灌溉工程遗产的研学旅游资源，仅止于引用原申遗成果是不够的，尚需组织力量进一步采用多学科结合，历史与现代、农耕文明与现代科技等各种要素统筹于一体。研究灌溉工程遗产的价值体系，发掘出松古灌区独特的文化符号，地理节点、治水智慧、治水科技、传统节事、重要历史人物事件等文化价值资源作为文化阐释。

2.2 灌溉工程遗产研学开发受专业局限

灌溉工程遗产本质是以水利工程为主，其观赏性、趣味性等吸引流量的优势并不突出。因水利专业性所限，课程开发过程中要避开太过专业的水利相关知识，选取通俗易懂的切入点开展课堂讲解与活动，深入浅出。如何深度挖掘灌溉工程遗产所蕴含的文化价值，在研学课程设计中与教育基础知识相融合，采用通俗易懂、生动有趣的方式并嵌入到课堂教学与旅行线路当中是个难点。

2.3 灌溉工程遗产研学开发受空间分布、市场受众影响

世界灌溉工程遗产一般是一个空间范围很大的区域地块，其遗产资源在空间分布上比较零散，而研学游线必须抓住重点核心区域，需对现状可支撑研学游发展的遗产遗址场地等载体进行梳理，对研学课程与空间适配性进行深入研究，破解研学游线的空间布局难题。同时如何突破传统研学游以学生为主的市场受众范围，扩大为学生、游人、职工疗休养等均可适应的受众市场，也是研学游开发的难点之一。

3 松古灌区研学旅游开发设计

3.1 研学资源整合

自然资源及文化资源影响着研学课程主题定位及教育内涵的挖掘。松古灌区可用于研学课程开发的资源丰富，充分体现了古人的治水智慧以及治水精神，与松阳独有的农耕文化相得益彰。通过对灌区研学旅游资源的深度整合，依据不同的研学资源开发角度，可将灌区研学资源划分为水利知识、水文环境、文化遗产、运动健康等4个主题，见表1。

在研学旅游课程开发之前，首先要明确课程设置中所涉及到的水利资源是否能满足课程开发的条件，例如：健康运动类课程设想开展皮划艇水上运动，该运动需利用部分河道水域，具体河段的管理部门是否允许；自然生态类课程设想开展鱼类、鸟类观察课程，观测站内是否支持社会人员进入。此外还要考虑课程开展的安全性，利用

表 1 松古灌区研学旅游资源分类表

类别	对应的松古灌区研学旅游资源和景区场所
知识科普类	水文化公园科普景观电站、堰湖公园、古堰群、河道堤防水闸、船闸、渠系、山塘、井、桥等水利工程。
自然观察类	松阴溪湿地及绿道；中草药基地、秋沙鸭保护基地、瓯江流域生态水利研究基地野外观测站；大木山茶园、双童山景区。
文化体验类	松古灌区现存古堰遗址、碑刻、榜文、摩崖石刻、诗歌、文选等；松阳水利博物馆、松阳博物馆及蚕桑、航运等各类专项 博物馆及红糖工坊等专项工坊。松古灌区及周边乡镇古村落、古民居、明清古街；禹王殿、平水大王庙、妈祖庙等庙宇；龙灯、水灯、马灯、狮子灯、摆祭、祈雨、分龙节等民俗活动；各节庆美食活动；青龙湖土灶。
运动健康类	松阴溪河道、沿溪绿道等；独山驿站、青龙湖皮划艇训练基地、垂钓、骑行、青龙湖露营流宿；非物质文化遗产樟村拳。

户外水利工程等水利资源时应注意研学人员的生命安全，涉水临水工程特别要做好涉水安全宣传，防止溺水等恶性事件发生。

3.2 研学课程开发设计

在传承中华文脉，助力打造松古灌区文旅融合品牌的背景之下，拟开发“对话松古灌区”研学旅游系列课程，研学课程的设计将突出益智性、体验性、趣味性，跨学科的研学课程将突破单一知识的局限，多学科横向交叉延伸能实现“1+1＞2”的教学效果[3]。该课程将包含“智健康活力”4个主题，体现了灌区农耕文化、水文化与研学旅游的融合。具体课慧灌区技术赋能”“生态灌区绿水青山”、“文化灌区访古问今”、“运动灌区程设置见表2:

3.3 研学游线开发设计

研学游是传承弘扬文化遗产、文旅与研学深度融合之产物。在研学课程开设的基础上，根据不同的主题组合研学课程，可设计出多条游线供游客进行选择。具体游线见表 3:

灌区还可根据不同的季节、时间段、节气推出夏（冬）令营、周末营（亲子假日游）和传统节日体验营。夏（冬）令营游学时间控制在一周左右，根据天气特征选择不同的课程安排，春秋两季户外课程的比例将适当提高，而冬夏两季多开设室内认知、体验类课程。周末营（亲子假日游）可由游客自行选择感兴趣的研学课程，组合

表 2 研学课程设置

研学主题	课程名称	课程内容	研学路线	课时
智慧灌区	访古筑堰	知识科普：通过现场踏勘松阴溪古堰群和参观水利博物馆，传授筑堰引水 兴利的堰址选择、堰型结构，建筑材料等原理知识。体验活动：水博馆现场动手制作竹笼卵石堰。智慧水利：感受松阳先人筑堰引水的技术发展历程和治水智慧。	松阴溪白龙堰-青龙 堰-午羊堰-水利博物馆	半天
技术赋能	清洁水能	知识科普：通过现场踏勘参观白沙湖水电站、自动翻板门闸和水能开发展示基地，传授水能、势能、动能、电能的转换知识，电能输送和杠杆门闸原理。体验活动：实际操作水能到电能的转换模型、自动翻板门闸模型等设施。绿色水利：宣传水能清洁能源和碳减排绿色环保知识政策，普及我国的水开发成就。	白沙湖水电站-白沙 湖自动翻板门闸-白沙湖水能开发展示	半天
	节水灌溉	知识科普：现场参观水利博物馆之节水馆和水文化公园绿化喷灌、滴灌等工程，体验活动：实际制作喷、滴灌工程模型。绿色水利：宣传我国的水资源状况和节水政策。传授节约用水知识。	水利博物馆-水文化	半天
	高堰行船	知识科普：通过现场踏勘参观航运博物馆、独山湖防洪避风港、白沙湖船 闸及其操作过程，传授高堰、高坝船闸行船设计原理和船闸类型、闸门的 结构、液压机构、流体力学等知识。体验活动：操作组装液压船闸闸门模型。智慧水利：感受码头、船闸技术。	航运博物馆-水文化公园-独山驿站防洪避风港码头-白龙堰船闸	半天
生态灌区绿水青山	生物认知	知识科普：考察松阴溪 4A 景区两岸绿廊、中草药基地、蓝莓基地、香菇棚及河道湿地，开展鸟类、鱼类、中草药、植物认知和相关生物习性知识传授。	松阴溪独山驿站-大路潭-鹰嘴潭-青龙堰-水文化公园	半天

生态灌区 绿水青山		体验活动：根据不同时节开展采摘活动或鸟类、鱼类观察活动。 生态水利：感受大美水利风景区。		
	松古茶香	知识科普：利用松阴溪绿道两岸丰富的茶园、茶厂、茶叶市场资源，通过现场踏勘认知茶叶种类、学摘茶叶，参观茶厂了解茶叶加工工艺，学会认茶、泡茶、品茶等基本知识，传授茶技术和茶文化。体验活动：茶艺表演。知识扩展：参观浙南茶叶市场，了解市场行情和交易。	大路潭驿站-茶叶市场	半天
文化灌区 访古问今	治水考古	知识科普：参观水利博物馆明清时期各类榜文、碑刻、文选等文献遗产，了解松阳先民的治水文化。体验活动：学习制作碑刻拓片，结合榜文、碑刻拓片文本标注标点，补充 损字缺句，注解全文等。 知识扩展：掌握一些考古知识，提高文言文学习能力。	白龙堰及石柱殿-青龙堰-青龙堰独山摩崖石刻-水博馆	半天
	管水判案	知识科普：参观水博馆，宣传古松古灌区水资源管理制度和水权管理机制， 讲解历代知县处置各类水事纠纷诉讼案件事例。 体验活动：利用松阳高腔等戏剧道具，认选案例编写剧情，模拟演示知县 处置相关案例场景。 智慧水利：弘扬先人的治水、管水精神和智慧，激发对治水先人的敬爱之情， 提高协调解决矛盾能力。	水利博物馆-模拟剧场	半天
	影像松古	知识科普：传授摄影的基础知识 体验活动：通过松阴溪 4A 景区、古村落、明清古街、水文化公园等实地采 点拍摄，初步掌握摄影的基本知识和技巧。 大美松阳：透过镜头感受江南秘境之美。	水文化公园-松阴溪 4A 景 区-杨 家堂-酉田-陈家铺-西坑 两天 明清古街	半天

文化灌区访古问今	诗书松古	知识科普：讲解品鉴宋、元、明、清、民国各时期松阴溪古诗词。体验活动：利用明天顺元年至清光绪九年的19件榜文仿真原件和16方元明清碑刻拓片，开展古人书法赏识和临摹。诗书松阳：感受诗、书之美，提高文化自信	水利博物馆	半天
	灯俗体验	知识科普：通过观看视频，了解松阳的灯俗文化 体验活动：选择1—2种花灯进行体验和学制大竹溪八角灯、山边马灯等彩灯。文化松阳：松阳节庆特别是春节期间有丰富的花灯文化，如龙灯、马灯、 采茶灯、花鼓灯、文武彩灯等，大多以10—13岁左右的小孩为表演者。	水文化公园-非遗馆	半天
	松古运动	知识科普：快乐运动的同时普及运动中涉及到的浮力、张力等力学知识和 运动技巧。 健康运动：利用松阴溪 4A 景区，松阴溪绿道、松阴溪河湖，结合皮划艇、浆板、龙舟、骑行、徒步等运动元素，展开运动研学。 安全教育：宣传灌输涉水等安全方面的相关知识，提高学员安全意识。	独山驿站、河头皮划艇训练中心、松阴溪绿道等。	半天
运动灌区健康活力	樟村拳艺	知识科普：可通过参观法昌寺，观看拳师对樟村拳、棍、凳花（板凳）、刀、锏等武术表演，学打小五步、大五步、五步变、对策（对打）等较为简单 的拳术套路； 健康运动：樟村拳初体验，学习小五步、对策； 非遗松阳：感受“樟村拳”，传承“樟村拳”非物质文化遗产。	非遗馆	半天

表3 松古灌区研学游线开发

游线名称	研学课程组合	课时安排 /d	在松历时 /d
水利灌区游	访古筑堰、高堰行船	1	4
	清洁水能、节水灌溉	1	
	影像松古	2	
文脉灌区游	治水考古、诗书松古	1	4
	管水判案、灯俗体验	1	
	影像松古	2	
生态灌区游	生物认知	0.5	5
	松古茶香	0.5	
	影像松古	2	
健康灌区游	松古运动	1	5
	樟村拳艺	2	
	影像松古	2	

而成1-2d的游线。传统节日体验营主打农耕节气文化体验，将增设具有节日属性的课程，例如：端午节展开水上运动课程，体验赛龙舟等传统习俗；分龙节开展祈雨、放水灯等体验课程。

4 松古灌区研学旅游开发策略

4.1 保障机制建设

研学课程及旅行线路的开发需要系统的管理机制做为保障。研学旅行是文化遗产传承利用的有效平台，是文旅融合的有效载体，松古灌区世界灌溉工程遗产研学旅游开发刚刚起步，其发展优劣事关松阳农旅、水旅、文旅发展大业。要从以下3方面着力：一是县级政府及其管理部门应将该项工作纳入松古灌区世界灌溉工程遗产与旅游融合规划之中，整合水利、文广旅体、农业、教育等各方资源，形成合力共识，在规划顶层上构筑好灌区遗产研学旅游开发的布局。二是遗产研学旅游课程开发就是对世界灌溉工程遗产的进一步挖掘传承利用，水利、文广旅体、农业等部门应将研学旅游课程开发融入到各自行业工程建设之中，结合工程建设开发研学旅行课程。同时也可依据规划整合项目向社会资本招商，建立多元化的研学旅行开发投资机制。三是遗产研学旅游的发展关键在运营。课程开发后应由有能力、经验的专业团队负责运营并在运营中不断完善。采用竞争性谈判、公开招标等方式确定运营团队，建立适应市场的多元化的运营机制。

4.2 数字研学助力

可利用数字技术助力研学旅游课程实施。引用AR等技术打造体验式课程；通过VR虚拟考察，了解松古灌区世界灌溉工程遗产全貌；借助数字媒体展示遗产工程结构、非物质文化遗产等，创设真实项目情境。此外还可依托数字技术搭建“对话松古灌区”智慧研学服务平台以供游人自主化体验课程。平台模块包括：云游灌区、灌区故事、灌区课堂、研学之旅等模块构成。其中云游灌区模块将依托电子地图切入图片、视频等资源，向游人展示松古灌区真实样貌，感受如画风景；灌区故事模块主要为游人讲述松古灌区千年治水过程中发生的治水故事，感受古人治水智慧，弘扬治水精神；灌区课堂模块将包括水利基础知识等微课讲解，多途径帮助游人吸收学科基础知识；研学之旅模块将为用户推荐独具特色的灌区研学旅游路线，进一步吸引平台用户来实地探访，参与线下研学旅游。

4.3 导师团队把控

研学旅游的本质是“教育+”，松古灌区世界灌溉工程遗产的研学课程设计难度较大，需要深入挖掘遗产工程的教育价值，在不失旅行趣味性的同时要与基础学科相结合，充分体现研学旅游中“学”的意义。课程开发团队应聘请水文化研究、教育学、旅游开发、民俗传人等多方面的专业人士作为导师，提升产品的知识性、趣味性和可操作性。在研学活动开展的过程中，也需要研学导师全程把控课程效果，所以必须十分注重导师队伍的培养。松古灌区研学导师应有扎实的多学科知识储备，并对灌区遗产资源文化价值具有充分了解，能在实践中做到知识迁移，深入浅出有趣生动地将知识传输给课程参与者，以达到满意的研学课程目标。

5 结 语

开发松古灌区研学旅游课程及游线，打造“对话松古灌区”研学旅游品牌，可激活松古灌区世界灌溉工程遗产价值，有效提高松古灌区知名度与文化影响力，并辐射带动全域水旅、文旅发展。松古灌区研学开发仍处于初级阶段，未来需进一步加强灌区资源与旅游部门、教育部门的对接，注重课程与灌区文化、经济、生态、工程的整合，推进特色农耕文明与学科知识的融合，实现灌区文旅、水旅发展与教育创新双赢。

（本文首发于《浙江水利科技》杂志2024年10月网络版，2023—2024 年度浙江省文化和旅游厅科研与创作项目（2023KYZ008）研究成果。）

松古几何

陆春祥

天高，地阔。长虹卧波，秋水长。

公元979年，对北宋来说，是个有点特殊的年份，赵光义从哥哥那里承继了皇位，雄心大发，想再创伟业，兵收燕云十六州，不料契丹将他打个落花流水，他只好坐着驴车落荒逃命。虽惨败，五代十国造成的乱局却随着南唐后主李煜的死去而基本平定，大侄子赵德昭也被他的一句话吓得自杀，他已经没有后顾之忧。某一天，赵皇帝召来行达禅师吩咐道：你西行印度去吧，取一些经回来，保我大宋平安万代。

没有行达禅师的具体记载，但《松阳县志》上这样说："行达禅师奉旨西行，到了中印度，十年后，得《大经论》八部、舍利四十九粒以归，受到朝廷嘉赐，为此发愿建塔，以藏舍利。"行达禅师选择瓯江的上游松阳及下游永嘉（今温州）建塔，上游塔于咸平二年（999）动工建设，三年后塔成，此塔就是今天松阳的延庆寺塔。下游的龙翔寺塔，今已无存。

《松阳县志》这段记载，有语焉不详之处，我还有更大的疑问：塔为什么修建在瓯江上下游？这有什么讲究？难道禅师是这一带地方的人？修在开封或者中原其他地方似乎更有理由，但不管怎么说，这延庆寺塔，今天就高高矗立在松阳城西的云龙山下，广袤的松古平原是它的南屏障。

这就引出了文章标题的前两个字，"松古"，这是松阳县与古市镇两个地名的简称。松阳位于浙江省的西南部，浙江第二大河瓯江穿行而过，流域面积占县境93%，瓯江在松阳，叫作松阴溪。群山绵延中凸现一大片广阔无垠的平地，被称为松古盆地。自古至今，因为松阴溪，松古盆地成了松古灌区，它是浙西南巨大的粮仓，古代松古灌区良田的面积约9万亩，现今，整个灌区的灌溉总面积约16.6万亩。

延庆寺塔与松古灌区有什么联系？宋太宗赵光义起初吩咐行达禅师西去取经的目的就是保邦安民，瓯江上下游，塔一立，水顺田丰，百姓生计就有保障。这塔就好比孙大圣的金箍棒呀，朝地上一戳，宝塔镇江龙，万世于是安康。

现在，我要进入1000多年前的松古灌区，看松阳先民如何利用智慧，用松阳溪的水浇灌出丰收的果实。

对于水，最好的治理方法或许就是导与引，即便围与堵，也是导引的另一种方式，大禹就深谙此理。松古灌区，先民最常用的方法是依势筑堰建渠，分片开圳引水。《松阳县志》显示，灌溉面积在1000亩以上的古堰，包括响石堰、青龙堰、金梁堰、白龙堰、芳溪堰、午羊堰、济众堰等，现存共有14处，筑于清代以前的堰坝就有122处。

壬寅深秋的一个上午，我站在石门圩老大桥上看午羊堰，看长长的白花花的堰坝。老桥已变身为廊桥，但与传统常见廊桥迥异，虽朴素，现代感却很强，来往行人不断，不时还有风驰而过的摩托。桥的上游10米处就是午羊堰，此堰始建于明朝，坝长246米，该堰是周边数村的重要生产与生活水源，灌溉着下游4500亩农田。伫立桥上，从容看堰。闪动着浪花的堰坝有三个层次：最上层，数十厘米高的扇面形石墙，水流激石，细帘如冬冰垂下；第二层，有一个宽阔的砌石带，上有方形石墩排列，从此到彼，供人行走；由此跌下的水流为第三层，层面也宽阔，高度目测至少半米以上。这样设计的堰坝，无论来什么样的大水，都可以得到有效缓冲。水流平静的时候，午羊堰则会显出各种姿态，坝上水平如镜，坝下瀑布如细白练，甚至还有绿色点睛，几丛水葫芦在一、二层面的宽阔地带水淋淋地伏着，它们似乎想往石面上扎根，顽强得很。

走过石门圩廊桥，在堰坝的另一端，有一条渠，渠首一道闸门，随时控制着下游的用水。坝底边有一户农家乐，人进人出，整个松古灌区，绿道绕水，百花娇媚，游人穿梭，似乎都已成旅游景区。堰坝分割，不时见到深潭湖泊，各自成景，我们行走在河岸绿道上，经过一处生态湖滩，但见湖面上绿岛遍布，岸边水牛三五，白鹭点点，当地人称牛背鹭，白鹭是牛的帮手，它们配合默契，牛身上的各种寄生虫就是白鹭们的美食。

松古灌区，以松阴溪为主干，其余呈几何形状，不少圳、渠，都有明显的分级结构。如果说堰、塘、井是溪水的调控单元，那交错的圳、渠则为溪水的传送单元，灌溉体系完整，旱涝可控，造就了“处州粮仓”。

怎么建坝，如何引水，松阳水利博物馆向我们仔细展现了这种讲究。

松阳先民一般采取无坝引水和有坝引水两种方式取水灌溉。

无坝引水，如金梁堰，《重修京梁圳碑》记载：“溯圳之所始，在元，则由七都象鼻潭入水。至明洪武间改而下之，则由轭儿洞潭入水。”无坝引水也不是一点不筑坝，只是因为七象鼻潭、轭儿洞潭所处的地势较高，只要在边上开一渠，需要用水，随时引水。

青龙堰、白龙堰、芳溪堰，这些堰坝都是有坝引水，筑坝技术，基本因地制宜。松阳地处深山，竹木到处都是，将毛竹分瓤剖成几缕，根部或末梢连着，编成空笼，再以溪中卵石填入笼中，构成完整的筑坝构件，竹笼装卵石，可广泛用于筑坝、围堰、护岸、护坡。古代都江堰也基本上以竹笼、木桩、卵石为主要建筑材料。浙江和松阳的不少文献都记载，松阳溪支流，在北宋时期就改为砌石干流堰坝了，而干流干砌石坝并设巨闸，则要到明万历年间。

明万历二十五年（1597），屠隆到松阳采风，松阳县令周宗邠热情接待，并盛邀遂昌县令汤显祖陪同。周县令应该带他们参观了松古灌区的渠堰，屠隆的《百仞堰记》有如此描述：“长堰蜿蜒，龙堰虹卧，中为巨闸，启闭以时……”可以想见，周县令为松古灌区的水利建设成就而自豪，我甚至能想象出，屠隆、汤显祖们视察之后的感叹，甚至还有亲水戏水场景，掬一捧清流，往天空一扬，这青山绿水间，民丰官闲，也是一件极惬意之事啊！

看着这欢乐的场景，周县令也开心了，但他心里清楚，要管理好这一河清流，其实是件挺不容易的事，想着办公桌上那一摞摞公文公案要处理，周县令忽然心情有点沉重起来。比如在百仞堰推行圳田制，堰渠的管理经费要落实，各村的分水轮灌方案还要进一步优化。刚到松阳的场景，周县令永远也忘不了：万历二十二年（1594年），他初任松阳县令，就接到棘手的陈年旧案，众多百姓要求修复百仞堰，该堰被冲毁多年，两岸农田一片荒芜。为什么多任县令不修复？他去现场观察，终于找到症结所在：原堰址位于北岸的四都源下，如果筑堰，南岸虽可灌溉，但北岸乡民则会内涝。经过长期踏勘水脉，周县令决定，将坝基往西上迁数百米，新坝地势稍高，南可决水灌溉，北无漫流漂舍之患，南北两乡的旱涝问题迎刃而解。县丞前几日来报，说百仞堰那边立起了一块碑，碑高196厘米，碑宽84厘米，上书“周侯治水德碑”，嗯，百姓心里有杆秤，松阳百姓对他为治水所做的一些贡献还是认可的。他一想到此，有点欣慰。而屠隆前面描写的场景，应该就是百仞堰修复后的盛况，屠隆后来将周县令的治水经验总结为：成功难哉，在权利害。利七害三则兴利，利三害七则避害，利害相半，与其有利，不若无害。这差不多就是定量分析的原则了，但它产生的基础应该是周县令的成功实践。

正如周县令想的那样，在松阴溪流淌的1000多年中，因水而发生的各类争斗为数实在不少，这有榜文与碑刻为证，兹举数例：

天顺元年（1457），榜文记载：金梁堰灌区，顽民强抄汴石，占夺水利，时任县令及时查验，发榜文重新分派水圳，要求按榜分水灌溉。

康熙二十七年（1688），榜文记载：时任县令认为，前任县令制定的力溪灌溉6日，再小五坦3日，末源口5日的轮灌方案有失公允。县令重新调查有效灌溉面积后，变更了水权。

康熙三十五年（1696），榜文记载：时任县令追究源口地方土豪强截霸灌、不遵水期的行为，灌区百姓水权行使权得到维护。

道光十四年（1834），龙石堰碑文记载：灌区河头村，百姓霸截圳水，时任知县汤景和公断此事，并形成分水灌溉规定。

光绪七年（1881），榜文记载：时任郑姓县令，依据史实及现实情况，变更有史以来的“十四日”轮灌为“十五日”轮灌。两年后，继任县令将前任判定的轮灌方案勒碑永示，告示灌区百姓不得再紊乱混争。

每一块榜文，每一方碑刻，都是一段治水历史的生动演绎，用水无小事，民生无小事，任意地截流，如果处理不及时不适当，都会引起纷争，酿成血案。

千百年来，松古灌区的民众，探索出了许多简单有效的管理规则与方法，这些管理规则与方法一点也不亚于所谓专家的那种深刻智慧，不时闪光。

牛背调水。金梁堰灌区，进水口附近溪中有形似牛犊的巨石，百姓就以此为水文观测，当石牛背露出水面，就迅速筑堰，将松阴溪水调入金梁圳。这种方法，自明洪武年间开始使用，一直到2011年下游建起固定的堰坝才终止。

这牛背调水，不失为就地取材观测水位的民间智慧。李冰在修都江堰时，在水边上立了三个石人，以石人身体的某个部位被淹，来衡量水位高低和水量大小。至北宋时，江河湖泊已普遍设立了“水则”碑。所谓“水则”，就是石碑竖在水涯，上刻尺度，用以测定和记录水位的变化，则，准则之意。南宋的宁波，设立“平”字水则，碑上有大大的“平”字，水淹没“平”字，即开沿江海各泄水闸放水，水位下降露出“平”字，关闭闸门。明万历年间，绍兴重修三江闸，立水则碑，上刻金木水火土五字，规定水淹某字，开闸若干孔放水。想着水则碑的事，我忽然这样想，那块牛背石，不是文物的文物，似乎也应该得到某种保护，它可是松阳先民测水的最好见证啊！

汴石分水。指在干渠进入支渠分水口或堰坝取水口，左右墙及底板，用一定宽度的石板，以铁板浇筑固定，以使分水均匀。

分片轮灌。指按照分水榜文、碑刻规定的水期，分片区定期轮流灌溉。用水期间，松古灌区人头攒动，那种日夜流动的热闹与繁忙，完全可以想象。

明清时期，松古灌区还普遍推行“堰董会”“圳董会”，这已经是很前卫的股份制雏形了。值得注意的是，其中的堰长、圳长，并不是某个人，而是管理集体，类似现今的董事会制度，这有诸多榜文及石刻为证，例如明嘉靖九年（1530年）的榜文落款为“堰首：孙闵璋、周延庆、周明理、周□、周□福、周□□、周全、周□、周□”。县宪批复：“仰堰长会同该图里，克照田均贴工食修筑，毋违。执照。”长长渠，众人管，集小智为大智，集小力为大力。

圳田制。B地借圳给A地建堰，A受益灌区划拨田地（或堰圳董事会购买田地）给B地，B地堰董事会获得田地后，又将田地租给农户，收缴的租金用以管理、维修堰圳。还有借地建圳，给予合理回报，均是协作治水，唯此才能双赢。

水权制。水权以投资为原则，谁投资，谁受益。不过，水权的获取、变更、交易、保障，皆由政府主导，也就是说，大资本不是随便可以进入获利的。

以上种种，皆为长效管理手段，这或许就是松古灌区千年长流的重要原因。

松古灌区的丰美，使得人口不断在河两岸集聚，同时，支流、支流的支流，那些松阴溪的毛细血管边，但凡有水源的地方，就有人去开疆拓土，“古典中国的县域样本”“最后的江南秘境”，诸多美称，将深山里的松阳装扮得神秘无限，至目前，松阳境内的中国传统村落达75个，为全国前列。这些古村落的灌溉用水体系，至今保存完好。

起源于秦汉，发展于宋元，成熟于明清，松古灌区以松阴溪为长藤，以沿线随势布局的堰塘井渠为结瓜，这是中国古代完整水利工程体系的典范。

2022年10月6日上午，澳大利亚的阿德莱德市，国际灌排委员会第73届执行理事会召开，浙江省松阳松古灌区与四川省通济堰、江苏省兴化垛田灌排工程体系、江西省崇义县上堡梯田一起成为第九批世界灌溉工程遗产。让松阳人骄傲的还有，始建于南朝的丽水莲都通济堰，1963年以前也属松阳县，此前的八年，通济堰已经成为世界灌溉工程遗产。

伫立松古灌区阔大的田野中，忽地想腾空而起，如一只大鸟般在灌区上空翱翔一下，那么，我的脚下，延庆寺塔虽小，却如定海神针般坚定，穿境而过的长藤，连串的大小瓜分布，都会如几何图形般袭击我的双眼，让人目眩神摇。

又偶尔发现，“几何”一词，最早起源于希腊语，由“土地”与“测量”两个词合成而来。万物皆数。我想，这应该不是巧合，松古灌区的几何，就是土地与溪流的和谐相处，各种经验与教训的选择累积，这是一道松阳先民巧解了数千年的平面的立体的几何大题，但我以为，梦的变幻有无数种可能，这道题的最佳极值，仍然需要松阳人今后不断解析下去。

2300多年前，雅典近郊，40岁的柏拉图站在其学院的大门口，指着牌子上的一行字警告众人：不懂几何者莫入。说这句话时，他是严肃而认真的。不过，松古灌区的几何，没有门槛，沉甸甸的稻穗，欢快的溪流，随时欢迎你来！

（本文发表于《芙蓉》杂志2023年第5期）

陆春祥，笔名陆布衣等，一级作家，中国作协散文委员会委员，中国散文学会副会长，浙江省作家协会副主席。已出散文随笔集《病了的字母》《字字锦》《乐腔》《笔记的笔记》《连山》《而已》《袖中锦》《九万里风》《天地放翁——陆游传》等三十余种。主编浙江散文年度精选、风起江南散文系列等四十多部。作品曾入选几十种选刊，曾获鲁迅文学奖、北京文学奖、上海市优秀文学作品奖、浙江省优秀文学作品奖、中国报纸副刊作品金奖、报人散文奖、丰子恺散文奖等奖项。

松古灌区，一场跨越千年的治水修行

鲁晓敏

它是瓯江上游的支流，长度仅为109公里，却诞生了两项世界灌溉工程遗产——通济堰和松古灌区。这条低调而奢华的溪流就是松阳县的母亲河——松阴溪。

松阳县地处浙西南，是丽水市（古称处州）的下辖县。松阴溪由遂昌进入松阳后，挣脱了群山的束缚，河床展开，奔腾在175平方公里的松古盆地上。古往今来，先民们在溪流上先后筑起了一道道堰坝，将溪水源源不断地引进盆地，浇灌出16.6万亩良田，这就是有着处州粮仓之称的“松古灌区”。

与坐拥世界上第一座拱形大坝和第一座水上立交桥的通济堰相比，“松古灌区”似乎寂寂无名，既无世界性的创造发明，也无伟岸的堰坝和历史名人加持，它缘何得以比肩通济堰？又缘何获得中小流域古代灌溉工程典范的美誉？

绽放在松阴溪上的几何之美

站在松阴溪边，我一遍遍端详着青龙堰，面对这条伴随着自己长大的堰，并不觉得它有何新奇之处。但是，今天不一样了，当它身披世界灌溉工程遗产的光环后，我觉得它一定藏有鲜为人知的神奇之处。

它有一条“人”字结构的拦水坝，300多米长的坝分成南北中三段，南段是一条斜插进溪中的拦水坝，北段是一条与河岸垂直的拦水坝，而中段是由三个圆拱坝组成的拱坝群，这种不按常理出牌的组合十分耐人寻味。

直到我将无人机升空之后，茅塞顿时解开：此处正好是松阴溪与竹溪源的交汇处，是典型的三江口，溪面陡然加宽，如果只是使用一条简单的直坝或者曲坝进行截流，坝体无法承受特大洪峰所带来冲击波。其次，青龙堰的引水涵洞建在三江口，于松阴溪上砌出喇叭口一样的斜线拦水坝，一方面起到很好的引流作用，另一方面可以保护涵洞免受洪水冲刷，这条斜线坝承载着拦水坝、引水坝、护坝的多重作用，是名副其实的多功能坝。

南北两侧，水流相对较缓，所以将北侧拦水坝修建成直线形、南侧修建成斜线形，这样一来既能满足拦水的要求，也可大大降低建造和维护成本。可谓一举多得。

当我将目光聚焦到江心的圆形拱坝，洪峰来袭时，这里遭遇的水流冲击最为强烈。三道半圆形的小拱坝，坝顶朝着来水方向，使汹涌的溪水沿拱坝圆心方向泄流，从而有效地减轻了洪流对坝体的冲击。拱坝的连接处还连着一只长方形的石坝，它们齐心协力地抵住坝脚，起到化解水流压力的作用。

在解放前，青龙堰的拦水坝为块石干砌而成的连拱坝（人字形拱坝），仿佛是通济堰的翻版。不仅是青龙堰，在其他堰的身上也可以找到通济堰的影子。其实这很正常，始建于南朝梁天监四年（505）的通济堰，在1963年之前，其所在的堰头村还属松阳管辖，可见当时县域中的技术交流与学习借鉴是一种常态。松古盆地为松阳的政治、经济中心，按中心优先发展之常理，现盆地中始建年代不明的青龙堰、金梁堰、午羊堰、响石堰等一批古堰，或许早于通济堰建成。

当青龙偃的堰渠一路向东前进时，遇到了独山，去路被挡。向南是高地，此路走不通，向北是地势低洼的松阴溪，又回到了老路，怎么办呢？不知道是哪个天才想出了两全其美的办法，沿着独山北侧的松阴溪畔修建了一条依山傍水的渠道——堰渠一头“踩”着溪水，一头拥抱山体。远望似乎是一道防洪坝，实则是一条松阴溪“托举”而出的堰。于是，出现了高低两层水流并行并流的奇景。这道地上悬河绕过独山，流淌到南岸的瓦窑头、塘寮、水南、青龙、程徐等村，徐徐灌溉着2800亩肥沃的土地。

白龙堰地处青龙堰下游500米处，站在岸边远眺，肉眼看过去拦水坝呈一条洁白的直线，压在碧绿的溪面上。走近看，仿佛有一只巨手将一条笔直的线条奋力地折了一下，直线变成了折线，坝的中部呈现出宽大的钝角。奔腾的水流越过坝顶俯冲到水面上，发出一片“哗哗”的跌水声。

为什么会出现这样的设计呢？白龙堰的拦水坝脚踩在一片巨大的岩石河床上，坝基的稳固不成问题，但此地正好是溪流回环之处，洪流对南侧的拦水坝冲击较大。仿佛一个挑着担子的农民，前后箩筐的载重量不一，他无法平稳前行。既然没有办法调整负荷，那么就调整扁担的受力点。具体的做法就是将南侧的大坝由直线改为斜线，与青龙堰的斜线拦水坝一个道理，起到了分洪和导流的作用。

据《松阳县志》记载：白龙堰，在县南五里一二都，灌田二十顷。元末里人周汉杰捐资并鸠工筑成，称为竹笼卵石坝……由此可知，最初的拦水坝由竹笼简易充填卵石堆积而成，一到逢汛期，频频被洪水冲坍。到了明万历十六年（1588），先民将竹笼卵石坝改筑石坝。石坝竣工之后，人们似乎可以长舒一口气了，事实并非如此。从日后所看，拦水坝屡次毁坏，又屡次修复。解放后，白龙堰经过了多次大规模地整修与加固，拦水坝改为浆砌块石滚水坝，防汛、引水、灌溉能力真正得到了质的提升。

与青龙堰一样，白龙堰的设计以实用为第一——松阴溪是松阳县的商业主航道，也是串联瓯江流域与钱塘江流域的黄金通道，如果一条巨大的拦水坝将溪流截断，那么往来船只和竹筏将无法通行。由此，人们在拦水坝的南侧开辟了一条行船道。当船、筏经过行船道的时候，通过人力拉纤可以顺利地通过。同时，这里又兼具溢洪道的作用，当洪水漫溢的时候，它变身泄洪道。所以它的进口和出口都设计成宽大的喇叭口形，为的就是快速地导流，从而起到保护坝体的作用。

青龙堰和白龙堰只是松古灌区中较为知名的堰，沿着松阴溪溯流而上，午羊堰、梁下堰、金梁堰、观口堰等堰一波波地出现，各种形状的拦水坝浮现在碧波上，或直线形，或斜线形，或钝角形，或曲线形，或多拱形，一条条优美的线条在水面上延伸、交错、舒展，绽放出天工造物般的几何图案。

我突然想，如果把松阳看成一个充满阳刚之气的农夫，灌区则是他宽广而结实的胸膛，那一道道堰就是刻画着神秘图文的文胸。我由此想到，古瓯越先民正好有着断发文身的习俗，这似乎就是松阳的一种暗喻。

古代堰群工程的样板

松阳有记载的古堰有200多处，除了青龙堰和白龙堰等10多条灌溉千亩以上的堰之外，其他微小型的古堰不计其数。如果再均分一下，在总面积1401平方公里的松阳，不到10平方公里就有一座有名有姓的古堰。数量之多，密度之大，在瓯江流域排名第一，放眼全国也实属罕见。

与通济堰的单一水利工程不一样，松阳灌区是以堰群的方式出现在世人面前。松阳先民利用地形地貌和水流脾性，在松阴溪两岸筑堰建渠，分片“开圳引水”，逐步向盆地深处渗透，形成以松阴溪及其支流为水源点，干渠、支渠、毛渠有序分布的灌溉网络。堰群星星点灯一般散布在松阳大地上，看起来是散装的引水工程，放大到整个松古盆地，实际上是一次多类型、多功能的水利工程集结，它的规模和灌区面积远远胜于通济堰。但是，通济堰单体规模更大，有记载的始创时间比松古灌区早，还有多项世界性的创造发明，可以说它们之间各有千秋，在同一条溪流上相互照耀。

跟随着通济堰的脚步，松阳灌区在明清时期出现了一次集体性的改造，一条条由松散的笼装卵石的拦水坝逐渐更换成块石砌筑的石坝。这次脱胎换骨的技术更新，将灌区牢牢地嵌在了松古盆地中。这时的灌区，不仅在工艺还是体系上都已经日臻完善，部分已经接近和达到了现代灌区的水准。

如果只是这样说，我们还不太明白其中的奥妙，在松阳水利博物馆的沙盘前，松古灌区的神奇一览无余地展现在我面前：松阴溪干流—筑堰截流—水渠引水—山塘蓄水—蓄水灌溉—余水流回松阴溪；松阴溪干流—筑堰截流—挖塘蓄水—利用水势落差流进水碓—粮食加工—余水流回松阴溪。一套为主，一套为辅，两张灌溉网络互为独立，又互为配合，将水治理得服帖，将水调理得入微。

就这样，松古灌区依托数量众多的灌溉节点，经过渠系串联，构筑了“堰塘井渠合理布置、引蓄灌排有序组织”的长藤结瓜式灌溉网络，辅以轮灌制，开展有组织、有秩序的引蓄灌排。这是古代版的多级灌溉系统，与现代生态水利工程如出一辙。2022年10月6日，松古灌区成功入选了2022年世界灌溉工程遗产名录。这无疑是对松古灌区科学保护、传承和利用的极大肯定。

可以说，经过两千年的循序发展，松古灌区已然成了中国中小流域古代灌溉工程典范。甚至可以说，在松阳，我们一眼可以看见中国农业文明的缩影。

如果这一切还不够形象，当你看到松阳水利博物馆墙上的灌区地形图时就会一目了然：工作人员打开电源开关，代表水流的光束缓慢地点亮松古盆地，那一抹“水流”从进入渠道开始，引、蓄、补、灌、排环环相扣，有着一气呵成的连贯，有着千古不朽的绵长。“水流”逐次点亮了形如叶子的松阳大地，在光线的扩散中，我看到这片叶子逐渐饱满起来，变得越来越葱茏，越来越活力四射。

与之伴随的，我似乎听到了一群正在躬身耕作的老农直起身来，对着大地发出齐声呐喊：“松阳熟，处州足！”

治水是一场创新实践

明万历二十三年（1595），宁波人屠隆应县令周宗邠之邀到了松阳，时任遂昌知县的汤显祖陪同前来。屠隆和汤显祖是那个时代最伟大的戏曲家，彼时汤显祖的《牡丹亭》尚未面世，而屠隆成名更早，宛如一支擎峰。目睹了上一年修缮竣工的青龙堰工程，屠隆挥笔撰写了一篇《百仞堰记》（青龙堰的别称）。

屠隆在文中娓娓写道：长堰蜿蜒，龙堰虹卧，中为巨闸，启闭以时……

见多识广的屠隆，面对这一复杂的工程发出了由衷地赞美与惊叹。

时间回到万历二十一年，周宗邠出任松阳令，刚一上任，就有百姓涌到县衙群访，要求修复废弃多年的青龙堰。原来，青龙堰的堰坝自明正德年间（1506—1521）被洪水冲垮，松阴溪南岸尽为赤土，南岸的民众一次次上书要求修复，一直没有结果，直到周宗邠出任松阳知县，此事不知不觉过去了七十余年。周县令一听吓了一跳，事关民生的灌溉工程竟然瘫痪了如此长的时间，松阴溪南岸的百姓如何灌溉？他们是不是年年歉收？一想到这，他不敢怠慢，反复查勘现场后发现，青龙堰原址坐落在独山潭附近，拦水坝北接四都源（松阴溪支流）之下，在此筑堰，水位抬高，导致松阴溪水倒灌进四都源，北岸农田屡屡受淹。所以，每当南岸乡民动工修堰，北岸乡民就出面阻挠，双方打起了旷日持久的官司。没有人想到，周县令原本是一位出色的水利专家，很快就找到了问题症结——“徙堰基西上数百武，地形稍高，故岸堤崇广。南可决水灌田，北不漫流漂舍，永垂大利，杜争端矣！（《百仞堰记》）”于是，周县令决定将拦水坝迁往上游数百米处。

此举，既解了南岸灌溉之忧，又化了北岸的内涝之患，两岸百姓对此拍手称快。工程竣工之后，眼看着甘泉一般的溪水淌进了一垄垄干裂的土地，在汤汤水流声中，水南吴氏民众自发在渠边立起了一块“周侯治水德碑”。

为什么这么简单的事情迟迟无法解决呢？原来，新址带来了一系列问题——新坝位于三江口，溪面更宽、水情更复杂，筑坝的难度增加了，筑坝所需费用多了，但是相比较两岸乡民常年所遭遇的旱涝侵袭，周县令认为这点困难双方还是可以承受的，对于双方而言，共同的利益大于共同的伤害。这就是松阳水利史上著名的“利七害三”，简称“七三”法。

看到这一切，屠隆笔锋一转：“利七害三则兴利，利三害七则避害，利害相半，与其有利不若无害。”

周县令选择堰址的方法，其实是参透了事物利弊关系之后的抉择，如药有七分利就有三分毒，寻找趋利与避害之间的平衡点，成为他化解纠纷的成功关键。但是，其间的辛苦和艰巨只有周县令自知，他一方面四处协调，苦口婆心地劝诫，做思想政治工作；一方面积极向府、省两级申请拨款，还发动两岸百姓众筹并以身作则捐出巨资修堰，从而一举治愈了悬了七十年的痼疾。一个敢于负责任、不怕丢了乌纱帽的官员，让禀性倨傲的屠隆折服，在《百仞堰记》的最后，他盛誉周县令“洵宏伟之功，千百世之利也”，这十一个字是对周县令所做功绩的最好总结。

这不仅仅是松阳，也是中国水利史上最早使用定量分析方法对水利工程项目建设开展可行性研究的实例之一。像这样的例子，在松阳两千多年的水利史上不胜枚举，除了以智慧平息争端，制定缜密而符合民情的制度也极为重要。

金梁堰灌区水少田多，沿渠民众时常在分水问题上产生纠纷，在旱情严重之时甚至发生械斗。官府派人经过实地勘察，制定了周密的分水制度，下发批文，发布告示，特别是对金梁堰沿线村落乡民水利纠纷、轮流防水时日等问题的处理和规定制定得尤为妥当。府衙、县衙刻石勒碑，将制度晓之于众，要求沿渠民众世代恪守。

松阳先民不止在建坝、解决纠纷有不少创新，而且对堰的管理机制、经费来源、到水权的确立、水调度、堰田制等方面不断推陈出新。“民办官助”“借地建圳”“牛背调水”“汴石分水”“分片轮灌”等，一项项治水实践和长效管理在松古灌区中精彩呈现。可以说，松古灌区是一场千年治水的实践过程，更是农耕文明的鸿篇巨作：选村址，垦荒田，修堰坝，挖渠道，掘湖塘，砌防洪堤，栽风水林……一股股水流，一垄垄良田，一方方堰规，一次次权衡利弊，一场场民主协商……绘就出农耕文明的县域示范区。

耕，是立命之本；读，为修身之策。有了灌区的保障，有了耕的基础，松阳人读书之风日盛，进而通过科举走向更为广阔的人生舞台。从此，松阳人以耕读传家为法宝，崇文尚读的风气如同松阴溪一样源远流长。

守住了堰规就守住了人心

单有扎实坚固的堤坝、四通八达的渠道还不够，还要有行之有效的堰规。事实上，从堰诞生的那一天起，堰规就存在了。历史上，松阳各条堰中早就开始了有制度的运行，只是史料的缺失，导致我们无从知晓早期的管理制度。

明嘉靖四年(1525)，芳溪堰沿线的村民进行了一次普举，推举管理芳溪堰的堰首。在芳溪堰的管理机构中，堰首是核心，由百姓推选地方上有名望、有品行、有能力，且有经济实力的人担任。堰首的职责相当于指挥官，带领大家解决堰坝出现的问题，处理险情，组织救灾、防洪、冬季岁修、清淤、调解争水纠纷等等。但是，芳溪堰的堰首与通济堰不一样，堰首不是一个人，而是一群人，相当于今天的董事会。

我们今天还可以从史料中看到他们的名字：孙闵璋、周延庆、周明理等9人。他们能够在不分村落、不分宗族的选举中获胜，说明他们在这一带的威望甚高。这群人发挥集体的智慧和力量，以民主协商制度共同管理着让他们得以在这片土地上生存的芳溪堰。

在芳溪堰成立堰首之前的元至正六年（1346），金梁堰就专门成立堰坝董事会，这是松阳最早出现的堰渠管理机构，这是一次集体管理的试验品。到了明代中期，自芳溪堰成立堰首之后，已经形成了一套完备的管理架构和体系。从治水、管水到用水，从堰董管理机制、堰长圳长负责制到水权交易等制度，松古灌区的运行机制就此定型。特别是创新了堰首负责制、水权交易等制度，在国内亦属领先。

独山北麓现存一方清末摩崖石刻，上书：光绪三十四年复筑何家堰上首，堤一百七十余丈，按亩派捐，每亩一角，向业主捐洋七角，以为公费之资。水南坐田六成，徐村坐田二成，程村坐田二成。日后轮流水期，亦照田亩多寡按田灌溉，周而复始……各村堰董公立。

里面的内容对水费收取、如何用水、如何监管、如何惩处违规者等，都有着详尽的规定。像这样的碑文和公文在松阳还有很多。今天，我们发现了与松阳灌区相关的元明清时期碑刻19方，榜文19份，古圳图1份，内容包罗万象，其中对创新建坝、堰圳水毁修复、古圳图档案管理、水事纠纷处置等事项均有翔实的记载。这是一份跨越五百年的纪实档案，它的核心内容无非两个字——规矩。

在松古灌区中，一条条公道的堰规，村村得以执行，人人得以遵守，这是历史上松古灌区的真实面貌。从堰规扩散开来，规矩意识植入松阳人心，直到今天，这里的人们依旧遵循着古风，长辈教训顽童时常说的一句口头禅："怎么这样无规无矩。"人们之间协商办事，总不忘叮嘱："我们按规矩来办。"

不得不说，古堰对松阳人的生活影响至深。

"圳"是松阳人美好的愿景

在松阳官府发布的榜文和民间所立的碑文中，往往将"堰"写成"圳"。比如在松阳博物馆馆藏的清乾隆年间告示中，多次出现了"圳"字。那么，"圳"是什么意思？据《新华字典》的注释，圳读音为zhèn，本义为田间水沟，多用于地名，比如深圳。而且，在松阳方言中"圳"念为"愿"，为什么会这样，谁也道不出个所以然。

松阴溪流经青龙堰和白龙堰之后，水分三道，向东南方并流，三条水流在大地上组成了笔画粗细不一的"川"字。从形状来看，"圳"字倒也形象。渠水慢悠悠地走过灌区，最后还是捺入了松阴溪，这个"川"字又拧成了一股。

或许，松阳先民从阴阳转换的高度去理解了"圳"字——一个守土而生、逐水而居的村落，土代表着安身立命，而水象征着川流不息，土和水相交寓意着五谷丰登。其次，水与土都是村落中赖以生存的命脉，要想获得村落可持续发展，水与土必须保持恰当的平衡，水太少则旱，水太多则涝，只有将水妥当地收蓄在松古灌区之中，才能确保旱涝兼收，这才是农耕社会最大的资源与保障。灌区的形成，带来松阳农耕发展同时，促进农商文化的繁华，松阳因此成为瓯江流域最为富庶的县域之一。

松阳先民将渠水引到村中，水流穿村而过或依村而走，人们进而又将水引到房前屋后，这种水布局利于村民的取水、灌溉、消防以及洗涤，水流得到了最大化利用，惠及千家万户。先民不仅掘出了渠道，还在村落周围凿出一口口池塘，它们与堰、渠联手，夏天汛期时起到泄洪功效，冬天枯水期时起到蓄水池的作用，而且能够调节气候与温度，可谓一举多得。

先民们举起锄头，硬生生地在松古盆地中开掘出了一个风光旖旎的水乡。直到今天，沿渠各村依旧是“家家门前观流水，户户屋下清泉流”的动人场景。而贯穿松古灌区的松阴溪，串联起了堰坝、绿道、湖泊、深潭、湿地、溪滩，茂密的植被在两岸绵延，百鸟翻飞其上，已经形成了风光旖旎的生态公园。

北宋最后一个状元，处州知府沈晦退休后隐居松阳，写下了一首诗：“四塞无他虞，惟此桃花源。”这里的桃花源不仅仅是景色宜人，更是物阜民丰，在人们的眼中这样的桃花源才是终极的景致。是啊！自古以来，有了大大小小的圳，有了水的滋养土地才变得富产，有了安居乐业，千年来的松阳才有着不变的景象，哪怕至今依旧未有大的改变。

也可以这样说，正是因为有了完备的水利设施，才催生了松阳发达的农耕文明，才有了今天引以为傲的名冠——古典中国的县域样板、江南最后的秘境。直到今天，这些历经岁月涤荡的古堰，依旧青春十足，依旧源源不断地造福着乡梓。此时，我们的目光越过一道道圳，越过松古灌区，似乎可以清晰地听到大地上传来一声回响——“愿！”

那是松阳人美好的愿望——与圳共生，更是美好的愿景——与圳共荣。

（本文发表于《中华民居》杂志2024年第1期）

逐水而居

周吉敏

一

喜欢“桑”。《诗经》里有“无折我树桑”，《穆天子传》里有“天子命桑”，《古乐府》里有《陌上桑》，孟浩然诗里有“把酒话桑麻”。桑，弥漫着古典中国山水田园的气息。

松古盆地就像一片桑叶。四围连绵的群山似边缘卷起，主脉是松阴溪，依主脉错生开来的三十余条支流是它的叶脉。那些更细小的筋脉之间构成了一块块几何图形，田园与村居。松阳以其中的二十六条支流分成二十六个辖域，称为“一都源”“二都源”“三都源”“四都源”，依次到“二十六都源”。“源”作后缀，读出了一种水乳交融的情感。

在松阳水利博物馆绘制的这片“桑叶”前，伫立良久。在一个小时前，我就从这片桑叶的主脉底部，也是松阴溪的入江口，逆流而上。确切地说，我是从瓯江的下游而来。此次于我是溯源之行，也是一次逐水之旅。

逐水是人类的本性，也由此创造了灿烂的人类文明。松阳的先民沿松阴溪而来，居住在松阴溪畔的小山坡与盆地上。先民们在松古平原上筑起了第一道水坝，种下第一粒种子，当然也渔猎，也采集。遗留下来的石镞、石斧、陶罐、瓷豆，过去了四千多年依然散发出光芒。

二千年前，东瓯先民北迁江淮走得也是我今天的路线。汉武帝建元三年（前138），东瓯遭闽越围攻，遂向武帝求救。闽越撤兵远去后，“东瓯请举国徙中国，万悉举众来，处江淮之间”。汉武帝将东瓯国民安置于江淮流域的庐江郡，就是今天安徽省舒城一带。东瓯王率领部属军队四万余人北上，从东瓯国都城所在地温州，走水路经松阴溪畔的古市，见平原灌溉条件优越，部分军民便留下开垦耕作，补给北迁军民的粮食。一些眷恋故土避至山区的越人回迁，在松古平原上定居下来。汉献帝建安四年（199），松阳置县，治在古市，是处州（今丽水市）最早的建制县。在这样的暮春时节，先民们在松古盆地的“子规声”里，“采了蚕桑又插田”的耕作情景可想而知。

南方的迁徙，对应着战乱的灾难——衣冠南渡，安史之乱，靖康之难，北方士与民不断地朝着浙西南这片山野走来，沿着松阴溪以及三十余条支流选择并开发各自的生活场域，形成了一百多个村落——雅溪、力溪、樟溪、桐溪、陈家铺、杨家堂、松庄、酉田、南岱……蛮荒的山野染上层层烟火。一千八百多年时光过去了，重重山峦将时间屏蔽，他们还是把炊烟袅袅升起。

沿着“三都源”走，山深林密，涧水曲折，仿佛到了尽头，才见有村人在路边售卖山货。古木遮天，村口狭窄。由山道婉转而入，才见村居错落在峡谷激流一段和缓处。村名松庄。溪上有一座单孔石拱桥，如明月步虚，空灵飘逸。小溪，古桥，碇步，堰坝，梯田，民居，相生相融，恍若武陵桃源。山中的小桥流水人家，不饰雕琢，古朴典雅。

宋水秀仿佛就坐在桥头等我似的。我们坐在一起闲谈。七十三岁的她，五十多年前嫁到松庄，夫家有四个兄弟和四个妹妹，她嫁的是老三李文生，儿子在松阳县城工作，女儿远嫁金华。听着哗哗的水声，想象年轻时的宋水秀，就在溪边用白嫩的手洗衣服，坐在桥头奶孩子……“宋水秀”作为小说或剧本里的女主角，可好？

膳垄村在“十九都源”，村子像一叶小舟泊在一片狭长的山谷坡地上。村旁涧水飞落成瀑，落入深潭，满溢出来，穿村而过。一户人家门上的春联这样写——“屋后青山步步春，门前绿水声声笑”。周仕方的家门朝着溪流而开，老人家正在做谷耙。秋天里用到的农具，春天就开始准备了。

不知谁说过，人类所有的智慧都在流水所经之处。山里的水奔入松阴溪，浩荡地流过松古盆地。松阳人称松阴溪为母亲河。还有比这三个字更好地表达出对一条江流的认识吗？

二

逐水人，也是治水人。他们逐水而居，也治水而兴。

松古盆地，自古就是“处州粮仓”。当地有民谚说“松阳熟，处州足”。松阴溪上的一百多座古堰——金梁堰、白龙堰、青龙堰、午羊堰、神坛堰……堰堰如龙，感应着天时、地利与人和，关系着千家万户的烟火人生。

沿着松阴溪走，去看古堰。

暮春时节，冷暖交替，时雨时晴，远山远水隐在薄雾里。天地间的绿色，让松阴溪消融了源源不断地送过来。松阴溪的绿，是豆绿，不是青绿，青中有蓝，还是闷着了，看看龙泉青瓷的釉色，就知道了松阴溪的水色了。

大溪上那道白花花的，就是白龙堰。以白龙之名，是人们祈望神力能护佑这条堰坝不被洪水摧毁。白龙堰始建于元末，是里人周汉杰捐资并鸠工筑成。

修筑白龙堰时，是在冬天。乡民们将毛竹分瓢剖成几绺，根部留着，编成竹笼，再将溪中卵石填入竹笼，然后将一个个竹笼堆积成坝。这样的智慧，来自民间的经验积累。竹笼装卵石砌坝，是宋元时期的堰坝坡岸砌筑法。明朝万历十六年（1588），松阳知县廖性之改为砌石堰。又几度被洪水冲毁重修。现在的白龙堰，是浆砌块石堰。白龙堰引出的圳渠，全线长达四千余米，惠及了堰渠两岸项弄与白沙等村的两千多民众。

离白龙堰不远的北岸，有一座石柱殿依山面溪，是当地乡民感念周汉杰的治水功德而建。墙上绘有周公平山寇保乡民、明师入境守御处州、捐资修建白龙堰等事迹。从白龙堰引来的渠水缓缓从殿前流过，一棵苦楝树守在殿旁，花开得如云似霞，香气浮动，随风传远。

春江水阔，独山似金蟾出水，领山水之风骚。此山也叫百仞山，旧筑有“百仞堰”。明万历二十三年（1595），作家、戏曲家屠隆应松阳县令邀周宗邠到松阳采风，留有《百仞堰记》。文中开篇就记叙了明正德年间，百仞堰坏，然一直未恢复。明万历二十二年（1594），周宗邠甫一上任就遭遇百姓上访，恳请修堰。七十余载过去了，两岸农田荒芜已久，多任县令为什么不修复？水利是民生工程，是一方官员的分内事，无论多难，周宗邠决心予以解决。

周宗邠多次去实地踏勘水脉，终于找到了症结所在：原堰址在四都源下，如果筑堰，南岸虽可灌溉，但北岸乡民就会发生内涝，因此南北两地乡民一直争吵不休，筑堰之事一直悬而未决。

周宗邠有何良策？他将百仞堰坝址向西上移了数百米，新坝址地势稍高，南面可解决灌溉，北面又不会发生内涝之患，既可收水之利，又可绝水患，南北两地都周全了。

屠隆在文中总结了周宗邠的治水经验：成功难哉！在权利害。利七害三则兴利；利三害七则避害，利害相半，与其有利，不若无害。“三七原则”，是历史上首次出现的水利工程兴建与否的定量分析原则。

百姓心中自有一杆秤，在堰旁立“周侯治水德碑”，记其功德。

百仞堰也称青龙堰。明万历二十六年（1598）改为砌石堰。在这源远流长的松阴溪上，建坝保民生的周宗邠不是第一个，也不是最后一个。现在的堰为砼连拱坝和重力坝，圳渠长七千米，灌溉着两岸的万亩良田。

水声哗哗，似有谈笑声。应是周宗邠带着屠隆、汤显祖他们在此观赏松阳的水利工程。山县寂寞，宗邠兄做此等利民之事功在千秋啊。长溪浩荡，青色的堰坝，如苍鹰打开翅膀，欲腾空而起。

三

芳溪，是一条芳草鲜美的溪流。

我首次见到“芳溪”是在松阳水利博物馆，它是“桑叶”上的一条支脉，在二十六都源里排第十三位。芳溪引起我关注，是因为存世的十九道水利榜文里，有十八道榜文关于“芳溪堰”。时间从明嘉靖九年延续到清光绪九年四月，内容涉及堰首、圳长、筹资、水权、圳图等，从中可以理出一张完善的水利管理系统图，还可以看到当时农村因水而生的社会状况。举例在此:

康熙元年（1662），榜文记载，知县批示，堰长照依旧例修筑古堰，并明确筹资、出工方案。

康熙二十五年（1686）六月初七，榜文记载，古榜圳图遗失，十三都芳溪源口、十四都肖周等村分水灌溉。

康熙二十五年（1686）六月十七，榜文记载，自宋朝以来芳溪堰的轮灌方案，即明确了堰坝水权由力溪、源口、五小坦获得。

康熙二十七年（1688）六月，榜文记载，时任县令认为前任县令制定的力溪灌溉六日，再小五坦三日，末源口五日的轮灌方案有失公允。重新调查有效灌溉面积后，对水权进行了变更。

康熙三十一年（1692）七月初三，榜文记载，芳溪二堰为源口、力溪、岗坞祖民所建，该三个村拥有芳溪二堰的水权。

乾隆十七年（1752），榜文记载，松阳县正堂黄槐为十三都下源口等四庄派定期任命圳长告示。

明清时期，松古灌区已普遍推行“堰董会”“圳董会”，其中的堰长、圳长，并不是个人，而是一个管理集体，有7—8人，类似于现今的董事会制度，其主要职责是负责堰渠工程的维修养护，日常用水秩序的维持，摊派民工、收取水费等维养经费的筹集。有诸多榜文及石刻为证，例如明嘉靖九年的榜文落款：“堰首：孙闵璋、周延庆、周明理、周□、周□福、周□□、周全、周□、周□”。县宪批复：“仰堰长会同该图里，克照田均贴工食修筑，毋违。执照。”

从榜文里可见，水权以投资为原则，谁投资，谁受益，但水权的获取、变更、交易、保障，皆有政府主导。圳图、水期榜文、水期勒石永示碑都是对水权持有的合法依据凭证，需要经过时任官府的批准并发布告示后方可生效。水权变更、调整等亦由时任官府颁布告示进行变更。

芳溪堰的十八道榜文，呈现了明清时期松古灌区完善的水利管理机制的。而芳溪堰因水权变更而发生的一件水利纠纷案件，其时间跨度之长，事件之反复，看得人惊心动魄。

自宋以来，芳溪堰一直推行力溪六天，源口五天，五小坦片三天的十四天轮灌制。康熙二十五年古榜圳图（轮灌依据）遭洪水毁失，五小坦片区因田多水少提出变更水期诉求。康熙二十七年知县李钟秀判许变更，将源口、五小坦片水期互换。康熙二十九年，处州知府批查撤销县府变更，维持原轮灌水期。道光四年，田多水少的五小坦灌片村庄的李某为了争取更多的灌溉水期，控告力溪村周某霸占芳溪堰水，并上诉至浙江布政使司和闽浙总督。时任松阳知县江思睿奉浙江布政使和闽浙总督批示审理此案，采取了力溪、源口不变、五小坦片加一天的方案，将十四天一轮变十五天一轮。

芳溪堰的这个“十四日”与“十五日”的水权纷争，并没有因省府判定而结束。光绪七年十二月的榜文记载，时任县令郑县令依据史实及现实情况，变更有史以来的“十四日”轮灌方案为“十五日”轮灌方案。光绪九年四月的榜文记载，将前任县令判定的“十五日”轮灌方案勒碑永示，告示灌区群众不得再紊乱混争。之后，再无榜文记载这件事，该平息了。

在松阳水利博物馆看见一张清光绪七年古圳图，绘制了芳溪二堰的水脉走向，上面标注了山塘、水碓、村庄的位置，特别多的是演（涵洞口），达四十多处，整个水利工程如长藤结瓜，水之利用，一目了然。

现在的芳溪堰已改为浆砌堰坝，铺了花岗岩的碇步。整个溪床被挖开一道深深的壕沟，正在兴修水利工程。溪岸立着一个铁皮告示牌，这是新时代的水利榜文，上面写着：

芳溪一堰始建无考，北宋即已存在，位于新兴镇下源口村十三都源上。2022年对引水闸进行提升改造。现堰坝长58米，引水干渠长2500米。工程受益村为下源口村、上安村、潘连村，受益人口5000人，灌溉农田3000亩。渠道用水计量设施采用水位尺，用水定额：200m^3/亩，用水总量控制目标：37万m^3，农业水价：0.215元/m^3。

下源口村掩映在溪岸的绿树丛中，对面是田野，芳溪从中穿过。两位头发斑白的村人，正在堰坝上洗涤农具。曾经的水利纷争早已烟消云散，芳溪两岸人家的日子依然跟这条溪流相依相守。

四

从高处俯瞰松古平原——松阴溪贴着大地蜿蜒而来，沿途田园铺绿，民居累累，一条江流的化衍之力，以人类逐水而居的情状呈现眼前，如果用一个大词来表达，只有“伟大”。

松阴溪上的堰坝，引出圳渠，圳渠又生出更细的毛渠，还有蓄水的山塘和水井，把水脉源源不断地送达到每一寸土地。可以说，这里的每一片叶子，每一朵花，每一粒稻谷，每一个人，都是一条行走的松阴溪。

在松阳行走，你在遇见的事物上，都能感觉到这条江流的存在，感受到水脉的搏动，这是很美妙的感觉。特别是在南直街行走。

南直街，这条松阴溪载来的繁华街市，呈“丁”字形，把自己钉在明清时光里。明清是传统与现代的临界点。南直街对现代进程采取了断然拒绝的态度。

脚步前行，时光却在倒流——炒茶，裁缝，弹棉花，穿蓑衣，打棕垫，做竹椅，刻木雕，做马口铁，做称，还有出售竹笋、苎麻糕、酥饼，甚至菜苗，一家店挨着一家店，时光缓慢而丰富，回忆代替了思考。

南直街10号是“祖字打铁店”。老虎灶居中，老虎灶边卧着一只圆筒形的手风箱。小铁锤、大铁锤、铁夹、砧子、水桶等工具无序地放着。师傅匀速地拉动手风箱，将风送入老虎灶。风箱“呼哧呼哧”地吹鼓着，炉膛内的木炭火苗“呼呼”蹿起来又扑出去。师傅用铁钳夹住铁块送进炉膛，火红从黑色的内部渐渐浸透出来。左手握着铁钳，翻动着铁坯，铁坯慢慢变得通红，然后夹出来，放在砧上，右手拎起锤子，“叮叮当当”，反复锻打，铁坯慢慢成形。

锄头，用于田地翻耕、锄草；田刨，用于水稻耘田；耙，用于水田起埂，或者松土；耖，用于平整水田；镰刀，用于收割稻谷与麦子；犁头、斧头、柴刀、菜刀……

“祖字打铁店”从清末开始创业，经过阙樟通、阙法法、阙炳跃祖孙三代地接力传承，在一百多年的时光里，究竟打制出多少铁器，已不得而知。据调查，本世纪初，松阳县城还有二十多家打铁铺。有多少件铁器，翻开沟渠田野，收割了多少的稻谷？可以用数据给想象插上翅膀——松阳县有16万亩耕地，20世纪的1984年，全县粮食总产量达12万吨，达到历史的顶峰。1990年，国务院授予松阳县“全国粮食生产先进县”称号。这些铁器与先民们的石斧、石锛、石镞之间，存在着一个传承有序的松古盆地。打铁店，或者一把新月形的镰刀，可以作为松古盆地农耕文化的符号。

苎麻糕热气腾腾地端上来，一条条像水波，又似草绳，绿意盎然，仿佛也是松阴溪的化身。松阳人在漫长的时间里逐水而居的情状——细微而盛大，日常而复杂，依赖而抗争。松阳，也成了人类逐水而居，治水而兴，理水而荣，化水而生的古典中国的县域样本。

2022年10月，松古灌溉区入选世界灌溉工程遗产，松阳的农耕文明汇入世界文明的大统而备受瞩目。

松阴溪从遂昌进入松阳的当口，有界首村，村口有禹王庙。上古传说，大禹治天下百川之水，而后才有田可耕，有粮可收。松阳人承继了中华民族古老的治水精神。

（本文发表于《十月》杂志2024年第4期）

周吉敏，浙江温州人，中国作家协会会员，著有散文集《月之故乡》《民间绝色》《斜阳外》《古游录》以及童话长篇小说《小水滴漫游记——穿过一条古老的运河去大海》等。曾获琦君散文奖、三毛散文奖、川观文学奖、丰子恺散文奖。

从浙中粮仓到天下粮仓：浙江七处秘藏之地

汤敏

水能利万物，亦能为害。聪明的古人摸透了水性之善变，学会与之共存，且巧加利用，于是就有了无数散落在大地上的水利灌溉设施。

从2014年起，一些曾经具有里程碑意义，虽历经沧桑，至今遗存的设施被荣封为世界灌溉工程遗产。

10月6日，国际灌排委员会公布2022年（第九批）世界灌溉工程遗产名录，中国浙江省松阳松古灌区、四川省通济堰、江苏省兴化垛田、江西省崇义上堡梯田4个工程申报成功。至此，中国拥有此种世界性遗产30处，其中浙江独占7席，即丽水通济堰、诸暨桔槔井灌工程、宁波它山堰、湖州太湖溇港、龙游姜席堰、金华白沙溪三十六堰、松阳松古灌区。

它们的历史足够久远，就浙江而言，年代最早的太湖溇港距今2500年，年代最晚的姜席堰距今也有600多年。至今依然发挥功用，恩泽绵长。

我国传统灌溉工程的缔造史、利用史就是一部农耕文明的发展史。它们浇灌千里沃野，催开千重稻浪，守护万家灯火，滋养一方文明；反之，若没有长盛不衰、从未断绝的中华文明，水利工程的建设、维护、维修就无从谈起。从这个意义上说，农耕时代，水运即国运。

党的二十大报告指出，“要确保中国人的饭碗牢牢端在自己手中”；“中国式现代化就是人与自然和谐共生的现代化”。从这个意义上说，无论当下还是未来，水运依然是国运。

一

类型丰富、技术超前、效益显著、传承至今的七处灌溉工程遗产，实力证明浙江先民很早就有了不同凡响的用水、治水智慧。

对它们哪怕只做浮光掠影的了解，都会让今天的我们深深折服。

众所周知，选址是水利工程成功的第一步。令人称奇的是，在那个没有精密的勘测仪器的时代，古人在选址时是如何做到巧借地形、因势利导，甚至于巧夺天工的？

水文学、力学原理已被娴熟运用，能在急湍巨流之上飞架堰坝，能驯服狂流，为我所用，能把咸水变作清泉，在广大乡野浇灌田园，又汩汩流入城市，托起“一邑风景，万井人烟”。

它们都不是单体构造，而是一整个精妙的系统。无论是“长藤结瓜”式的堰、渠、塘、井网络，还是引灌为主，储、泄兼顾的竹枝状水系网，抑或是诸暨赵家镇一带星罗棋布的数千口古井，又或是级级调蓄的溇港水系，都如此庞大，却又如此精巧。

不断完善的管理制度是保障灌溉设施持续运转的长效机制。这七处灌溉遗产能延续至今，说明浙江人从不缺少制度设计的能力以及守护制度的契约精神。近代史上常用的“官督民办”一词早已成功落地古代浙江社会。大体而言，就是地方政府组织关键工程的修建，将具体事务委派给有名望的乡绅，再将各项水利事务分派给受益用水户。

费孝通先生以“差序格局”总结中国乡土社会特色，已成为不刊之论。然而，互惠互利、守望相助的“水利共同体”则让我们看到了乡土中国的另一种可能性。

二

灌溉当然是灌溉工程的头号功能。有了它们，荒服化膏腴。从“松阳熟，处州足”到“苏湖熟，天下足”，民谣传颂了从浙江粮仓演进到天下粮仓的辉煌历程。“稻米流脂粟米白”，不仅哺育了浙江生民，还作为国家贡赋，沿着一道道漕运，运往遥远的北方。直到今天，灌溉遗产工程水流之处，依然滋润着百万亩良田，护卫着国家的粮食安全。

条条水脉，滋养三百六十行，带来区域经济的繁华。农桑并重的时代，有良田万顷，就有桑麻遍地好风光，也有了“丝绸之府”“鱼米之乡”美名传扬。还有美酒、青瓷、香茗、佳果……都离不开水的滋养。

城因水兴。宋代诗人戴表元“行遍江南清丽地，人生只合住湖州”最是脍炙人口。然而人们所不熟悉的前两句“山从天目成群出，水傍太湖分港流”，赞美的正是湖州太湖溇港的风光啊。若没有它将漫漫滩涂化作寸寸沃土，哪来的湖州这方清丽地呢？据学者研究，宁波的崛起也正是凭借着他山堰抗洪、阻咸、蓄水、通航、灌溉之功。金华、丽水、松阳、龙游，这些底蕴深厚的名城名县莫不如是。

水能通航，舟楫天下。从灌溉区走出了著名的龙游商帮、宁波商帮，走出了以宁波为起点的海上丝绸之路。

“仍怜故乡水，万里送行舟。”这水，来之不易。有一代代实干的地方官员率领民众不畏艰难，修建守护；有无数官绅商民慷慨解囊，乐于捐输；甚至有“地崩山摧壮士死”的英雄不惜为建坝护坝献出生命。

三

这七处世界灌溉工程，都是人类在历史长河中创造的农耕文明的结晶，凝聚传统智慧，启迪未来之路。

保护好它们，就是要呵护工程实体，不但不因社会变迁而荒废，反而要善加管理、维护、修复“进一步挖掘其经济、社会、文化、生态、科技等方面价值”，永续使用。

保护好它们，就是要珍视灌溉区的文化景观画卷：青山绿水，风景不殊；书院庙宇，依稀仿佛；城镇聚落，透着浓浓“水”意；民间曲艺，犹带泥土芬芳；岁岁年年，祭祀先贤与龙神，寄托百姓的哀思与祈望……

保护好它们，就是要重视与之相关的历史文献，众多的地方志、族谱、碑碣等，承载的历史信息，蕴含巨大价值，值得深入研究、发掘。

保护好它们，就是要传承发展先民“天人合一”、与自然共生共融的朴素哲学。把新农业景观、土地的持续生产力，与传统的用水治水智慧、自然生态管理经验，联系起来、和谐起来，为“诗画江南”“活力浙江”“天下粮仓”继续贡献“水”的力量。

天下粮仓的秘密，就潜藏在一渠渠活水之中。“问渠那得清如许？”可以溯及久远的从前，更将流向广阔的未来……

（本文发表于2022年12月16日“方志浙江”微信公众号）

汤敏，研究员，浙江省地方志办公室研究部主任。

世遗水流松古盆地

方 刚

三百多年前的明季，烟波浩渺的洞庭湖畔，广阔洁白的沙滩岸上，安详恬静的秋意黄昏，暮色苍茫中，群群大雁起落回翔，鸣叫呼应，高士濒水抚琴，寄情山水，勾勒出一幅心旷神怡的水墨写意画。感谢精通音律的古代琴师们，用泠泠的七弦琴，清越悠扬的乐音，给后人们留下了《平沙落雁》这一古琴名曲逸响，记录下了意境高远的场景，且以“人类口头和非物质文化遗产代表作”，回荡在寰球乐坛里……

三百多年后的新时代，浙西南的松阴溪畔，一处名唤白沙的地点。远处青山翠岭，草木蓊郁，风吹山林，涛声起伏；近处翻板水闸，横卧溪面，清流飞扬，银波荡漾。白鹭亮翅，贴水疾飞，沙洲欢鸣，汀渚觅食，用雪影白身点染出一幅赏心悦目的“白沙飞鹭”景。临水而立，衣袂飘飘，回望屋顶树草呼吸，房体轻浮水面的水利博物馆，荷香飘逸，锦鲤戏水的堰湖美苑，3.5万平方米的水文公园置身山水，浑然天成，它蕴涵在“世界灌溉工程遗产名录”的辉景之中……

一是人世《平沙落雁》曲，琴音袅袅传神韵；一为凡间《白沙飞鹭》景，鹭声阵阵悦心扉。二者确有异曲同工之妙，皆云山水景观之精致奇妙秀丽清雅，都曰天地环境之物我两忘心游万仞。独立松阴溪畔，风雨之时，可览碧水婆娑起舞之态；月明之夜，可赏碧水静影沉璧之美；朝霞夕晖，可观碧水浮光跃金之韵；云烟缥缈，可叹碧水沧桑邈远之思……

古风

巍巍群山两岸立，漫漫古道岭上行，清清溪水玉盆流，点点村落平畴布。松阴溪水源自邻县遂昌的万山丛中，似天外来客，盘桓于层峦之中，逼仄处，它湍急奔腾，雪浪银涛；迂回在叠嶂之上，狭窄时，它起伏跌宕，跳珠溅玉。“绿水逶迤去，青山相向开。”惟有到了这松阳县境，才溪面渐宽，渐现出大气磅礴，水天寥廓的景观，令人豁然开朗。一如苍龙归海，风平浪静，乖顺地奉献着无价的碧水，哺育着这1800多年“古典中国的县域样本”，在16.6万亩良田上，年复一年地弹奏着农耕文明的正声雅音……

足下这片膏腴肥沃之地，便是瓯江流域最大的盆地灌区，丽水最大的产粮区，在它庞大的身躯上，留下了太多的农耕文明的印记，久传不衰的“松阳熟，处州足”之民谣也许就是最形象的诠释。母亲河松阴溪，以一条不甚规则的轴线，自西北斜贯向东南流经县境，120里水路，宛如一张巨大的绿叶，透过26条叶脉，沿途吸纳着26条逶迤曲折，源短流急的支流之水，勤劳智慧的先民们依水聚居，开枝散叶，擘画出松阳县域的建构。78个国家级传统村落，其数量之多位居全国前茅，成为全国传统村落保护发展示范县，一个硕大的国家传统村落公园正在形成。风格各异，韵味多彩的村落，犹烂漫山花开遍山野……

晴天，绵长的松阴溪上吹拂着浩浩天风，布散着灿灿阳光；雨日，蜿蜒的松阴溪上飘洒着绵绵细雨，蒸腾着蒙蒙雾气。溪水唯有以滔滔的水声，回应着天光云影，招呼着阔叶高草，不知疲倦地奔流向东。可别小觑了这表面乖顺的松阴溪，在历史上也曾上演过河道变迁，县治迁徙的骇人悲剧。追溯松阴溪的前世今生，探赜索隐向何方？

松阳县水利博物馆。我终于叩开了解读松阴溪历史文化密码的大门，翻开了这沉甸甸的水利史书，面对着这无数的文字，图片，实物，我被深深地震惊了，松阳先民们那自强不息，务实创新，重整河山的伟大精神，在碧波间述说，于浪涛中闪光……

松阳县水利博物馆，一座长形体和弧形体组建而成的美筑，浙江省唯一的县级水利博物馆。它移山易水于一馆之中，它追文溯史于六厅之内。卷轴造型，画卷冰屏，虚拟图像，场景复刻。【千年古县，依水而生】，丽水之始，处州之根，碧流松阴，春水盈盈；【堰塘星布，筑坝成方】，井渠点点，长藤结瓜，引蓄灌排，气象万千；【管理有道，把脉江河】，务农之本，国家厚利，开源节流，丰收图画；【阡陌纵横，连通四方】，风物丰饶，古村绵延，水运通达，处州粮仓；【全民兴水，福泽后世】，铁臂银锄，战天斗地，清河牵手，碧流绕指；【敬水爱水，人水共荣】，禹王庙会，摆祭民俗，幸福秘境，和谐田园……

目睹纸质泛黄，墨色暗淡的榜文告示，我第一次阅读到了“通借圳基”征地，“七三利害”立项，“民办公助”“全民共建”“人字形坝体结构”……这些几百年前即已存在的古代水利建设机制的名词，既陌生又新鲜，我隐隐听到了夹杂其中的，当年先民们“杭育杭育”的劳动号子声……

细观纹路斑驳，字迹漫漶的碑刻摩崖，我第一次接触到了“汴石分水”“定期轮灌”“圳田制”“堰董制、圳董制”“水权管理”……这些在古代具有创造性的灌区管理机制的概念，甚至还寻觅到了当代风行的“河长制”的起源，想象着他们栉风沐雨巡视堤防的辛劳身影……

品味古风盎然，文脉郁郁的诗文楹联，《塔溪绿涨》《芳溪跃鲤》《游小桃源》《龙溪锦浪》……字里行间，情真意切，依稀闻及古时先民对松阴溪山光水色的赞美声；笔下墨中，再现出水神庙宇中黎民百姓祈雨，摆祭，分龙节，放水灯的热闹场景……

今人不见古时水，今水竞流古溪堰。迈出史料麇集，记忆绵绵的人造水利博物馆，一个陈列在松古盆地上的活态水利博物馆，更加吸引人的眼球，虽历经千百年风霜雨雪，却至今仍活力四射。“松古灌区”起源于秦汉，那时先民即因地治水，在松阴溪流域依势筑堤建渠；发展于唐宋，那时分片“开圳引水”，逐步建成以松阴溪主支流为水源，堰堤圳渠完备的灌溉网络；成熟于明清，全灌区内实现了耕作“三熟制”；鼎盛于新中国，中华人民共和国成立后的松阴溪综合治理工程，两岸绵延亘长的石砌防洪堤坝，长奏欢歌安澜曲，逐渐演变为今天的骑行绿道，绿树郁郁，芳草芊芊，众花争艳，群鸟鸣啭……

试看那一个个古老苍朴的水利名称，似可听见那来自历史深处的呼唤：金梁堰、午羊堰、杨六郎塘、风水塘、天师渠、官塘井、兰雪井……白龙堰、青龙堰，这些带有传说神秘色彩的大古堰，是松古灌区的定海神针，一如水利巨人，横亘在松阴溪三百米宽的干流河道上，伸展开臂膀，几百年来忠实地履行着水利福泽百姓的功能，还有那些隐蔽在支流上的小堰、小塘、微井，一如晶莹的小珍珠，却也在昼夜和鸣着这水利灌溉的交响曲……

“堰塘井渠合理布置，引蓄灌排有序组织”，长藤结瓜式的灌溉网络，雨季蓄水灌溉排涝，旱季山塘井泉补水，大旱不竭，晴雨兼顾，配合轮灌制管理，有序组织引蓄灌排，形成了符合现代水利工程理论的多级灌溉系统。尽情地浏览松古灌区这幅巨大的盛世灌溉图，堰堤密布，圳渠交错，现存灌溉千亩以上的堰坝14处，清代以早的堰坝50余处，16.6万亩的良田上，入目皆是稻黄丰年，茶香熟岁……

蝶变

“满宇频翘望，凯歌奏边城。”北京时间2022年10月6日上午，澳大利亚，阿德莱德，国际灌排委员会第73届执行理事会上，2022年（第九批）世界灌溉工程遗产名录公布，浙江省松阳县松古灌区荣列榜上，因其灌区起源早，灌溉体系完备，历史信息来源真实，工程技术先进，建管体系健全，名副其实是中小流域古代灌溉工程的典范。

凝眸观望清澈澄莹的河水，聚神聆听珠落玉盘的浅吟，仰首中国古诗浩茫的星空，撷取两颗隽永的诗星，1300年前唐朝“诗佛”王维的诗句“按节下松阳，清江响铙吹”，1000年前北宋最后一位状元沈晦的诗句“惟此桃花源，四塞无他虞”。斯人已逝，诗香犹在。人们惊讶于两位诗人在遥远的中古时代，就对松阳的山水给予了盛赞和惊叹！当诗人闻悉今朝松古灌区荣列世界名录，他们该不会当惊世界殊吧？！

眺望松古灌区的宽广流域，我久久地寻觅着：那河道中布满苔藓的古堰坝体上，也许就遗留有他们当年涉水勘测的足印，那曲岸边郁郁葱葱的绿树芳草下，也许就记忆着他们当年指点工程的话音……虽然他们离乡别土，异地履职，但他们都为官一任，造福一方。买住、周汉杰、周宗邠、林大佳、汤景和、李钟秀、张景留等官员，他们带领百姓兴修水利的史迹，已经融入昼夜奔泻的碧水之中，镌刻在松阳大地的碑文上、殿庙里，流芳百世。当他们九泉有知，当年为之呕心沥血的水利工程，今日已走向世界舞台时，他们该不会泪飞顿作倾盆雨吧？！

“逝者如斯夫，不舍昼夜”，善利万物而不争的松阴碧水呵，在时间的长河中，生命之源，川流不息，浩浩荡荡，源源不绝，滋养万物，润泽生灵，在沧桑的1800多年中，松阴溪也曾书写过灿烂的华章。松阴溪是瓯江和钱塘江交界的水上门户，“海上丝绸之路”的起点之一，三国时期就开辟了瓯江流域最早的水运干线。松阴溪两岸的人们沿河而居，以舟当车，以船代步，以埠为库，以岸为市，溪雨烟蓑，水村渔市，鳞花满载，夕阳棹歌……

松古灌区的汩汩水声，激荡起沉淀尘封的古老往事，也腾扬起河清海晏的盛世安澜。“俱往矣，数风流人物，还看今朝”。新世纪，新时代，地处金瓯玉盆的百里江山图，大美如画，锦绣如屏，秀丽似诗，徐徐展开在世人面前，正迎来它的高光时刻！

苍穹下，翡翠色的山岭绵延起伏，佳木葱茏，芳草萋萋，似画屏般的四面环拱着这片被称作“桃花源”的松古盆地，吹拂着浩浩天风，富含负氧离子的空气清新可人，被八方游客誉为“中国天然氧吧”。群山的26道峡谷，孕育了26条溪涧，奔泻着白练似的飞瀑流泉，源源不断地流向良田万顷……

高空俯瞰，田园风光，一览无余。田塍勾勒，七彩渲染，稻麦茶桑，蔗菇橙橘，瓜果蔬菜……畦畦垄垄，沟沟渠渠，村庄错落有致，农舍星罗棋布，炊烟袅袅，修竹掩映，好一幅乡村小康图！

“赤橙黄绿青蓝紫，谁持彩练当空舞？”松阳三大天象景观，心中仰慕寻觅日久：清晨，松阴溪畔，晨光熹微，朝云出岫，红日喷薄，霞光映水，谓之“松阴朝霞”；傍晚，百仞独山，残阳似血，金乌西坠，落日熔金，余晖灿灿，谓之“独山夕照”；雨天，松阴溪上，烟雨迷蒙，似纱如帐，云雾蒸腾，变幻交织，谓之“江滨雨雾”……

松古灌区，地属山间河谷冲积平原，溪流两岸多为平畴沃野，间杂低山丘陵，但也不乏奇山异石之地文景观。最著名的莫过于独山，孤峰耸立，百仞之高，与松阴溪毗邻而卧，远观如神蛙出水，大有“执子之手，与子偕老”之神态，山顶蟾峰飞阁，重檐翘角，朱门碧瓦，形如鸟革翚飞，揽云接风，气宇轩昂。双童山系一火山地貌，连绵突兀于盆地之中，为古景“双童积雪”之所在，闻名遐迩，山内悬崖峭壁，奇峰怪岩，幽壑绽绿，深谷流翠。得天独厚的地形地貌，正在促使这个国家4A级旅游景区，如火如荼地上演着一站式山地高空运动体验基地的大戏。石笋山仙踪古景，突兀二岩，壁立百尺，尖削如笋，岩距百丈，相望千年，厮守万载，秀峰古刹，松径禅影……

沧海横流显砥柱，松阴百里走瓯江。干流宽阔的溪面上，清朝的观口堰、元朝的金梁堰、清朝的梁下堰、清朝的午羊堰、宋朝的青龙堰、元末的白龙堰……道道古堰坝有序排列着，它们惯看大千世界，王朝兴衰，时代更迭，阅览芸芸众生、悲欢离合、喜怒哀乐……古堰坝潇洒地分割着碧玉般的溪面，堰上各自形成深潭湖泊、鹰嘴潭、青龙湖、白龙湖、独山湖、白沙湖……堰上湖静水流深，绿岸照影，坝下滩激流跌宕，烟波涛鸣。一幅奇妙的水文景观画卷展现天地之间，堰上幽静，坝下喧腾……

从高空俯瞰，松古灌区那婀娜曼妙、迤逦蜿蜒的身段，宛如清丽脱俗的绝世佳人，还国家AAAA级景区、国家级水利风景区、省级湿地公园的本色！在这里，你可以尽情地浏览生物多样性的美丽景观……灌区沿途是被誉为“地球之肾”的连片湿地，清流潺潺，绿草茵茵。300余种禽鸟们在这片乐园里，快乐地栖息、嬉戏、觅食，“珍禽鸣沙”的景点应运而生。“禽类大熊猫”的中华秋沙鸭，多年来定时麇集于此，无忧无虑地避寒过冬，更有成百上千通体雪白，体形修长的白鹭，它们行走飞翔都犹如一首优雅的抒情诗，无形中又是“水质状况监测鸟”……

天地有大美而不言。看似干砌石坝冷酷无语，筑堰围成深潭幽湖，而那潭湖则是

10科80余种鱼类生活的福地，它们春水弄萍，夏溪跳波，秋河翻藻，冬日潜鳞……那紧傍湿地的是120华里，红黄蓝三色线标识的浙江最美绿道，道之两侧则有蕨类植物180余种，种子植物2000余种，有国家一二级保护植物南方红豆杉，香果树，银杏，长叶榧，白豆杉等，许多地段密植成林，常现傍晚千鸟归林喧闹的壮观景象。更有众多姹紫嫣红，芳香扑鼻的花朵。春日桃李争妍，烟柳映水，夏天荷花亭亭，翠竹滴露，秋季桂菊飘香，芦花飞雪，冬时梅径香寒，松柏常青。徜徉悠悠绿道，宛若生物天堂……

新潮

奔流不息，吟唱不已的母亲河——松阴溪，千百年来以博大的胸怀，孕育出了丰赡的文化景观。“只恐云霄有路通，层层登处接星宫”，这古诗描绘的是紧邻松阴溪的延庆寺塔，它是江南诸塔中保存最完整的北宋原物，为国家级文保单位。该塔动工兴建于宋咸平二年（999），塔高38.32米，楼阁式砖木结构，六面七级，中空可登塔顶。因其塔身倾斜，故又有“东方比萨斜塔”之美誉。一千余年的风雨霞晖在四季轮回中飘拂而过，但塔檐的风铃依旧金声玉振，传递着宋韵仙乐……

松阳，田园牧歌式的桃源胜地。松阴溪畔，茶园深处，非遗馆中，时常会飘出“咿”“呀”“啊”“哈”的悠扬古乐，她就是南戏遗音，“戏曲界的活化石”——松阳高腔，在历史的长河中沉浮兴衰了数百年，终于迎来了当今的盛世繁荣。松阳高腔是“浙江省八大高腔之一”，源于宋元南戏，形成于元末明初，清乾隆，道光年间颇为兴盛。2006年被列为首批国家级非遗名录项目，后被列为首批“浙江文化标识”培育项目。管弦静听新声催古调，歌舞雅将旧事醒今人，昔日的文化景观，以其曲调优美，样式质朴，今朝步入了大雅之堂，拍摄影视作品，亮相央视传媒，这一乡野之音正在走入华夏大众岁月静好的生活当中……

1800多年建县史，松阴溪被淘漉得宛如一本厚重馨香的史书，溪流上下遗存了秀峰寺、青云塔、进士村等不胜枚举的文化景观，真正是锦石韫玉而山辉，碧水怀珠而川媚。一条得天地之灵气，聚日月之光华的松阴溪，天宇气象万千，碧水涟漪潋滟，旷野奇山异石，生物万类共存，堰横堤纵桥飞，文脉民俗悠悠……

标新立异二月花，裁云剪水绘新章。近年来，松阴溪两岸崛起一批别开生面的新文化景观：水文化公园、独山驿站、茶田帐篷营地、青龙湖皮划艇运动基地、情缘岛、田园书房、黄圩驿站、青龙驿站、在河舟岛、松阴画舫、延庆栈道、石门圩廊桥等等，它们造型新奇，功能各异，颇受青睐。120里骑行绿道上，每五公里设置一个驿站，上述景观大都以驿站为载体，或文化，或运动，或观光，或休闲，正在书写着新时代的驿站文化。老景观宝刀未老，底蕴深厚，新景观脱颖而出，无限生机，互为融合，相得益彰，一个朝气蓬勃的生态带、休闲带、文化带、经济带正在蔚然兴起……

自打松古灌区赢得“世界灌溉工程遗产名录”的殊誉之后，围绕灌区的水文化提升改造工程便一刻也没松懈，在江天间挥洒笔墨，在碧水畔打磨土石，只为人间留下一片世界级的水文化品牌，只为八方游客打造沉浸式的水旅游美境。近来爱好户外运动的人们，在美丽的松阴绿道上，惊讶地发现松阴溪畔的古堰坝两岸，又增添了许多造型各异的水文化景观。喜看今朝，往昔寂寞孤独了数百年的大型古堰坝遗址，如今都有了水文化景观的相依相伴，艺术之花绽放在青山画屏下，赓续堰坝的古老生命，景观之果盛开在斑斓大地上，绵延碧流的灌溉润泽……

筑于元朝的金梁堰，南岸有了一座景观建筑展示小品，三道“几”字形状的展架高低错落，上面竟然有明朝开国宰相刘基撰写的《邑令买住公去思碑》以纪此堰，一首七绝《游小桃源》陡添诗意，还设置有座位供路人休憩。似亭非亭的小筑日夜接受着松阴清风的亲吻吹拂……

筑于清朝年间的午羊堰，其毗邻的网红廊桥石门圩大桥的桥头，新近出现了一组八幅的黑色版画，形象地记述了清朝道光和光绪年间在修筑该堰的过程中，发生的《石门圩“通借圳基”的故事》，不仅体现了松阳先民治水工程政策处理的智慧，也真实反映了松阴溪上下游村庄先民诚恳通情、团结治水的情怀。

沿溪往下一公里处有一旅游打卡景点——鹰嘴潭，此处因林木蔽日，潭深水幽，奇石遍布而闻名遐迩。近来宽大的观水平台上，立起了一组大型浮雕《松阴溪治理工程》，由《千年水患》《绘制蓝图》《誓师大会》《兵团会战》《初见成效》共五幅组成。紧邻松阴溪畔，还有五个站立的人物雕塑，记述的是发生在1905年暮春的“三泉一澜”垂钓咏志，这么一段佳话美谈……

筑于宋代的青龙堰，北岸有一卧式长型浮雕“周侯迁堰”。记述的是明万历二十二年（1594），时任知县周宗邠为解松阴溪南北两岸百姓旱涝灾害的争议，将原址上移数百米，即如今的青龙堰堰址，体现了松阳先人兴利避害科学治水的哲学思想。嗣后十余年间【明万历二十六年（1598）】，知府任可容重修，改竹笼卵石为块石砌筑。时任【明万历三十六年（1608）】知县林大佳在该堰上设置河闸，“旱则闭，涝则启”，开创了在堰坝设闸，启闭限制水量的先河。折射出松阳先人在治水技术上不断探索、创新、进步的历程。

筑于元末的白龙堰，在堰坝北岸的茂密绿植之中，立有一座高大宽敞之石柱殿。殿内“一堤花柳，百仞云峰”的楹联，写景状物，殿周秀山丽水。该殿经钦准立祀，用以表彰元明之交的周公汉杰的德行。当年他牵念地方众多百姓的农田灌溉，捐钱并主持修筑白龙堰及其渠道，灌溉东乡良田千余亩，使之旱涝保收。现殿内彩绘漫墙，再现周公风采及当年筑坝盛况。

水利博物馆这座美筑，一个集科普教育、知识交流、趣味互动、观光旅游、文化展示的综合性展陈空间，似悠悠的轴线串起了松阴溪二千年治水灌溉的史脉，在以蓝色和绿色为主色调的殿堂里，沉寂的文物鲜活起来，遥远的故事恍如昨日；那横卧在大自然怀抱中的水利遗址，飞扬着日夜东流的涛声，则一如硕大无比的室外音乐馆，仿佛无数架琴筝琵琶，奏鸣着历史沧桑的欢歌笑语，回响着岁月变迁的长吁短叹；那守候在绿道上的点点文化景观，则宛似风雨无阻的导览地标，虔诚默然地引导游客迈开双足在碧流中开启风声、涛声、鸟声的天籁之旅，纵目乐享山光、水色、烟雨的视觉盛宴……

站在灵动妩媚，浩浩东流的松阴溪畔，晴天，仰观天光云影，空旷、澹远、开阔之美铺洒开来，溪水里涌动的是先哲圣贤们“道法自然”“天人合一”“上善若水”“和而不同”的中国智慧；雾日，平视烟波浩渺，神妙、朦胧、静谧之美弥漫而来，溪水上飘拂的是学家高人们“智者乐水，仁者乐山”“海纳百川，有容乃大”的文化哲思；雨时，俯闻涛鸣浪喧，壮美、浩瀚、宏大之美奔腾而来，溪水中畅流的是诗词大家们“水光潋滟晴方好，山色空蒙雨亦奇”“落霞与孤鹜齐飞，秋水共长天一色”的诗意吟诵……

（本文发表于2023年8月9日“潮新闻”客户端）

方刚，浙江宁波人，中国散文学会会员。

造炬成阳

申遗实录

申遗实录

肇始之梦

2014年，与松古灌区同根同源的通济堰成功入选国际灌溉排水委员会（ICID）首批世界灌溉工程遗产，2015年，浙江宁波它山堰等古堰工程入选第二批世界灌溉工程遗产。同年9月，时任松阳县水利局河道堤防和水库管理处主任李潮胜参加浙江省水利厅在宁波召开的一次会议之际，对它山堰工程及申遗工作做了一些了解，对比通济堰和它山堰，结合松阴溪的古堰坝工程，首次萌发了松阴溪古堰群申报世界灌溉工程遗产的念想，并与分管水利工作的副县长黄德慧进行了汇报交流，得到了黄德慧副县长的肯定，可谓是松阳县松古灌区申遗之肇始。

世界灌溉工程遗产申报条件要求“至今仍在发挥灌溉功能的，具有100年以上历史的灌溉工程”，由于当时将申报条件偏向理解为工程实体要为古代原貌，因此搁置。

初次试探

2020年9月2日，李潮胜在金华市参会，获悉“白沙溪三十六堰”入选2020年度世界灌溉工程遗产名录，即赴婺城区水利局与负责申报工作的实操人员进行了详细的交流和实地踏勘了三十六堰中的部分堰坝。对申报条件的理解、申报流程、材料提炼与整编、现场环境营造与宣传基地建设、遗产保护与利用规划编制、申报费用团队与招标、申报组织机构等进行了全面的了解。“白沙溪三十六堰”的成功经验完全坚定了他对松阴溪古堰群申遗的决心。回松后即向分管县领导、时任县委常委黄德慧和水利局局长吴子斌汇报，得到了两位领导的坚定支持。

2020年12月24日，中国国家灌溉排水委员会发布了关于召开2021年度世界灌溉工程遗产候选工程初评会的预通知，要求有意申报的单位于2021年1月10日前向国家灌排委秘书处报名。松阳县河湖中心考虑下列因素，认为应主动报名参加本次初评会。

（1）纵观历年申遗单位，一次成功的为少数，通常要两次。

（2）正式的申报确实需要投入大量的人力财力，对资料进行深度挖掘和整理，用高质量的申报材料赢得专家们的认可。考虑松阳县目前的财力状况，有限的财力投入应投放于第二次。

（3）有必要让松阴溪古堰群先向国家灌排委的领导及专家们露露脸，听听他们的评价意见，以提升第二次申报的成功率。

为此，中心随及向时任县委常委黄德慧、水利局局长吴子斌汇报，正式启动申遗工作，成立了以李潮胜、高灵、刘晓飞等同志组成的申报小组，全力投入初次申报工作。

1月10日，申报小组完成了申报材料整编，以松阳县人民政府为申报单位，以“浙江丽水松阳古堰群”为申遗名称，向中国国家灌排委秘书处报名。

1月13日，中国国家灌排委秘书处通过了浙江丽水松阳古堰群的资格审查，并提出了补充材料等意见。

2月1日，中国国家灌排委2021年度世界灌溉工程遗产候选工程初评会召开。因疫情，会议采用腾讯会议平台。参加会议的申报单位有浙江丽水松阳古堰群、河南焦作五龙口灌区、江苏里运河高邮灌区、江西崇义上堡梯田、浙江浦江水仓灌溉工程、湖北崇阳霓古堰灌溉工程、四川眉山通济堰、江西省潦河灌区、西藏自治区日喀则萨迦灌溉工程、江苏兴化垛田灌溉工程、浙江缙云古方塘水库、河南安阳引漳十二渠等12家。松阳县分会场在水利局防御中心会议室，参加会议的有时任县水利局局长吴子斌、河湖中心李潮胜、高灵、刘晓飞等同志。参会人员全程听取了其他11家单位的汇报，领导讲话及专家质疑，学习取经获益匪浅。同时李潮胜代表申报单位汇报，并对专家质疑问题进行了解答。

本次申报目的是“试探露脸，学习取经”，从参会领导、专家对松阳项目评价看，松阳古堰群具有历史遗留资料丰富、翔实，工程建设、管理等古人治水智慧值得深入挖掘总结，充分引起了国家灌溉委的关注。

再启申遗

2021年6月4日，应松阳县水利局邀请，时任国际灌排委荣誉副主席、国家灌溉排水委员会常务副秘书长丁昆仑、办公室主任高黎辉博士、李若曦博士3人实地考察了松阴溪古堰群，时任松阳县人民政府县长莫靓、县委常委黄德慧、水利局局长吴子斌等陪同考察。

国家灌排委丁昆仑等同志认为，松阴溪古堰工程规模大、数量不少，佐证材料、遗留物证成体系，世界灌溉工程申遗的条件基本符合。水利博物馆及松阴溪现场等也很不错，又引进业态，形成产业很好。对申遗有一定竞争力，但面对的挑战也不少，需要进一步对灌区遗产进行提炼。

时任国家灌排委常务副秘书长丁昆仑一行考察松阴溪古堰汇报会

国家灌排委丁昆仑常务副秘长一行的考察，标志着松阴溪古堰群申遗工作的再次启动。

8月3日，时任松阳县水利局局长吴子斌、副局长张志杰和李潮胜、高灵等赴金华市婺城区水利局调研学习“白沙溪三十六堰”申遗工作。结合交流考察体会，决定先请浙江水利水电学院对松阴溪古堰群申遗工作做一个初步评估，依据评估成果向县政府汇报后再投入资金开展申遗具体工作。

8月6日，时任县水利局局长吴子斌在县河湖中心会议室主持召开松阴溪古堰群申报世界灌溉工程遗产评估会，副局长包根福、王志祥和各有关科室代表参加了会议。会议听取了评估单位浙江水利水电学院的评估报告分析，统一了对申报工作的必要性和可行性的认识；对申报的材料挖掘、费用估算等具体事项进行了讨论。会议同意向县委、县政府汇报后，启动申遗团队招标工作。

9月3日，在浙江省政府采购网竞争性磋商，确定浙江水利水电学院为申遗基础性研究工作服务团队。

9月8日，以河湖中心李潮胜、高灵、刘晓飞和浙江水利水电学院刘学应教授，王义加、朱海东博士六位同志为主的申报工作小组成立，投入申遗材料的收集、整理、挖掘工作。

9月15日，申报名称正式更名为“松古灌区”。此前，申报团队一直在思考用什么名称来申报最为合适。古堰群范围小，不能包含现有的松阳水文化遗产内容，且和“白沙溪三十六堰”有些雷同，用“松古灌区”内容可全部包括，且可扩大、丰富挖掘领域，不足是在面积上只有16.6万亩，和全国、全世界的大灌区相比不占优势。最后经综合分析比较确认，从主打争创中小流域古代灌区的典型代表角度去申报更有竞争力，对我们现有的材料挖掘更有施展空间。工作小组确定申报名称更名为“松古灌区”，并向时任县委常委黄德慧、水利局局长陈增伟汇报，获得一致同意。

申遗申报书评审会

9月22日，松阳县人民政府办公室在县水利局防御中心会议室主持召开松古灌区世界灌溉工程遗产申报书评审会。参加会议的有县委宣传部、发改局、水利局、农业农村局、文旅局、档案馆（史志研究室）、建设局、交通局、河湖中心等单位人员。会议由时任县府办副主任单跃忠主持，与会人员听取了编制单位浙江水利水电学院的汇报，开展了充分讨论，形成了对申报书的评审意见。

9月28日，松阳县人民政府松古灌区世界灌溉工程遗产申报书提交中国国家灌溉排水委员会。

迎战初评

2021年10月19日，浙江省水利厅副厅长冯强调研松古灌区申遗工作。参加调研人员有时任水利厅农村水利管理中心主任朱晓源等，陪同调研人员有丽水市水利局副局长封亮，松阳县县委常委黄德慧、县水利局局长陈增伟。冯强一行实地调研了松阴溪白龙堰、青龙堰、午羊堰等古堰工程和松阳水利博物馆，听取了松古灌区申遗工作的汇报，充分肯定了松古灌区申遗工作，表示省水利厅会全力支持。

时任省水利厅副厅长冯强调研松古灌区申遗工作

11月2日，省水利厅二级巡视员、教授级高工蒋屏应邀莅临松阳，研究指导松古灌区申报工作。对申遗材料的挖掘提炼是申遗成功的关键，蒋屏具有丰富的实操经验，他的莅临指导对申遗材料质量的提升和申遗工作发挥了很大的作用。

原省水利厅二级巡视员、教授级高工蒋屏指导申遗申报工作

11月3日，申遗工程材料之一《松古灌区灌溉工程遗产保护规划》（2022—2035）获松阳县人民政府批复。

2022年1月20日，松古灌区世界灌溉工程遗产初评会（国内遴选）汇报材料审查会在县河湖中心会议室召开。参加会议有松阳县水利局局长陈增伟、总工张志杰及河湖中心工作人员等。会议对提交国家灌排委初评会的视频宣传片、汇报PPT等材料进行了审查，并提出了修改意见。

3月31日，国家灌排委发布世界灌溉工程遗产候选工程初评会通知，受新冠肺炎疫情影响，本次会议采用腾讯会议平台，线上线下相结合的方式召开。时间安排为4月15日，上午申报单位汇报和工程现场介绍直播，下午为专家评议、质询。

4月2日，迎战松古灌区申遗初评会工作布置会在县水利局五楼小会议室召开。参加会议有时任水利局总工张志杰，局办公室主任李韬，河湖中心李潮胜及黄健汉、高灵、刘晓飞、涂雅芬等。经讨论会议制定迎战初评会实施方案，主要事项为：

（1）确定4月15日参加松阳县分会场的县领导人员，初定为县委书记莫靓或县长梁海刚，分管副县长温小运，具体由局办公室报县委办、县府办确定。

（2）确定松阳县水利博物馆、白龙堰、青龙堰、鹰嘴潭午羊堰渠道、午羊堰、独山青龙堰渠道及摩湹石刻六个点位为工程现场直播展示点位。

（3）进一步完善和尽快编制新的会议材料。1.会议宣传视频片和PPT汇报材料；2.县领导（县长）陈词；3.现场视频连线点位工程的简介及分布图；4.现场视频连线各点位解说词角本及拍摄展示方案。

（4）落实现场视频拍摄、传播团队，落实各点位现场解说主持人、解说人员等。落实信号传输方案。

（5）落实现场碑界，水文化展示设施，周边环境卫生等事项。

（6）会议对具体工作进行了人员分工。

4月6日晚上，县水利局局长陈增伟在局五楼小会议室主持召开了迎战初评会推进会。参加会议人员有县水利局张志杰、李韬、李潮胜、黄健汉、高灵、涂雅芬，省水利水电学院、县融媒体中心和利时传媒广告公司相关人员。会议再次对初评会PPT汇报材料、县领导陈词等材料进行了查漏补缺，研究初定了六个工程点位现场采集画面的传输技术方案、拍摄方案，审核了解说词、明确了主持人。会议精心计划安排了4月7—11日的各项准备工作，明确11日进行第一次彩排。具体计划为：

（1）4月7日

①确定视频信号传输方案和主会场；

②完成解说词脚本；

③落实界碑、保洁、环境清理方案；

④落实白龙堰、石柱殿、青龙堰、博物馆现场展示布置完善补充工作；

⑤现场讲解人、主持人到位。按两套人马落实，一为外聘专业主持人、讲解人

员，初步拟定人员为县融媒体中心张权、黄琳，县教育系统曹辰阳、叶扬舟，县委办阙姜琦，县发改局徐璐。二为水利局自行专业人员，确定为张志杰、李潮胜、李韬、高灵、黄健汉、吴凌杰、涂雅芬。

（2）4月8日

①解说词人培训；

②实施视频信号传输工程；

③拍摄人员到位，初步取景和确定机位，要求一套三个机位。

（3）4月9—10日

完成界碑、现场布置和主会场背景安装，安装调试信号传输工程。

（4）4月11日，进行第一次彩排。

计划制定后，开始紧锣密鼓的实施。

4月8日，因工作冲突，县委、县政府主要负责人无法参会，采用领导视频陈词的方式参加，梁海刚县长陈词视频录制。

4月9日夜，在水利局五楼会议室召开申遗现场点位视频拍摄脚本编审会。参加会议的人员有水利局张志杰、李潮胜、李韬、高灵等。本次会议直至深夜近24时。

4月11日，县水利局局长陈增伟召集张志杰、李潮胜、李韬等，会同各点位主持讲解人员、拍摄团队人员，熟悉和研究确定现场讲解拍摄方案，并开展外景拍摄。

直播彩排会场

自4月2日至12日，经过十余天的日夜奋战，迎战初评会团队克服了疫情管控条件下的种种困难，完成了分布在松阴溪沿线10余公里范围内六个点位现场直播的各项工程，落实了拍摄团队、编写了拍摄脚本、制定了拍摄方案，选定了主持人、解说人，完成了解说培训等工作，进入了松古灌区申遗初评会现场考核视频直播彩排试拍。

4月13日，县水利局局长陈增伟主持召开松古灌区申遗迎接初评和现场检查推进会。参加会议人员有县水利局张志杰、李潮胜、李韬、高灵，省水利水电学院、直播拍摄团队负责人等主要工作人员。会议结合12日彩排试拍情况，对15日的正式会议进行了查漏补缺，并制定了《松阳县松古灌区申报世界灌溉工程遗产现场检查评估工作方案》。

4月15日，2022年度世界灌溉工程申遗候选工程初评会如期举行。在北京主会场的有国际灌排委荣誉副主席、国家灌溉排水委员会常务副秘书长丁昆仑、主任高黎辉及特邀专家董青、陈菁、陈曦。在松阳分会场的有时任松阳县人民政府副县长温小运、水利局局长陈增伟、河湖中心李潮胜、高灵。各工程点位人员为：白龙堰（水利局总工张志杰、主持人黄琳），青龙堰（水利局办公室主任李韬、主持人曹辰阳），独山青龙堰渠（河湖中心副主任黄健汉、主持人李璐），鹰嘴潭午羊堰渠（水利局吴俊、主持人叶杨舟），水利博物馆（主持人张权、解说人李潮胜）。主会场主持人为丁昆仑。松阳分会场主持人为温小运。

候选工程初评会北京主会场

上午9点10分，松古灌区申报2022年度世界灌溉工程申遗候选工程初评会正式开始。会议首先由主、分会场主持人介绍了各自参会的主要人员。09:13—9:17为第二议程，播放松阳县人民政府梁海刚县长致辞。09:17—09:31为第三议程，由松阳县人民政府副县长温小运采用PPT汇报松古灌区的情况。09:31—11:00为第四议程，由松阳县水利局局长陈增伟汇报现场工程检查点位安排情况，并主持各现场点位进入视频介绍直播。11:00—11:30为第五议程，专家质询。13:00—17:00，由河湖中心李潮胜、高灵等负责向专家答疑和补充材料等工作。

由于会前各项准备工作详细到位，会时分会场上各位领导及各点位主持、解说员陈述表现出色，拍摄团队技术保障得力，使整个会议近两个小时的现场直播一气呵成，会议组织工作得到了丁昆仑主席及与会领导、专家的赞赏和认可。同时，松古灌区因遗产工程起源早，体系完备、技术先进，灌区体制制度健全出彩，历史信息来源真实，材料丰富，获得了与会专家的一致好评和推荐，进入了初评的五家候选单位名单，并获得了中小流域古代灌溉工程的典范之美称。

候选工程初评会松阳分会场

县委副书记、县长梁海刚致辞

副县长温小运作松古灌区申遗汇报

县水利局局长陈增伟主持现场点位直播介绍

各点位现场直播介绍

申遗成功

2022年4月28日，国家灌溉与排水委员会主席团召开会议，审议、批准世界灌溉工程遗产中国候选工程推荐名单。会议组建了由顾浩、姜开鹏、孟志敏、廖艳彬、陈曦、韩振中、刘艳、陈茂山、高占义、王瑞芳等十位专家组成的专家组，对初评会推荐的四川省通济堰、湖北省崇阳县白霓古堰工程、江西省崇义县上堡梯田、江苏兴化垛田、浙江松阳松古灌区等五项工程进行审议，产生2022年度世界灌溉工程中国候选工程推荐名单，松古灌区入选。

10月3日至10日，第24届国际灌排大会暨国际灌溉排水委员会第73届国际执行理事会会议在澳大利亚阿德莱德会展中心召开。时任中国水利水电科学研究院副院长丁留谦率中国国家灌排代表参加了此次会议。

10月6日，在此次国际执行理事会全体会议上，由中国国家灌溉排水委员会推荐的四川通济堰、江苏兴化垛田、浙江松阳松古灌区、江西崇义上堡梯田全部成功入选世界灌溉工程遗产名录。这一天是松阳人民值得铭记的日子，松古灌区申遗历史在此定格，多年的梦想得以实现。

松古灌区的申遗成功，使松阳再次走上国际舞台，向世界展示了松阳悠久的治水文化和松阳人民治水、用水的智慧。

国际灌排大会现场授牌

松古灌区世界灌溉工程遗产证书和牌匾

申报材料

序号	名称
1	《世界灌溉工程遗产中国候选工程申报书——浙江丽水松古灌区》
2	国内初评会汇报材料PPT
3	国际评审会汇报材料视频
4	松阳县松古灌区申报世界灌溉工程遗产现场检查评估工作方案
5	梁海刚县长在初评会上的致辞
6	松古灌区申遗现场检查安排及解说词
7	松古灌区工作评估报告
8	松古灌区灌溉工程遗产保护规划（2022—2035）
9	松阳县人民政府关于请求支持松阳县松古灌区申报世界灌溉工程遗产的函

珠零锦粲

媒体报道

媒体报道

中国政府网：我国新增4处世界灌溉工程遗产，目前已达30处

作者：王浩 王明峰，发表时间：2022年10月17日

我国是农业大国，也是灌溉大国。悠悠岁月长河里，古人建设了翻山越岭的渠系、结构精妙的涵闸、设计巧妙的堰堤。

这些灌溉工程润泽平畴沃野，饱经岁月洗礼，见证了我国水利工程的发展，传承着中华传统文化，许多至今仍发挥着重要的作用。

今年新添的4处世界灌溉工程遗产有哪些特色？目前发挥着怎样的作用？该如何继续保护好这些瑰宝？

巧妙利用自然条件，凝聚古人治水智慧

从天府粮仓到江南水乡，从连绵丘陵到低洼之地，4处世界灌溉工程遗产属于不同类型的灌溉工程，具有鲜明的区域特色。

成都平原，岷江奔涌。千百年来，通济堰灌区引清水浇灌万顷良田。四川省都江堰水利发展中心通济堰管理处党委委员李忠孝介绍，通济堰依河势水势而建，进水口选在岷江、西河、南河交汇处，充沛的水源满足了灌区农业用水需要。筑坝开渠还顺应地形走势，可让河水自流入田，有效降低了用水成本。此外，辫状渠系也是通济堰的一大特色。干渠纵横贯穿，支渠斗渠交织延绵，宛如发辫。“洪峰到来时，辫状的渠系布置可拓宽河床，迅速降低汛期水位，减少损失。”李忠孝说。

兴化垛田灌排工程体系核心区位于江苏泰州兴化市。“这里是里下河腹地的湖荡沼泽地带，遍布着千千万万座水中土丘。古人为了抵御洪水，垒土成垛，垛上垦田，造就了万垛齐耸、千河纵横、稻田棋布的壮观景象。”兴化市水利局农村水利与水土保持科科长朱荣慧介绍，垛田建设持续开展，逐步发展成包含圩堤、灌排渠道、水闸等在内的复合灌排工程体系，并沿用至今。

在浙江省松阳县，青山环抱间，松阴溪蜿蜒向前。坐落于此的松古灌区始于秦汉，发展于唐宋，成熟于明清。“松古灌区以松阴溪为水源，筑堰蓄水，通渠引水。干支毛渠互相交织，串联起一座座河塘，形成了长藤结瓜式的灌溉体系。千百年来，当地还探索出了轮灌制，上下游依次引水灌溉，提高了用水效率。”松阳县水利局河湖管理中心主任李潮胜说。

落差近千米的陡坡梯田，是江西省崇义县上堡梯田的特点。这里梯田层层叠叠，依山延绵，似螺似链。“上堡梯田充分体现了尊重自然、顺应自然的理念，山顶森林茂盛，涵养水源；溪水顺山而下，节省人力；梯田沿山体布置，垒石筑埂，保持水土。完善的灌排体系形成了山养林、林蓄水、水润田、田保土的良性循环。”江西省水利厅宣传文化办公室主任占任生介绍。

“新入选的世界灌溉工程遗产，是古人巧妙利用自然地形地势、水源条件、生态环境等，创造性地设计建造而成的。这些工程具备引水、蓄水、配水、排水、防洪等完备功能，凝聚着人与自然和谐共生的治水智慧、哲理、工程技术与管理理念。”国际灌排委员会荣誉主席、中国水利水电科学研究院原总工程师高占义介绍。

“历史上，我国建设了数量众多、类型多样、区域特色鲜明的灌溉工程，沿用至今的灌溉工程遗产成为一座座活态的水利工程博物馆。”高占义说。

在灌溉排水、防汛抗旱等方面仍发挥效益

不久前，四川省眉山市东坡区太和镇永丰村的水稻喜获丰收。“今年村里水稻种植面积比去年增加130亩，亩产达780.2公斤。”永丰村党委书记李雪平说。

沉甸甸的丰收，便受益于通济堰。作为一座灌排兼容的水利工程，通济堰至今依然承担着向成都、眉山2市4县（区）提供生活、生产、生态用水的任务，灌溉面积达52万亩。

通济堰管理处运管科高级工程师陈志明介绍，通济堰因地制宜，巧妙地实现了灌溉、抗旱、防洪等综合功能，还建立了符合实际的管理体系。近年来，通济堰灌区不断完善水利基础设施，供水能力不断提升。

一座座世界灌溉工程遗产是我国水利设施的重要组成部分，至今依然为灌良田、护安澜、兴产业提供着有力的支撑。

松古灌区至今仍灌溉着16.6万亩良田；位于湖南省新化县的紫鹊界梯田，独特的自流灌溉系统，让潺潺流水源源不断滋润着稻田；去年入选世界灌溉工程遗产的潦河

灌区，是江西省兴建最早的多坝自流引水灌区，目前灌溉农田33.6万亩，惠及人口26万……

生态农业、观光旅游、科普教育等多元功能也在逐步释放。

路从景中穿、人在画中游，兴化垛田灌排工程体系凭借着独特的水利景观、良好的生态环境，已成为热门旅游打卡地。“我们充分挖掘水上森林、湿地公园、生态水面等潜力，鼓励农民发展新产业新业态，让垛田再生‘金’。”朱荣慧说。

在保护中发展，在发展中保护

“灌溉工程遗产承载着灿烂文明，是祖先的宝贵遗产。守好这一瑰宝，功在当代、利在千秋。”李潮胜说。

李潮胜介绍，松古灌区不仅有丰富的古堰水文化遗产（物），还保存大批相关的榜文、碑刻（志）、摩崖石刻、文选等资料。

“我们已发现和验证元、明、清时期的碑刻14方、榜文18篇，真实还原了灌区立项选址、政策处理、水量配置、长效管理等近乎所有古堰水事管理事项，这些是研究我国中小流域灌区古代灌溉工程的宝贵实物文献。”李潮胜说。

“我们在全面摸排、收集、整理遗迹遗存的基础上，进一步完善水利博物馆、推进现场水文化展示工程等，为灌溉工程遗产保护和传承提供重要载体。”李潮胜说。

朱荣慧介绍：“去年兴化水利文化馆建成，围绕垛田水利历史、文化和遗产保护，全景展示‘锅底洼’的地形、垛田的形式和五湖八荡七纵七横的水网特色，旨在让更多人了解垛田文化。”

同时，管理保护制度也在不断完善。崇义县出台对上堡梯田的管理保护制度，成立专门管理机构，设立保护区。眉山市也将进一步建立健全遗产宣传教育体系、保障措施体系、文化挖掘及展示体系、利用与发展体系等，让千年古堰持续造福灌区人民、服务地方发展。

高占义建议，今后相关部门应着重摸清“家底”，建立完整的档案管理制度，编制灌溉工程遗产保护与利用规划，处理好保护与发展利用的关系，探索长效管理运行机制，让古老的灌溉工程遗产持续焕发生机。

此外，专家建议，下足绣花功，深度挖掘灌溉工程遗产的工程价值、科学价值、历史文化价值、生态价值，使之成为支撑乡村振兴、生态文明建设的新载体。（记者 王浩 王明峰）

人民日报：聚传统智慧 显生态价值（美丽中国）（节选）

作者：王浩　王明峰，发表时间：2022年10月17日

近日，2022年度（第九批）世界灌溉工程遗产名录公布，四川省通济堰灌区、江苏省兴化垛田灌排工程体系、浙江省松阳松古灌区和江西省崇义上堡梯田4处工程全部申报成功。至此，我国世界灌溉工程遗产已达30处。

我国是灌溉工程遗产类型最丰富、分布最广泛、灌溉效益最突出的国家。这些世界灌溉工程遗产几乎涵盖了灌溉工程的所有类型。

我国是农业古国，也是灌溉大国。悠悠岁月长河里，古人建设了翻山越岭的渠系、结构精妙的涵闸、设计巧妙的堰堤。

这些灌溉工程润泽平畴沃野，饱经岁月洗礼，见证了我国水利工程的发展，传承着中华传统文化，许多至今仍发挥着重要的作用。

今年新添的4处世界灌溉工程遗产有哪些特色？目前发挥着怎样的作用？该如何继续保护好这些瑰宝？

巧妙利用自然条件，凝聚古人治水智慧

从天府粮仓到江南水乡，从连绵丘陵到低洼之地，4处世界灌溉工程遗产属于不同类型的灌溉工程，具有鲜明的区域特色。

……

在浙江省松阳县，青山环抱间，松阴溪蜿蜒向前。坐落于此的松古灌区始于秦汉，发展于唐宋，成熟于明清。“松古灌区以松阴溪为水源，筑堰蓄水，通渠引水。干支毛渠互相交织，串联起一座座河塘，形成了长藤结瓜式的灌溉体系。千百年来，当地还探索出了轮灌制，上下游依次引水灌溉，提高了用水效率。”松阳县水利局河湖管理中心主任李潮胜说。

“新入选的世界灌溉工程遗产，是古人巧妙利用自然地形地势、水源条件、生态环境等，创造性地设计建造而成的。这些工程具备引水、蓄水、配水、排水、防洪等完备功能，凝聚着人与自然和谐共生的治水智慧、哲理、工程技术与管理理念。”国际灌排委员会荣誉主席、中国水利水电科学研究院原总工程师高占义介绍。

“历史上，我国建设了数量众多、类型多样、区域特色鲜明的灌溉工程，延续至

今的灌溉工程遗产成为一座座活态的水利工程博物馆。”高占义说。

……

松古灌区至今仍灌溉着16.6万亩良田……

生态农业、观光旅游、科普教育等多元功能也在逐步释放。

在保护中发展，在发展中保护

“灌溉工程遗产承载着灿烂文明，是祖先的宝贵遗产。守好瑰宝，功在当代、利在千秋。”李潮胜说。

李潮胜介绍，松古灌区不仅有丰富的古堰水文化遗产（物），还保存大批相关的榜文、碑刻（志）、摩崖石刻、文选等资料。

“我们已发现和验证元、明、清时期的碑刻14方、榜文18篇，真实还原了灌区立项选址、政策处理、水量配置、长效管理等近乎所有古堰水事管理事项，这些是研究我国中小流域灌区古代灌溉工程的宝贵实物文献。”李潮胜说。

“我们在全面摸排、收集、整理遗迹遗存的基础上，进一步完善水利博物馆、推进现场水文化展示工程等，为灌溉工程遗产保护和传承提供重要载体。”李潮胜说。

高占义建议，今后相关部门应着重摸清“家底”，建立完整的档案管理制度，编制灌溉工程遗产保护与利用规划，处理好保护与发展利用的关系，探索长效管理运行机制，让古老的灌溉工程遗产持续焕发生机。

此外，专家建议，下足绣花功，深度挖掘灌溉工程遗产的工程价值、科学价值、历史文化价值、生态价值，使之成为支撑乡村振兴、生态文明建设的新载体。

浙江水利：世界灌溉工程遗产浙江选手+1！

发表时间：2022年10月6日

10月6日上午，国际灌排委员会公布振奋人心的好消息——松阳县“松古灌区”入选2022年度（第九批）世界灌溉工程遗产名录，成为继丽水通济堰、诸暨桔槔井灌工程、宁波它山堰、湖州溇港、龙游姜席堰、金华白沙溪三十六堰之后我省第7个获此殊荣的灌溉工程！

作为特色鲜明的灌溉工程遗产“活态博物馆”松古灌区有何特别之处？我们来一起了解下这个新晋世界灌溉工程遗产的”前世今生”！

穿越千年，先民智慧成就灌溉典范！

地处浙西南的丽水市，境内山水相间，九山半水半分田的地形区位给丽水带来秀美山川的同时，也极大地制约了丽水市的农业发展。

然而松古平原却是个例外。古谚有云：“松阳熟，处州足。”这里能成为“处州粮仓”，主要是得益于完善的灌溉用水体系。

自汉代开始，先民因地治水，在松阴溪流域依势筑堰建渠，通过分片“开圳引水”，逐步形成以松阴溪主支流为水源，堰堤密布、圳渠交错的灌溉网络。灌区工程体系在明清时期臻于完善，至明末清初，境内有古堰120处，灌溉的古塘、古井百余处，至今仍在滋润着松阴溪两岸16.6万亩良田。

千年来不同时期修建的引水、蓄水、提水等水利工程，构筑了“堰塘井渠合理布置、引蓄灌排有序组织”的长藤结瓜式灌溉网络，雨季蓄水灌溉排涝，旱季山塘井泉补水，大旱不竭、晴雨兼顾，配合轮灌制管理，形成了符合现代水利工程理论多级灌溉系统。

松古灌区先民还创造性地设立了一系列建设、管理机制。通过榜文、碑刻、文选等形式，“七三法”立项选址、“借地建圳”，“人字形”坝体结构等建设机制，以及“汴石分水”“定期轮灌”“圳田制”“堰董制、圳董制”“水权管理”等灌区管理机制得以被记录下来。从治水、管水到用水，松古灌区的建管机制科学完善。

此外，早在千年前，松阳先民就在松阴溪上采取无坝引水和有坝引水取水灌溉。无坝引水如金梁堰，《重修京梁圳碑》记载：“溯圳之所始，在元，则由七都象鼻潭入水。至明洪武间改而下之，则由轭儿洞潭入水。”

青龙堰、白龙堰、芳溪堰等为有坝引水，其筑坝技术初为竹笼卵石堰，先民将毛竹分瓤剖成几缕，根部或末梢连着，编成空笼，再以溪中卵石填入笼中，构成完整的筑坝构件，用于筑坝、围堰、护岸、护坡。干流堰坝到明万历年间改为干砌石坝并设巨闸，支流在北宋时期改为砌石。

松古灌区及其骨干工程的历史证据主要为《叶氏广远宗谱》《浙江分县志》《松阳县志》《周氏宗谱》等地方文献及自古遗存下来的从明天顺元年至光绪九年的榜文18篇、古圳图1张、明清时期的碑刻14方、摩崖2处、文选8篇等实物证据，历史信息来源翔实。

古堰新生，老灌区有了新注解！

历经千载雨雪风霜，辗转悠悠岁月。这些从历史中走来的古堰，在高坝如林的今天仍在发挥着“现代”作用，灌溉良田，防洪排涝，造福乡邻。

今天，松古灌区入选2022年度世界灌溉工程遗产名录，无疑是对多年来松古灌区灌溉工程水利遗产保护传承、开发利用的极大肯定。而松阳县水文化公园就是保护、传承和利用水利遗产的典型代表。

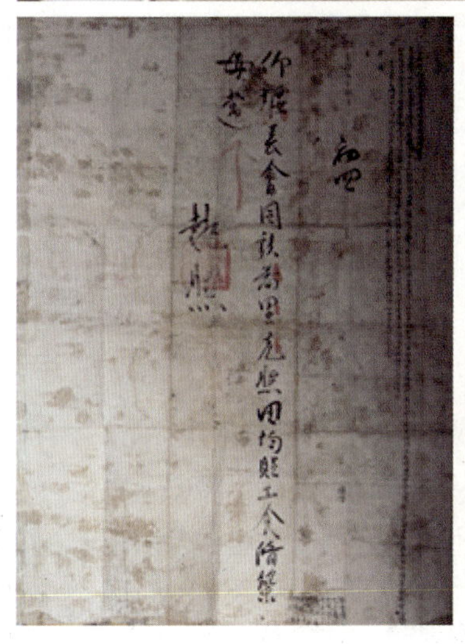

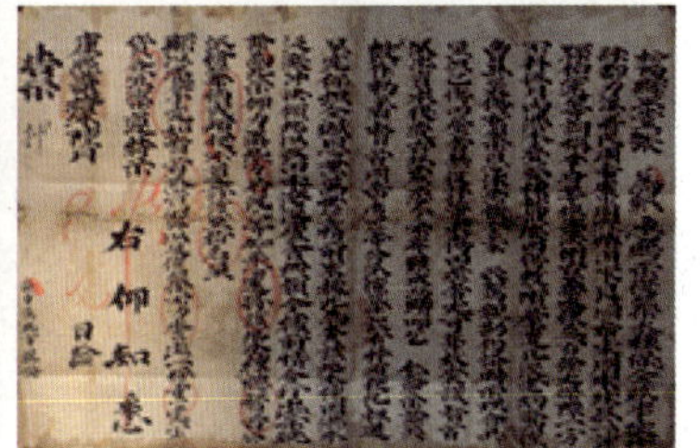

松阳县水文化公园由水利博物馆、堰湖公园、白沙水利枢纽三部分组成。或线性或弧形的町步道在水面交错，结合参差起落的地势形成座座微型堰坝或廊桥，重现了松阳水利工程各种构成元素的空间体验。

据松阳县水利博物馆副主任高灵介绍，松阳县水文化公园是丽水市首个水文化主题公园，园内的水利博物馆也是省内目前唯一一个县级水利博物馆。

松阳县水利博物馆内设松阳水系、先人治水、全民兴水、水利遗存、水运桥渡、水事文化、节水优先、法制护水8个小展厅。不同主题的展厅通过史料、漫游体验等方式向参观者全方位立体展示了松阳1800年的水文变迁和治水史。在寓教于乐中科普了水利知识、弘扬了水利精神。

同时，公园充分利用松阴溪沿岸优美的自然景色，开发形成集旅游、观光、休闲、度假为一体的综合水利风景区，让老灌区变身成“生态区”“致富区”！

灌溉是农业发展的基础支撑，对人类文明发展具有重要意义。世界灌溉工程遗产名录自2014年设立，由国际灌溉排水委员会评选并授予，旨在梳理世界灌溉文明发展脉络、促进灌溉工程遗产保护，总结传统灌溉工程优秀的治水智慧，为可持续灌溉发展提供历史经验和启示。本次申遗成功，使浙江古水利工程再次走上国际舞台，向世界展示了浙江悠久的治水文化和治水、用水的智慧。

申遗成功媒体报道情况表（部分）

序号	媒体	标题	作者	发表时间
1	中国政府网	我国新增4处世界灌溉工程遗产，目前已达30处	王　浩 王明峰	2022年10月17日
2	人民日报	我国新添4处世界灌溉工程遗产	王浩	2022年10月7日
3	人民日报	聚传统智慧 显生态价值(美丽中国)	王　浩 王明峰	2022年10月17日
4	人民日报	浙江省松阳松古灌区 堰塘润良田绵延两千年	王浩	2022年12月04日
5	人民日报经济社会	我国新添4处世界灌溉工程遗产，一起来“云”游览	王浩	2022年10月06日
6	新华社	喜讯！我国再添四处世界灌溉工程遗产	王浩	2022年10月6日
7	光明日报	喜讯！我国再添4处世界灌溉工程遗产	陈晨	2022年10月08日
8	光明日报	松阳松古灌区——“活态博物馆”彰显”水智慧”		2022年11月18日
9	人民政协网	喜讯！我国再添4处世界灌溉工程遗产		2022年10月07日
10	农民日报	中国再添4处世界灌溉工程遗产	李锐	2022年10月06日
11	人民网	喜讯！我国再添4处世界灌溉工程遗产	王浩	2022年10月17日
12	中国水利网	中国再添4处世界灌溉工程遗产		2022年10月6日
13	央视网	我国再添4处世界灌溉工程遗产我国的世界灌溉工程遗产类型丰富分布广泛		2022年10月6日
14	央视网	2022年世界灌溉工程遗产名录公布我国再添4处世界灌溉工程遗产		2022年10月6日
15	央视网	我国再添4处世界灌溉工程遗产·四川通济堰我国历史上规模最大运用时间最长的活动坝		2022年10月6日
16	总台央视新闻联播公众号	主播说联播丨今天的这个好消息，润泽人心!		2022年10月6日
17	中国经济网	喜讯！我国再添4处世界灌溉工程遗产，在这些地方		2022年10月6日
18	中新社	中国再添4处世界灌溉工程遗产	陈　溯 李韵涵	2022年10月6日
19	澎湃新闻	我国新添4处世界灌溉工程遗产！在这些地方		2022年10月7日

续表

序号	媒体	标题	作者	发表时间
1	新民晚报	刻在大地上的农耕图腾	鲁晓敏	2024年1月24日
2	芙蓉	松古几何	陆春祥	2024年1月26日
3	丽水文学	世遗水流松古盆地	方刚	2024年1月
4	浙江发布	浙江新添1处世界灌溉工程遗产！带你了解它的前世今生		2022年10月6日
5	浙江水利	世界灌溉工程遗产浙江选手+1！		2022年10月6日
6	浙江方志	松古灌区为什么会入选世界灌溉工程遗产名录		2022年12月8日
7	地图杂志	浙江省松阳松古灌区：揭开松阳农业灌溉历史	王义加等	2024年3月20日
8	松阳文旅	溪水潺潺，溯水之源，在松阳开启“人随山水转”的美好吧！		2023年4月19日

玖

兰薰桂馥

治水年表

松古灌区治水年表

朝代	年代	事件
东汉	建安四年（199）	析章安县南乡地置松阳县。东汉建安年间（196—220）卯山山塘新建。
南朝梁	天监四年（505）	郡詹、南二司马主持在松阴溪末尾堰头村溪中筑通济堰，坝为拱形，以灌溉松阳东乡一带（今碧湖）几万亩农田。堰基在松阳二十六都堰头村边溪中。1963年5月，堰头、堰后、大林、麦垵等4个村划入丽水县（今“丽水市莲都区”）。
隋朝	隋开皇九年（589）	析松阳县东乡地置括苍县（今丽水莲都、缙云、青田、云和、景宁、宣平）。
唐朝	唐武德八年（625）	遂昌县并入松阳县。
	唐显庆元年（656）	括州大风暴雨，波及松阳，溪水平两岸，农田受淹。
	唐神功元年（697）	括州大水，松阳亦然。
	唐景宁二年（711）	遂昌县复置。
	唐乾元二年（759）	析松阳县南乡地置龙泉县（含今庆元县大部）。
	唐贞元年间（785—805）	松阳县治原设旌义乡旧市（今古市），因屡遭水患，州郡刺史经请于朝后，将治址迁至紫荆村（今西屏）。
五代后梁	开平四年（910）	改松阳县为长松县。
后晋	天福四年（939）	松阳大旱，民不聊生。县令陈时率众至百仞山麓太婆庙祈雨有果，祷告毕天降大雨，有闪光现百仞山顶像白龙状，陈时上奏吴越王。吴越王封太婆庙为瑞现夫人庙，改长松县为白龙县。
北宋	咸平二年（999）	白龙县复改松阳县。
	庆历年间（1041—1048）	松阳独山下，灌田数千亩的百仞堰（青龙堰）被洪水冲坏，致田禾尽槁，一望萧然。

朝代	年代	事件
北宋	宣和六年（1124）	十月，大雨成涝。
	北宋年间	十三都源口村，十四都力溪、岗坞三庄先民合力出资共举芳溪堰。
南宋	绍兴十四年（1144）	八月，瓯江中上游地区大雨，百姓困于洪水。
	乾道四年（1168）	处州太守范成大亲赴堰头踏看后，主持整修通济堰坝，并定管理规条。
	乾道九年（1173）	久旱，致次年饥荒，民难聊生。
	宝祐五年（1257）	旱，禾稻可燃。
元朝	元至正六年（1346）	正月，处州总管府府判刘基有感于松阳邑令买住关心民疾，锐意治水，有功地方，撰《邑令买住公去思碑》，颂其治水善政。
	元末丙申年（1356）	里人周汉杰捐资并纠集人工，修筑白龙堰。址城南偏西5里许航泉头之溪中，引溪水灌溉东乡良田20余顷，民享其利。邑人有感于周汉杰热心水利，在城西白龙堰首建祠刻石以表其德，称石柱殿。
明朝	洪武九年（1376）	大水冲毁近溪民宅，泥墙大都坍塌，家杂尽漂。
	洪武年间（1368—1398）	松阳、遂昌奉宪在资口凉亭后圳设塘兵丁，辖水务等，有碑记立圳侧，以示永久。其碑今犹在。 金梁堰无坝取水口从元朝七都象鼻潭入水改而下之，由牝儿洞潭入水。并于地名杨汴，定立汴石，照田多寡分派。
	永乐十四年（1416）	连日特大暴雨，松阴溪部分河段洪水平岸，汪洋一片，城南可行舟。
	宣德年间（1426—1435）	芳溪一堰两边堰门定石分水，且以铁水铸定，纾旱年分水之难。
	正统三年（1438）	大旱，伤农。
	景泰七年（1456）	天大旱，金梁堰十五、十六都民人因水纷争，抄丢汴石，诉呈松阳县府和处州知府。
	天顺元年（1457）	四月初五，松阳县县令改金梁堰“汴石制”分水为按日轮流的轮灌制分水。

朝代	年代	事件
明朝	成化九年（1473）	大旱，谷银飞涨。
	嘉靖三年（1524）	邑令魏良弼公留意民瘼，请公帑修筑力溪村水毁河堤，为永利。
	嘉靖九年（1530）	芳溪二堰坝被冲，水不上渠，致一方田禾无收。十四都人芳溪堰长孙、周等具情呈县正堂，乞请公示合力修复，以保国赋民粮。十月，图里田户，照田均出工食，坝遂成。年底，十三、十四都芳溪堰经堰长及双方图里共商，凿定照田摊派稻谷或银，以备岁修开支。
	万历十二年（1584）	四都源竹客坑堰（又名朴子堰）、梓溪堰筑成。
	万历十六年（1588）	知县廖性之经请以公帑凿石砌筑，复白龙堰。
	万历二十年（1592）	五月，松阴溪水勃涨，力溪村上下大堤被冲圮300余丈，伤田数公顷，近堤民宅几没，老幼惊慌。六月，县正堂赴现场勘实后，特公示各庄按田公派工本，大堤得以修复。
	万历二十二年（1594）	秋，知县周宗邠亲往百仞堰址相度形势，并请白道郡，出公帑与民各半。复集堰长、庶民共商，将坝筑在原坝上游数百米处，流速加快，进水量增大，为一方利赖。
	万历二十三年（1595）	万历二十三年，由赐进士第礼部仪制清吏司主事明州屠隆撰文，赐进士第户科给事中遂昌项应祥书丹，赐进士第礼部仪制清吏司主事缙云李正蒙篆额，松阳县府主簿柯与松、典史陈弘谟督工的“重建百仞堰记”碑刻完成。同年，屠隆撰写了《百仞堰记》，颂松阳知县周宗邠治水之德政。
	万历二十五年（1597）	六月，百仞堰堰长、庶民具资，以题为《周侯治水德碑》，碑正面为知县周宗邠刻石树碑，颂其治水德政。反面记载了灌区筹集管理经费的“圳田制”。现碑立松阳县水利博物馆。 处州知府任可龙改青龙堰竹笼卵石堰为砌石堰。
	万历三十一年（1603）	四月，狂风暴雨数日。
	万历三十三年至三十七年（1605—1609）	连年干旱，满目凄怆。

朝代	年代	事件
明朝	万历三十六年（1608）	夏，连日大雨，溪水猛涨，百仞堰堰坝断裂为二。秋冬，知县林大佳留心水利，召受益的相邻各方，居中调停后，克期纠工，修百仞堰。自此，堰东南田畴复成沃野。是年，李鋐撰《百仞堰记》，颂林侯兴周侯之往迹，重修百仞堰。同年，林大佳为镇松阴溪洪水捐资兴建青蒙塔。
	崇祯九年（1636）	白龙堰复被洪水冲坏。里人欲重修，不果。
清朝	清初（约1644）	古市瓜渚堰筑成，溉上、下五木，上、下黄圩，岗下，上河，黄埠头等村共百余顷田。
	顺治十八年（1661）	大水，芳溪堰一、二坝复遭水冲。
	康熙元年（1662）	芳溪堰堰长孙某、周某等据情报宪，乞请公示按田派工捐资，以石修筑。邑令批示“通乡水利公派修筑”，数月堰成。
	康熙初年（约1665）	里人纪有老、叶四迪等人捐资修筑五都常熟堰。
	康熙十七年（1678）	知县张景留重修白龙堰。堰长、庶民为其刻石《张侯重造白龙堰记》，颂其治水德政。此碑今犹在。
	康熙十八年（1679）	七月，大旱。芳溪堰受益相邻方为争水发生冲突，乃至斗殴。源口徐某等持械打伤金村金某等。
	康熙二十年（1681）	五月，洪水叠发，十四都力溪村右侧大堤（防洪堤）被洪水冲决300余丈，田禾被淹，屋中水满齐胸，村人惊慌。
	康熙二十五年（1686）	闰四月，大雨数昼夜，南门水满数尺，舟可入城，傍溪民宅被淹，泥墙多坍塌，近溪两岸坏田30余顷。芳溪堰南头堰门平水石被洪水冲坏，一、二堰坝亦圮。芳溪堰历史遗留的轮灌制依据——古圳图被洪水毁失，报经县府批示照旧印照。
	康熙二十六年（1687）	夏，大旱。 六月二十一日，十四都芳溪堰首周某等和十三都代表刘某等达成合约，复筑堰门。约内载定堰门阔狭，水口深浅尺寸等，并勒石以志永久。碑刻今犹在。

朝代	年代	事件
清朝	康熙二十七年（1688）	按投资所有原则确立的芳溪堰轮流历史水期。在县令李钟秀主持下，开展了灌溉面积调查并按面积多少进行了水期变更。
	康熙二十八年（1689）	松阳大旱，民难聊生。
	康熙二十九年（1690）	芳溪堰源口片区先人不服县令李钟秀清康熙二十四年按面积大小的水期变更判决，上诉处州知府，经道府批查，恢复历史水期。李钟秀知县亲立《芳溪二堰水期碑记》于堰侧，碑今犹在。
	康熙四十一年（1702）	松阳大旱。
	康熙五十四年（1715）	大旱，山乡村庄农户饮水困难。
	乾隆初年（约1738）	傍水建村，虑有水患的松阳佳溪村（今界首）复建平水大王禹王宫于村中。
	乾隆六年（1741）	里人程圣鼎、王者佐、潘继光、程发寿等捐资，并率田户复筑白龙堰坝，疏浚渠道。又立水利会，集资为岁修堰渠所用。
	乾隆二十五年（1760）	二月，大水，芳溪堰被冲坏。
	乾隆三十年（1765）	春，大水，叶村田圳（土名坛头堰）被洪水冲圮。十三都出“蛟”（山体滑坡），坏民居、田地。后，村人叶正荣等派钱筑砌。
	乾隆三十五年（1770）	七月，溪水入城南，坏民居。 是年，叶村松山村顶坛头堰（又名田圳）被洪水冲圮。叶正荣等7 人倡立堰会。
	乾隆五十八年至嘉庆三年（1793—1798）	松阴溪水横冲入城，历损民居。
	嘉庆十年（1805）	春，叶村田圳（坛头堰）被洪水冲圮。秋旱时，相邻诸村因水涉讼。
	嘉庆二十五年（1820）	城东北乡大水山崩，水入城东，冲坏民舍。
	道光初年（约1822）	望松山仁下杨姓在旺下村屋后长岗山边挖塘一口，民间称杨六郎塘，灌左右两畈田120 余亩。

朝代	年代	事件
清朝	康熙二十七年（1688）	十五里村边防洪堤筑成。
	道光三年（1823）	力溪、后肖、高岸、下源口诸村合力修复芳溪一、二堰坝。
	道光四年（1824）	芳溪堰水期在知县江思浚的主持协调下，力溪、源口、五小坦三灌片先人，同意将水期从十四天一轮调到十五天一轮，五小坦灌片增加一天。并勒石《奉宪勒石碑》以垂永久。
	道光八年（1828）	佳溪村（今界首）重修禹王宫，整饰门庭，刻“八年于外备尝辛苦勤王事；三过其门历尽风霜忘室家。”楹联于前门石柱上，彰扬治水精神。碑记今犹在。
	道光十二年（1832）	夏雨滂沱，山洪泛滥，芳溪堰一坝被毁10余丈；靖居村口石砌堤岸被冲圮。
	道光十三年（1833）	五月，夏雨滂沱，山水泛滥，芳溪二堰坝被摧，堰渠壅塞，水流受阻，贻害匪浅。 八月，知县汤景和亲赴金梁堰下游各村落，纾旱年分水纠纷，促成争水东西各庄达成分水时日协议后，立《金梁堰碑记》，以垂永久。碑记今犹在。
	道光十四年（1834）	秋，大旱，谷价昂贵。 是年，河头村与大竹溪村因亢旱年分水致殴，知县汤景和临场解决纠纷。后达成分水日期协议。协议勒于石碑，今犹存。
	道光十五年（1835）	知县汤景和为首劝捐筹款，在城南济川门外筑堤防洪，保障县城安全。世人称此城防大堤为“汤公堤”，以颂这位为松阳办过实事的县官。
	咸丰八年（1858）	大水，项弄、白沙一带禾苗尽淹，民居泥墙坍塌，家杂被漂走。
	同治三年（1864）	旱季，因叶村神坛堰（曾名坛头堰、田圳）与松山河塘堰水流量不公，叶村与松山两村农户为水致争，诉之公堂。经县宪勘测，凿定两堰门阔狭深浅分寸及放水时间，勒《神坛堰碑志》一方，永为据，绝争斗。碑石今犹在。
	同治末年（约1874）	赤岸沿溪一带捍以长堤，堤外脚栽柳树，减缓流速，起护堤作用。

朝代	年代	事件
清朝	光绪二年（1876）	九月，夏雨滂沱，山水狂泻，芳溪堰坏。 是年，玉岩济虹木堰被水冲坍，村民叶永滋、杨光格等捐资改筑石堰。
	光绪五年（1879）	松邑干旱，民无奈，四乡“求雨”者众。
	光绪七年（1881）	七月，天旱，石门与黄公渡村因石门堰基涉讼，处州知府经办断结，并勒《石门圳碑记》以防无传。碑今犹在。 是年，十四都力溪庄人与小五坦等村人因旱期争水发生冲突。小五坦廖某仗势霸水，又纠众将对方马某等捆缚、关禁。
	光绪十二年（1886）	重修金梁堰（时称京梁圳）。碑记今犹在。
	光绪十五年（1889）	三月，大雨、冰雹。 四月，大水，漂没田地、堤坝甚多。
	光绪二十四年（1898）	古市塘岸路龙峰圳各受益田片终成协议，将分水时间、四界刻于崖壁。
	光绪二十五年（1899）	夏，城南大堤修复。
	光绪二十九年（1903）	六月，大旱，至七月望后，雨十余日，田禾未获，尽生青芽。
	光绪三十一年（1905）	夏秋之交，大旱，两月不雨，谷价从此递贵。 是年，知县叶昭敦筹款修复城南大堤。
	光绪三十四年（1908）	水南何家堰（百仞堰）相关村水南、程村、徐村因水致争。后经多方磋商，达成协议，刻《何家堰摩崖》于独山北侧岩石上，以志永久，有所遵循。摩崖题刻今犹在。 城南何家堰上首170 丈堤修复竣工。
民国	民国元年（1912）	农历七月，淫雨致灾，城南护城堤被冲坍百余丈，水满进城。石仓源尤甚，溺死百余人，芥菜源村全村覆没。
	民国二年（1913）	三月，里人包芝洲、潘锡璋、刘可培等倡捐修复城南大堤。 秋后，包、潘、刘等倡设水灾善后机构，称水害善后事务所。其性质与水利会近。

朝代	年代	事件
民国	民国三年（1914）	位于古市城头溪边的保安堤修复。
	民国四年（1915）	夏秋之间，大旱。十四都人与十三都人因水争执。十四都人纠众毁堰，后涉讼。知事派员查勘后，下判了结。
	民国九年（1920）	七月，大雨，洪水成灾，古市下街溪边保安堤复被洪水冲圮数丈。溪边稻田被淹。瓜渚堰被冲。各村民联名呈请知事，查锦枞踏勘后募资修复。
	民国十年（1921）	五、六月间，旱情严重。杨源乡（今新兴镇）、安溪乡（今新兴镇）因争执新兴上圳及新兴坝水利，两次斗殴，后涉讼。经10余年之久，至民国二十三年（1934）始决。是年，省建设厅派员实地查勘，又召集杨源、安溪二乡多方磋商，凿定新兴坝缺口之宽度及深度暨新兴上圳之平均高，依照二乡灌溉田亩差别，定为十与六之比，将堰坝筑成。
	民国十二年（1923）	观口堰被水毁。叶应龙等发起筹捐修复古市下街保安堤及瓜渚堰。

中国入选世界灌溉工程遗产名录一览表

入选年份	遗产名称	建成年代	遗产所在地	灌溉面积
2014	木兰陂	（北宋）1083年	福建莆田	/
	东风堰	（清）1662年	四川乐山	5113公顷
	通济堰	（南朝）公元505年	浙江丽水	2000公顷
	紫鹊界梯田	（秦）约公元900年	湖南新化	6416公顷
2015	芍陂	（春秋）约公元前6世纪	安徽寿县	44867公顷
	它山堰	（唐）约公元838年	浙江宁波	13829公顷
	桔槔井灌工程	（南宋）17世纪以前	浙江诸暨	27公顷
2016	太湖溇港	（东晋）约2500年前	浙江湖州	28000公顷
	槎滩陂	（南唐）约公元937年	江西吉安	3300公顷
	郑国渠	（秦）公元前246年	陕西泾阳	97000公顷
2017	宁夏引黄古灌区	（西汉）公元前2世纪	宁夏石嘴山	552000公顷
	汉中三堰	（西汉）10世纪以前	陕西汉中	14500公顷
	黄鞠灌溉工程	（隋）7世纪初	福建宁德	/
2018	长渠	（战国）公元前279年	湖北襄阳	20200公顷
	都江堰	（秦）公元前256年	四川成都	701066.7公顷
	姜席堰	（元）1330—1333年	浙江龙游	2333公顷
	灵渠	（秦）公元前214年	广西兴安	4333.3公顷
2019	河套灌区	（西汉）公元前1世纪	内蒙古 巴彦淖尔	1020万亩

入选年份	遗产名称	建成年代	遗产所在地	灌溉面积
2019	千金陂	（唐）公元 868 年	江西抚州	2.2万亩
2020	天宝陂	（唐）公元 742-756年	福建福清	1.9万亩
	龙首渠引洛古灌区	（西汉）公元前 129 年	陕西渭南	74.3万亩
	白沙溪三十六堰	（东汉）公元27 年	浙江金华	27.8万亩
	桑园围	（北宋）公元11世纪	广东佛山	6.2万亩
2021	里运河—高邮灌区	（唐）（公元811年）	江苏高邮	3.26万公顷
	潦河灌区	（唐）（公元827年）	江西宜春	33.6万亩
	萨迦古代蓄水灌溉系统	宋末元初	西藏日喀则	/
2022	上堡梯田	秦汉时期	江西崇义	约 2000 公顷
	通济堰	公元前 141 年	四川眉山	52 万亩
	兴化垛田灌排工程体系	唐代	江苏兴化	5288公顷
	松古灌区	秦汉时期	浙江松阳	16.6万亩
2023	七门堰调蓄灌溉系统	汉初	安徽六安	20余万亩
	洪泽古灌区	公元199年	江苏淮安	48.13万亩
	霍泉灌溉工程	公元627年	山西临汾	10.1万亩
	白霓古堰	公元923年	湖北崇阳	3.5万亩
2024	坎儿井	至少有600年以上的历史	新疆吐鲁番	10 万亩
	徽州堨坝—婺源石堨	公元 1697年	安徽黄山、江西婺源	6.75 万亩
	汉阴凤堰梯田	汉代	陕西汉阴	5.12 万亩
	秀山巨丰堰	公元1767年	重庆秀山	1.6 万亩

主要参考文献

1.【清】佟庆年修，胡世定纂：《松阳县志》，顺治十一年（1654）刊本。

2.【清】曹立身修，潘茂才纂：《松阳县志》，乾隆三十三年（1768）刊本。

3.【清】支恒春修，丁凤章等纂：《松阳县志》，光绪元年（1875）刊本。

4.【民国】吕耀钤修，高焕然等纂：《松阳县志》，民国十五年（1926）木活字本。

5.《松阳县志》编纂委员会编：《松阳县志》，浙江人民出版社1996年版。

6. 吴伟民编：《松阳金石志》，中国文史出版社2016年版。

7.《松阳县水利志》编纂委员会：《松阳县水利志》，浙江人民出版社2006年版。

8. 李晨晖、高灵著：《明清时期松古灌区水权管理机制考论》，《浙江水利水电学院学报》2022年第1期。

9. 萧放、邵凤丽著：《祖先祭祀与乡土文化传承——以浙江松阳江南叶氏祭祖为例》，《社会治理》2018年第4期。

后 记

世界灌溉工程遗产是国际灌溉排水委员会，按联合国教科组织认定世界遗产相一致的认定程序，组织认定的古代（历史达到或超过100年）灌溉工程。松古灌区成为继丽水通济堰、诸暨桔槔井灌工程、宁波它山堰、湖州溇港、龙游姜席堰、金华白沙溪三十六堰之后，浙江省第7个获此殊荣的灌溉工程。由此，松阳县拥有了第一张世界级金名片，丽水市成为全国第一个拥有两项世界灌溉工程遗产的地级市，松阴溪成为世界上唯一一条拥有两项世界灌溉工程遗产的河流。这一盛事，足以载入史册！

《世遗之光松古流——松古灌区世界灌溉工程遗产解读与档案集萃》的编写并不是一件容易的事情，不仅要深度解析松阳历史，还要细度描绘灌溉发展的脉络，精度展示所有水事档案和水利文化。在一年时间里，松阳县水利局和松阳县档案馆（党史和地方志研究室）全体编撰人员本着对历史文化的敬畏、对后人高度负责的态度和严谨求是的精神，借鉴志体，纵向排列，横向拓展，编撰成稿；新征史料，查证审校，调整章节，表阐新意，易稿十版不止；力图通过全方位的解读和审视，将松古灌区世界灌溉遗产及申遗档案让人们在时间、空间的维度中，品尝出历史文化老而不衰、历久弥新的滋味。

在本书付梓印刷之际，我们要特别感谢浙江省档案局、浙江省档案馆分别就2021年度芳溪堰水利档案修复和2024年度松古灌区申遗档案编研展陈给予重点档案保护与开发专项资金支持，感谢省、市档案和地方志主管部门的业务指导及平台宣传。2016年浙江省档案局组织编写出版了《松阳芳溪堰水利档案》等全省各级综合档案馆馆藏档案精品；2020年省档案馆、省广电集团联合打造的“跟着档案去旅行”栏目播出《芳溪堰：传承治水精神 融合水旅文化》；《地方志助力松古灌区入选世界灌溉工程遗产名录》被评为2022年浙江省地方志成果转化应用“十佳”案例，并入选全国地方志网络精品展播；2023年省地方志办公室、浙江城市之声联合打造的“志说浙江”播出《松古灌区“治水经”》；松阳县档案馆（党史和地方志研究室）制作的短视频《一滴水的奇遇》荣获2023年“‘方志·潮’杯——跨越时空的浙江之旅”浙江地方志短视频征集展播全省唯一最高奖“金杯”。

我们深深感谢县委、县政府对申遗档案收集保管和后续开发利用工作的高度重视和大力支持，中共松阳县委书记莫靓，县委副书记、县人民政府县长梁海刚等县领导对本书编撰工作进行指导并提出了许多宝贵意见。2022年10月18日，莫靓书记、梁海刚县长分别对县档案馆报送的资政文章《松古灌区成功申遗背后的档案力量》作出批示：“‘松古灌区’入选世界灌溉工程遗产名录对松阳发展具有标志性意义，县档案馆在申遗过程中立足本职、提升标杆、成绩瞩目。”“县档案馆在松古灌区申遗工作中，积极发挥职能优势，主动作为，值得充分肯定。希望继续发挥档案工作存史资政作用，为高质量推进‘二次创业’，现代化田园松阳建设助力赋能。”

编纂过程中，我们得到了周率、鲁晓敏、叶世钧、周日信、程建中等市、县文史专家的悉心帮助，浙江师范大学人文学院学术副院长李义敏和吴伟民、刘增金、孟浩、阙龙兴等民间档案文献收藏家提供了许多珍贵档案史料，部分档案属首次面世（如《清代《芳溪古堰簿》《松阳县青绿山水地图》和数十份清至民国官方告示榜文以及民间契约文书等），进一步丰富和完善了松古灌区的档案史料，帮助我们释疑纠偏，准确记录和解析松阳水利发展史。在照片资料收集上，县文旅、县文联、县摄影家协会等单位给予了鼎力相助。衷心感谢所有档案文献、照片捐献者和参与遗产史料收集、编撰工作的专家学者、水利工作者、档案史志工作者以及社会各界人士。

由于学养不足，水平有限，本书的研究和探讨，也许还停留在集成归类、析疑探微的阶段，一些篇章可再作深度的解析。同时，个中难免有漏失、错解以及表述不当等诸多遗憾。凡此种种，我们期待着专家、学者和读者批评指正。

松阳县档案馆（党史和地方研究室）馆长 黄金花

2024年12月